W0254325

Reine und angewandte Metallkunde in Einzeldarstellungen
Herausgegeben von W. Köster
Band 25

W. Kurz · P. R. Sahm

Gerichtet erstarrte eutektische Werkstoffe

Herstellung, Eigenschaften und Anwendungen von In-situ-Verbundwerkstoffen

Springer-Verlag Berlin Heidelberg New York 1975

Dr. Wilfried Kurz
o. Professor, Département des Matériaux,
Ecole Polytechnique Fédérale de Lausanne
Dr.-Ing. Peter Rudolf Sahm
Leiter der Abteilung Werkstoffkunde, Brown Boveri & Cie,
Zentrales Forschungslaboratorium, Heidelberg

Mit 203 Abbildungen

ISBN-13:978-3-642-65994-2 e-ISBN-13:978-3-642-65993-5
DOI: 10.1007/978-3-642-65993-5

Softcover reprint of the hardcover 1st edition 1975

Library of Congress Cataloging in Publication Data
Kurz, Wilfried 1938 –
Gerichtet erstarrte eutektische Werkstoffe.
(Reine und angewandte Metallkunde in Einzeldarstellungen; Bd. 25)
Includes bibliographies and index.
1. Eutectic alloys. I. Sahm, P.R. joint author. II. Title. III. Series.
TN690.S223 669'.94 74-23440

Composersatz: Karl M. Lipp, München.

Vorwort

Eutektische Werkstoffe existieren bereits seit langer Zeit in Form von Gußeisen und anderen isotropen Gußwerkstoffen. Zunächst unbemerkt hat sich in den letzten fünfzehn Jahren ein neues Gebiet entwickelt, das gegenwärtig überall in der Welt aufgegriffen wird: die gerichtete eutektische Erstarrung. Erste Produkte dieser neuen Technik haben bereits den Markt erreicht. Hierbei neu gewonnene Erkenntnisse haben sich mit Erfolg auch auf die herkömmliche Gießereitechnik übertragen lassen.

Diesem Hintergrund entsprechend wollen die Autoren eine erste Bilanz ziehen. Das vorliegende Buch soll

- eine handbuchartige Zusammenfassung des derzeitigen Wissensstandes für Forschung und Entwicklung geben mit Betonung der Anwendungsmöglichkeiten dieser neuen Werkstoffe;
- eine Hilfe sein, um besonders wichtige, aber noch wenig bekannte Gebiete herauszukristallisieren und Richtungen für die weitere Forschung und Entwicklung zu setzen;
- ein Lehrbuch für Studierende der Werkstoffwissenschaften und für andere Interessenten wie z.B. Gießereiingenieure sein, die sich in das Gebiet der Erstarrung sowie der Eigenschaften von In-situ-Verbundwerkstoffen einarbeiten wollen.

Um diesen Zielen gerecht zu werden, wurde für die Beschreibung der theoretischen Zusammenhänge durchwegs eine qualitative Darstellung gewählt, und es wurden vor allem solche Formulierungen gesucht, die durch dimensionale Argumente und physikalische Beweisführung das Wesentliche der Probleme zeigen, ohne jedoch den gegenwärtigen Stand der Theorien zu vernachlässigen. Weiterhin wurde Wert darauf gelegt, die praktische Anwendbarkeit der theoretischen Kenntnisse aufzuzeigen. Das gesamte Gebiet entwickelt sich jedoch derart rasch, daß kein endgültiger Abschluß geliefert werden kann.

Dem Aufbau des Buches liegt folgender Gedanke zugrunde: Die *Anforderungen,* die an ein Konstruktionselement gestellt werden, diktieren die *Eigenschaften* des Werkstoffes, aus dem es gefertigt wird (Kap. 8). Diese sind durch das *Gefüge* im weitesten Sinne vorgegeben. Das Gefüge wird durch Art und Morphologie der Phasen definiert, d.h. durch das *Legierungssystem* (Kap. 2) bzw. durch die *Umwandlungskinetik* (Kap. 3 – 6). Es kann nur dann in der erforderlichen Weise erhalten werden, wenn die entsprechenden *Verfahren* (Kap. 7) zur Verfügung stehen.

Im Anschluß an den allgemeinen Überblick von Kap. 1 gibt Kap. 2 eine Zusammenfassung über unkonventionelle rechnerische und experimentelle Methoden der Phasendiagrammbestimmung – das Problem des Werkstoffingenieurs, der sich mit Legierungsentwicklung befaßt. In Kap. 3 wird versucht, das für Eutektika so wichtige Gebiet der Grenzflächen allgemein zu behandeln. Hier ergeben sich zahlreiche Anknüpfungspunkte zu Kap. 4 (Keimbildung), 5 (Kristallwachstum) sowie 6 (Gefügestabilität), weshalb es diesen Kapiteln vorangestellt wurde. Kap. 4 gibt einen Einblick in die Vorgänge, die das Kristallwachstum einleiten, wobei ausschließlich auf die Problematik der Keimbildung eutektischer Legierungen eingegangen wird. Im Gegensatz zur knappen Behandlung der Keimbildungsphänomene (weil sie bei der gerichteten Erstarrung eine untergeordnete Rolle spielen) behandelt Kap. 5 eingehend das Wachstum der In-situ-Komposite und deren Gefüge. Kap. 6 befaßt sich mit der Stabilität eutektischer Gefüge, insbesondere im Hinblick auf Hochtemperatureigenschaften und -anwendungen. Das Problem der Ausscheidungshärtung dieser Werkstoffe wird ebenfalls kurz gestreift. Die Herstellungsmethoden werden in Kap. 7 beschrieben; es stützt sich stark auf die Ausführungen des Kap. 5, kann aber, als Anleitung zum experimentellen Arbeiten, für sich verstanden werden. Großer Wert wird auf die für die Erstarrung wichtige Konvektion gelegt. In Kap. 8, das den Eigenschaften und Anwendungen gewidmet ist, werden jeweils für eine Eigenschaftsgruppe, nach kurzer Einführung der theoretischen Zusammenhänge, die speziell auf die In-situ-Komposite anwendbar sind, experimentelle Resultate vorgestellt und diese mit der Anwendung verglichen. Dieses Kapitel beschreibt ein Gebiet, das noch weitgehend unerforscht ist und stellt daher einen Diskussionsbeitrag dar. Kap. 9 gibt schließlich einen Ausblick auf einige in Zukunft interessant erscheinende Forschungsrichtungen.

Die umfangreiche Tabelle im Anhang soll helfen, einen schnellen Überblick über die bisher bekannten, gerichtet erstarrten eutektischen Systeme zu gewinnen (sie umfaßt mehr als 300 gerichtet erstarrte Eutektika). Die Literaturübersicht am Ende jedes Kapitels gibt einen guten Überblick über das jeweilige Gebiet.

Verschiedene Personen haben wertvolle Beiträge zu dem Buch geliefert: Viele Gedankengänge wurden durch Diskussion mit Dr. E. R. Thompson während seines Studienaufenthaltes an der Eidgenössischen Technischen Hochschule Lausanne sowie mit Dr. J.D. Livingston wesentlich beeinflußt. Wertvolle Kritik und Hinweise gaben: Dr. G.A. Cooper, P. Döme, Prof. Dr. W. Köster, Dr. M. Lorenz und Dr. B. Lux. Unveröffentlichte Forschungsergebnisse überließen uns: Dr. W. Albers, Prof. Dr. H. Gleiter, Dr. E.E. Laufer, Dr. F.D. Lemkey, Dr. J.D. Livingston und Dr. E.R. Thompson. An verschiedenen Kapiteln haben folgende Mitarbeiter der Abteilung für Werkstoffe der Eidgenössischen Technischen Hochschule Lausanne aktiv mitgewirkt: D.J. Fisher, R. Glardon, P. Henriques und G. Zambelli. Die Leitung der Brown Boveri-Forschung, insbesondere die Herren Prof. Dr. V. Schnörr, Prof. Dr. A.P. Speiser und Dr. F. Groß haben einem der Autoren (P.R.S.) in großzügiger Weise die Arbeit an dem Buch ermöglicht. Ihnen allen sei für ihre Beiträge vielmals gedankt.

Lausanne und Heidelberg,
im Winter 1974

W. Kurz
P.R. Sahm

Inhaltsverzeichnis

1. Übersicht

1.1. Gerichtet erstarrte Eutektika als Verbundwerkstoffe

Verbundwerkstoffe haben häufig Eigenschaften, die von konventionellen Legierungen nicht erfüllt werden können. In diesen Werkstoffen liegen stets zwei oder mehr Phasen nebeneinander vor, und man kann daher sich ergänzende Eigenschaften der Phasen optimal wirksam werden lassen.

Ein Stoff wird nur dann als Verbundwerkstoff (oder als Komposit) bezeichnet, wenn einerseits die Abmessungen der Gefügebestandteile klein gegenüber den Abmessungen des Werkstückes sind und andererseits die Wechselwirkungen im Kristallgitter nicht überwiegen. Nach dieser Definition ist ein plattiertes Blech oder ein integrierter Schaltkreis einerseits bzw. eine ausscheidungsgehärtete Legierung andererseits gegen Komposite abgegrenzt.

Ein wichtiges Unterscheidungsmerkmal innerhalb der Gruppe der Verbundwerkstoffe ist die Isotropie bzw. Anisotropie der Eigenschaften. Bei anisotropen Kompositen hat man die größten Freiheiten bezüglich Form und Packung der Phasen und kann daher sehr verschiedene Eigenschaftskombinationen erzielen. Dies ist der Grund, warum beispielsweise faserverstärkte Werkstoffe im vergangenen Jahrzehnt so sehr beachtet worden sind.

Während das Verhalten von Stahlbeton, borfaserverstärktem Aluminium u.a. sehr oft nach den Vorstellungen idealer Mischungen (additiv wirkend) beschrieben werden kann, ist dies für die große Klasse der „In-situ-Komposite"*), zu denen die gerichtet erstarrten Eutektika zählen, nicht mehr möglich. Infolge der Feinheit der Gefügebestandteile der In-situ-Verbundwerkstoffe ($0{,}1 < \lambda < 100\ \mu m$) lassen sich ihre Eigenschaften nur dann verstehen, wenn die makroskopische (Mischungen) und mikroskopische (Wechselwirkungen) Betrachtungsweise gleichzeitig angewendet wird. Somit stehen die in der vorliegenden Arbeit behandelten anisotropen eutektischen Verbundwerkstoffe zwischen den sog. künstlichen Kompositen und den mehrphasigen Legierungen. Diese Feststellung macht klar, daß gerichtet erstarrte Eutektika als neue Werkstoffklasse für die Entwicklung spezieller Eigenschaften und Anwendungen

---

*) Unter In-situ-Herstellung versteht man die Abscheidung aller Phasen des Komposits aus einer Matrix, wie dies z.B. bei der Erstarrung eines Eutektikums oder bei der Umwandlung einer eutektoiden Legierung der Fall ist (Bild 1.1, vgl. auch Tab. 5.1).

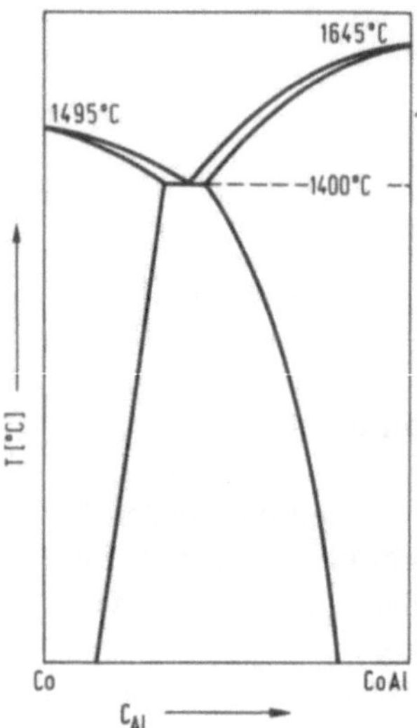

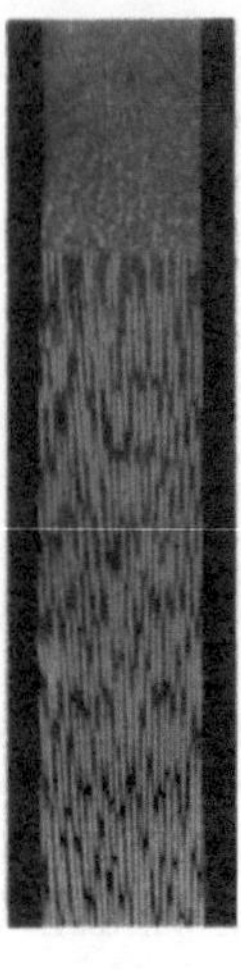

Bild 1.1. Co-CoAl-Eutektikum mit gerichtetem Gefüge

eine große Bedeutung haben. Sie erklärt auch das in den letzten Jahren stark gestiegene Interesse an dieser Werkstoffgruppe.

Die In-situ-Herstellung, insbesondere die gerichtete Erstarrung, ist eine einfache Methode mit verhältnismäßig guten Kontrollmöglichkeiten zur Einstellung eines gewünschten Gefüges. Die eutektischen Verbundwerkstoffe werden daher hauptsächlich im Zusammenhang mit der gerichteten Erstarrung, die anisotrope Gefüge hervorbringt, genannt. Es werden jedoch an verschiedenen Stellen des Buches Verbindungen zu den isotropen eutektischen Werkstoffen hergestellt.

Innerhalb der Klasse der Mehrphasenwerkstoffe stellen die Eutektika einen Sonderfall dar. Während sich künstliche Komposite aus einer sehr großen Vielfalt von Komponenten zusammenfügen lassen, sind eutektische Legierungen dadurch beschränkt, daß sie die Gleichgewichtsbedingung

$$\text{Schmelze S} = \text{Phase } \alpha + \text{Phase } \beta$$

erfüllen müssen, d.h. daß zwei individuell definierte Phasen gemeinsam aus der Schmelze kristallisieren. Dies ist zugleich Vor- und Nachteil der Eutektika: Vorteil insofern, als die Gefügebestandteile des Komposits nahe am thermodynamischen Gleichgewicht liegen und Grenzflächen starker Bindung (niedriger Energie) ausbilden und Nachteil, da Volumenanteil und Legierungszusammensetzung nicht ganz frei wählbar sind.

Tabelle 1.1. Werkstoffklassen mit eutektischen Reaktionen

Kombinationen	Beispiel
M – M	Cr – Ni
M – IM	Co – Sm_2Co_{17}
M – HI	Au – Si
M – O	W – MgO
M – IV	Mn – $MnCl_2$
IM – IM	Ni_3Al – Ni_3Nb
IM – Hl	NiAs – Cd_3As_2
Hl – Hl	SnSe – $SnSe_2$
O – O	TiO_2 – Al_2O_3
OV – OV	CBr_4 – C_2Cl_6
OV – IV	CBr_4 – $GeBr_4$
IV – IV	NaCl – NaF

Bezeichnungen: M = Metall; IM = Intermetallische Verbindung; Hl = Halbleiter; O = Oxyd; OV = organische Verbindung; IV = Ionenverbindung

Eutektische Verbundstoffe treten innerhalb sämtlicher Werkstoffklassen auf (Tab. 1.1.). Oberflächlich betrachtet könnte man meinen, daß eine Legierungsentwicklung der Eutektika sehr begrenzt ist, da nur eine kleine Zahl eutektischer Legierungen je System zur Verfügung steht. Rechnet man beispiels-

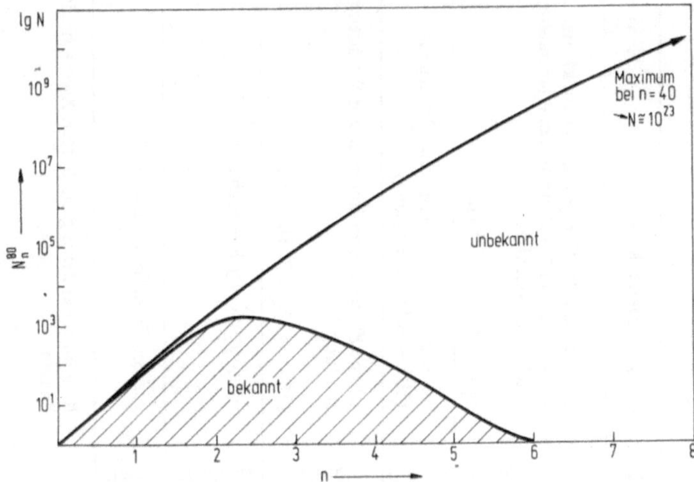

Bild 1.2. Zahl der möglichen Legierungssysteme N als Funktion der Anzahl der Komponenten n für 80 Elemente

Tabelle 1.2. Gefügeparameter und resultierende Eigenschaften mit möglichen Anwendungen

Charakteristisches Gefügemerkmal			Eigenschaften – Anwendungsmöglichkeiten
Räumliche Anordnung	Verteilung	Periodizität des Gefüges mit einem kleinen Phasenabstand λ = Hauptursache für makroskopische Homogenität $(10^{-5} < \lambda < 10^{-2}$ cm)	Polarisation, Brechung, Filtern elektromagnetischer Wellen erhöhte mechanische Festigkeit, $\sigma = \sigma_0 + k\lambda^{-0,5}$ erhöhte Zähigkeit
		hohe Dichte der Fasern (bzw. Lamellen) $(10^4 - 10^{10}$ Fasern/cm^2)	Kaltkathode Wechselwirkung mit Versetzungen und Blochwänden
	Größe	Kleine Phasendimension quer zur Wachstumsrichtung $(10^{-5} < d_\alpha < 3 \cdot 10^{-3}$ cm)	Einbereichsteilchen (magnetisch) Fasern = Whisker ($\sigma \simeq 0{,}05$ E) Poröses Material (Filter)
Phasen, Kristallstruktur		Anisotropie der Eigenschaften	hohe Festigkeit in Erstarrungsrichtung Anisotropie der elektrischen bzw. thermischen Leitfähigkeit Magnetowiderstand
Grenzflächen		geringe Grenzflächenenergie	große Strukturstabilität bei hohen Temperaturen gute Bindung zwischen den Phasen
Eigensch. kombin.		Kombination der Eigenschaften X verschiedener Phasen	hoher Elastizitätsmodul und geringe Dichte geringer elektrischer Widerstand und erhöhte mechanische Festigkeit Temperaturkoeffizient dX/dT = 0 Produkteigenschaften

weise mit 70 Metallen im Periodensystem und nimmt 1.6 Eutektika je binäre Kombination an, so ergibt sich für alle möglichen Kombinationen der 70 Metalle eine Zahl von 3860. Zählt man noch die quasibinären Eutektika aus Drei- oder Mehrkomponentensystemen, die Mehrkomponenten-Legierungen mit monovarianter eutektischer Reaktion, die ternären Eutektika und die vielen nichteutektischen Reaktionen, die zu ähnlichen Kompositen führen, hinzu, so erweitern sich die Möglichkeiten der Legierungswahl stark (vgl. die mehr als 300 Systeme enthaltende Tabelle im Anhang). Wie Bild 1.2 zeigt (Petzow und Lukas, 1970), ist unsere Unkenntnis komplexer Legierungssysteme sehr groß. Besonderes Interesse verdienen die quasibinären und monovarianten Eutektika (Abschnitt 2.1.1.); sie werden in Zukunft zweifellos viele neue Werkstoffe liefern.

Wie im Vorwort angedeutet, ist der Wert eutektischer Verbundwerkstoffe direkt mit der Möglichkeit gekoppelt, Anwendungen zu finden und zu verwirklichen. Einige der bei Eutektika besonders typischen strukturellen Merkmale sind in Tab. 1.2 zusammengestellt und mit den damit zu verwirklichenden Eigenschaften bzw. Anwendungen in Beziehung gebracht.

1.2. Geschichtliches

Viele Werkstoffe der Natur sind Verbundwerkstoffe. Z.B. besteht Holzgewebe aus hohlen verstärkenden Cellulosefasern und Knochengewebe aus einem starren Apatitskelett mit einer elastischen Kollagenfasereinlagerung (Bild 1.3.). Die Knochen bilden ihre anisotropen mechanischen Eigenschaften mit der Zeit aus, denn ihr Gefüge formt sich mit dem Wachstum des Körpers, und durch mechanische Beanspruchung hervorgerufene Druckunterschiede lenken das Wachstum.

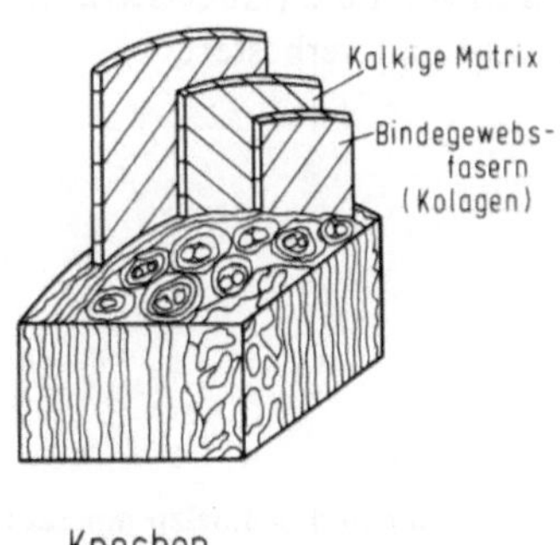

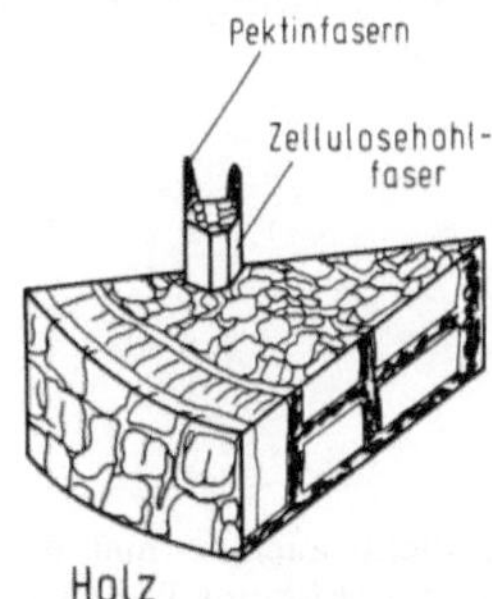

Bild 1.3. Natürliche Verbundwerkstoffe

Der Mensch bedient sich seit langem der Komposite. Zunächst handelte es sich um grobe Vorläufer des modernen Verbundwerkstoffes. So ist z.B. die Lehmhütte mit Holz oder Stroh als verstärkendem Bestandteil gewissermaßen ein Vorläufer des modernen Stahlbetons. Bereits um 500 v. Chr. benutzten die Chinesen eutektische Legierungen in Form gußeiserner Sakralgefäße. Die Römer löteten um 100 v. Chr. (die Etrusker wahrscheinlich schon vor ihnen) mit Pb-Sn Eutektikum ihre bleiernen Wasserleitungsrohre zusammen, und die Mitteleuropäer stellten seit dem 14. Jahrhundert gußeiserne Kanonenrohre her. Natürlich wurden diese mikroskopischen Komposite noch unbewußt gebraucht.

Rüdorff (1864) erkannte bei Versuchen mit H_2O-NaCl-Mischungen, daß bei ganz bestimmten Mischungsverhältnissen zweier geeigneter Stoffe ein minimaler Schmelzpunkt auftritt. Allgemein glaubte man zu der Zeit jedoch, daß diese Singularität mit einem ganzzahligen Atomverhältnis zusammenhänge, ähnlich wie dies bei Verbindungen der Fall ist. Das Wort Eutektikum wurde später geprägt und geht zurück auf Guthrie (1884). Er benannte die gesamte Klasse tiefschmelzender Mischungen*) nach Aristoteles – der das Wort in einem ähnlichen Sinn benutzte – „Eutexia"**), obwohl er persönlich den Ausdruck „hypolitische" Legierungen vorzog.

Tammann schlug 1908 als Erklärung für das eutektische Wachstum einen Flipp-Flopp Mechanismus vor, eine Hypothese, die bis in die jüngste Vergangenheit zitiert wurde, sich aber als falsch erwiesen hat (vgl. Abschn. 5.1.2.). 1912 gab Vogel eine erste richtige Erklärung des gekoppelten Wachstums. Es ist bemerkenswert, daß bereits 1935 von Straumanis und Brakss die ersten Eutektika gerichtet erstarrt wurden. Eine Zusammenfassung der geschichtlichen Entwicklung geben Kerr und Winegard (1966). Gegenwärtig arbeiten zahlreiche Hochschulinstitute sowie Industrielaboratorien daran, die Anwendungsmöglichkeiten dieser Werkstoffgruppe auszuschöpfen (AGARD, 1973). Dies gilt sowohl bezüglich ihrer Eigenschaften für mechanische, elektrische, magnetische und optische Anwendungen als auch hinsichtlich neuer Verfahrenstechniken. Neben vielen neuen Legierungen werden auch die altbekannten und in ungerichteter Form vielverwendeten Legierungen wie Fe-C (Gußeisen), Al-Si (Silumin) und Pb-Sn (Lötzinn) weiterhin untersucht und verbessert.

---

*) Er veröffentlichte auch erstmals die Zusammensetzung und Schmelztemperatur des quaternären Eutektikums Bi-Pb-Cd-Sn.

**) Dieses Wort stammt vom griechischen „ευτηκτος", das „leicht schmelzbar" heißt. (Nicht zu verwechseln mit „ευτακτος", d.h. „gut baubar").

1.3. Literatur

AGARD, Rep. No. 609 (1973): Directory of Research Activities on In-Situ Composites, Battelle Columbus, USA

Guthrie, F. (1884): Phil. Mag., Ser. 5, 17, 462

Kerr, H.W.: Winegard, W.C. (1966): J. Metals, 563

Petzow, G; Lukas, H.L. (1970): Z. Metallkde 61, 877

Rüdorff, F. (1864): Pgg. Ann. Phys. Chem. 122,2, 337

Straumanis, M.; Brakss, N. (1935): Z. Phys. Chem. B 30, 117

Tammann, G. (1908): *Lehrbuch der Metallographie*

Vogel, R. (1912): Z. Anorg. Chem. 76, 425

2. Phasendiagramme

Phasendiagramme stellen im weitesten Sinne stabile bzw. metastabile Gleichgewichte koexistierender Phasen dar. Genau genommen sind sie jedoch stark vereinfachende Darstellungen der Realität, indem die Verhältnisse bei konstantem Druck (normalerweise 1 atm) und ausschließlich als Funktion der Temperatur und der Zusammensetzung betrachtet werden. Diese Vereinfachung hat sich als überaus nützlich erwiesen, da sie mit einem Blick wesentliche Information über die fraglichen Werkstoffe vermitteln kann. Die Komplexität moderner Legierungen verlangt in zunehmendem Maße eine Kenntnis der Mehrstoffsysteme, die experimentell nur mit großem zeitlichen und finanziellen Aufwand erhalten werden kann. Daher geht man mehr und mehr dazu über, Phasendiagramme zu berechnen.

Die nicht-experimentellen Verfahren liefern nur grobe Information über die zu erwartenden Gleichgewichte. (Die Genauigkeit der Ergebnisse ist sowohl durch die Einfachheit der Modelle als auch durch die Ungenauigkeiten der vorhandenen Meßgrößen eingeschränkt.) Aufgrund rechnerischer Methoden kann man jedoch eine qualitative bzw. halbquantitative Information bekommen und das Ergebnis relativ einfach und rasch verbessern, indem zusätzlich unkonventionelle experimentelle Methoden (z.B. Zonenschmelzen) verwendet werden. Sinnvoll sind diese Verfahren normalerweise nur für Systeme mit drei oder mehr Komponenten. Erst wenn diese Ergebnisse vorliegen, ist es sinnvoll, den interessierenden Teil eines Vielstoffsystems mit konventionellen Methoden weiter zu untersuchen. Die Zukunft liegt wahrscheinlich im komplementären und iterativen Einsatz weniger gezielter Experimente, die durch Rechenverfahren unterstütz werden.

2.1. Eutektische Gleichgewichte

2.1.1. Eutektika und verwandte Reaktionen

Das Eutektikum ist ein invariantes Gleichgewicht: bei gegebenem Druck sind Temperatur und Zusammensetzung des Systems eindeutig bestimmt. Die Gibbssche Phasenregel fordert, daß ein System mit n Komponenten und invariantem Gleichgewicht n + 1 Phasen enthält.

Das binäre Eutektikum ist definiert durch die Reaktion

$$S = \alpha + \beta$$

d.h. aus der Schmelze S entstehen bei der Erstarrung zwei Mischkristalle $\alpha + \beta$. Man kennt mehrere dem Eutektikum verwandte invariante Gleichgewichte (Bild 2.1):

Monotektikum:	$S_1 = \alpha + S_2$
Metatektikum:	$\beta = \alpha + S$
Eutektoid:	$\beta = \alpha + \gamma$
Monotektoid:	$\beta_1 = \alpha + \beta_2$

Wie in Abschnitt 5.3 gezeigt wird, kann man mit diesen Reaktionen dem Eutektikum ähnliche Komposite herstellen.

Im allgemeinen fordert die technische Anwendung jedoch wesentlich komplexere Legierungen als einer binären Zusammensetzung entspräche, um die oft widersprüchlichen Anforderungen an den Werkstoff erfüllen zu können. Eine Legierungsentwicklung von In-situ-Verbundwerkstoffen verlangt somit eine eingehende Kenntnis der Vielstoffsysteme.

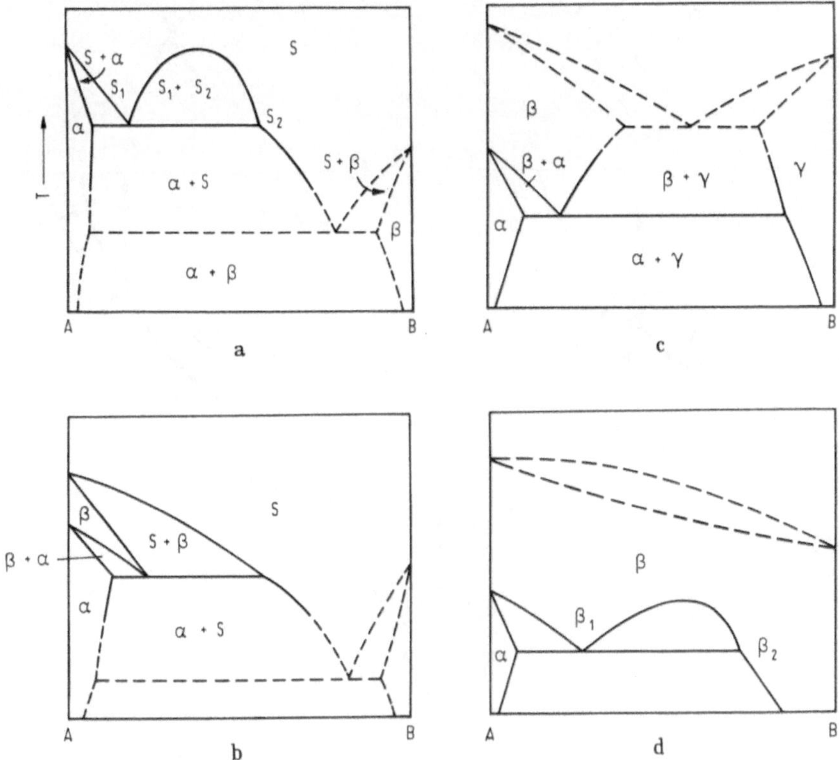

Bild 2.1. Verschiedene, dem Eutektikum verwandte Gleichgewichte: a) Monotektikum, b) Metatektikum, c) Eutektoid, d) Monotektoid

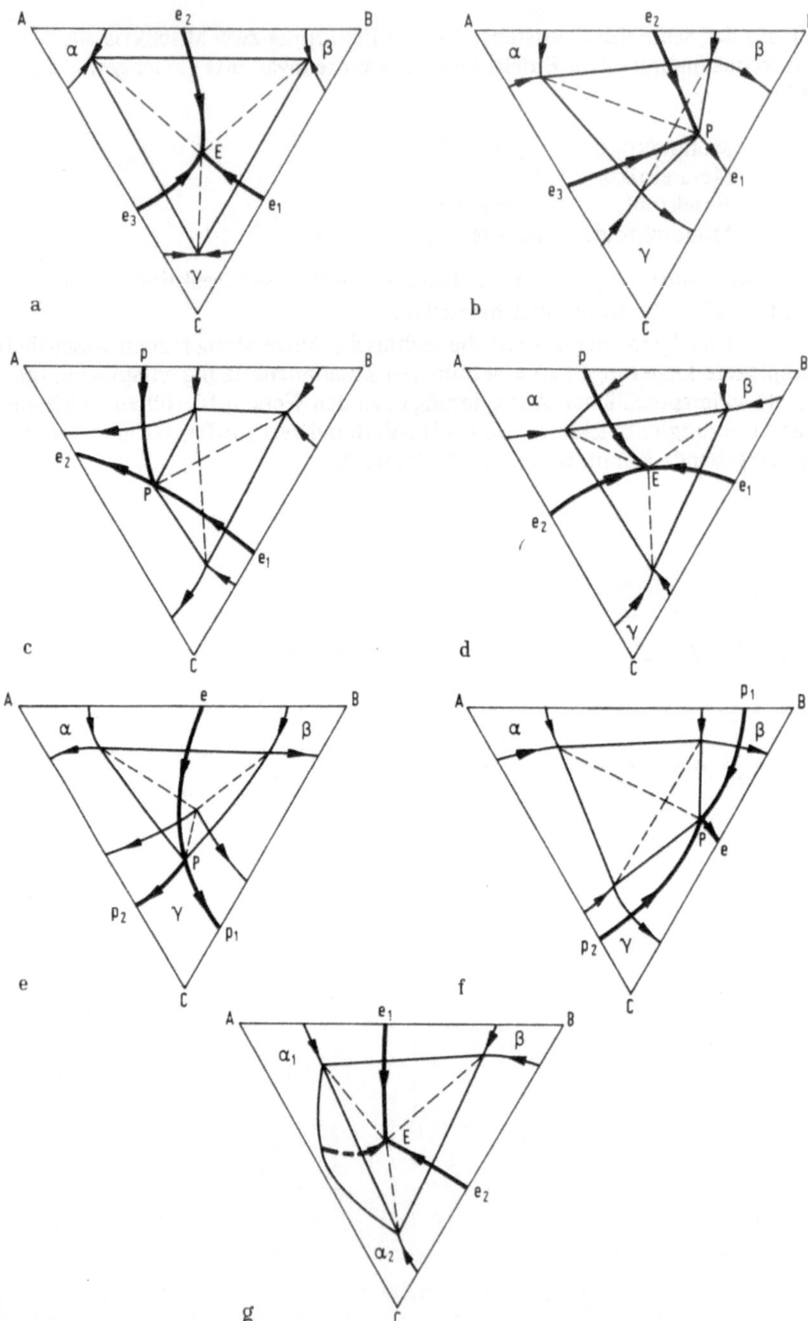

Bild 2.2. In Dreistoffsystemen mögliche invariante Reaktionen, nach Desré (1968) vgl. Tabelle 2.1

Tabelle 2.1. In Dreistoffsystemen mögliche invariante Reaktionen (nach Desré, 1968)

Binäre Randsysteme	Mögliche invariante Reaktionen im ternären System (Bild 2.2a-g)
3 binäre Eutektika	ternäres Eutektikum (a) ternäres Quasiperitektikum (b)
2 Eutektika + 1 Peritektikum	ternäres Quasiperitektikum (c) ternäres Eutektikum (d)
1 Eutektikum + 2 Peritektika	ternäres Peritektikum (e) ternäres Quasiperitektikum (f)
1 Lösungssystem + 2 Eutektika	ternäres Eutektikum möglich (g)

Die Bestimmung der Gleichgewichte in einem Dreistoffdiagramm benötigt zusätzlich zur Temperatur und Konzentration eines Elementes noch die Konzentration eines zweiten Elementes. Die Darstellung eines Dreistoffdiagrammes führt daher dem Zweistoffdiagramm gegenüber eine weitere Dimension ein. Für eine anschauliche Beschreibung der möglichen Diagrammtypen sei auf Prince (1966) sowie auf Rhines (1956) verwiesen. Wie Tabelle 2.1 zeigt, können aus der Kombination verschiedener Randsysteme mehrere ternäre invariante Reaktionen entstehen. In Bild 2.2 sind die entsprechenden Zustandsdiagramme wiedergegeben.

Ein wesentliches Merkmal ternärer eutektischer Legierungen ist, daß zwischen dem ternären Eutektikum ($S = \alpha + \beta + \gamma$) und jedem binären eutektischen Randsystem (z.B. $S = \alpha + \beta$) eine monovariante eutektische Reaktion vom Typ $S = S + \alpha + \beta$ existiert. Man kann also die Legierung innerhalb der Grenzen: binäres – monovariantes – ternäres Eutektikum wählen und hat dadurch zusätzliche Freiheiten in der Optimierung gewisser Eigenschaften. Diese Möglichkeit wurde mehrmals ausgenützt (Bates et al., 1969; Thompson und Lemkey, 1970; Durand-Charre und Durand, 1972; Garmong und Rhodes, 1972; Sahm et al., 1972; Hubert et. al., 1973). Das in Bild 2.3 dargestellte monovariante Eutektikum zeigt, wie aus einer Legierung, die bei der Temperatur e' zu erstarren beginnt, zwei Kristalle α' und β' entstehen, deren mittlere Zusammensetzung sich von der Schmelze unterscheidet. Dies kann zur konstitutionellen Unterkühlung führen (Abschnitt 5.2.3.) und Erstarrungsschwierigkeiten hervorrufen. Die Gefüge solcher monovarianter Legierungen sind bei richtiger Wahl der Erstarrungsparameter rein binär-eutektisch. In Bild 2.4a ist der Co-reiche Teil des Co-Cr-C-Systems mit den verschiedenen monovarianten Rinnen gezeigt, die sich zwischen den Sattelpunkten S_1 und S_2 und den drei ternären Eutektika E_1 bis E_3 erstrecken. Bild 2.4b zeigt einen Vertikalschnitt entlang der monovarianten Rinne. Die Co-Cr_7C_3-Legierungen besitzen die Zusammensetzung von S_1. Dieser Sattelpunkt bietet bei der Erstarrung den Vorteil einer quasi-invarianten Reaktion, d.h. eine konstitutionelle Unterkühlung (vgl. Abschnitt 5.2.3.) kann nicht auftreten.

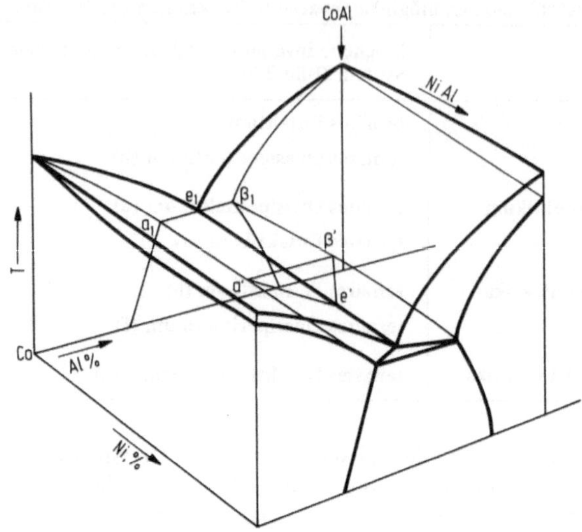

Bild 2.3. Monovariante eutektische Reaktion

Weitere interessante und vielverwendete Reaktionen sind quasibinäre Schnitte in Mehrstoffsystemen. Solche Eutektika verhalten sich, wie ihr Name sagt, wie rein binäre Eutektika, d.h. die Schmelze steht isotherm im Gleichgewicht mit zwei Phasen, z.B. $S = A + B_xC_y$ oder $S = A_mC_n + A_xB_y$ (Bilder 2.5 a bzw. 2.5 b). Beispiele für den in Bild 2.5 a gezeigten Typ sind die Legierungen Ni-NbC (Lemkey und Thompson, 1971) oder Co-TaC (Bibring et al., 1971) und für den in Bild 2.5 b gezeigten Typ die Legierungen Ni_3Al-Ni_3Nb (Thompson und Lemkey, 1969) oder Ni_3Al-Ni_3Ta (Hubert et al., 1972).

Das Gebiet der quaternären Eutektika und dementsprechend der quasibinären und quasiternären Reaktionen ist heute noch praktisch unerforscht. Einige wenige tiefschmelzende Systeme wurden von Jänecke (1937), Lindner (1951) und Spengler (1960) angegeben. Bild 2.6 zeigt als Beispiel das quaternäre Hochtemperatursystem Ni-Ni_3Al-Ni_3Nb-Ni_3Cr (Lemkey und Thompson, 1973). Eine nützliche Zusammenstellung der gesamten Literatur auf dem Gebiete der Mehrstoffsysteme sind die seit 1959 in jährlichen Bänden erscheinenden „Diagrammy Sostoyaniya Metallicheskikh Sistem".

2.1.2. Thermodynamik der Legierungen

Die grundlegende Größe für die Kenntnis der Gleichgewichte zwischen koexistierenden Phasen ist die (Gibbssche) Freie Enthalpie G. Die Änderung der Freien Enthalpie durch eine Änderung der Variablen längs eines reversiblen

Weges kann in Funktion von Druck, Temperatur und Zusammensetzung (n = Zahl der Mole) geschrieben werden (z.B. Prince, 1966):

$$dG = \left(\frac{\partial G}{\partial P}\right) dP + \left(\frac{\partial G}{\partial T}\right) dT + \left(\frac{\partial G}{\partial n_A}\right) dn_A + \left(\frac{\partial G}{\partial n_B}\right) dn_B + \ldots \quad (2.1)$$

In bekannter Weise kann (2.1) umgeschrieben werden:

$$dG = VdP - SdT + \mu_A dn_A + \mu_B dn_B + \ldots \quad (2.2)$$

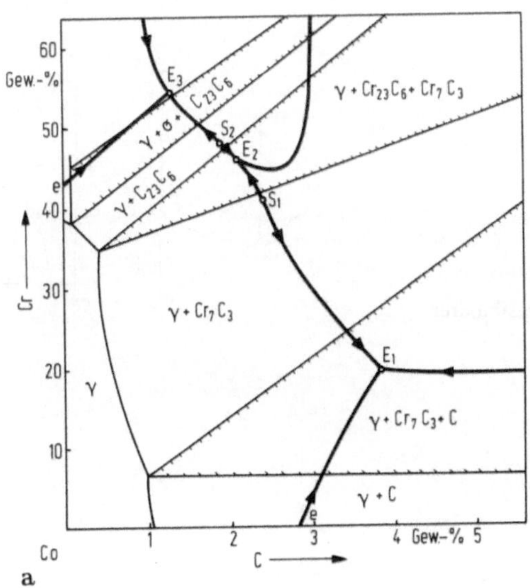

a

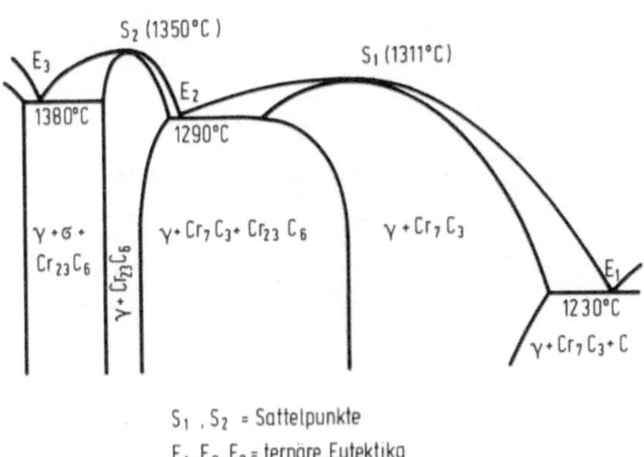

b

Bild 2.4. Monovariantes Eutektikum im System Co-Cr-C, a) Eutektische Rinnen, (Fritscher et al., 1973), b) Vertikalschnitt entlang der eutektischen Rinne E^3 - E^2 - E^1 (Sahm et al., 1972)

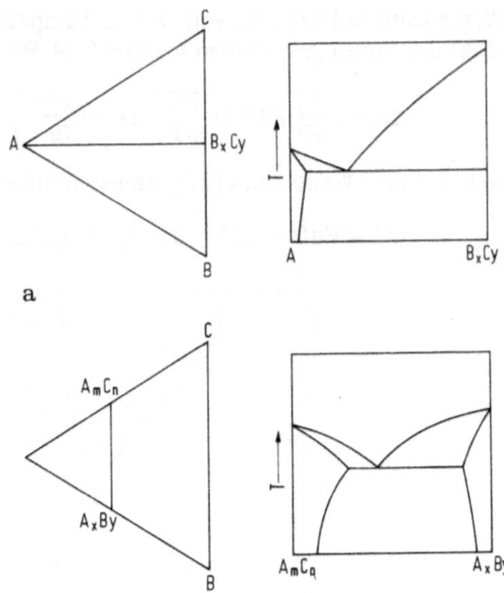

Bild 2.5. Zwei Arten quasibinärer Eutektika

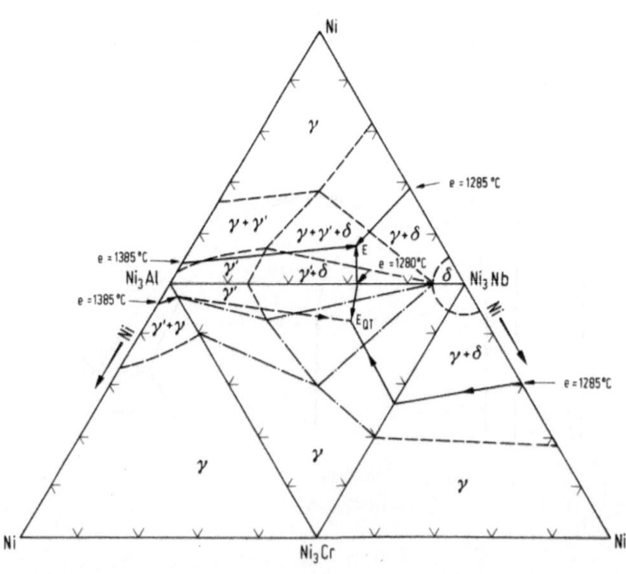

Bild 2.6. Liquidus-Flächen und isothermer Schnitt (1200°C) im quaternären System Ni-Ni_3Al-Ni_3Nb-Ni_3Cr, nach Lemkey und Thompson (1973)

Bei isobaren und isothermen Gleichgewichten zwischen mehreren Phasen (dG = 0) muß das chemische Potential eines Elementes in allen Phasen gleich sein, und die Zusammensetzung der Phasen verändert sich dementsprechend solange, bis diese Bedingung erreicht ist. Wie aus (2.1) und (2.2) hervorgeht, kann das chemische Potential aus der Abhängigkeit der Freien Enthalpie von der Zusammensetzung C (bzw. X) bestimmt werden: man legt eine gemeinsame Tangente an die G-C-Kurven der koexistierenden Phasen. Zur Beschreibung eines Gleichgewichtes ist also die Kenntnis der Freien Mischungsenthalpie notwendig, und zwar für alle möglichen Phasen. Die Phasen mit der tiefsten Tangentenlage bestimmen die bei einer Temperatur und einem Druck im Gleichgewicht stehenden Phasen (Bild 2.7). Diejenigen Phasen, deren G-C-Funktion die tiefstliegenden Tangenten nicht berühren, sind metastabil, d.h. sie können sich solange im Gleichgewicht mit anderen Phasen befinden, wie das stabile Gleichgewicht aus kinetischen Gründen nicht eingestellt werden kann (z.B. Heumann und Predel, 1968).

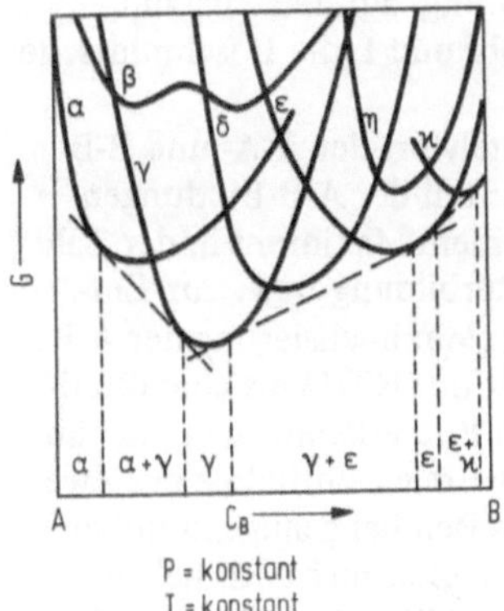

Bild 2.7.

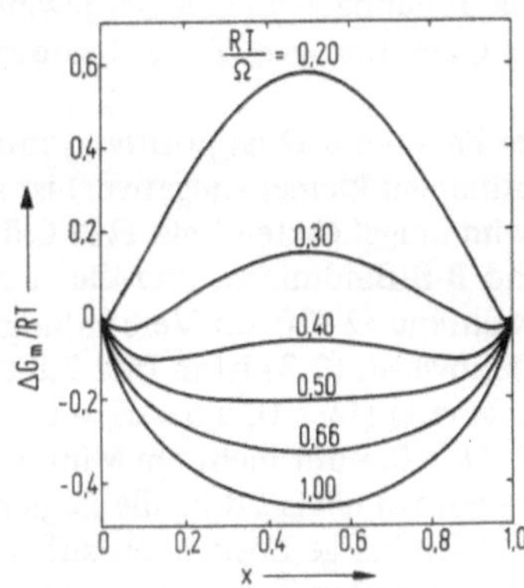

Bild 2.8.

Bild 2.7. Freie Enthalpie G in Funktion der Zusammensetzung C für verschiedene stabile und metastabile Phasen

Bild 2.8. Freie Bildungsenthalpie als Funktion der Zusammensetzung einer binären Legierung für $\Delta H_m > O$

Die G-C-Kurven können mit Hilfe mehrerer Modelle konstruiert werden (Christian, 1965). Meistens wird das Modell der sog. regulären Lösungen herangezogen (Hildebrand et al., 1970; Swalin, 1962; Prince, 1966). Es reicht aus, um eine gute qualitative Einsicht in die allgemeinen Zusammenhänge der verschiedenen Phasendiagramme zu geben und wurde in letzter Zeit mehrmals (z.B. von Kaufman und Bernstein, 1970 a, b) mit Erfolg zu ihrer Berechnung herangezogen. Unter den Voraussetzungen, daß die Mischungsenthalpie ΔH_m

die Bindungsverhältnisse nächster Nachbarn wiederspiegelt und die Mischungsentropie ΔS_m den Gesetzen idealer Lösungen folgt, d.h. daß die Exzessentropie $\Delta S_m^{xs} = 0$, erhält man für die Freie Mischungsenthalpie:

$$\Delta G_m = \Delta H_m - T\Delta S_m^{id}$$

oder

$$\Delta G_m = \Omega X_A X_B + RT(X_A \ln X_A + X_B \ln X_B) \tag{2.3}$$

mit X als Atombruch des jeweiligen Elementes und

$$\Omega = ZL\left(H_{AB} - \frac{H_{AA} + H_{BB}}{2}\right)$$

Ω ist die Wechselwirkungsenergie zwischen den Atomen der beiden Konstitutionen, H die Bindungsenthalpie der jeweiligen Paarung, auf den Zustand eines idealen Gases bezogen, Z die Koordinationszahl und L die Loschmidtsche Zahl.

Der Parameter Ω ist positiv, wenn der Mittelwert der A-A- und B-B-Bindungsenthalpien kleiner (negativer) ist als der Anteil der A-B-Bindungen und negativ im umgekehrten Fall. $\Omega > 0$ führt zu einem Maximum in der Zahl der A-A- und B-B-Bindungen, und daher zur Klusterbildung bzw. zur Entmischung, während $\Omega < 0$ auf Verbindungsbildung (Maximalisierung der A-B-Bindungen) hinweist. (2.3) ist in Bild 2.8 dargestellt mit RT/Ω als charakteristischem Parameter ($\Omega > 0$, d.h. $\Delta H > 0$). Aus dem Bild erkennt man, daß im Fall von $RT/\Omega > 0{,}5$ nur mehr ein Minimum in der Freien Enthalpie des Zweistoffsystems vorhanden ist; d.h. alle Legierungen weisen bei genügend hoher Temperatur vollständige Löslichkeit auf, sofern sie vorher nicht schmelzen (Bild 2.9). Bei niedrigen Temperaturen und größeren Ω-Werten wird sich das System jedoch entmischen ($RT/\Omega < 0{,}5$), denn die Freie Enthalpiekurve des Systems weist zwei Minima auf, die sich mit sinkender Temperatur den reinen Komponenten nähern und dann geringe Löslichkeit von B in α und A in β bewirken. Der entscheidende Wert des Parameters $RT/\Omega = 0{,}5$ definiert den kritischen Punkt eines Entmischungssystems. Man erkennt, daß man durch Variation eines einzigen Parameters (Ω) alle in Bild 2.7 gezeigten Kurventypen erfassen kann.

Für verdünnte Lösungen erhält man für die Änderung der Löslichkeit mit der Temperatur die bekannte Gleichung:

$$X_B = \exp(-\Omega/RT)$$

und für den kritischen Punkt T_c (Temperatur, oberhalb derer vollständige Löslichkeit möglich ist, Bild 2.9):

$$T_c = \frac{\Omega}{2R}$$

Die vorangegangenen Betrachtungen sind nur für einphasige Systeme gültig, die sich in zwei Phasen mit gleicher Kristallstruktur, jedoch verschiedener Zusammensetzung entmischen. Die Entmischungsreaktion schreibt man z.B. $S = S_1 + S_2$ für den flüssigen Zustand oder $\alpha = \alpha_1 + \alpha_2$ für den festen Zustand. Erst die Überlagerung des Gleichgewichtes zwischen fester und flüssiger Phase erlaubt es, verschiedenartige Phasendiagramme zu beschreiben.

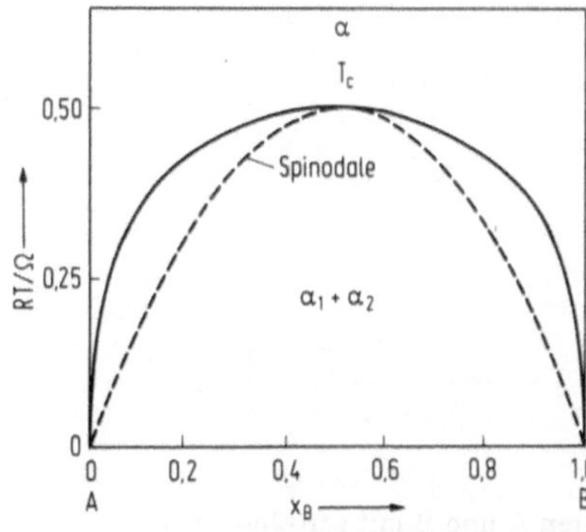

Bild 2.9. Löslichkeitslinien und spinodale Kurve für ein Entmischungssystem (vgl. mit Bild 2.8)

Für die ideale Lösung *) hängt die Schmelzpunktserniedrigung einer Komponente durch Zugabe einer anderen ausschließlich von der Schmelzwärme des Lösungsmittels ΔH ab und folgt der Gleichung:

$$\ln X_A = -\frac{\Delta H_A}{R}\left(\frac{1}{T_l} - \frac{1}{T_A}\right) \tag{2.4}$$

mit T_l als Liquidustemperatur bei Konzentration X_A und T_A als Schmelzpunkt der Komponente A. (2.4) beschreibt somit die Liquiduslinie einer Phase. Diese Linie weist je nach Schmelzwärme verschiedene Krümmung auf (Bild 2.10; Reismann, 1970). Überlagert man die Liquiduslinien der Komponenten A und B des Zweistoffsystems, wie dies in Bild 2.10 gezeigt ist, so erhält man, je nach Schmelzpunkt und Schmelzwärme der Komponenten, verschiedene eutektische Temperaturen und Zusammensetzungen (Schnittpunkt beider Liquiduskurven). Man erkennt, daß die Zusammensetzung des Eutektikums umso mehr zur Phase mit der niedrigen Schmelzenthalpie hin verschoben wird je größer der Unterschied in den Schmelzenthalpien beider Phasen ist. Diese Tendenz tritt auch bei asymmetrischen Systemen verstärkt auf, wenn die Phase mit der hohen Schmelzwärme (und damit hoher Schmelzentropie) einen hohen Schmelzpunkt aufweist. Solche Phasendiagramme sind

*) Zum Unterschied zur regulären Lösung wird in der idealen Lösung auch die Mischungsenthalpie $\Delta H_m = 0$ gesetzt ($\Omega = 0$).

typisch für Metall-Nichtmetallsysteme wie Fe-C, Al-Si, Co-TaC usw. Durch die Asymmetrie ist meistens mit einem kleinen Volumenanteil der stabilen Phase zur rechnen (Probleme der Verstärkung, Kap. 8).

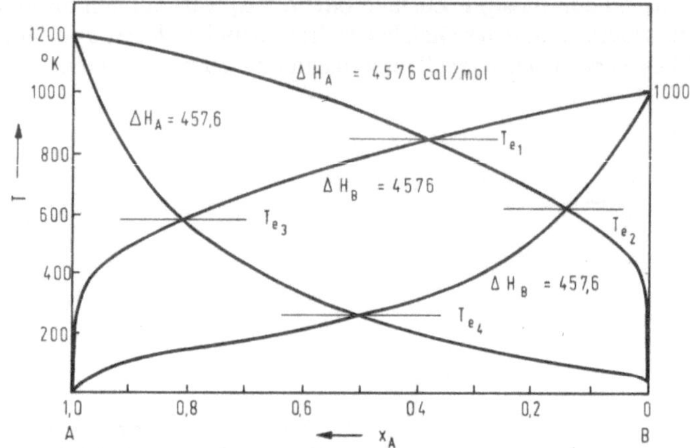

Bild 2.10. Liquiduslinien für die reinen Komponenten A und B mit verschiedenen Schmelzenthalpien und Schmelzpunkten. (Der Schnittpunkt der Linien ergibt in erster Näherung den eutektischen Punkt.)

Durch verschiedene Lagen der Liquidus- (und Solidus-)Linien und relativ dazu der kritischen Punkte kann man eine lückenlose Reihe von Phasendiagrammen konstruieren (Lawson, 1950). Eine gute Zusammenstellung dieser Fragen findet sich bei Mager et al., 1972 a. Hier möge es genügen, etwas näher auf eutektische Reaktionen einzugehen. Ist z.B. die eutektische Schmelztemperatur niedriger als die kritische Temperatur T_c, dann kann man ein Eutektikum mit den Phasen α_1 und α_2 erhalten, die sich nur in der Zusammensetzung unterscheiden (Bild 2.11.): Ein System mit spinodaler Entmischung. Hier ergeben sich Konsequenzen für das Ausscheidungsverhalten der Legierung (Cahn, 1968).

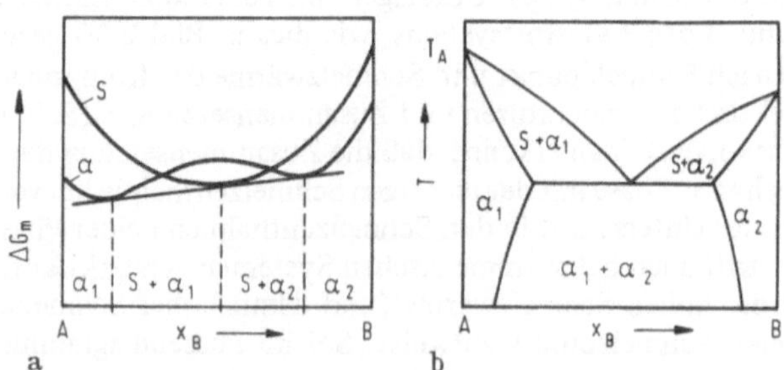

Bild 2.11. Freie-Enthalpie-Kurven für den Fall eines Eutektikums mit Entmischungsneigung der α-Phase

Für den Fall der Entmischungsneigung ($\Delta H_m > 0$), kommt man durch die Erhöhung von ΔH_m kontinuierlich von der vollständigen Löslichkeit über das Eutektikum zum Monotektikum und schließlich zu vollständiger Unlöslichkeit (Bild 2.12). Dies läßt sich vereinfachend damit erklären, daß eine zunehmende Tendenz zur Entmischungsneigung sowohl die kritische Temperatur T_c

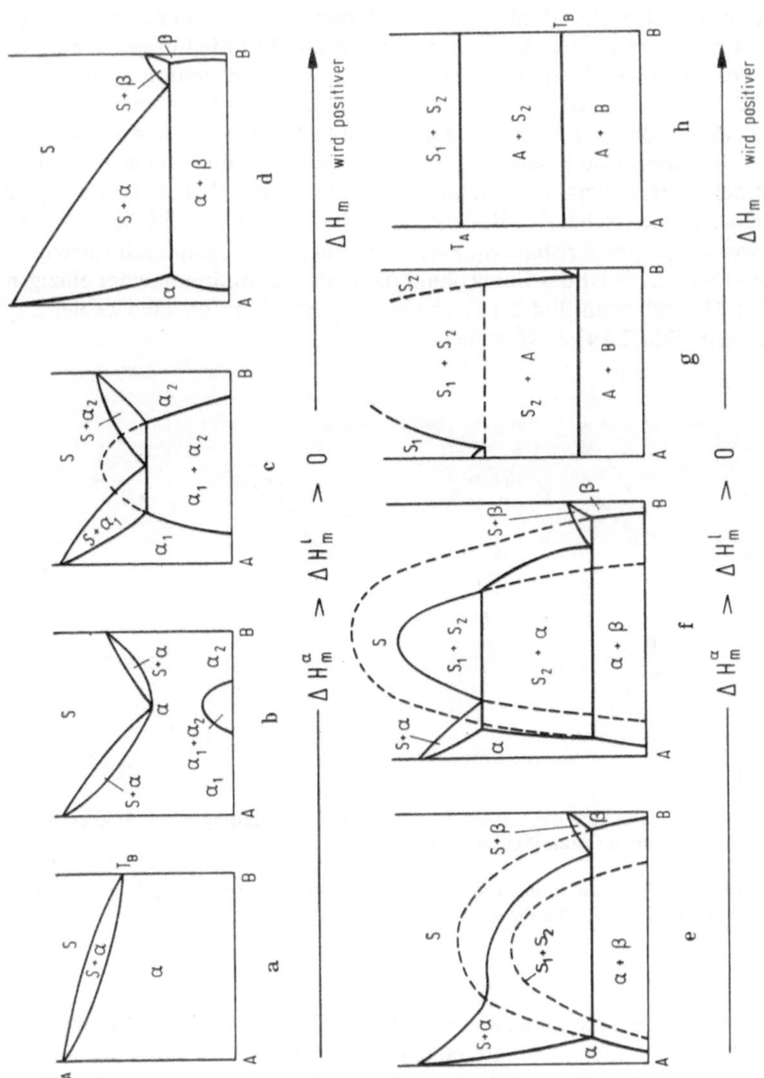

Bild 2.12. Wirkung zunehmender Entmischungstendenz ($\Delta H_m > 0$) auf den Phasendiagrammtyp

der Fest-fest-Entmischung erhöht als auch die Stabilität der Schmelze im Entmischungsbereich verringert. Liegt die kritische Temperatur höher als der Schmelzpunkt der Legierung (Bild 2.12c), ergibt sich, wie schon erwähnt, ein Eutektikum oder, wo sich die Schmelzpunkte beider Komponenten stark unterscheiden, u.U. auch ein Peritektikum.

Bei weiter zunehmender Entmischungsneigung (Bild 2.12 e-h) tritt nicht nur ein kritischer Punkt (ein Zweiphasenfeld $\alpha_1 + \alpha_2$) auf, sondern es kommt zunehmend auch das noch tiefer liegende Entmischungsfeld $S_1 + S_2$ zum Vorschein. Der kritische Punkt der Entmischungsreaktion im flüssigen Zustand $S = S_1 + S_2$ ist normalerweise immer bei tieferer Temperatur anzutreffen als der der Entmischungsreaktion im festen Zustand $\alpha = \alpha_1 + \alpha_2$. In Bild 2.12 e und f sind beide Entmischungsbereiche in ihre metastabilen Bereiche hinein extrapoliert worden. Man muß jedoch bedenken, daß es sich, auf grund des Modelles, bei den Bildern 2.12 d-h nicht um α und β handelt, sondern um zwei isomorphe Kristalle $\alpha_1 + \alpha_2$. Bei zwei kristallographisch verschiedenen Phasen (Bild 2.13) ist das Eutektikum nicht als das Minimum einer einzigen (Bild 2.12b, vgl. auch Bild 2.11), sondern als das Überschneiden zweier Liquiduskurven (Bild 2.14) zu verstehen.

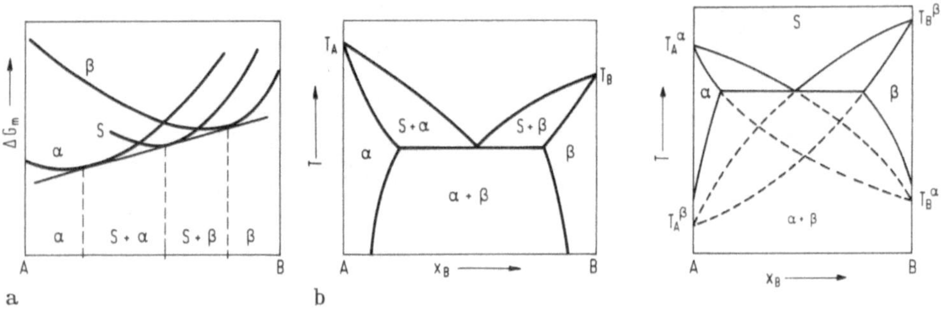

Bild 2.13. Bild 2.14.

Bild 2.13. Freie-Enthalpie-Kurven für den Fall eines Eutektikums mit zwei kristallographisch verschiedenen festen Phasen α und β

Bild 2.14. Metastabile Liquidus- und Soliduslinien eines Eutektikums mit zwei kristallographisch verschiedenen Phasen

Bei zunehmend negativem ΔH_m erhält man die Stabilisierung einer A_xB_y-Phase, die sich im Auftreten eines neuen Einphasenbereiches und eventuell durch ein Maximum in der Liquidus- und Solidustemperatur ausdrückt. Es entsteht dann aus dem einen Phasendiagramm A-B durch das Auftreten der Phase A_xB_y ein doppeltes Diagramm, A-A_xB_y und A_xB_y-B. Im allgemeinen kann die Verbindung als Komponente des Phasendiagrammes behandelt werden, wodurch man sich nur auf den interessierenden Teil des Diagrammes zu beschränken braucht*).

Die Phasendiagramme des Verbindungstyps stellen für die Kompositwerkstoffe das weitaus interessanteste Gebiet dar. Daher ist für das Verständnis der Legierungen eine Kenntnis der umfassenden Disziplin der Verbindungsbildung wichtig. Hierzu kann nur auf die Literatur verwiesen werden, z.B. Brewer, 1964; Westbrook, 1967; Rudman et al., 1967; Pearson, 1972.

Die Löslichkeit eines Elementes A in einer B-reichen Phase β wird durch die Stabilität dieser Phase stark beeinflußt. Eine hohe Stabilität manifestiert sich in einer sehr schmalen ΔG_m-X-Kurve mit starker Krümmung im Minimum. Das bedingt, daß eine stabile Phase (mit hohem Schmelzpunkt, z.B. Karbide) meistens geringe Löslichkeit für das Metall, aus dem sie entstanden ist, aufweist, während das Metall eine viel größere Löslichkeit für die Verbindung besitzt (Bild 2.15).

Über die konzentrations- und temperaturabhängigen Gleichgewichte hinaus können weitere Variable wichtig werden, z.B. Teilchengrößen. In dispersiven Systemen, wie sie ausscheidungsgehärtete Legierungen oder eutektische Komposite darstellen, muß dies berücksichtigt werden. In Bild 2.15 ist die Wirkung einer Verringerung der Teilchengröße der β-Phase auf die ΔG_m-X-Kurve bzw. auf die T-X-Kurve schematisch wiedergegeben. Die höhere Grenzflächenenergie der kleinen Teilchen verschiebt die ΔG_m-X-Kurve für diese Phase zu höheren Werten, weshalb die Löslichkeit zunimmt. Dies heißt weiter, daß die Ausscheidungstemperatur abnimmt oder kleine Teilchen bei tieferer Temperatur instabiler werden als große. Dieses Phänomen hat einen großen Einfluß auf die Langzeitstabilität eutektischer Kompositwerkstoffe, die bei hohen Temperaturen eingesetzt werden (Kap. 6.).

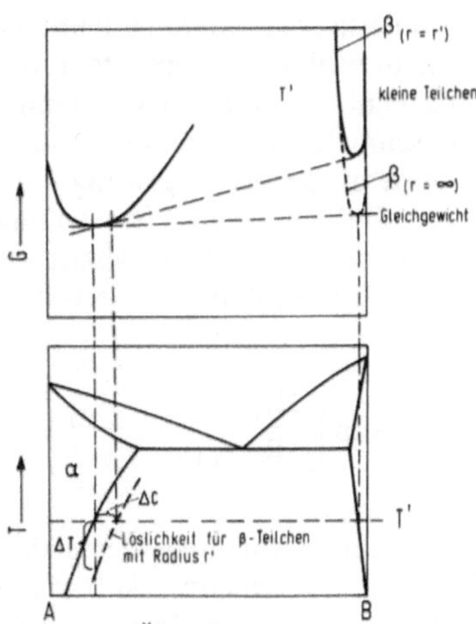

Bild 2.15. Löslichkeit und Teilchengröße

*) Eine Dissoziationsneigung der Verbindung kann einen deutlichen Einfluß auf die Gestalt des Phasendiagrammes ausüben (Reismann, 1970).

2.2. Bestimmung komplexer Phasendiagramme

Eine Grundvoraussetzung für die Entwicklung neuer Werkstoffe, besonders auf dem Gebiet eutektischer Komposite, ist die Kenntnis aller möglichen Gleichgewichtszustände des Systems. Bei der Komplexität der Systeme sind rationelle Informationsgewinnung sowie -speicherung anzustreben (vgl. Petzow u. Lukas, 1970). Konventionelle Mittel, die zur Bestimmung binärer Systeme noch anwendbar sind, versagen bei Systemen mit mehr als drei Komponenten infolge des stark ansteigenden Arbeitsaufwandes (ein Fünfstoffsystem erfordert die Kenntnis von fünf Vierstoffsystemen, deren jedes aus vier Dreistoffsystemen aufgebaut werden muß usw.). Heute zur Verfügung stehende Mittel der rein theoretischen Berechnung von Phasendiagrammen kranken vor allem daran, daß unbekannte Phasen nicht vorausgesagt werden können. Somit ergibt sich als einzig möglicher Weg, konventionelle und unkonventionelle experimentelle Methoden mit Rechenmethoden zu kombinieren.

Die folgenden Ausführungen sind als Vorschlag für zwei praktisch durchführbare Arbeitsmethoden anzusehen. Die erste Methode (Abschnitt 2.2.1.) ist relativ einfach und schnell, kann jedoch nur dann auf Drei- und Mehrstoffsysteme angewandt werden, wenn alle Randsysteme Eutektika aufweisen (etwa im Bild 2.6). Auf diese Weise konnten Hubert et al. (1972) das quasibinäre und ternäre Eutektikum Ni-Ni_3Al-Ni_3Ta ermitteln. Die zweite Methode Abschn. 2.2.3.) ist aufwendiger, gibt jedoch schnell ein sehr genaues Bild der Gleichgewichte in jedem beliebigen System.

2.2.1. Abschätzung eutektischer Punkte

Diese qualitative Methode erlaubt es, die ungefähre Lage eines Mehrkomponenteneutektikums zu ermitteln. Hat man erst einmal eine Vorstellung von der wahrscheinlichen Zusammensetzung der eutektischen Legierung, ergibt ein Zonenschmelzversuch und eine anschließende metallographische Untersuchung der Probe die genaue Legierung.

Der einfachste Weg, die ungefähre Temperatur und Zusammensetzung eines binären Eutektikums abzuschätzen, verläuft über die ideale Lösung. Um den eutektischen Punkt zu berechnen, setzt man in (2.4) $X_A + X_B = 1$ und erhält:

$$\exp\left[\frac{\Delta H_A}{R}\left(\frac{1}{T_A}-\frac{1}{T_e}\right)\right]+\exp\left[\frac{\Delta H_B}{R}\left(\frac{1}{T_B}-\frac{1}{T_e}\right)\right]=1. \qquad (2.5)$$

Unter Annahme dieses idealen Verhaltens hat Hubert (1968) ein graphisches Verfahren entwickelt, das gestattet, ein Eutektikum in einem Dreistoffsystem (u.U. auch in einem Vierstoffsystem) ungefähr zu lokalisieren, wenn die Randsysteme ebenfalls eutektisch sind. Diese Arbeit geht auf eine Veröffentlichung von Martinova et al. (1965) zurück, in welcher das gleiche Problem anhand von Dreistoffsystemen verschiedener Ionenverbindungen beschrieben wird. Aufgrund von (2.5) erkennt man, daß für einfache eutektische Systeme, die nicht allzusehr vom Verhalten idealer Lösungen abweichen, die Lage des Eutektikums mit der Schmelzenthalpie der Komponenten zusammenhängt. Im allgemeinen ist die Zusammensetzung der Eutektika (in Atomprozent) immer näher am Element mit der kleineren Schmelzenthalpie (vgl. Bemerkungen zu Bild 2.10).

Bei Kenntnis der binären Randsysteme kann man das ternäre Eutektikum auf folgende Weise interpolieren (Bild 2.16): Man nimmt an, daß das ternäre Eutektikum innerhalb der Dreiecksfläche, die durch die drei binären Eutektika e_1-e_2-e_3 gebildet wird, liegt. Durch Verbindung jedes Eutektikums mit dem gegenüberliegenden Element teilt man das Dreieck e_1-e_2-e_3 in vier Dreiecke und drei Vierecke. Nun wird ein Kriterium gesucht, das dasjenige Vieleck bestimmt, in welchem das ternäre Eutektikum wahrscheinlich zu finden ist. Hierzu geht man Schritt für Schritt um das System herum und berechnet die Konstante $D_i^{i-j} = \Delta H_i/R$ für zwei Randsysteme (2.5). Um z.B. zu entscheiden, auf welcher Seite der Linie e_1-C (Bild 2.16) das ternäre Eutektikum zu liegen kommt, berechnet man D_A^{A-C} und D_B^{B-C}. Da das Eutektikum näher an der Phase mit der kleineren Schmelzenthalpie liegt, wird man es auf der Seite des kleineren D-Wertes erwarten (also links der Linie e_1-C, wenn $D_A^{A-C} < D_B^{B-C}$ d.h. im Dreieck e_1-e_3-3).

Durch Wiederholen des Vorganges für die übrigen Systeme wird die Zahl der sich überdeckenden Flächen immer kleiner und schließlich bleibt nur noch eine Fläche übrig, in der sich das ternäre Eutektikum befinden sollte. Nimmt man an, daß die einzelnen D-Werte des Systems von Bild 2.16 in der in

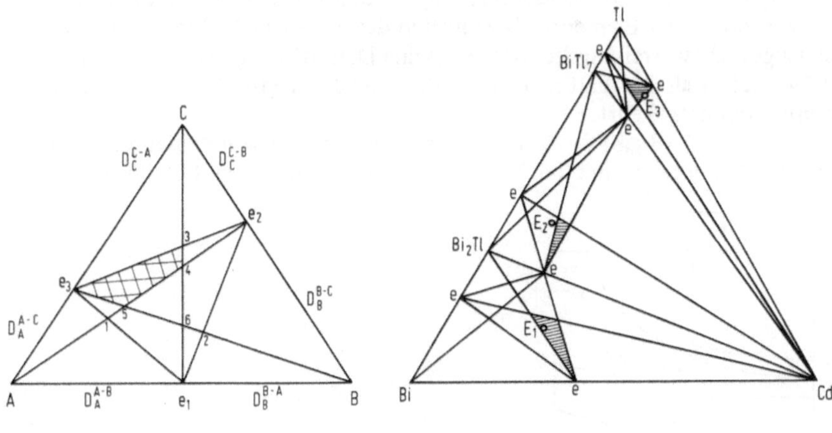

Bild 2.16.

Bild 2.17.

Bild 2.16. Lokalisierung der wahrscheinlichen ternären eutektischen Zusammensetzung, nach Martinova et al. (1965) und Hubert (1968)

Bild 2.17. Lage der ternären Eutektika im Dreistoffsystem Bi-Cd-Tl, nach Hubert (1968)

Tabelle 2.2. D_i^{i-j}-Werte für das in Bild 2.16 dargestellte Beispiel

Schnitt	D_i^{i-j}-Werte	Gemeinsam überdeckte Flächen
1	$D_A^{A-C} < D_B^{B-C}$	e_1-e_3-3
2	$D_C^{C-B} < D_A^{A-B}$	e_3-3-6
3	$D_C^{C-A} < D_B^{B-A}$	$e_3-3-4-5$

Tab. 2.2 angegebenen Relation stehen, dann erhält man durch sukzessive Eliminierung schließlich als wahrscheinlichsten Ort für das ternäre Eutektikum das Viereck e_3-3-4-5.

Auf dieselbe Weise können auch kompliziertere eutektische Systeme mit intermetallischen Phasen ausgewertet werden (Bild 2.17), wenn man das Dreistoffsystem in seine Einzelsysteme aufteilt und jedes für sich berechnet. Kennt man so die nähere Zusammensetzung des Eutektikums, kann der eutektische Punkt durch gerichtete Erstarrung oder Zonenschmelzen und anschließende Analyse genau bestimmt werden.

Tiller (1959, 1970) hat vorgeschlagen, mit der Methode der gerichteten Erstarrung sowohl die Art der Flüssig-fest-Umwandlung als auch verschiedene Konoden in einem Vielstoffsystem zu bestimmen. Die Methode ist sehr einfach in der Anwendung. Um eine möglichst gleichgewichtsnahe Erstarrung zu bekommen, sollte die Erstarrungsgeschwindigkeit klein sein (etwa 10^{-4} cm/s) und die Konvektion in der Schmelze stark *). Durch die allgemeine Seigerungsneigung einer Legierung (reine Eutektika und Minima in der Solidus-Liquidustemperatur ausgenommen) bekommt man eine Änderung der Konzentration der Elemente als Funktion des erstarrten Volumens. Ist der Gleichgewichtsverteilungskoeffizient (seine Definition vgl. z.B. Kurz und Lux, 1969) kleiner als 1, erhält man eine Erhöhung der Konzentration dieses Elementes und umgekehrt.

Bild 2.18 gibt die Verhältnisse für vier Typen von Phasendiagrammen wieder. Man erkennt, daß bei Durchlaufen einer isothermen Fest-flüssig-Um-

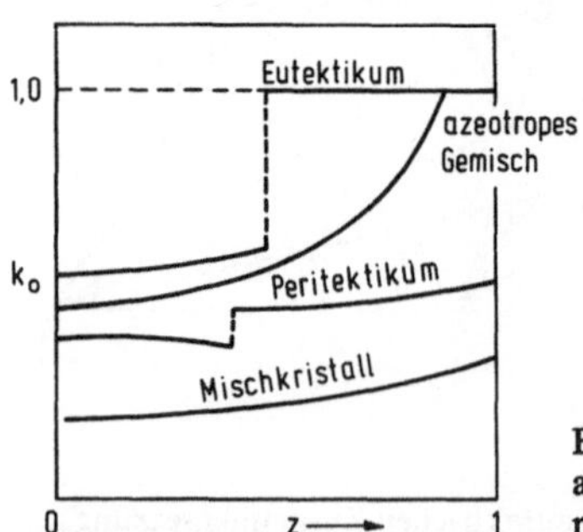

Bild 2.18. Veränderung des Verteilungskoeffizienten als Funktion des erstarrten Abstandes für verschiedene Legierungssysteme

*) Tien und Copley (1973) benutzten eine modifizierte Technik: sie erzielten eine erhöhte Durchmischung der Schmelze durch Ultraschall.

wandlung (Eutektikum, Peritektikum) der Verteilungskoeffizient bzw. die Konzentration sich sprunghaft ändert, während für Systeme mit durchgehender Löslichkeit (im untersuchten Bereich) nur eine kontinuierlich ansteigende Kurve zu beobachten ist. Ein Eutektikum unterscheidet sich von einem Peritektikum dadurch, daß der Verteilungskoeffizient k_0 beim Eutektikum 1 wird, während er beim Peritektikum nach der Reaktion größer als vorher ist.

Ein weiterer Vorteil der Methode besteht darin, daß man gleichzeitig in einem größeren Gebiet eines Vielstoffsystems die für die Kenntnis eines solchen Systems so wichtigen Konoden bestimmen kann. Hierzu ist es notwendig, die Erstarrungs- oder Schmelztemperatur der Legierung als Funktion der Länge des erstarrten Teiles für konstanten Querschnitt zu messen (Tiller, 1970; Verhoeven und Gibson, 1971). So spiegelt die gerichtet erstarrte Probe einen realen Ausschnitt aus dem Legierungssystem wieder, d.h. sie gibt den Zusammenhang zwischen Zusammensetzung und Schmelztemperatur einerseits und erstarrtem Volumen andererseits an. Dieser Ablauf ist analog zur Erstarrung eines Primärkornes in einer Schmelze. Da der Querschnitt der gerichtet erstarrten Probe z.B. 1 cm^2 betragen kann, ist es möglich, sehr genaue Analysen als Funktion des erstarrten Volumens durchzuführen. Hiermit können Einflüsse von bestimmten getrennt zulegierten Elementen auf das Seigerungsverhalten ermittelt und Gußlegierungen auf ihr Erstarrungsverhalten optimiert werden.

Alle hier erwähnten Vorteile gelten auch für das Zonenschmelzverfahren, das einen weiteren Vorteil bietet, indem durch wiederholten Zonendurchgang die Seigerung noch erhöht werden kann. Dadurch ist es möglich, auch sehr schwach seigernde Legierungen zu untersuchen oder mit einer Probe einen größeren Konzentrationsbereich des Diagrammes zu überstreichen. Eine Zusammenfassung der Verfahren haben Yue und Clark (1961), Yue (1967), Pfann (1966) und Schildknecht (1964) gegeben. Bild 2.19 zeigt eine Anwen-

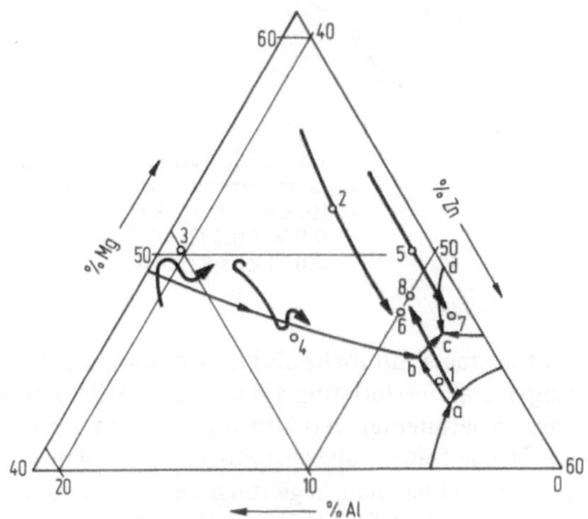

Bild 2.19. Zusammensetzungsänderungen nach viermaligem Zonenschmelzen verschiedener Mg-Al-Zn-Legierungen, nach Yue und Clark (1961)

dung auf ein komplexes ternäres System. Combrade und Turpin (1972) haben gezeigt, daß das Verfahren genau genommen nur auf invariante eutektische Reaktionen angewandt werden kann. Monovariante Rinnen werden durch das Zonenschmelzen nur in groben Umrissen sichtbar.

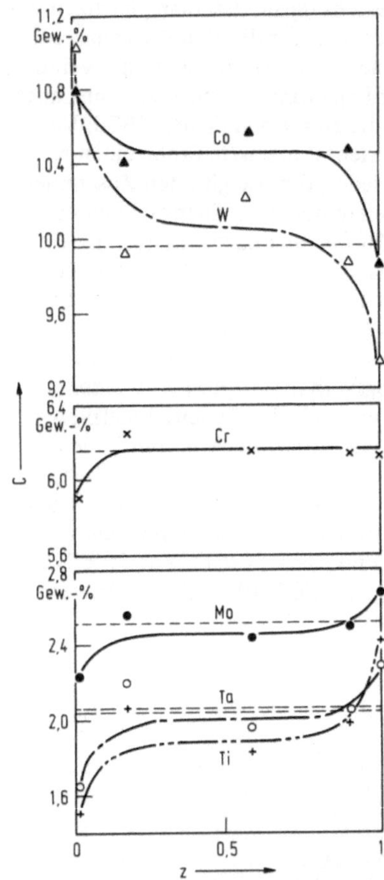

Bild 2.20. Verteilung der Legierungselemente beim Zonenschmelzen einer Superlegierung (in Gew. %: 0,18 C / 10,0 Co / 2,5 Mo / 2 Ta / 9,9 W / 6,3 Cr / 5,3 Al / 1,9 Ti / 0,02 B / 0,058 Zr / Rest Ni)

Für Vielstoffsysteme mit mehr als vier Komponenten stellen diese speziellen Erstarrungsverfahren vorläufig die einzige Möglichkeit dar, die sehr komplexen Vorgänge experimentell verhältnismäßig einfach zu ermitteln. In Bild 2.20 ist dies am Beispiel einer Superlegierung gezeigt. Man erkennt gut die Seigerungsneigung der verschiedenen Legierungselemente und kann dadurch Rückschlüsse auf Verteilungskoeffizienten und Konoden ziehen. Auf diese Weise konnten auch van den Boomgaard et al. (1974) eine quasieutektische Reaktion im quinären System Fe-Co-Ti-Ba-O ermitteln (vgl. Abschn. 8.5.4.).

2.2.2. Statistische Methoden

Die Konstitutionsforschung bedient sich vielfach auch empirischer Methoden, die über statistische Auswertung von Meßergebnissen Gesetzmäßigkeiten zu formulieren erlauben, die dann ihrerseits auf unbekannte Systeme schließen lassen. Für die Bildung bestimmter Phasendiagrammtypen sind vor allem drei Faktoren entscheidend:

- die Atomvolumendifferenz,
- die Elektronenkonzentration und
- der Unterschied in der Valenz der beiden Komponenten.

Sie bestimmen weitgehend die Neigung zur Verbindungsbildung oder Entmischung, so daß sich gewisse Tendenzen angeben lassen. Versuche, die Legierungstypen zu systematisieren, gibt es zahlreiche (Hildebrand und Scott, 1950; Mondolfo, 1962; Kubaschewski, 1967; Mott, 1968; Mager und Petzow, 1972b). Kubaschewski (1967) hat in diesem Zusammenhang ein Diagramm veröffentlicht (Bild 2.21), das auf der Auswertung von 350 Systemen basiert. Auf der Abszisse wurde die Summe der relativen Differenz der Sublimationswärmen (ΔH_i^S) für 25°C und der meist kleinen elektrochemischen Differenz (ϵ_i) und auf der Ordinate die relative Atomradiusdifferenz (r_i) aufgetragen. Die Systeme ordnen sich relativ gut in Gruppen, deren schleifende Übergänge in dem Bild durch Linien gekennzeichnet sind.

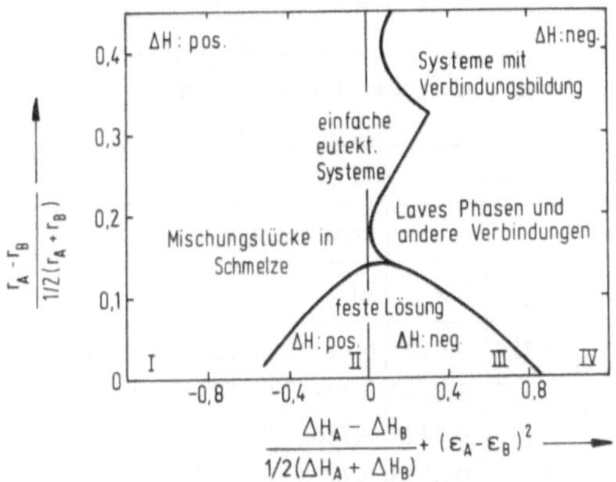

Bild 2.21.

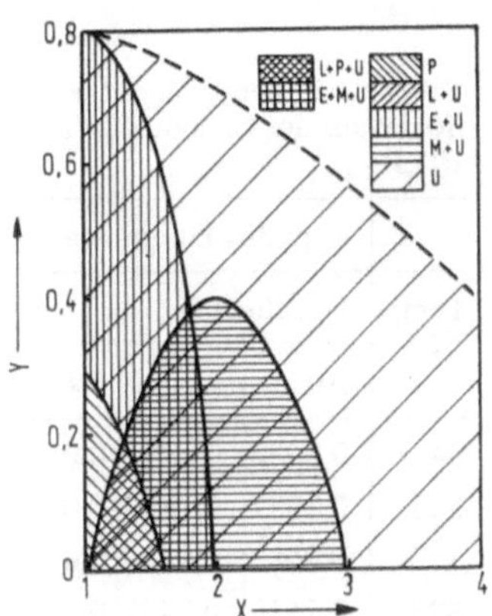

Bild 2.22.

Bild 2.21. Klassifizierung der Phasendiagrammtypen, nach Mager et al., 1972b, (X stellt r = Atomradius, ΔH = Sublimationswärme, ϵ = Elektronegativität

Bild 2.22. Klassifizierung der Phasendiagrammtypen, nach Mager et al., 1972b. (X stellt den Einfluß von Atomradius und Stellung im Periodensystem und Y den Einfluß der Schmelzentropie dar. L: durchgehende Löslichkeit; U: Unlöslichkeit; P: Peritektikum; E: Eutektikum; M: Monotektikum)

Mager et al. (1972a, b) haben ebenfalls versucht, charakteristische Gesetzmäßigkeiten an Zweistoffsystemen ohne intermetallische Phasen zu finden. Zur Auswertung des umfangreichen Materials (420 Zweistoffsysteme) mittels Regressionsanalyse zogen sie verschiedene Parameter und Faktoren heran. Mittels der Korrelationsfaktoren X (Einfluß des Atomradius und der Stellung im Periodensystem) und Y (Einfluß der Schmelzentropie) wurde eine relativ gute Korrelation gefunden (Bild 2.22). Die einzelnen Gebiete werden durch Parabeln verschiedener Höhe und Lage begrenzt. Das Gebiet der Eutektika ist besonders hervorgehoben. Ist $Y > 0{,}32$, d.h. ist der Unterschied der Schmelzentropien der reinen Komponenten hinreichend groß, so ist die Wahrscheinlichkeit, ein eutektisches System zu finden, mit 70% verhältnismäßig hoch.

2.2.3. Genaue Ermittlung von Mehrstoffsystemen

Die genaue Bestimmung der Phasengleichgewichte ist ein Problem des gemeinsamen Einsatzes verschiedener komplementärer Methoden, die es erlauben, in minimaler Zeit genügend genaue Informationen zu liefern. Wie Davison und Rice (1973) gezeigt haben, kann man die Zahl der nötigen Experimente dadurch stark einengen, daß man die Meßergebnisse nur als Rechenhilfe benützt. Durch Kombination einiger weniger Meßpunkte (Solidus- und Liquidustemperaturen) mit dem Modell regulärer Lösungen konnte ein Teil des ternären Diagrammes Al-Cu-Mg mit hoher Genauigkeit bestimmt werden (vgl. Tab. 2.3).

Tabelle 2.3. Vergleich der berechneten und experimentell bestimmten Konzentrationen auf der Liquidusfläche ternärer Al-Cu-Mg-Legierungen (Davison und Rice, 1973)

	Liquidus-Zusammensetzungen (Atombruch)								
Temp. °C	berechnet *)			berechnet **)			experimentell		
	Al	Cu	Mg	Al	Cu	Mg	Al	Cu	Mg
542	0,8082	0,1791	0,0127	0,8141	0,1722	0,0137	0,8134	0,1727	0,0139
538	0,7952	0,1833	0,0215	0,8051	0,1717	0,0232	0,7997	0,1724	0,0278
530	0,7683	0,1923	0,0394	0,7855	0,1715	0,0429	0,7861	0,1722	0,0417
525	0,7510	0,1982	0,0508	0,7725	0,1720	0,0555	0,7725	0,1720	0,0555
516	0,7191	0,2093	0,0716	0,7471	0,1738	0,0791	0,7589	0,1718	0,0791
513	0,7084	0,2130	0,0786	0,7380	0,1748	0,0872	0,7454	0,1715	0,0831
507	0,6863	0,2209	0,0928	0,7185	0,1775	0,1040	0,7319	0,1713	0,0968

*) Berechnet nach Modell regulärer Lösungen ohne ternären Wechselwirkungsparameter

**) Berechnet unter Berücksichtigung eines experimentellen Ergebnisses

Um das genannte Verfahren bestmöglich zu nutzen, muß man auf verschiedene Faktoren einwirken:

1. Rechenmethode

   a) Wahl eines einfachen Lösungsmodelles, das jedoch eine Berücksichtigung der temperatur- und konzentrationsabhängigen Exzeßgrößen erlaubt;

   b) Wahl einer möglichst rationellen Rechenmethode zur numerischen Lösung der großen Anzahl komplizierter Gleichungssysteme.

2. Experimente

   a) Bestimmung einer kleinen Zahl von Gleichgewichtstemperaturen bei konstanter Zusammensetzung und der entsprechenden Schmelzwärmen;

   b) Bestimmung einer begrenzten Zahl von isothermen Gleichgewichtskonzentrationen und Phasen.

Eine kurze vergleichende Zusammenfassung der verschiedenen Lösungsmodelle (Punkt 1a) wurde von Ansara (1973) gegeben. Weiterhin sind in diesem Zusammenhang die Arbeiten von Hillert (1969), Williams (1969), Olson und Toop (1969), Kaufman et al. (1970a, b und 1973), Sharkey et al. (1971) und Gaye (1971) interessant. Bezüglich der Wahl geeigneter Methoden zur numerischen Lösung der Gleichungssysteme (Punkt 1b) sei besonders auf die Arbeiten von Hillert (1969), Kaufman et al. (1970 a, b und 1973), Counsell et al. (1971), Gaye und Lupis (1970) und Gaye (1971) hingewiesen.

Kaufman et al. haben bisher als einzige eine große Anzahl von Systemen mit EDV-Anlagen berechnet. Wie Gaye et al. betonen, läßt sich die Methode von Kaufman stark vereinfachen, indem stufenweise Rechenmethoden herangezogen werden. Zur Zeit scheint die von letzteren Autoren entwickelte Methode für komplexe Systeme am besten geeignet zu sein. Sowohl Kaufman und Bernstein (1970a) als auch Gaye (1971) geben die kompletten Rechenprogramme an.

Die experimentellen Daten, die zur Lösung der Gleichungen erforderlich sind, können durch Differentialthermoanalyse (Punkt 2a) gewonnen werden (z.B. Arend und Sahm, 1972); durch die Liquidus- und Solidustemperatur bzw. Schmelzwärme erhält man wichtige Informationen über die Exzeßgrößen. Weitere wesentliche Messungen (Punkt 2b) sind Diffusionsglühungen binärer und ternärer Legierungen und deren rasche Analyse (Boettcher et al., 1955; Kennedy et al., 1965; Hanak, 1970; Petzow und Lukas, 1970; Brunsch und Steeb, 1971). Sie liefern die anders nicht erhältliche Information über die vorliegenden Phasen. Da die Stabilität der Phasen mit zunehmender Komponentenzahl stark abnimmt (es gibt nur wenige quaternäre Phasen), sollte die Kenntnis binärer und ternärer Phasen auch für die Berechnung höherwertiger Systeme in erster Näherung ausreichen. Besonders interessant ist die Aufdampfmethode nach Kennedy et al. (1965), da sie in Verbindung mit einer automatisierten Mikrosonde in sehr kurzer Zeit einen isothermen Schnitt durch ein Dreistoffsystem zu legen gestattet.

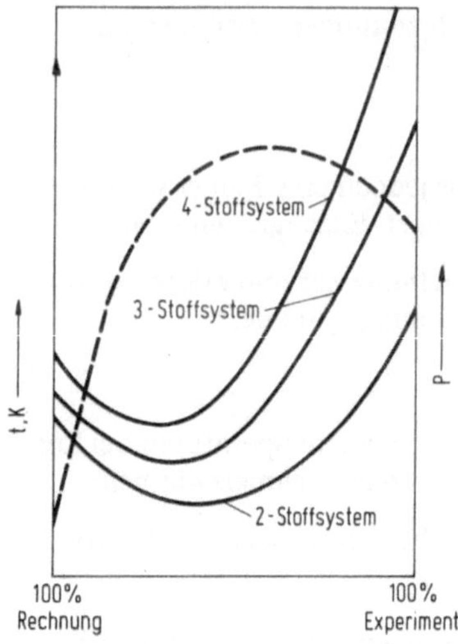

Bild 2.23. Genauigkeit P (strichlierte Kurve) und Aufwand (Kosten K, Zeit t) bei der Bestimmung von Mehrstoffsystemen nach verschiedenen Methoden

Folgende iterative Bestimmungsmethode (vgl. Bild 2.23) sollte sowohl bezüglich Zeit und Aufwand als auch bezüglich Aussage ein optimales Ergebnis liefern (Blanc und Kurz, 1973):

1. Diffusionsglühung (falls Phasen unbekannt);
2. Differentialthermoanalyse mehrerer Zusammensetzungen (Bestimmung von Solidus- und Liquidustemperatur und Schmelzwärme);
3. Rechnung;
4. Differentialthermoanalyse einiger auf Grund der Rechnung ausgewählter Legierungen;
5. Rechnung.

Hierbei ist zu beachten, daß verschiedene Rechenmodelle verschieden empfindlich auf ungenaue Eingaben reagieren. Es ist daher angebracht, für den ersten Rechnungsgang ein einfaches und stabiles und für den zweiten ein genaues Lösungsmodell zu verwenden.

2.3. Literatur

Ansara, I. (1973): "Thermodynamique et Diagrammes de Phases" in *Diagrammes de Phases et Stoechiometrie*, (J.P. Suchet, Hsgb.), Masson, Paris

Arend, H.; Sahm, P.R. (1972): Mater. Res. Bull **7**, 1453

Bates, H.E.; Wald, F.; Weinstein, M. (1969); J. Mat. Sei. **4**, 25

Bibring, H.; Trottier, J.P. Rabionowitch, M.; Seibel, G. (1971); Mémoires Scient. Rev. Metallurg. **68**, 23

Blanc, R.; Kurz, W. (1973): Ecole Polytechnique Fédérale de Lausanne, unveröffentlicht

Boettcher, A.; Haase, G.; Thun, R. (1955): Z. Metallkde **46**, 386

Brewer, L. (1964): "Prediction of High Temperature Metallic Phase Diagrams", University of California UCRL – 10701 Rev. 2

Brunsch, A.; Steeb, S. (1971): Z. Metallkde **62**, 247

Cahn, J.W. (1968): Trans. Met. Soc. AIME **242**, 166

Christian, J.W. (1965): *The Theory of Transformation in Metals and Alloys*, Pergamon Press, Oxford

Combrade, P.; Turpin, M. (1972): J. Crystal Growth **13/14**, 751

Counsell, J.F.; Lees, E.B.; Spencer, P.J. (1971): Met. Sci. J. **5**, 210

Davison, J.E.; Rice, D.A. (1973): Conf. In-Situ Composites, Nat. Acad. Sci., Washington/USA, NMAB-308, Bd. 2, S. 33

Desré, P. (1968): "Equilibres liquide-solide dans les systèmes ternaires", Journées de Métallurgie Approfondie, Solidification, Grenoble

Diagrammy Sostoyaniya Metallicheskikh Sistem (ab 1959); Moscow VINITI

Durand-Charre, M.; Durand, F. (1972): J. Crystal Growth **13/14**, 747

Fritscher, K.; Wirth, G.; Bunk, W. (1973): Deutsche Forschungs- und Versuchsanstalt für Luft- und Raumfahrt, Porz-Wahn, Bericht 73-37

Garmong, G.; Rhodes, C.G. (1972): Met. Trans. **3**, 533

Gaye, H.; Lupis, C.H.P. (1970): Scripta Met. **4**, 685

Gaye, H. (1971): "Computer Applications to the Thermodynamics of Multi-component Solutions", Dissertation, Carnegie Mellon University

Hanak, J.J. (1970): J. Mat. Sci. **5**, 964

Heumann, T.; Predel, B. (1968): Archiv Eisenhw. **39**, 783

Hildebrand, J.H.; Scott, R.L. (1950): *The Solubility of Non-electrolytes*, Reinhold, New York

Hildebrand, J.H.; Prausnitz, J.M.; Scott, R.L. (1970): *Regular and Related Solutions*, Van Nostrand, New York

Hillert, M. (1969): "Calculation of Phase Equilibria" in *Phase Transformations*, ASM, Metals Park, Ohio

Hubert, J.C. (1968): "Détermination des eutectiques ternaires du système Bi-Cd-Tl", Diplomarbeit, Ecole Polytechnique de Montréal.

Hubert, J.C.; Kurz, W.; Lux, B. (1972): J. Cryst. Growth **13/14**, 757

Hubert, J.C.; Kurz, W.; Lux, B. (1973): J. Crys. Growth **18**, 241

Jänecke, E. (1937): Z. Metallkde **29**, 367

Kaufman, L.; Bernstein, H. (1970a): *Computer Calculations of Phase Diagrams*, Academic Press, New York

Kaufman, L.; Bernstein, H. (1970b): in *Phase Diagrams*, Mat. Sci. and Techn., Vol. 1 (A.M. Alper, Hsgb.), Academic Press, New York

Kaufman, L.; Nesor, H. (1973): Proc. Conf. In-Situ Composites, Nat. Acad. Sci., Washington/USA, NMAB-308, Bd. 3, S. 21

Kennedy, K.; Stefansky, T.; Davy, G.; Zackay, F.; Parker, E.R. (1965): J. Appl. Phys. **36**, 3808

Kubaschewski, O. (1967): in *Phase Stability in Metals and Alloys* (P.S. Rudman, J. Stringer, R.I. Jaffee, Hsgb.), McGraw Hill, New York, S. 125

Kurz, W.; Lux, B. (1969): Schweiz. Archiv **35**, 49

Lawson, A.W. (1950): in *Thermodynamics in Physical Metallurgy*, ASM, Cleveland, Ohio

Lemkey, F.D.; Thompson, E.R. (1971): Met. Trans. **2**, 1537

Lemkey, F.D.; Thompson, E.R. (1973): Proc. Conf. In-Situ Composites, Nat. Acad. Sci., Washington/USA, NMAB-308, Bd. 2, S. 105

Linder, E. (1951): Z. Metallkde **42**, 377

Mager, T.; Lukas, H.L.; Petzow, G. (1972a): Z. Metallkde **63**, 638

Mager, T.; Petzow, G. (1972b): Z. Metallkde **63**, 702

Martinova, N.C.; Vasil'kova, I.V.; Susarev, M.P. (1965): Vestn. Lenigr. Univ.,No. 22,S. 96

Mondolfo, L.F. (1962): Trans. Met. Soc. AIME **224**, 164

Mott, B.W. (1968): J. Mat. Sci. **3**. 424

Olson, N.J.; Toop, G.W. (1969): Trans. Met. Soc. AIME **245**, 905

Pearson, W.B. (1972): *The Crystal Chemistry and Physics of Metals and Alloys*, Wiley, New York

Petzow, G.; Lukas, H.L. (1970): Z. Metallkde **61**, 877

Pfann, W.G. (1966): *Zone Melting*, J. Wiley, New York (2. Aufl.)

Prince, A. (1966): *Alloy Phase Equilibria*, Elsevier, Amsterdam

Reisman, A. (1970): *Phase Equilibria*, Academic Press, New York

Rhines, F.N. (1956): *Phase Diagrams in Metallurgy*, McGraw Hill, New York

Rudman, P.S.; Stringer, J.; Jaffee,R.I. (1967): *Phase Stability in Metals and Alloys*, McGraw-Hill, New York

Sahm, P.R.; Lorenz, M.; Hugi, W.; Frühauf, V. (1972): Met. Tans. **3**, 1022

Schildknecht, H. (1964): *Zonenschmelzen*, Chemie, Weinheim

Sharkey, R.L.; Pool, M.J.; Hoch, M. (1971): Met. Trans. **2**, 3039

Spengler, H. (1960): Metall **14**, 789

Swalin, R.A. (1962): *Thermodynamics of Solids*, Wiley, New York

Thompson, E.R.; Lemkey, F.D.(1969): Trans. ASM **62**, 140

Thompson, E.R.; Lemkey, F.D. (1970): Met. Trans. **1**, 2799

Tien, J.K.; Copley S.M. (1973): Proc. Conf. In-Situ Composites, Nat. Acad. Sci., Washington/USA, NMAB-308, Bd. 1, S. 243

Tiller, W.A. (1959): Trans. Met. Soc. AIME **215**, 555

Tiller, W.A. (1970): "The Use of Phase Diagrams in Solidification" in *Phase Diagrams*, Vol. 1 (A.M. Alper, Hsgb.), Academic Press, New York

Van den Boomgaard, J.; Terrell, D.R.; Born, R.A.J.; Giller, H.F.J.I. (1974): Philips Forschungslabor, Eindhoven, Holland, Ber.Nr.: M.S. 8493

Verhoeven, J.D.; Gibson, E.D. (1971): Met. Trans. **2**, 3021

Westbrook, J.H. (Hsgb.) (1967): *Intermetallic Compounds*, J. Wiley, New York

Williams, R.O. (1969): Trans. Met. Soc. AIME **245**, 2565

Yue, A.S.; Clark, J.B. (1961): Trans. Met. Soc. AIME **221**, 383

Yue, A.S. (1967): "Analytical Applications of Fractional Solidification" in *Fractional Solidification*, Vol. 1 (M. Zief, W.R. Wilcox, Hsgb.), E. Arnold, London

3. Grenzflächen

3.1. Die Rolle der Grenzflächen in Eutektika

Unter einer Grenzfläche versteht man im allgemeinen die Übergangszone, die zwei Phasen oder auch (im Fall der Korngrenze) zwei Kristalle derselben Phase mit verschiedener Orientierung trennt. Ganz allgemein ist eine Grenzfläche jede Grenze zwischen zwei Kristallen oder Phasen mit mindestens einer unterscheidbaren Eigenschaft. Eutektika weisen während und nach der Erstarrung eine Reihe von Grenzflächen auf (Bild 3.1), z.B. zwischen

- Festkörper und Gas,
- α- bzw. β-Kristall und Schmelze,
- α- und β-Kristall des Eutektikums,
- eutektischen Zellen und Körnern*) (Korngrenzen).

Ein normal erstarrtes Eutektikum enthält ca. 10^4 cm^2/cm^3, d.h. ungefähr 1 m^2 Grenzfläche pro cm^3 Werkstoff. Diese außergewöhnliche

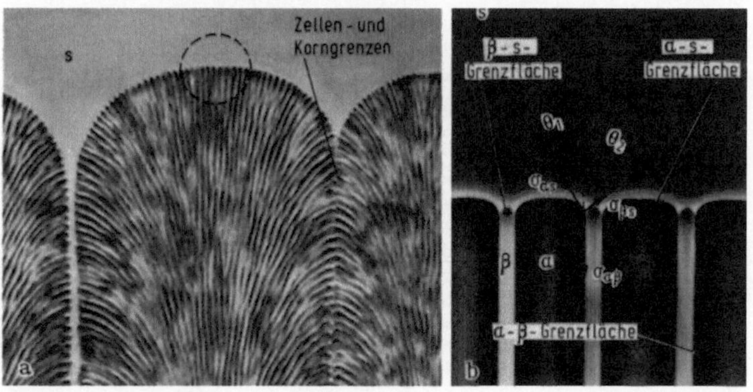

Bild 3.1. In Eutektika auftretende Grenzflächen

*) Der Begriff „Zelle" wird in diesem Buch ausschließlich für die durch die konstitutionelle Unterkühlung hervorgerufene Grenzflächeninstabilität verwendet (Bild 5.33b), während der Begriff „eutektisches Korn" den in der Literatur des Gußeisens üblichen Begriff „eutektische Zelle" ersetzt (vgl. Kap. 5.2).

Tabelle 3.1. Beispiele für die Wirkung von Grenzflächen auf Herstellung und Eigenschaften eutektischer Komposite

Wirkung auf / Phasengrenze	Kristallwachstum	Morphologie der Phasen	Eigenschaften: mechanisch	chemisch	physikalisch
fest-gasförmig			kritische Griffith-Rißlänge (spröde Werkstoffe)	Korrosionswiderstand	
fest-flüssig	Keimbildung (homogen-heterogen) Wachstum (Unterkühlbarkeit)	Rauheit der Phasengrenze (Habitus der Phasen, Klassifizierung)	Warmrißanfälligkeit von Gußlegierungen		
fest-fest		Faser-, Lamellen-Übergang Temperaturstabilität (Ostwald-Reifung)	Scherfestigkeit (Spannungsübertragung) Brucharbeit (Delamination)	Korrosion an Korn- und Phasengrenzen	elektrische, magnetische u. optische Eigenschaften

Menge an wachstumsbedingter Phasengrenze ist das Charakteristische am Eutektikum und verleiht diesem Komposit seine besonderen Eigenschaften. Wie Tab. 3.1 zeigt, werden sowohl Herstellung (Hillert, 1957; Chadwick, 1965) als auch Eigenschaften (z.B. Cline und Lee, 1970) stark davon beeinflußt. Dieses Kapitel liefert daher eine Grundlage für das Verständnis der folgenden Kapitel.

Eine einheitliche Behandlung aller beobachtbaren Grenzflächenphänomene fehlt heute noch. Daher ist es schwierig, einen Überblick über das Gebiet zu geben. Außerdem befassen sich die meisten Arbeiten mit Korngrenzen (Gleiter, 1971; Gleiter und Chalmers, 1972; Marcinkowski et al., 1974) oder mit Oberflächen, und das für eutektische Werkstoffe so wichtige Gebiet der α-β-Phasengrenze beginnt erst jetzt die Aufmerksamkeit auf sich zu lenken (Nakagawa und Weatherly, 1972; Bäro und Gleiter, 1974). Aus diesem Grund wird im folgenden vielfach auf Analogieschlüsse zurückgegriffen.

Eine Grenzfläche kann mit verschiedenen physikalischen Methoden beschrieben werden (Herring, 1959; Parker, 1970):

- Makroskopische Theorien, die nur wenig Annahmen über Einzelheiten von Grenzflächen benötigen und daher auch nur Aussagen über Mittelwerte liefern. Hierzu gehört die Thermodynamik.
- Atomare Theorien, die die Atome als Kugeln mit Nahwirkung (Zentralkräfte) betrachten und Aussagen über die Struktur der Grenzflächen zulassen. Dieses Gebiet läßt sich in zwei Untergruppen aufteilen: in geometrische und energetische Modelle.
- Elektronentheorie, die auf eine quantenmechanische Beschreibung der Wechselwirkung zwischen Grenzfläche und Kristall zielt.

Im folgenden wird versucht, einen im Sinn des Buches kurzen Überblick über einige wesentliche Zusammenhänge zu geben und Verbindungen mit den eutektischen Werkstoffen aufzuzeigen. Hierbei wird aus jeder der drei erwähnten Gruppen eine für den Werkstoffingenieur anschauliche Darstellung gewählt. Der elektronische Anteil an der Grenzflächenenergie (wichtig für die Keimbildung, Kap. 4) wird anhand von Arbeiten, die lediglich Methoden der klassischen Physik verwenden, behandelt (Herring, 1952; Tiller und Takahashi, 1969). Im Anschluß daran werden in Abschn. 3.3. bzw. 3.4. die Fest-flüssig- und Fest-fest-Phasengrenzen getrennt behandelt. In Abschn. 3.3. wird auf die Struktur der Fest-flüssig-Phasengrenze eingegangen (Jackson, 1958), da diese für das eutektische Wachstum, Abschn. 5.2.2., und dadurch für die Eigenschaften wichtige Konsequenzen in sich birgt. In Abschn. 3.4 wird hauptsächlich der Spannungsanteil berücksichtigt, der sich in den kristallographischen Beziehungen der eutektischen Phasen niederschlägt.

3.2. Übersicht über Grenzflächenmodelle

3.2.1. Thermodynamik der Grenzflächen

Die thermodynamische Größe, die eine Grenzfläche charakterisiert, ist die reversible Arbeit dE, die notwendig ist, um eine Einheitsfläche dO bei konstanter Temperatur, konstantem Volumen und chemischem Potential zu schaffen: $\sigma = dE/dO$. Die spezifische Grenzflächenenergie σ stellt die Differenz dar zwischen der Freien Enthalpie eines Systems mit Grenzfläche und der Freien Enthalpie eines hypothetischen Systems mit über das gesamte Volumen konstanten Eigenschaften (Cahn und Hilliard, 1958).

Es läßt sich leicht zeigen (z.B. Swalin, 1962), daß bei konstantem Druck und konstanter Temperatur die Freie Grenzflächenenthalpie dG_g = dE, wenn σ von der Oberfläche unabhängig ist. Man erkennt, daß der absolute Wert der Grenzflächenenergie (G_g) derselbe ist wie der der Grenzflächenspannung σ (Vektorgröße). Z.B. ist für G_g = 100 erg/cm² (0,1 J/m²) σ = 100 dyn/cm. Für eine eingehende Diskussion der Thermodynamik von Grenzflächen sei auf die Zusammenfassung von Mullins (1963) hingewiesen. Berühren sich mehr als zwei Phasen (d.h. existieren mindestens drei Grenzflächen, die sich entlang einer Linie treffen), so treten für die Grenzflächen typische Kontaktwinkel auf (Bild 3.1). Durch eine einfache Addition der Vektoren können bei Kenntnis der Grenzflächenenergien die Gleichgewichtswinkel berechnet werden (und umgekehrt). Das Problem der Messung der Grenzflächenenergie aufgrund von Kontaktwinkeln haben Jones und Chadwick (1970) sowie Nash und Glicksman (1971) behandelt.

Die größten Werte für eine Grenzflächenenergie zeigen die Oberflächen der Festkörper. Bindungsverhältnisse, Struktur, Zusammensetzung etc. weisen hier den größten Sprung auf. Aufgrund vereinfachender Annahmen kann man über das atomare Potential diese Oberflächenenergien berechnen (Swalin, 1962). Man geht dabei von der Überlegung aus, daß die Bildung

Tabelle 3.2. Grenzflächenenergie σ der Fest-flüssig-Phasengrenze von Metallen

Metall	σ (J/m²)	σ_m (J/mol)	$\sigma_m/\Delta H_s$	T_s (K)
Hg	$24{,}4 \cdot 10^{-3}$	1 239	0,53	234
Ga	$55{,}9 \cdot 10^{-3}$	2 432	0,44	303
Sn	$54{,}5 \cdot 10^{-3}$	3 014	0,42	505
Bi	$54{,}4 \cdot 10^{-3}$	3 454	0,33	544
Pb	$33{,}3 \cdot 10^{-3}$	2 005	0,39	600
Sb	$101 \cdot 10^{-3}$	5 987	0,30	903
Ge	$181 \cdot 10^{-3}$	8 876	0,35	1210
Ag	$126 \cdot 10^{-3}$	5 191	0,46	1234
Au	$132 \cdot 10^{-3}$	5 526	0,44	1336
Cu	$177 \cdot 10^{-3}$	5 694	0,44	1356
Mn	$206 \cdot 10^{-3}$	6 950	0,48	1517
Ni	$255 \cdot 10^{-3}$	7 787	0,44	1726
Co	$234 \cdot 10^{-3}$	7 536	0,49	1765
Fe	$204 \cdot 10^{-3}$	6 615	0,45	1809
Pd	$209 \cdot 10^{-3}$	7 745	0,45	1825
Pt	$240 \cdot 10^{-3}$	8 959	0,45	2042

Tabelle 3.3. Relative Grenzflächenenergien nach Swalin (1962)

System	Grenzfläche zw. Phase A und Phase B	Korngrenze (KG) als Referenz	$\frac{\Delta G_{AB}}{\Delta G_{KG}}$	T (°C)
Cu – Zn	α kfz β krz	α α	0,78	700
Cu – Zn	α kfz β krz	β β	1,00	700
Cu – Al	α kfz β krz	α α	0,71	600
Cu – Al	β krz γ kompl.	γ γ	0,78	600
Cu – Sn	α kfz β krz	α α	0,76	750
Cu – Sb	α kfz β tet	α α	0,71	600
Cu – Ag	α kfz β kfz	β β	0,74	750
Cu – Si	α kfz β krz	α α	0,53	845
Cu – Si	α kfz β krz	β β	1,18	845
Fe – C	α krz (Fe_3C)or	α α	0,93	690
Fe – C	α krz γ kfz	α α	0,71	750
Fe – C	α krz γ kfz	α α	0,74	950
Fe – Cu	α krz β kfz	α α	0,74	825
Sn – Zn	β krz α hex	α α	0,74	160

zweier Oberflächen bei der Trennung eines Kristalles entlang einer definierten Ebene ein der Verdampfung analoger Vorgang ist, d.h. daß die Atome in der Trennebene so weit voneinander entfernt werden müssen, daß sie praktisch keine Wechselwirkung mehr aufeinander ausüben. Somit besteht Proportionalität zwischen Sublimationswärme und Oberflächenenergie und analog dazu zwischen Schmelzwärme und Grenzflächenenergie der Fest-flüssig-Phasengrenze (vgl. die Übersicht von Jones, 1974). Weiter sind diese Umwandlungswärmen ungefähr proportional dem Schmelzpunkt der Metalle, weshalb die Grenzflächenenergie umso größer ist je höher der Schmelzpunkt liegt (Tab. 3.2). Überdies kann man für Großwinkelkorngrenzen von Metallen als Faustregel angeben, daß die Korngrenzenenergie ca. einem Drittel der Oberflächenspannung derselben Phase entspricht. Auch die Grenzflächenenergie zwischen zwei verschiedenen Metallen kann mit der Korngrenzenenergie in Verbindung gebracht werden, wie dies in Tab. 3.3 gezeigt ist. Diese Werte sind jedoch nur grobe Anhaltsgrößen und über die verschiedenen Kristallrichtungen gemittelt.

An einer Grenzfläche wird die Löslichkeit für Legierungselemente verändert. An den meisten Grenzflächen zwischen zwei Festkörpern wird die Grenzflächenenergie durch Adsorption erniedrigt, weil der Beitrag der Spannungsenergie zur Lösungswärme an der ungeordneten Grenze kleiner ist. Weiter kann die Ordnung an der Grenzfläche durch Adsorption erhöht werden. Die Adsorption von Legierungs- und Spurenelementen an der Fest-flüssig-Phasengrenze spielt im Kristallwachstum eine große Rolle und kann den Habitus von Kristallen (Bliznakow, 1958) stark beeinflussen (vgl. z.B. die verschiedenen Arten des Graphitwachstums in Gußeisen; Lux, 1970).

Infolge der einer Grenzfläche inhärenten Energie gibt eine Krümmung der Grenze ein verändertes chemisches Potential*). Die Krümmung einer Phasengrenze ist bei der Erstarrung für die Keimbildung und für das Kristallwachstum von großer Bedeutung und spielt bei der Gefügestabilität eine große Rolle. Für den allgemeinen Fall einer beliebig gekrümmten Fläche erhält man die bekannte Gibbs-Thomson-Beziehung, d.h. die Differenz des chemischen Potentials zwischen einer gekrümmten (Radius = r) und einer ebenen Fläche ($r = \infty$) wird

$$\Delta\mu = \mu_r - \mu_\infty = \sigma V^{\cdot}\left(\frac{1}{r_1} + \frac{1}{r_2}\right) \tag{3.1}$$

($V^{\cdot}$ ist das Atomvolumen der reinen Phase und r_1 und r_2 sind die Radien in zwei senkrecht aufeinander stehenden Richtungen).

Die Abhängigkeit der chemischen Potentialdifferenz von der Krümmung der Grenzfläche führt zu einer wichtigen Konsequenz für die Fest-flüssig-Phasengrenze: Eine auf die Temperatur T unterkühlte Phase weist gegenüber der Gleichgewichtsphase folgende Differenz im chemischen Potential auf:

$$\Delta\mu \simeq \Delta H_s V^{\cdot}\left(\frac{T_s - T}{T_s}\right) \tag{3.2}$$

(ΔH_s ist die auf das Volumen bezogene Schmelzwärme).

Aus (3.1) und (3.2) erhält man für die Schmelztemperatur T eines kugelförmigen Tropfens ($r_1 = r_2$ und T_s ist die Schmelztemperatur bei $r = \infty$)

$$T = T_s - \frac{2\sigma T_s}{\Delta H_s r} \, . \tag{3.3}$$

Die Schmelztemperatur sinkt also mit abnehmendem Radius. Dieser Effekt macht sich für Metalle bei Radien kleiner als 10^{-4} cm deutlich bemerkbar. In Bild 2.15 ist ein analoges Phänomen für die Ausscheidung einer β-Phase gezeigt. Bei kleinem Durchmesser der Ausscheidungen wird deren Lösungstemperatur um ΔT erniedrigt und gleichzeitig ihre Löslichkeit im α-Kristall um ΔC erhöht. Hervorgerufen wird dies durch die um $2V_\beta^{\cdot}\sigma_{\alpha\beta}/r$ höher liegende ΔG-C-Kurve der β-Phase.

Bisher wurde die Grenzfläche in ihrer Ausdehnung nicht weiter beschrieben. Es wurde vielmehr angenommen, daß sich zumindest eine Eigenschaft zwischen beiden Phasen (die Konzentration C_B in Bild 3.2 a) in einer diskontinuierlichen Weise ändert. In diesem Fall ist die Grenzfläche tatsächlich eine Fläche, d.h. auf eine einzige Atomlage beschränkt. Eine solche Annahme ist, wie Gibbs (1906, Ausgabe 1961) und später Cahn und Hilliard (1958) feststellten, im Prinzip inkorrekt, denn wenn die Temperatur und der Druck des Systems gegeben sind, ist die Dicke der Grenzfläche (oder besser des Grenz-

---

*) Unter Krümmung eines Teilchens versteht man allgemein das Verhältnis von Oberfläche zu Volumen.

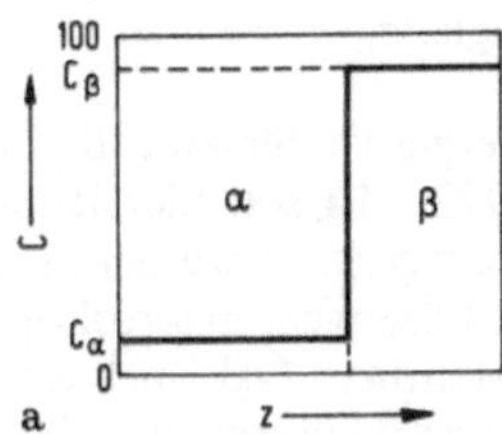

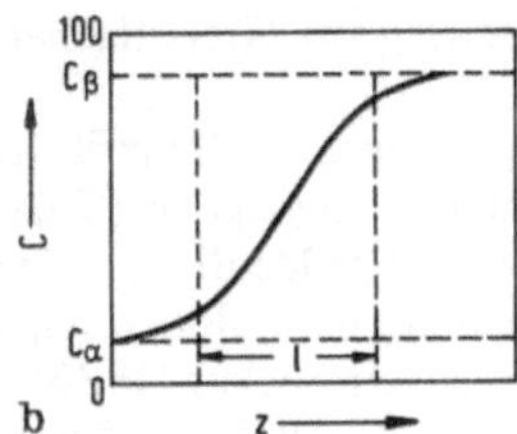

Bild 3.2. Eigenschaftsänderung an einer Grenzfläche; a) idealisiert diskontinuierlich, b) kontinuierlich

volumens) keine unabhängige Variable mehr. Die Eigenschaftsänderung an der Grenzfläche hat somit die in Bild 3.2 b gezeigte Form und geht nur in besonderen Fällen in die in Bild 3.2 a angegebene Form über.

3.2.2. Wichtige Beiträge zur Grenzflächenenergie

Die spezifische Freie Grenzflächenenergie σ läßt sich in mehrere Anteile zerlegen. Dazu wird vereinfachend angenommen, daß die einzelnen Glieder voneinander unabhängig und additiv sind (Tiller, 1971 und 1972):

$$\sigma = \sigma_c + \sigma_s + \sigma_e + \sigma_t + \sigma_a. \tag{3.4}$$

σ_c ist ein quasichemischer, nahewirkender Anteil, der durch die Wechselwirkung zwischen den Atomen der beiden Phasen entsteht; $\sigma_c \gtrless 0$, je nach Wechselwirkung der AA, BB oder AB Paare. σ_s ist ein fernwirkender Spannungsanteil, der durch die Gitterverspannung (Versetzungen) erzeugt wird (in jedem Fall größer als 0). σ_e ist ein fernwirkender, elektrostatischer Anteil, der als Ausgleich des elektrochemischen Potentials der freien Elektronen aufgefaßt werden kann (immer kleiner als 0). σ_t ist ein nahwirkender, struktureller Anteil, der mit der Rauheit der Phasengrenze in atomaren Dimensionen zusammenhängt (immer kleiner als 0). σ_a ist ein chemischer Adsorptionsanteil infolge der unterschiedlichen Verteilung der Elemente im Grenzflächengebiet, hervorgerufen durch die Wechselwirkung der übrigen Anteile (immer kleiner als 0).

Alle fünf Summanden spielen für eutektische Verbundwerkstoffe eine Rolle. Sie beeinflussen das Wachstum und haben für die mechanischen und physikalischen Eigenschaften große Bedeutung. σ_c und σ_e werden besonders bei der Betrachtung der Fest-flüssig-Phasengrenze und σ_c, σ_e und σ_s bei derjenigen der Fest-fest-Phasengrenze wichtig. Die letzteren drei Beiträge werden daher anschließend etwas eingehender behandelt. Der strukturelle Anteil σ_t wird in der von Jackson (1958) vorgeschlagenen Form in Abschn. 3.3. getrennt besprochen, da er die Kinetik des Kristallwachstums und den Habitus der Kristalle mitbestimmt. Auf eine Beschreibung des Adsorptionsanteiles σ_a wird verzichtet, da unser Wissen auf diesem Gebiet ungenügend ist.

Der chemische Beitrag zur Grenzflächenenergie, σ_c

Der chemische Beitrag zur Grenzflächenenergie ist für eine theoretische Behandlung nur schwer zugänglich (Tiller, 1972). Es soll hier jedoch eine, wenn auch nur sehr oberflächliche, Vorstellung gegeben werden. Die Ableitung ist, entsprechend dem Modell regulärer Lösungen, makroskopischer Natur und wurde erstmals von Becker (1938) veröffentlicht (vgl. auch Swalin 1962).

Man nimmt an, daß beide Kristalle rein sind und gleiches Gitter haben und somit der Spannungsanteil vernachlässigt werden kann. In der α-Phase liegen nur A-A-Bindungen und in der β-Phase nur B-B-Bindungen vor. In der Phasengrenze gibt es ausschließlich A-B-Bindungen. Jedes A-Atom findet an der Grenzfläche eine der Kristallebene entsprechende Zahl nächster B-Nachbarn Z_g vor. Bei kubisch flächenzentrierten Gittern ist $Z_g = 3$ für die (111)-Ebene und 4 für die (100)-Ebene. Ähnlich den Überlegungen, die zur Ableitung der Mischungsenthalpie im quasichemischen Modell führen, erhält man für den chemischen Teil der Grenzflächenenthalpie

$$\Delta H_c = n_g\ Z_g\ [H_{AB} - 1/2\ (H_{AA} + H_{BB})]. \qquad (3.5.)$$

(n_g ist die Anzahl der Atome pro Grenzflächeneinheit). Unter Annahme einer unendlich verdünnten regulären Lösung kann man die eckige Klammer in (3.5) durch die partielle molare Enthalpie ΔH_B ersetzen, eine Größe, die für viele Systeme bekannt ist:

$$\Delta H_c = \frac{n_g\ Z_g}{L\ Z}\ \Delta H_B \qquad (3.6)$$

Für die (111)-Grenzfläche zwischen Cu und Ag ergibt (3.6) unter Annahme eines Wertes für $\Delta H_B = 8500$ cal/mol und bei $X_{Ag} = 0$

$$\Delta H_c = 200\ \text{erg/cm}^2\ (0{,}2\ \text{J/m}^2).$$

Dies ist als grober Anhaltswert zu verstehen, der eine Vorstellung von der Grössenordnung des chemischen Teiles der Freien Grenzflächenenthalpie bei T = oK liefert. Er liegt zwischen 30 und 50% der Gesamtenthalpie dieser Grenzfläche (vgl. Bild 3.8).

Nakagawa und Weatherly (1972) zeigten, daß diese Feststellung auch für eine wesentlich komplexer aufgebaute Grenze zwischen zwei geordneten Phasen gelten kann. Der aus der Antiphasengrenzenergie der Ni_3Al-Phase berechnete Anteil σ_c für die (111)Ni_3Al-(010)Ni_3Nb-Grenze dieses Eutektikums (Bild 3.9) beträgt etwa 75 erg/cm^2 gegenüber dem aus dem Versetzungsabstand berechneten Anteil $\sigma_s = 165$ erg/cm^2 (0,165 J/m^2) und stellt somit ca. 30% der Gesamtenergie dar.

Der Spannungsanteil der Grenzflächenenergie, σ_s

Für die Fest-flüssig-Phasengrenze ist der Spannungsanteil unbedeutend. Sehr wesentlich wird er jedoch, wenn zwei Kristalle verschiedenen Gitters aneinanderstoßen. In einem solchen Fall werden beide Gitter verschieden stark verzerrt, was zu einer (in erster Näherung) elastischen Energie führt (Bild 3.3). Hierüber existieren nur wenige Arbeiten. Daher ist man gezwungen, sich auf die experimentellen und theoretischen Ergebnisse an Korngrenzen gleichartiger Kristalle zu stützen. Tatsächlich kann man einen Unterschied im Gitterparameter zwischen α- und β-Kristall durch Kippen oder/und Drehen zweier α-Kristalle simulieren. Über die Struktur von Korngrenzen existieren mehrere Modellvorstellungen, die für Großwinkelkorngrenzen von Gleiter (1971) sowie Gleiter und Chalmers (1972) zusammengefaßt wurden. Hier werden lediglich diejenigen Modelle gestreift, die die energetischen Verhältnisse erkennen lassen.

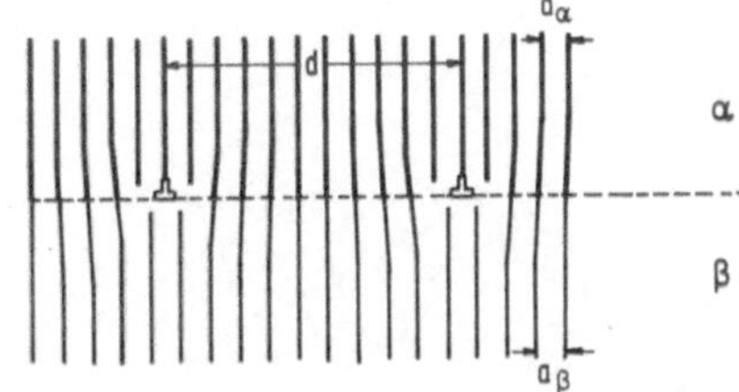

Bild 3.3. Modell der Grenzflächen bei gleicher Kristallorientierung und nicht übereinstimmenden Gitterparametern

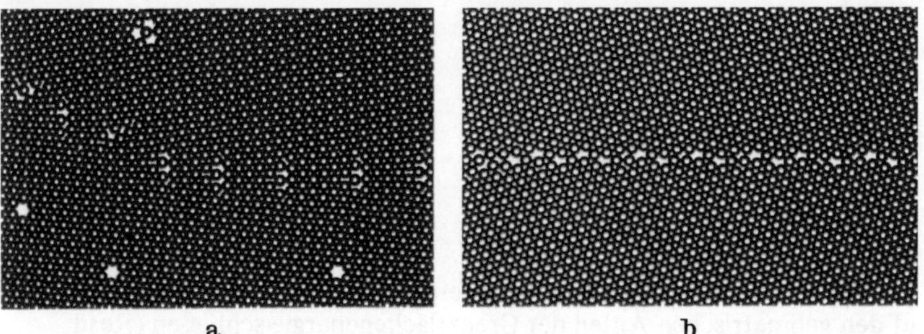

Bild 3,4. Blasenmodell einer a) Klein- und b) Großwinkelkorngrenze, nach Lomer und Nye (1952)

Zur Beschreibung der Korngrenzen wird oft zwischen Groß- und Kleinwinkelkorngrenzen unterschieden. Kleinwinkelkorngrenzen können durch einzelne in regelmäßigen Abständen liegende Versetzungen beschrieben werden (Bild 3.4 a), während bei Großwinkelkorngrenzen die Fehlpassung so groß ist, daß sie nicht ohne weiteres durch regelmäßige Versetzungsnetzwerke aufgefangen werden kann (Bild 3.4 b). Die Grenze zwischen einer Klein- und einer Großwinkelkorngrenze wird bei ca. 10° gezogen. Wie Bild 3.5a zeigt, kann man auch bei Großwinkelkorngrenzen gewisse symmetrische Lagen erkennen, die durch ein regelmäßiges Versetzungsnetzwerk beschrieben werden können, ähnlich wie dies für Kleinwinkelkorngrenzen möglich ist. Bei einem Kippwinkel $\theta = 53°$ existiert danach ein tiefes Energieminimum, hervorgerufen durch ein dichtes Versetzungsnetz (eine Versetzung pro Gitterabstand, vgl. Bild 3.5a). Wird der Winkel nur ein wenig größer (Bild 3.5b), so erhält die Korngrenze wieder wesentlich höhere Energie.

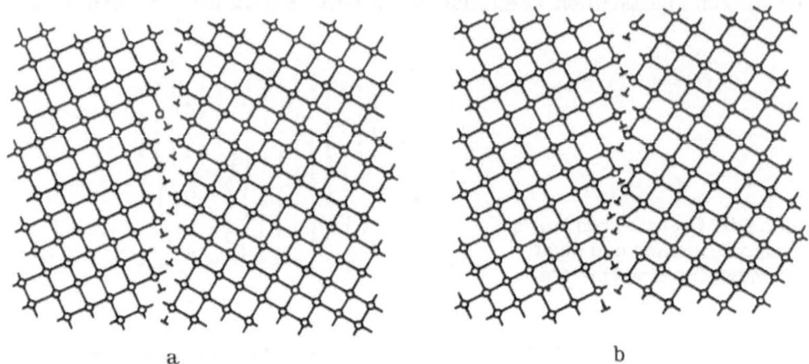

Bild 3.5. Beispiele für Kippgrenzen; a) symmetrische 53°-Grenze, b) symmetrische 60°-Grenze, nach Read und Shockley (1950)

Der Abstand zwischen den Versetzungen beträgt für eine Kippgrenze

$$D = \frac{b}{\sin \theta} \tag{3.7a}$$

und für eine Drehgrenze

$$D = \frac{b}{2 \sin \theta} \tag{3.7b}$$

Auf diese Weise kann man über die Energie von Versetzungsanordnungen auf den geometrischen Anteil der Grenzflächenenergie schließen (Read und Shockley, 1950; Read, 1953):

$$E = E_0\, \theta(A - \ln\theta) \tag{3.8}$$

(E_0 und A sind Konstanten).

Wird zwischen den beiden Gittern je ein Kippwinkel in zwei zueinander senkrecht stehenden Ebenen gebildet, dann wird die regelmäßige Versetzungsanordnung auch in einer zweiten Dimension entstehen, und es ergibt sich ein Versetzungsgitter.

Bei Drehgrenzen, wo also zwei Körper um eine gemeinsame Achse um einen Winkel θ verdreht werden, entsteht ein Schraubenversetzungsnetzwerk, für das Analoges gilt. Ein solches Versetzungsnetzwerk wurde von Schober und Balluffi (1969) experimentell an Goldkristallen in der (001)-Ebene bei verschiedenen Drehwinkeln nachgewiesen. Wie Bild 3.6 zeigt, entsteht bei Winkeln hoher Koinzidenz ein weitmaschiges Versetzungsnetzwerk. Bei dazwischen liegenden

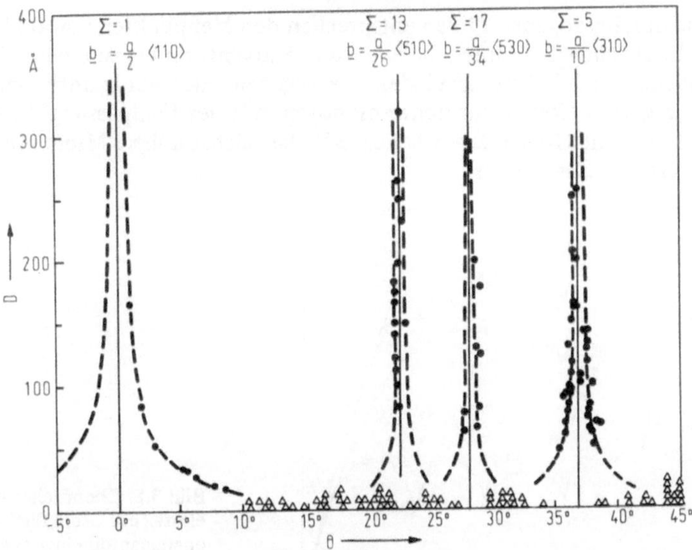

Bild 3.6. Versetzungsabstand D als Funktion des Drehwinkels θ an einer Korngrenze zwischen Goldkristallen parallel zu (001), nach Schober et al. (1969)

Winkeln ist ein solches Netzwerk nicht auflösbar (Bild 3.4b). Bild 3.6 läßt sehr deutlich die allmähliche Abnahme des Versetzungsabstandes für eine Kleinwinkelkorngrenze erkennen. Sowohl für die Kleinwinkel- als auch für die Koinzidenzgrenzen läßt sich über die Versetzungsenergie der Spannungsanteil in der Grenzflächenenergie berechnen, während in den Gebieten sehr hoher Versetzungsdichte die Überlappung der Versetzungskerne einen wesentlichen Beitrag zur Energie liefert (Li, 1961).

Bild 3.7 gibt das Ergebnis einer qualitativen Abschätzung der Grenzflächenenergie in Abhängigkeit des Drehwinkels wieder (Schober und Balluffi,

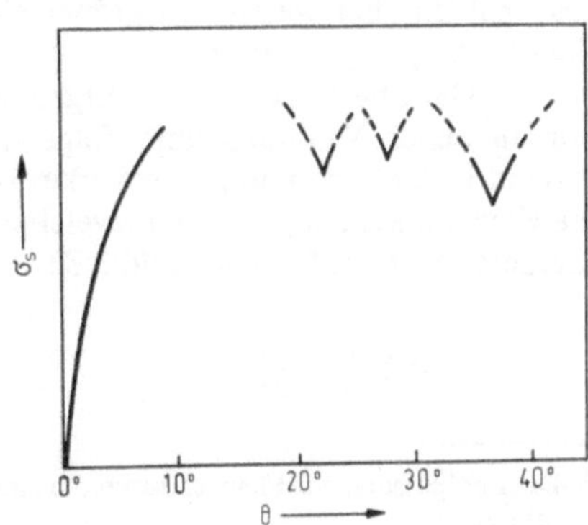

Bild 3.7. Grenzflächenenergie als Funktion des Drehwinkels der Korngrenze von Bild 3.6

1969). Die durchgezogenen Linien entsprechen den Meßpunkten von Bild 3.6, während die strichlierten Linien die erwartete Kurvenform bis zu einem Versetzungsabstand von 2 Gitterabständen wiedergeben. Hier wurde angenommen, daß die Energie der Koinzidenzgrenze monoton mit der Fehlpassung*) zunimmt, d.h. daß die Grenze $\Sigma = 5$ bei ca. 37° das nächst höhere Minimum hinter der Grenze $\Sigma = 1$ liefert.

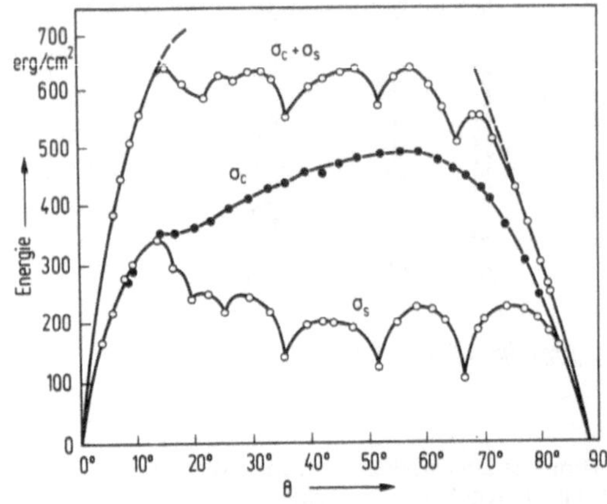

Bild 3.8. Chemischer und elastischer Grenzflächenenergieanteil einer symmetrischen Kippgrenze um [100] in Al, nach Hasson et al. (1970)

Vielversprechend scheint der Einsatz von Computerberechnungen zu sein (Weins et al., 1971; Hasson et al., 1970). Bild 3.8 zeigt ein erstes Resultat solcher Rechnungen und liefert einen Eindruck von den Größenordnungen des chemischen und spannungsbedingten Anteils der Grenzflächenenergie. Unter der Annahme, daß die Berechnungen die realen Verhältnisse einigermaßen wiedergeben, lassen sich folgende Schlüsse über die relativen Anteile ziehen:

$\sigma_c/\sigma_s \sim 1$ für Kleinwinkelkorngrenzen,
$\sigma_c/\sigma_s \sim 2$ für Großwinkelkorngrenzen,
$\sigma_c/\sigma_s \sim 4$ für die 37°-Koinzidenzgrenze.

Diese Zahlen sind wesentlich größer als die bei der Diskussion des chemischen Beitrages σ_c zitierten.

Die Übertragung dieser Ergebnisse bezüglich σ_s auf α-β-Phasengrenzen kann in erster Näherung über folgenden Zusammenhang geschehen: Der Abstand D des Versetzungsnetzwerkes ist durch (3.7a) oder (3.7b) gegeben. Für eine Kleinwinkel-Kippgrenze, in welcher der Burgersvektor **b** gleich dem Gitterparameter a ist, erhält man (Bild 3.3)

$$\Delta a = 2\,\frac{a_\alpha - a_\beta}{a_\alpha + a_\beta} \approx \theta$$

*) Die Fehlpassung wird häufig durch die Anzahl der Atome pro Känzidenzplatz, Σ, beschrieben

und daraus

$$D = b/\Delta a.$$

Falls man zwei Kristalle verschiedenen Gitterabstandes entsprechend in drei Richtungen gegeneinander verdreht, kann man unter gewissen Bedingungen eine gute Übereinstimmung der beiden Gitter bekommen und damit

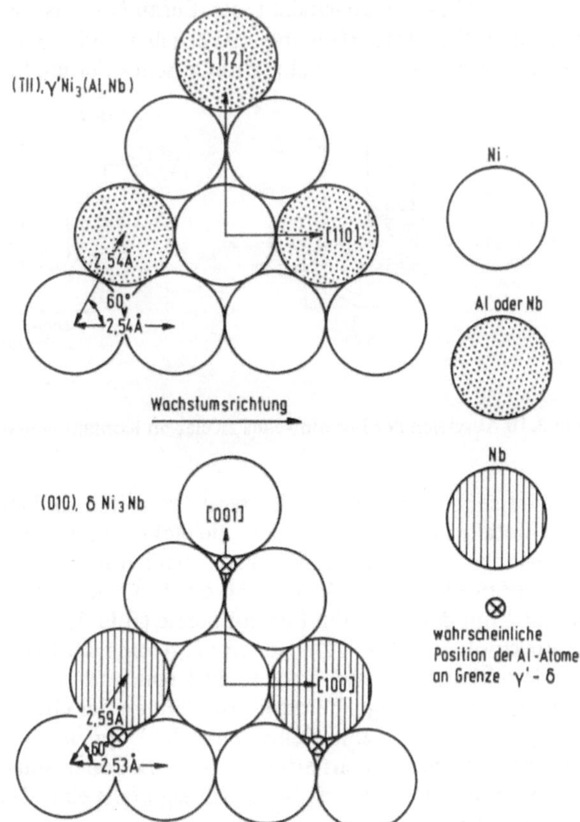

Bild 3.9. Grenzflächenstruktur des Ni_3Al-Ni_3Nb-Eutektikums, nach Thompson und Lemkey (1969) und Nakagawa und Weatherly (1972).

die Grenzflächenenergie erniedrigen (Abschn. 3.4.). In Bild 3.9 sind die Verhältnisse für das Ni_3Al-Ni_3Nb-Eutektikum dargestellt (Thompson und Lemkey, 1969). Man erkennt, daß eine sehr gute Passung der beiden Gitter durch Aneinanderbringen der Ebenen (111)-Ni_3Al und (010)-Ni_3Nb möglich ist. In einer elektronenmikroskopischen Untersuchung konnten Nakagawa und Weatherly (1972) die vermuteten Grenzflächenversetzungen nachweisen und aufgrund der Messungen einen elastischen Energieanteil $\sigma_s = 165$ erg/cm^2 (0,165 J/m^2) berechnen (vgl. auch Tab. 3.8). Diese Autoren vermuten, daß in anderen Grenzflächenstrukturen des Ni_3Al-Ni_3Nb-Eutektikums auch gepaarte Versetzungen auftreten können, da hiermit die chemische Energie verringert werden könnte.

Elektronischer Anteil an der Grenzflächenenergie, σ_e

Ein weiterer, u.U. wichtiger Beitrag an der Grenzflächenenergie entsteht durch die Verschiedenartigkeit der Fermi-Niveaus der beiden in Kontakt stehenden Werkstoffe (Herring, 1952; Tiller und Takahashi, 1969). Jeder metallische Werkstoff hat ein charakteristisches Fermi-Niveau, d.h. eine Elektro-

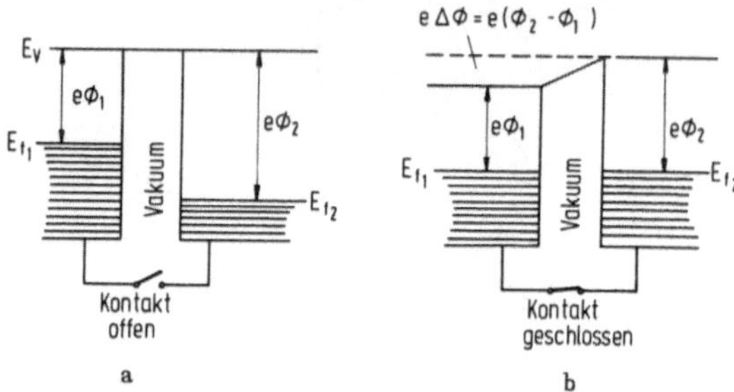

Bild 3.10. Ausgleich der Ferminiveaus zweier in Kontakt gebrachter Metalle

nenenergie, bei der 50% der Zustände aufgefüllt sind (Bild 3.10). Bringt man zwei Metalle in Kontakt, so kann die elektronische Energie des Systems verringert werden, indem die Differenz der beiden Fermi-Niveaus abgebaut wird. Somit fließen Elektronen aus dem Metall 1 mit der ursprünglich höheren in das Metall 2 mit der kleineren Fermi-Energie (Bild 3.10b) und es ergibt sich ein Kontaktpotential $\Delta\phi$*). Da jedoch die Atome der beiden Kristalle nicht mitwandern können, entsteht im Metall 1 eine positive Ladung und im Metall 2 eine negative Ladung. Hierdurch entsteht an der Grenzfläche zwischen zwei elektrischen Leitern eine elektrostatische Doppelschicht (Bild 3.11). An der Grenzfläche zweier Nichtleiter wandern die Ionen solange, bis ihr elektrochemisches Potential gleich ist, wodurch ebenfalls eine elektrostatische Doppelschicht entsteht.

Unter Annahme eines einfachen Kondensatormodelles kommen Tiller und Takahashi, 1969 (vgl. auch Tiller, 1972) zu folgendem Ergebnis für den elektrostatischen Anteil an der Grenzflächenenergie σ_e:

$$\sigma_e = -1/2\, S\Delta\phi, \tag{3.9}$$

wobei $S = \epsilon\Delta\phi/4\pi d$ mit ϵ als dielektrische Konstante und d als Entfernung zwischen den Ladungen (Bild 3.11).

---

*) In erster Näherung gibt die Austrittsarbeit ψ Auskunft über den Wert des Kontaktpotentials $\Delta\phi$

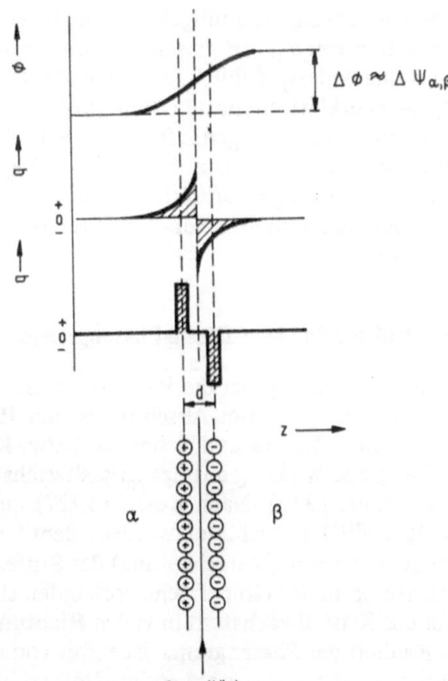

Bild 3.11. Elektrisches Potential ϕ sowie Ladung q an einer Grenzfläche zwischen zwei elektrisch ähnlichen Werkstoffen, nach Tiller und Takahashi (1969)

Die charakteristische Eigenschaft von σ_e ist ihr negatives Vorzeichen. In Tab. 3.4 sind spezifische Grenzflächenenergien σ_{sl} für die Fest-flüssig-Phasengrenzen einiger Metalle den berechneten σ_e-Werten und dem Produkt e $\Delta\phi_{sl}$ gegenübergestellt. Man erkennt, daß ein Element mit kleinem $|\sigma_e|$-Wert große

Tabelle 3.4. Berechnete σ_e-Werte im Vergleich zur spezifischen Energie der Fest-flüssig-Phasengrenze σ_{sl} nach Tiller und Takahashi (1969)

Element	$e\Delta\phi_{sl}$ (J)	σ_e (J/m²)	σ_{sl} (J/m²)
Li	$7{,}53 \cdot 10^{-21}$	$10{,}1 \cdot 10^{-3}$	–
Al	$41{,}33 \cdot 10^{-21}$	$323{,}0 \cdot 10^{-3}$	$95 \cdot 10^{-3}$
Cu	$30{,}60 \cdot 10^{-21}$	$154{,}0 \cdot 10^{-3}$	$181 \cdot 10^{-3}$
Ag	$25{,}79 \cdot 10^{-21}$	$164{,}0 \cdot 10^{-3}$	$128 \cdot 10^{-3}$
Au	$31{,}08 \cdot 10^{-21}$	$142{,}0 \cdot 10^{-3}$	$135 \cdot 10^{-3}$
Fe	$29{,}80 \cdot 10^{-21}$	$17{,}6 \cdot 10^{-3}$	$208 \cdot 10^{-3}$
Co	$26{,}43 \cdot 10^{-21}$	$23{,}0 \cdot 10^{-3}$	$239 \cdot 10^{-3}$
Zn	$41{,}01 \cdot 10^{-21}$	$185{,}0 \cdot 10^{-3}$	–

σ_{sl}-Werte aufweist und umgekehrt, in Übereinstimmung mit dem negativen Vorzeichen von σ_e. Mit diesen Überlegungen haben Tiller und Takahashi (1969) eine Reihe widersprüchlich erscheinender Beobachtungen bei Keimbildungsvorgängen erklärt. So hatten Sundquist und Mondolfo (1961) gezeigt, daß in eutektischen Legierungen z.B. die β-Keimbildung durch α erleichtert wird, nicht aber umgekehrt. Dies kann, wie in Kap. 4 gezeigt wird, durch die Wirkung von σ_e zwanglos erklärt werden. Weiter kann man auch Aussagen über das Benetzungsverhalten verschiedener Stoffpaare erhalten (Goretzki und Scheuermann, 1973).

3.3. Struktur der Fest-flüssig-Phasengrenze

Wie eingangs gezeigt, ist die Rauheit der Grenzfläche eines ihrer charakteristischen Merkmale. Dieser Abschnitt ist der Rauheit*) der Grenzflächenstruktur zwischen Kristall und Schmelze (bzw. Kristall und Dampf) gewidmet, da sie eine große Wirkung auf das Kristallwachstum hat. (Jackson, 1958; Parker, 1970; Tiller, 1972). Nach Kossel (1927) müssen Stufen in der atomar ebenen Kristallfläche gebildet werden, damit das Kristallwachstum über die laterale Bewegung (Vergrößerung) der Stufen erfolgt. Für den Fall, daß genügend Stufen in der Grenzfläche vorhanden sind (rauhe, diffuse Grenzfläche), kann das Kristallwachstum in vielen Richtungen gleichmäßig voranschreiten. Die Rauheit der Phasengrenze ist somit von entscheidender Bedeutung für die Geschwindigkeit bzw. notwendige Unterkühlung des Kristallwachstums und bestimmt weitgehend die äußere Form (Habitus) der Kristalle.

Nach dem Kossel-Stranski-Modell gibt es verschiedene Bindungszustände eines Atomes in der Grenzfläche. Die treibende Kraft für die Aufrauhung der Oberfläche ist die Schaffung von Oberflächenzuständen, die dem System auf Kosten eines Enthalpiezuwachses konfigurelle Entropie liefern. Entropie und Enthalpie ($\Delta G = \Delta H - T\Delta S$) werden solange erhöht als die Freie Enthalpie des Systemes ΔG verringert werden kann. Die Gleichgewichtskonzentration der Grenzflächenfehlstellen ist, ähnlich der Konzentration der Leerstellen im Kristallinnern, durch die Bedingung $\Delta G = 0$ festgelegt.

Burton et al. (1949 und 1951) untersuchten vor allem die Temperaturabhängigkeit der Oberflächenkonfiguration, während Jackson (1958) den Beitrag des angrenzenden Mediums bei der Umwandlungstemperatur berechnete. Es muß jedoch betont werden, daß alle erwähnten Modelle unter stark vereinfachenden Voraussetzungen abgeleitet wurden und daher nur qualitative Aussagen liefern. Später durchgeführte genauere Berechnungen (Leamy und Jackson, 1971) bewiesen aber grundsätzlich die Richtigkeit der Annahmen.

Das Modell von Jackson ist durch seine überraschend gute Übereinstimmung mit der Realität bekannt geworden; dies sollte jedoch nicht überbewertet werden. Wegen seiner Anschaulichkeit und der praktischen Bedeutung der angegebenen Zusammenhänge, wird das Modell hier genauer beschrieben:

*) Die Rauheit der Phasengrenze wird bestimmt durch: die Konzentration an Leerstellen bzw. Adatomen sowie die Zahl der Gitterabstände, über die sie sich erstreckt.

Für eine einzelne Atomlage werden Änderungen der Enthalpie und der Entropie beim Übertritt aus einem Medium in das andere am Beispiel Schmelze-Kristall betrachtet. Wechselwirkungen werden nur zwischen den nächsten Nachbarn berücksichtigt. Die Änderung der Freien Enthalpie ΔG an der Phasengrenze wird in zwei Teile zerlegt:

1. ΔG_1, bedingt durch den Übertritt der Atome aus der Schmelze in den Kristall und
2. ΔG_2, bedingt durch die konfigurelle Verteilung der Atome an der Grenzfläche.

Die Freie Enthalpiedifferenz des Systems ist

$$\Delta G = \Delta G_1 + \Delta G_2 = (\Delta H_1 + \Delta H_2) - (T\Delta S_1 + T\Delta S_2).$$

In dieser Gleichung bezeichnet ΔH_1 die Enthalpiedifferenz zwischen Schmelze und Kristall, ΔS_1 die Entropiedifferenz zwischen Schmelze und Kristall, ΔH_2 die Enthalpiedifferenz zwischen Atompaaren und Einzelatomen, die an der Phasengrenze adsorbiert sind, und ΔS_2 die Mischungsentropie von N_A-Atomen, die über N mögliche Oberflächenplätze verteilt werden.

Das Problem hat Ähnlichkeit mit der Berechnung der Mischungsenthalpie einer Lösung (Abschnitt 2.1.2.) und dementsprechend ähnlich ist auch das Resultat (vgl. mit (2.3); Bild 2.8):

$$\frac{\Delta G}{NkT_0} = \alpha X (1 - X) + [X \ln X + (1 - X) \ln (1 - X)] \tag{3.10}$$

Hierin ist $\alpha = \Delta S_s \xi / k$, T_0 die Gleichgewichtstemperatur der Umwandlung, $X = N_A/N$ die Konzentration der an der Grenzfläche besetzten Plätze und ξ das Verhältnis der Anzahl nächster Nachbarn in der Ebene der Grenzfläche zur Anzahl nächster Nachbarn im Kristall ($\xi < 1$).

(3.10) ist in Bild 3.12 für verschiedene Werte des Parameters α wiedergegeben. Man erkennt, daß bei $\alpha < 2$ die Kurven ein Minimum aufweisen,

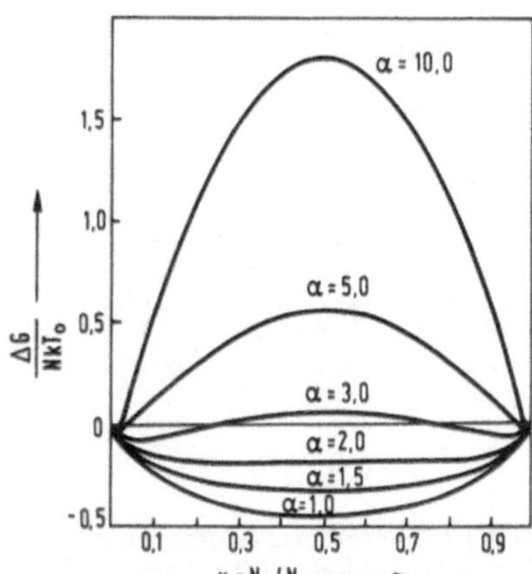

Bild 3.12. Reduzierte Freie Oberflächenenthalpie als Funktion des besetzten Teiles der verfügbaren Grenzflächenplätze, nach Jackson (1958)

während bei $\alpha > 2$ die Kurven zwei Minima zeigen. Indem α im wesentlichen proportional der Schmelzentropie ist, weisen die Kurven für Stoffe mit hoher Schmelzentropie zwei Minima auf. Der kristallographische Faktor ξ ist immer kleiner als 1, für dichtgepackte Ebenen jedoch nahe 1. Ein System verändert sich immer in Richtung kleinerer Freier Enthalpie, und die Verteilung der Atome an der Grenzfläche wird daher die Minima anstreben. Bei kleiner Umwandlungsentropie (α kleiner als 2) werden also mit großer Wahrscheinlichkeit 50% der Oberflächenplätze besetzt sein und 50% Leerstellen in regelloser Verteilung (größte Anzahl von Möglichkeiten) vorliegen. Dies kann als Hinweis für eine Aufrauhung der Phasengrenze genommen werden (selbst wenn es physikalisch, infolge der vereinfachenden Annahme der Grenzfläche als einzelne Ebene, nicht sinnvoll ist). Andererseits bedeutet die entweder sehr kleine oder sehr große Konzentration von Adatomen bei α größer als 2, daß die Phasengrenze nahezu eben ist.

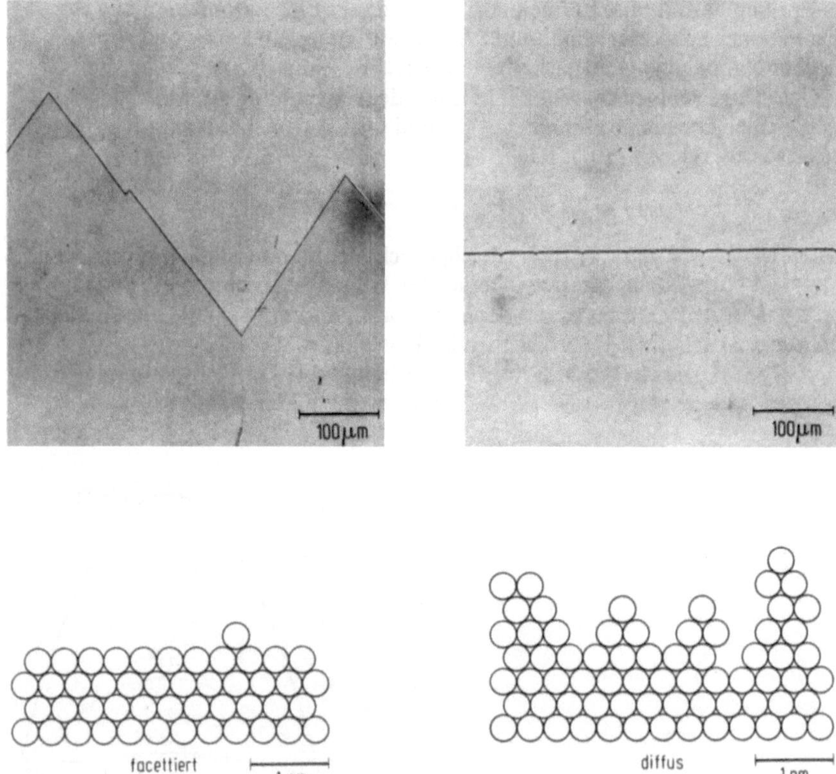

Bild 3.13. Facettierte (atomar-ebene) sowie diffuse (atomar-rauhe) Grenzfläche zwischen Schmelze und Kristall (Isotherme in beiden Fällen horizontal).

Tabelle 3.5. Typische Entropieänderung bei der Kristallisation verschiedener Stoffe nach Laudise et al. (1971).

$\Delta S_S/R$	Stoffe		
1	Metalle aus ihrer Schmelze	ionische Verbindungen	
3	Si, Ge, Sb, Bi, Ga aus der Schmelze		
6	viele organische Verbindungen aus der Schmelze		organische Verbindungen
10	Metalle aus der Dampfphase		
20	Komplexe Moleküle aus der Schmelze		
100	Polymere aus der Schmelze		

Nach dem Jackson-Modell können die Stoffe aufgrund ihrer Phasengrenzenrauhigkeit während der Kristallisation aus der Schmelze vereinfachend in „Metalle" und „Nichtmetalle" (Bild 3.13) eingeteilt werden. Die allgemeine Tendenz ist auch aus Tab. 3.5 zu ersehen. Die Nützlichkeit dieses Modells wird durch das „metallische" Erstarrungsverhalten der wenigen organischen Stoffe mit niedriger Schmelzentropie bewiesen. Diese Stoffe (Tab. 3.6) kön-

Tabelle 3.6. Organische Stoffe mit kleiner Schmelzentropie und daher „metallähnlichem" Wachstum (nach Jackson und Hunt, 1965 und Fisher, 1973)

Substanz	T_S (°C)	T_V (°C)	$\Delta S_S/R$	Struktur	Probleme
Bernsteinsäuredinitril	54,5	266	1,44	kubisch	–
Tetrabrommethan	90	189	1,2	kubisch	a, c
Hexachloraethan	185	186	2,2	kubisch	b, c, d
d-Campfer	180	204	1,4	kubisch	c
Adamantan	268	–	–	kubisch	d
tert. Butylbromid	- 25	–	–	kubisch	c
tert. Butylchlorid	- 28,5	–	1,0	kubisch	c
l-Borneol	210	212	2,1	kubisch	b, c
Camphen	51	160	–	kubisch	a,c
Cyclohexan	6,5	81	1,2	kubisch	c
Cyclohexanol	23	–	–	kubisch	c
Pentaerythrit	266	276	–	kubisch	b,c
Cyclooctanon	29	196	–	kubisch	–
β-Amino-isobutylalkohol	30	165	–	kubisch	–
Pivalinsäure	32	164	1,0	kubisch	–
Neopentylalkohol	53	114	1,5	kubisch	–
Aminobutylenglykol	110	151	1,0	kubisch	–
Neopentylglykol	125	208	1,4	kubisch	–

a: giftig c: Verdampfung
b: Verdampfungstemperatur T_V nahe an der Schmelztemperatur T_S d: Sublimation

nen infolge ihrer Transparenz leicht während der Erstarrung bzw. während des Schmelzens im Lichtmikroskop beobachtet werden (z.B. Bild 3.1). Sie geben wertvolle Hinweise für die Gültigkeit verschiedener Erstarrungstheorien.

Die unterschiedliche Erscheinung der Phasengrenze im Mikroskop (Bild 3.13) läßt sich wie folgt mit der atomaren Struktur in Verbindung bringen: Das Kristallwachstum kann als Prozeß angesehen werden, bei dem Atome (oder Moleküle) aus der Schmelze an die Phasengrenze geraten und dort mehr oder weniger fest an den Kristall gebunden werden. Durch die thermische Fluktuation kann das bereits kristallisierte Atom wieder in die Schmelze übertreten. Beide Vorgänge (Adsorption und Desorption) haben eine charakteristische Geschwindigkeit (Jackson, 1967). Ist die Geschwindigkeit des Übertritts in den Kristall größer (bzw. ist die Verweilzeit des adsorbierten Atomes lang), so erstarrt die Flüssigkeit. Die Wahrscheinlichkeit, daß das Atom an der Phasengrenze gebunden wird und daher zur Erstarrung beiträgt, ist proportional zur Anzahl der Bindungen (Nachbarn), die das Atom vorfindet. An einer atomar glatten Kristallfläche sind immer weniger Bindungen für ein Adatom vorhanden als an einer diffusen. Daher ist die treibende Kraft, und damit ΔT, für die Fortbewegung der diffusen Grenze kleiner als für die ebene (vgl. auch Bild 5.22). Infolge der Keimbildungsschwierigkeit beim Wachstum ebener Atomlagen ist bei „nichtmetallischen" Phasengrenzen eine ausgesprochene Anisotropie des Wachstums zu beobachten. Das heißt, daß die dichtgepackten Atomlagen eines Stoffes mit hoher Schmelzentropie gegenüber unterschiedlichen Unterkühlungen sehr stabil sein können. So wird der Unterschied zwischen einer „nichtisothermen" (nichtmetallischen) und einer „isothermen" (metallischen) Phasengrenze (Bild 3.13) deutlich.

Die Struktur der Phasengrenze fest-flüssig übt also einen großen Einfluß auf die Kinetik der Phasenumwandlung aus. Darauf wird nochmals in Abschn. 5.1.1. und 5.2.2. eingegangen. Bei Kristallwachstum aus der Dampfphase erhält man durch die hohe Sublimationswärme selbst für Metalle wesentlich höhere α-Werte als 2, so daß in diesem Fall Metalle ebenfalls facettierte Phasengrenzen aufweisen. Wie Bild 3.14 zeigt (Laudise et al., 1971), ist der Übergang zwischen einer facettierten und einer diffusen Phasengrenze kontinuierlich (vgl. mit Bild 3.2b). Die Grenzschichtdicke wird mit abnehmendem α-Faktor größer.

3.4. α-β-Grenzflächen in Eutektika

Da Grenzflächen stets Orte höherer Energie darstellen, wird jedes System bestrebt sein, sowohl die Fläche zu verkleinern als auch die energetisch günstigsten Kristallflächen auszubilden. Beide Phänomene spielen bei den eutektischen Verbundwerkstoffen eine große Rolle, da, wie in der Einleitung zu diesem Kapitel gezeigt wurde (Bild 3.1), derartige Werkstoffe viele Phasengrenzen aufweisen. Wichtige Einflüsse der verschiedenen Phasengrenzen auf Gefüge und Eigenschaften der eutektischen Werkstoffe wurden in Tab. 3.1 zusammengefaßt.

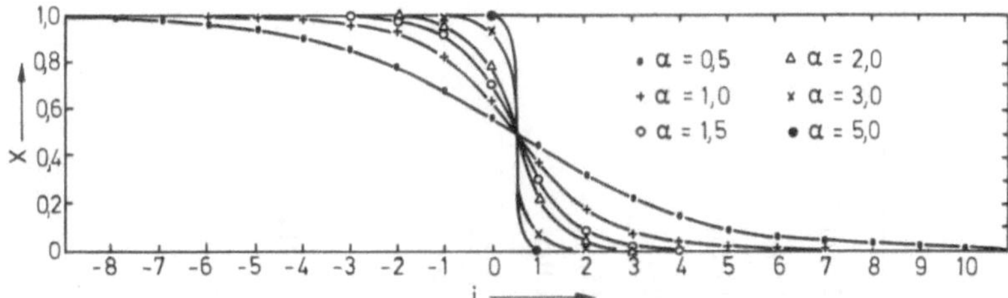

Bild 3.14. Rauhigkeit der Grenzfläche Schmelze-Kristall für verschiedene α-Werte (x ist der Anteil der zum Kristall gehörenden Atome in Atomlage i), nach Laudise et al. (1971)

Keimbildung und Wachstum eines Eutektikums erfolgen in den meisten Fällen derart, daß das Legierungssystem diejenigen Gitterebenen in Kontakt bringt, welche minimale Energie besitzen. Dies ist, wie schon Tiller (1958) feststellte, auf die doppelte Auslese energetisch günstiger Grenzflächen bei der Keimbildung (ΔT_{min}) und beim gekoppelten Wachstum (ΔT_{min}) zurückzuführen (vgl. Kap. 4 bzw. 5). Die Minima in der Grenzflächenenergie-Passungsfehler-Funktion (Bild 3.7 bzw. 3.8*)) sind sehr scharf, d.h. jede kleinste Abweichung des Kristalles von einer Vorzugsorientierung bedeutet eine starke Energiezunahme. Somit existiert ein Mechanismus, der eine feste kristallographische Beziehung stabilisiert. Dies ist auch der Grund für die allgemein hohe thermische Stabilität eutektischer Gefüge. Der absolute Wert der Grenzflächenenergie scheint nicht allein wesentlich zu sein, sondern auch die Tatsache, daß ein facettiertes Gefüge (ob faserig oder lamellar) sich infolge der tiefen Energie-Minima nur schwer abschnüren kann (Kap. 6.).

Da facettiert kristallisierende Stoffe unter bestimmten Wachstumsbedingungen (wie Zusammensetzung, Kristallisationsgeschwindigkeit usw.) bestimmte Wachstumsrichtungen bevorzugen, werden nicht immer Orientierungen absolut minimaler Grenzflächenenergie eingestellt. So ist auch beobachtet worden, daß Eutektika ihre Orientierung während des Wachstums ändern können (Hopkins und Kraft, 1968) bzw. in Spiralform wachsen (Double und Hellawell, 1969; s. hierzu auch Hogan et al., 1971).

Allgemein lassen sich für die Kristallographie einfacher Eutektika folgende „Faustregeln" angeben (Livingston, 1971):

- Haben beide Phasen gleiche Kristallstruktur, dann kristallisieren sie in der gleichen kristallographischen Richtung, z.B. Ag-Cu, Cd-Zn, LiF-NaF. Falls eine der Phasen eine geordnete Struktur und die andere die entsprechende Kristallstruktur aufweist, wie im Fall von NiAl-Cr (CsCl-Struktur, die ein geordnetes krz Gitter darstellt, gegenüber krz Cr-Kristall), kristallisieren ebenfalls beide Phasen in gleicher Richtung.
- Hat eine Phase ein hexagonales und die andere ein kfz Gitter (z.B. Ag_3Al_2-Al), dann liegen die dichtest gepackten Ebenen und Richtungen parallel.

*) Der Dreh- bzw. Kippwinkel θ kann als Maß für die Fehlpassung zweier Kristalle herangezogen werden (Abschn. 3.2.2)

Tabelle 3.7. Kristallographie der Eutektika, größtenteils nach Hogan et al., 1971

System	Eutektikum	Wachstumsrichtung	Grenzflächen (ℓ = lamellar, f = faserig)
Binäre Legierungen			
Ag-Al	Al-Ag_3Al_2	$\parallel [001]_{Al}$	$(0001)_{Ag_3Al_2} \parallel (111)_{Al}$ *) $[11\bar{2}0]_{Ag_3Al_2} \parallel [1\bar{1}0]_{Al}$
Ag-Cu	Ag-Cu	$\parallel [110]_{Ag} \parallel [110]_{Cu}$	$\parallel (211)_{Ag} \parallel (211)_{Cu}$
Al-Co	Al-Al_9Co_2	$[001]_{Al_9Co_2} \parallel [100]_{Al}$	$\parallel (100)_{Al_9Co_2} \parallel (001)_{Al}$
	Co-CoAl	$\parallel [10\bar{1}]_{CoAl} \parallel [112]_{Co}$	ℓ $\parallel (101)_{CoAl} \parallel (111)_{Co}$ $[020]_{CoAl} \parallel [\bar{1}10]_{Co}$
Al-Cu	Al-Al_2Cu	—	$\parallel \{111\}_{Al} \parallel \{211\}_{Al_2Cu}$ $<110>_{Al} \parallel <120>_{Al_2Cu}$ $(11\bar{1})_{Al} \parallel (2\bar{1}1)_{Al_2Cu}$
Al-Ni	Al-Al_3Ni	$\parallel <010>_{Al_3Ni} \parallel <110>_{Al}$	ℓ $\parallel \{001\}_{Al_3Ni} \parallel \{331\}_{Al}$ f $\parallel \{111\}_{Al} \parallel \{110\}_{Al} \parallel \{112\}_{Al}$
Al-Sb	Al-AlSb	$\parallel <110>_{Al} \parallel <211>_{AlSb}$	$\parallel \{111\}_{Al} \parallel \{111\}_{AlSb}$
Al-Zn	Al-Zn	$\parallel [11\bar{2}0]_{Zn}$	$\parallel (10\bar{1}8)_{Zn}$ *)

*) Grenzflächen ⫲ Wachstumsrichtung

B-Ni	Ni-Ni_3B	–	$\parallel \{141\}_{Ni_3B}$ $\parallel \{151\}_{Ni}$ $\langle 113\rangle_{Ni_3B}$ $\parallel \langle 101\rangle_{Ni}$
Be-Ni	Ni-NiBe	$\parallel \langle 112\rangle_{Ni}$ $\parallel \langle 110\rangle_{NiBe}$	$\parallel \{111\}_{Ni}$ $\parallel \{110\}_{NiBe}$ $\langle 110\rangle_{Ni}$ $\parallel \langle 111\rangle_{NiBe}$
Bi-Cd	Bi-Cd	–	$(10\bar{1}0)_{Bi}$ $\parallel (0001)_{Cd}$ $[0001]_{Bi}$ $\parallel [01\bar{1}0]_{Cd}$
Bi-Mn	Bi-BiMn	$\parallel [0001]_{MnBi}$	–
Bi-Te	Te-Bi_2Te_3	$\parallel (0001)_{Bi_2Te_3}$	–
C-Fe	Fe-Fe_3C	–	$(101)_{Fe}$ $\parallel (104)_{Fe_3C}$ $[\bar{3}\bar{1}0]_{Fe}$ $\parallel [010]_{Fe_3C}$
C-Ni	Ni-C	$\parallel \langle \bar{2}110\rangle_{C}$	–
C-Ta	Ta-Ta_2C	$\parallel [10\bar{1}0]_{Ta_2C}$	ℓ $\parallel (0001)_{Ta_2C}$ bzw. $\parallel (1\bar{2}10)_{Ta_2C}$
Cd-Sn	Cd-Sn	$\parallel [10\bar{1}0]_{Cd}$	$\parallel (100)_{Sn}$ $\parallel (0001)_{Cd}$ $[001]_{Sn}$ $\parallel [01\bar{1}0]_{Cd}$
Cd-Zn	Cd-Zn	–	$(0001)_{Cd}$ $\parallel (0001)_{Zn}$ $[01\bar{1}0]_{Cd}$ $\parallel [01\bar{1}0]_{Zn}$
Cr-Ni	Ni-Cr	–	$(211)_{Ni}$ $\parallel (1\bar{1}0)_{Cr}$ $[1\bar{1}\bar{1}]_{Ni}$ $\parallel [110]_{Cr}$

Tabelle 3.7. Kristallographie der Eutektika, zum großen Teil nach Hogan et al. 1971

System	Eutektikum	Wachstumsrichtung		Grenzflächen (ℓ = lamellar, f = faserig)	
Binäre Legierungen					
Cu-Mg	Cu-Cu_2Mg *)	~ ∥ $[110]_{Cu_2Mg}$	∥ $[112]_{Cu}$	∥ $(111)_{Cu_2Mg}$	∥ $(111)_{Cu}$
Fe-Sb	Fe-Fe_xSb	∥ $[111]_{Fe}$	∥ $[001]_{Fe_xSb}$	∥ $\{110\}_{Fe}$	∥ $\{210\}_{Fe_xSb}$
				$\{211\}_{Fe}$	∥ $\{100\}_{Fe_xSb}$
Fe-Ta	$TaFe$-$TaFe_2$	–		$\{10\bar{1}1\}_{TaFe}$	∥ $\{10\bar{1}1\}_{TaFe_2}$
				$<01\bar{1}0>_{TaFe}$	∥ $<01\bar{1}0>_{TaFe_2}$
In-Sb	Sb-InSb	∥ $[0001]_{Sb}$	∥ $[111]_{InSb}$	∥ $\{211\}_{InSb}$	
Mg-Sn	Mg-Mg_2Sn	–		ℓ ∥ $\{220\}_{Mg_2Sn}$	∥ $\{10\bar{1}1\}_{Mg}$
				$(110)_{Mg_2Sn}$	∥ $(0001)_{Mg}$
				$[001]_{Mg_2Sn}$	∥ $[11\bar{2}0]_{Mg}$
Mg-Zn	Zn-Mg_2Z_{11}	–		$(0001)_{Zn}$	∥ $(1\bar{1}\bar{1})_{Mg_2Zn_{11}}$
				$(2\bar{3}10)_{Zn}$	∥ $(101)_{Mg_2Zn_{11}}$
Mn-Sb	Sb-MnSb	∥ $[1\bar{1}00]_{Sb} \perp (\bar{4}311)_{MnSb}$		nicht ausgebildet	

*) Fehrenbrach et al (1973)

Mo-Ni	Ni-NiMo	∥ $[1\bar{1}2]_{Ni}$	∥ $[001]_{NiMo}$	∥ $(110)_{Ni}$ $[1\bar{1}0]_{Ni}$	∥ $(100)_{NiMo}$ ∥ $[010]_{NiMo}$
Nb-Ni	$Ni\text{-}Ni_3Nb$	∥ $[110]_{Ni}$	∥ $[100]_{Ni_3Nb}$	∥ $(\bar{1}11)_{Ni}$	∥ $(010)_{Ni_3Nb}$
Ni-Ti	$Ni\text{-}Ni_3Ti$	∥ $\langle 110\rangle_{Ni}$	∥ $\langle 11\bar{2}0\rangle_{Ni_3Ti}$	∥ $\{111\}_{Ni}$	∥ $\{0001\}_{Ni_3Ti}$
Pb-Sn	Pb-Sn	∥ $[211]_{Pb}$	∥ $[211]_{Sn}$	∥ $(1\bar{1}\bar{1})_{Pb}$	∥ $(0\bar{1}\bar{1})_{Sn}$
Sn-Zn	Sn-Zn	–		$(100)_{Sn}$ $[001]_{Sn}$	∥ $(0001)_{Zn}$ ∥ $[01\bar{1}0]_{Zn}$
		~ ∥ $\langle 120\rangle_{Sn}$	∥ $\langle \bar{1}\bar{1}0\rangle_{Zn}$	∥ $\{101\}_{Sn}$	∥ $\{10\bar{1}2\}_{Zn}$
Quasibinäre Legierungen					
Al-Cr-Ni	NiAl-Cr *)	ℓ ∥ $\langle 111\rangle_{NiAl}$ f ∥ $\langle 010\rangle_{NiAl}$	∥ $\langle 111\rangle_{Cr}$ ∥ $\langle 010\rangle_{Cr}$	ℓ ∥ $\{112\}_{NiAl}$ f ∥ $(100)_{NiAl}$	∥ $\{112\}_{Cr}$ ∥ $(100)_{Cr}$
Al-Mo-Ni	NiAl-Mo	∥ $\langle 110\rangle_{NiAl}$	∥ $\langle 110\rangle_{Mo}$	–	
	$Ni_3Al\text{-}Mo$ **)	∥ $[001]_{Ni_3Al}$	∥ $[001]_{Mo}$	$(01\bar{1})_{Mo}$ $(011)_{Mo}$	∥ $(010)_{Ni_3Al}$ ∥ $(001)_{Ni_3Al}$
Al-Nb-Ni	$Ni_3Al\text{-}Ni_3Nb$	∥ $[110]_{Ni_3Al}$	∥ $[100]_{Ni_3Nb}$	∥ $(\bar{1}11)_{Ni_3Al}$	∥ $(010)_{Ni_3Nb}$
Al-Ni-Zr	$Ni_3Al\text{-}Ni_7Zr_2$	–		∥ $(\bar{1}11)_{Ni_3Al}$	∥ $(100)_{Ni_7Zr_2}$

*) Cline u. Walter (1970) **) Thompson (1974)

Tabelle 3.7. Kristallographie der Eutektika, zum großen Teil nach Hogan et al. 1971

System	Eutektikum	Wachstumsrichtung		Grenzflächen (ℓ = lamellar, f = faserig)	
Quasibinäre Legierungen					
Br-F-Na	NaBr-NaF	$\parallel [1\bar{1}1]_{NaBr}$	$\parallel [1\bar{1}1]_{NaF}$	$\parallel (110)_{NaBr}$	$\parallel (110)_{NaF}$
Cl-F-Na	NaCl-NaF	$\parallel [001]_{NaCl}$	$\parallel [001]_{NaF}$	$\parallel (110)_{NaCl}$	$\parallel (110)_{NaF}$
		$\parallel [110]_{NaCl}$	$\parallel [110]_{NaF}$		
F-Li-Na	LiF-NaF	$\parallel [1\bar{1}0]_{LiF}$	$\parallel [1\bar{1}0]_{NaF}$	$\parallel (111)_{LiF}$	$\parallel (111)_{NaF}$
Fe-O-S	FeO-FeS	$\parallel [011]_{FeO}$	$\parallel [10\bar{1}0]_{FeS}$	$\parallel (100)_{FeO}$	$\parallel (0001)_{FeS}$
In-Mg-Sb	InSb-Mg_3Sb_2	–		$\parallel \{111\}_{InSb}$	$\parallel (0001)_{Mg_3Sb_2}$
In-Mn-Sb	InSb-MnSb*)	$\parallel \langle 110\rangle_{InSb}$	$\parallel \langle 0001\rangle_{MnSb}$	$\{110\}_{InSb}$	$\parallel \{10\bar{1}0\}_{MnSb}$
				$\{110\}_{InSb}$	$\parallel \{11\bar{2}0\}_{MnSb}$
Mn-O-S	MnO-MnS	$\parallel [11\bar{2}]_{MnO}$	$\parallel [11\bar{2}]_{MnS}$	$\parallel (111)_{MnO}$	$\parallel (111)_{MnS}$
Ternäre Eutektika					
Al-Cu-Mg	Al-Al_2Cu-Al_2CuMg	siehe Garmong und Rhodes (1972) bzw. Davies und Hellawell (1972)			

*) Umehara et al. (1973)

Meist sind die Verhältnisse aber wesentlich komplizierter, wie Tab. 3.7 zeigt. Es gibt auch oft mehrere kristallographische Beziehungen, die je nach Herstellbedingungen bevorzugt werden können. Bild 3.15 erklärt, warum das so ist: Anstelle eines einzelnen Fehlpassungsparameters, wie oben vereinfachend angenommen, sind es fünf Freiheitsgrade, die die gegenseitige Orientierung vollständig bestimmen und ein Energieminimum ergeben können. Zur eindeutigen Charakterisierung der kristallographischen Beziehung der eutektischen Phasen sind daher folgende Angaben notwendig:

$$\text{Grenzfläche} \parallel (hkl)_\alpha \parallel (hkl)_\beta, \qquad [hkl]_\alpha \parallel [hkl]_\beta.$$

Eine weitere, praktisch wichtige Information erhält man über die Angabe:

$$\text{Wachstumsrichtung} \parallel [hkl]_\alpha \text{ bzw. } [hkl]_\beta.$$

Aufgrund eingehender Untersuchungen an den Systemen Al-Al_2Cu und Mg-Mg_2Sn folgerte Kraft (1962, 1963), daß auch aus atomaren Stufen gebildete Ebenen, wie z.B. die (211)-Ebenen in Al_2Cu, die Energieminimumsbedingung (z.B. ähnliche Gitterparameter oder Atomdichten der angrenzenden Ebenen) erfüllen können (Bild 3.15). Verschiedene berechnete bzw. gemessene

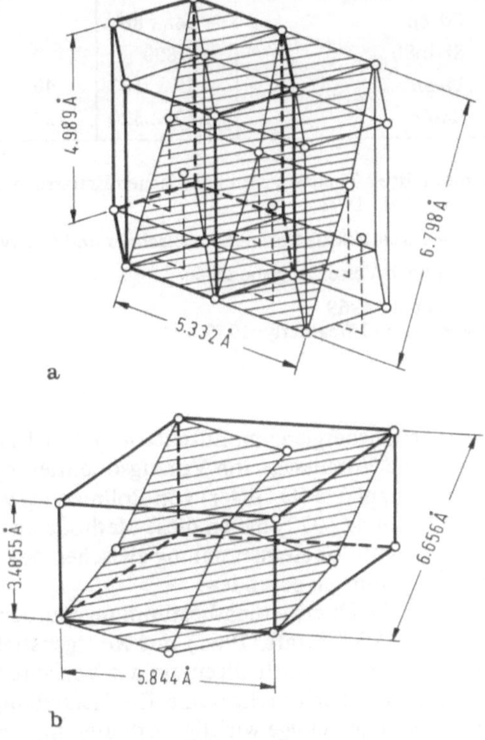

Bild 3.15. Orientierungsbeziehung im Sn-Zn-Eutektikum, a : Zn, b : Sn (es sind der Übersicht wegen nur die wichtigsten Atome eingezeichnet), nach Jaffrey und Chadwick (1969).

Tabelle 3.8. Spezifische Grenzflächenenergie eutektischer α-β-Phasengrenzen $\sigma_{\alpha\beta}$ (erg/cm² = 10^{-3} J/m²)

System	Eutektikum	$\sigma^1_{\alpha\beta}$	$\sigma^2_{\alpha\beta}$	$\sigma^3_{\alpha\beta}$
Ag-Pb	Ag-Pb	113 ... 183		
Ag-Sn	$Sn\text{-}Ag_3Sn$	288 ... 464		
Al-Cu	$Al\text{-}CuAl_2$	92 ... 175 (340)		
Al-Mg	$Mg\text{-}Mg_{17}Al_{12}$	205		
Al-Ni-Cr	NiAl-Cr			140[1)]
Al-Ni-Nb	$Ni_3Al\text{-}Ni_3Nb$			240[2)]
Al-Zn	Al-Zn	63 ... 116		
Bi-Cd	Bi-Cd	110		
Bi-Pb	$Bi\text{-}Pb_2Bi$	134		
Bi-Zn	Bi-Zn	32 ... 70 (657)		
Cd-Pb	Cd-Pb	11 ... 67		
Cd-Sn	Cd-Sn	74 ... 92		
Cd-Zn	Cd-Zn	54 ... 86		
In-Sb	Sb-InSb	890		850[3)]
Pb-Sn	Pb-Sn	35 ... 132	40	
Sn-Zn	Sn-Zn	340 ... 520	120	

$\sigma^1_{\alpha\beta}$: Berechnet mittels Theorien der eutektischen Erstarrung; zusammengestellt von Hogan et al., 1971

$\sigma^2_{\alpha\beta}$ Gemessen durch Mikrokalorimetrie (Kirchner und Chadwick, 1971)

$\sigma^3_{\alpha\beta}$ Berechnet nach Versetzungsmodellen

1) Walter et al., 1969
2) Nakagawa und Weatherly, 1972
3) Hogan et al., 1971

Werte der α-β-Grenzflächenenergien von Eutektika sind in Tab. 3.8 zusammengestellt. Eine theoretische Voraussage von Vorzugsorientierungen ist z.B. durch das Modell der Koinzidenzplätze (O-Gitter) von Bollmann (1970) möglich geworden. Bonnet und Durand (1972) haben diese Methode an verschiedenen Eutektika überprüft und gute Übereinstimmung zwischen den theoretischen und experimentellen Ergebnissen gefunden.

Die experimentelle Orientierungsbestimmung wurde ursprünglich (Straumanis und Brakss, 1937; Kraft, 1961) mit Röntgenstrahlen durchgeführt. In letzter Zeit hat sich jedoch allgemein das Verfahren der Elektronenbeugung an gedünnten Folien durchgesetzt. Die Herstellung dünner Folien bereitet oft Probleme, weshalb einige wichtige Arbeiten in Tab. 3.9 zusammengefaßt sind (vgl. auch Brammar und Dewey, 1966). Rasterelektronenmikroskopie ist ebenfalls eingesetzt worden, um die Orientierungsbeziehungen über

Elektronenchanneling (Pseudo-Kikuchi-Linien) zu ermitteln. Falls der Phasenabstand deutlich größer als 1μm ist, gibt das Verfahren rasch und einfach Antwort (Booker, 1971; Joy und Newbury, 1972).

Tabelle 3.9. Beschreibung von Dünnmethoden für die elektronenmikroskopische Beobachtung eutektischer Legierungen

System	Eutektikum	Referenz
Binäre Legierungen		
Ag-Bi	Ag-Bi	Kerr und Lewis (1972)
Al-Co	Co-CoAl	Cline (1967)
Al-Cu	Al-Al_2Cu	Davies und Hellawell (1969) Weatherly (1968)
Al-Fe	Al-Al_6Fe	Adam et al. (1973)
Al-Ni	Al-Al_3Ni	Tice et al. (1968), Jaffrey und Chadwick (1969)
Bi-Zn	Bi-Zn	Kerr und Lewis (1972)
Co-Ta	Co-Co_2Ta	Desforges und Fourdeux (1971)
Cr-Ni	Cr-Ni	Kossowsky et al. (1969)
Li-Mg	Li-Mg	Prud'homme et al. (1973b)
Mg-Zn	Zn-$MgZn_2$	Dippenaar et al. (1971)
Nb-Ni	Ni-Ni_3Nb	Annarumma und Turpin (1972)
Ni-W	Ni-W	Garmong und Williams (1973)
Pb-Sn	Pb-Sn	Lemkey (1973)
Si-Ti	Ti-Ti_5Si_3	Prud'homme et al. (1973a)
Sn-Zn	Sn-Zn	Jaffrey und Chadwick (1969)
Komplexe Legierungen		
Al-Cu-Mg	Al-Al_2Cu-Al_2CuMg	Garmong und Rhodes (1972), Davies und Hellawell (1972)
Al-Cr-Ni	NiAl-Cr	Walter et al. (1969)
Al-Cr-Nb-Ni	Ni, Cr(Ni_3Al)-Ni_3Nb	Lemkey und Thompson (1973)
Al-Nb-Ni	Ni_3Al-Ni_3Nb	Thompson und Lemkey (1973)
C-Co-Cr	Co-Cr_7C_3	Thompson und Lemkey (1970)

Wie in Abschn. 3.2.2 gezeigt wurde, wird bei α-β-Grenzflächen mit kleinem Passungsfehler ein relativ weitmaschiges Versetzungsnetzwerk aufgebaut. Dies wurde für Al-Al_2Cu (Weatherly, 1968; Davis und Hellawell, 1969), NiAl-Cr (Walter et al., 1969; Cline et al., 1971), Ni_3Al-Ni_3Nb (Nakagawa und Weatherly, 1972) und für das ternäre System Al-Al_2Cu-Al_2CuMg (Garmong

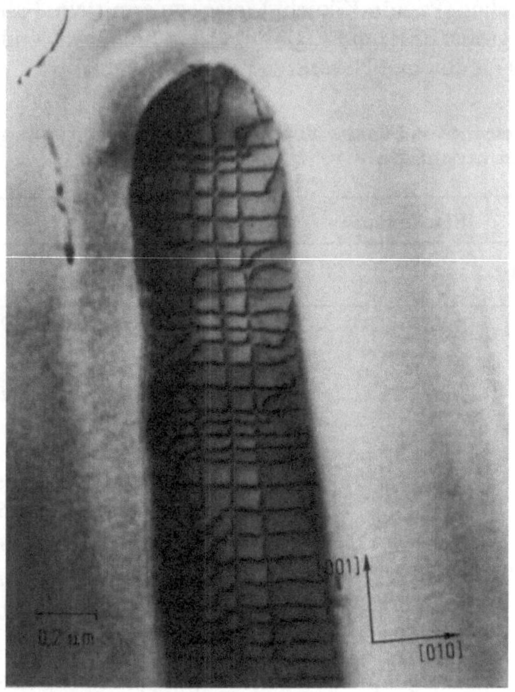

Bild 3.16. Netzwerk von Grenzflächenversetzungen zwischen NiAl-Grundmasse und Cr-Fasern, nach Cline et al. (1971)

und Rhodes, 1972) im einzelnen nachgewiesen (Bild 3.16). Für das System NiAl-Cr (beide Phasen wachsen in derselben Richtung [001]) ist der Passungsfehler Δa besonders klein (0,0035), d.h. die Versetzungen sind durch 270 Gitterabstände voneinander getrennt. Die Spannungsenergie dieser (100)-Grenzfläche wurde berechnet und ergab einen Wert von 140 erg/cm^2 (0,14 J/m^2) (Walter et al., 1969).

Durch Zulegieren von Mo zum Eutektikum NiAl-Cr (Mo besitzt in beiden Phasen stark unterschiedliche Löslichkeit) läßt sich die Gitterdifferenz verkleinern oder vergrößern (Cline et al., 1971), wodurch der Versetzungsabstand entsprechend vergrößert bzw. verkleinert werden kann (Bild 3.17 und Tab. 3.10). Hierdurch ist man in der Lage, auf legierungstechnischem Wege die Grenzflächenenergie zu verändern und eine faserförmige Struktur in eine lamellare überzuführen (vgl. Kap. 5.). Auch die Gefügestabilität kann hierdurch beeinflußt werden (Kap. 6.). Man verfügt somit über Mittel, durch Änderungen der Grenzflächenenergien Einfluß auf das Gefüge und dadurch auf die Eigenschaften zu nehmen.

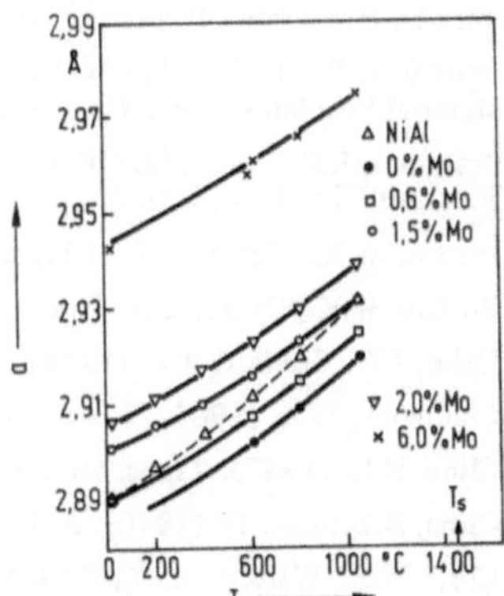

Bild 3.17. Gitterparameter der NiAl-Phase (strichliert) sowie der Cr- und Cr(Mo)-Phasen im NiAl-Cr-Eutektikum, nach Cline et al. (1971)

Tabelle 3.10. Fehlpassung und Versetzungsabstand an der Phasengrenze zwischen den beiden Phasen im NiAl-Cr-Eutektikum nach Cline et al., 1971

At.% Mo	beobachtete Ebene	Versetzungs-abstand (nm)	berechnete Fehlpassung (%)	gemessene Fehlpassung bei 25°C	gemess. Fehlpass. b. 1050°C
0,0	(100)	80 ± 10	- 0,36 ± 0,03	- 0,31 ± 0,02	0,41
0,6	(100)	200 ± 50	0,14 ± 0,04	0,00 ± 0,02	0,23
1,5	(100)	100 ± 30	0,3 ± 0,1	0,41 ± 0,04	0,06
2,7	(211)	30 ± 5	1,0 ± 0,2	0,83 ± 0,04	0,44
4,0	(112)	24 ± 4	1,3 ± 0,3	1,28 ± 0,04	0,82
7,0	(111)	13 ± 2	2,7 ± 0,3	2,30 ± 0,04	1,75

3.5. Literatur

Adam, C.M.; Smith, I.O.; Hogan, C.M. (1973): Proc. Conf. In-Situ Composites, Nat. Acad. Sci., Washington, USA, NMAB-308, Bd. 2, S. 309

Annarumma P.; Turpin M. (1972): Met. Trans. 3, 137

Bäro, G.; Gleiter H. (1974): Acta Met. **22**, 141

Becker, R. (1938): Ann. d. Physik **32**, 128

Bliznakow, G. (1958): Fortschr. Min. **36**, 149

Bollmann, W. (1970): *Crystal Defects and Crystalline Interfaces*, Springer, Berlin

Bonnet, R; Durand, F. (1972): Mat. Res. Bull. **7**, 1045

Booker, G.R. (1971): Application of the SEM Channelling Pattern Technique to Material Problems, Proc. 4th Annual SEM Symposium, Chicago

Brammar, I.S; Dewey, M.A.P. (1966): *Specimen Preparation for Electron Metallography,* Blackwell Sci. Pub., Oxford

Burton, W.K.; Cabrera, N. (1949): Discuss. Faraday Soc. **5**, 33

Burton, W.K.; Cabrera, N.; Frank, F.C. (1951): Trans. Roy. Soc. **A 243**, 299

Cahn, J.W.; Hilliard, J.E. (1958): J. Chem. Phys. **28**, 258

Chadwick, G.A. (1965): J. Austral. Inst. Met. **10**, 178

Cline, H.E. (1967): Trans. Met. Soc. AIME **239**, 1906

Cline, H.E.; Lee, D. (1970): Acta Met. **18**, 315

Cline, H.E.; Walter, J.L. (1970): Met. Trans. **1**, 2907

Cline, H.E.; Walter, J.L.; Koch, E.F.; Osika, L.M. (1971): Acta Met. **19**, 405

Davies, I.G.; Hellawell, A. (1969): Phil Mag. **19**, 1285

Davies, I.G.; Hellawell, A. (1972): J. Cryst. Growth **15**, 296

Desforges, C.D.; Fourdeux, A. (1971): Metallography **4**, 487

Dippenaar, A; Bridgeman H.D.W.; Chadwick G.A. (1971): J. Inst. Metals **99**, 137

Double, D.D.; Hellawell, A. (1969): Phil Mag. **19**, 1299

Fehrenbrach, P.J.; Kerr, H.W.; Niessen, P. (1973): J. Cryst. Growth **18**, 151

Fisher, D.J. (1973): Ecole Polytechnique Fédérale de Lausanne, unveröffentlichte Arbeiten

Garmong, G.; Rhodes, C.G. (1972): Met. Trans. **3**, 533

Garmong, G.; Williams, J.C. (1973): Proc. Conf. In-Situ Composites, Nat. Acad. Sci., Washington, USA, NMAB-308, Bd. 2, S. 149

Gibbs, J.W. (1961): *Scientific Papers,* Vol. 1, Dover, New York

Gleiter, H. (1971): Phys. stat. sol. **45b**, 9

Gleiter, H., Chalmers, B. (1972): "High Angle Grain Boundaries" in *Progress Mater. Sci.* **16**, 1

Goretzki, H.; Scheuermann, W. (1973): Max Planck Institut für Metallforschung, Stuttgart

Hasson, G.C.; Guillot, J.B.; Baroux, B.; Goux, C. (1970): Phys. stat. sol. (a) **2**, 551

Herring, C. (1952): in *Metal Interfaces,* ASM, Cleveland, Ohio

Herring, C. (1959): in *Structure and Properties of Thin Films* (Neugebauer, C.A.; Newkirk, J.B.; Vermilyea, D.A., Hsgb.), Wiley, New York, S. 527

Hillert, M. (1957): Jernkont. Ann. **141**, 757

Hogan, L.M.; Kraft, R.W.; Lemkey, F.D. (1971): "Eutectic Grains" in *Advances in Materials Reserach,* **5**, 83 (Herman H., Hsgb.)

Hopkins, R.H.; Kraft, R.W. (1968): Trans. Met. Soc. AIME **242**, 1627

Jackson, K.A. (1958): in *Liquid Metals and Solidification,* ASM, Cleveland, Ohio, S. 147

Jackson, K.A.; Hunt, J.D. (1965): Acta Met. **13**, 1212

Jackson, K.A. (1967): *Progr. Sol. State Chem.* **4**, 53

Jaffrey, D.; Chadwick, G.A. (1969): Trans. Met. Soc. AIME **245**, 2435 und 2439

Jones, D.R.H.; Chadwick, G.A. (1970): Phil.Mag. **A22**, 291

Jones, D.R.H. (1974): J. Mater. Sci 9, 1

Joy, D.C.; Newbury, D.E. (1972): J. Mater. Sci. **7**, 714

Kerr, H.W.; Lewis, M.H. (1972): J. Cryst. Growth **15**, 117

Kirchner, H.O.K.; Chadwick, G.A. (1971): J. Cryst. Growth **8**, 252

Kossel, W. (1927): Nachr. Gesell. Wiss., Göttingen, Math.-Phys. Kl. 135

Kossowsky, R.; Johnston, W.C.; Shaw, B.J. (1969): Trans. Met. Soc. AIME **245**, 1219

Kraft, R.W. (1961): Trans. Met. Soc. AIME **221**, 704

Kraft, R.W. (1962): Trans. Met. Soc. AIME **224**, 65

Kraft, R.W. (1963): Trans. Met. Soc. AIME **227**, 393

Laudise, R.A.; Carruthers, J.R.; Jackson, K.A. (1971): in *Ann. Rev. Mater. Sci.* **1**, 253

Leamy, H.J.; Jackson, K.A. (1971): J. Appl. Phys. **42**, 2121

Lemkey, F.D.; Thompson, E.R. (1973): Proc. Conf. In-Situ Composites, Nat. Acad. Sci., Washington, USA, NMAB-308, Bd. 2, S. 105

Lemkey, F.D. (1973): United Aircraft Research Lab., East Hartford, USA, unveröffentlichte Arbeiten

Li, J.C.M. (1961): J. Appl, Phys. **32**, 525

Livingston, J.D. (1971): Mater. Sci. Eng. **7**, 61

Lomer, W.M.; Nye, J.F. (1952): Proc. Roy. Soc. **A212**, 576

Lux, B. (1970): Giessereiforschung **22**, 65 und 161

Marcinkowski, M.J.; Tseng, W.F.; Dwarakadasa, E.S. (1974): J. Mater. Sci. **9**, 29 und 41

Mullins, W.W. (1963): in *Metal Surfaces: Structure, Energetics and Kineties,* ASM, Cleveland, Ohio, S. 17

Nakagawa, Y.G.; Weatherly, G.C. (1972): Mater. Sci. Eng. **10**, 223

Nash, G.E.; Glicksmann, M.E. (1971): Phil Mag. **24**, 577

Parker, R.L. (1970): "Crystal Growth Mechanism: Energetics, Kinetics and Transport" in *Solid State Physics* **25**, 151

Prud' homme, M.; Lavelle, B.; Pieraggi, B.; Dabosi, F. (1973a): J. Cryst. Growth **18**, 273

Prud' homme, M.; Lavelle, B.; Pieraggi, B.; Dabosi, F. (1973b): J. Cryst. Growth **19**, 65

Read, W.T.; Shockley, W. (1950): Phys. Rev. **78**, 275

Read, W.T. (1953): *Dislocations in Crystals,* McGraw-Hill, New York

Schober, T.; Balluffi, R.W. (1969): Phil. Mag. **21**, 109

Straumanis, M.; Brakss, N. (1937): Z. Phys. Chem. **B38**, 140

Sundquist, B.E.; Mondolfo, L.F. (1961): Trans. Met. Soc. AIME **221**, 157

Swalin, R.A. (1962): *Thermodynamics of Solids,* Wiley, New York

Thompson, E.R.; Lemkey, F.D. (1969): Trans. Am. Soc. Met. **62**, 140

Thompson, E.R.; Lemkey, F.D. (1970): Met. Trans. **1**, 2799

Thompson, E.R.; Lemkey, F.D. (1973): United Aircraft Res. Lab., East Hartford, USA, unveröffentlichte Arbeiten

Thompson, E.R. (1974): United Aircraft Research Lab., East Hartford, USA, persönliche Mitteilung

Tice, W.K.; Lasko, W.R.; Lemkey, F.D. (1968): "Electron Microscopy Applied to a Unidirectionally Solidified Al-Al_3 Ni Eutectic Alloy" in *50 Years of Progress in Metallographic Techniques,* ASTM STP 430, Am. Soc. Testing Mat., S. 239

Tiller, W.A. (1958): "Polyphase Solidification" in *Liquid Metals and Solidification* ASM, Cleveland, Ohio

Tiller, W.A.; Takahashi, T. (1969): Acta Met. **17**, 483

Tiller, W.A. (1971): in *Solidification,* ASM, Metals Park, Ohio, S. 59

Tiller, W.A. (1972): in *Treatise on Materials Science and Technology,* Vol. 1 (Herman, H., Hsgb.)

Umehara, Y.; Koda, S; Uchida, S. (1973): J. Jap. Inst. Metals **37**, 964

Walter, J.L.; Cline, H.E.; Koch, E.F. (1969): Trans. Met. Soc. AIME **245**, 2073

Weatherly, G.C. (1968): Met. Sci. J. **2**, 25

Weins, M.; Gleiter, H.; Chalmers, B. (1971): J. Appl. Phys. **42**, 2639

4. Keimbildung

Der Prozeß der Phasenumwandlung wird allgemein in zwei Schritten behandelt – durch Keimbildung und Kristallwachstum. Grundsätzlich besteht kein Unterschied zwischen beiden Prozessen; die theoretische Behandlung der Realität wird durch eine solche Trennung jedoch erleichtert.

Für Gefüge und Eigenschaften eutektischer Gußlegierungen spielen sowohl Keimbildung als auch Kristallwachstum eine wichtige Rolle, wobei der Keimbildung (z.B. Impfung von Gußeisen) oft die praktisch größere Bedeutung zukommt. Im Fall der gerichteten Erstarrung eutektischer Komposite ist das Kristallwachstum der wesentlichere Prozeß.

Bei der Erstarrung anisotroper eutektischer Werkstoffe spielt die Keimbildung folgende Rolle:

- bei Wachstumsbeginn ist es wesentlich, welche Orientierung sich zwischen den eutektischen Phasen einstellt, da hiermit die Perfektion des Gefüges beeinflußt wird (Hopkins u. Kraft, 1968; Berthou u. Gruzleski, 1971);
- während des Wachstums, im Sinn einer Keimbildungsverhinderung vor der Umwandlungsfront bei reiner eutektischer Zusammensetzung und hoher Geschwindigkeit v (Cline und Livingston, 1969), insbesondere in der Zone konstitutioneller Unterkühlung; dieses Problem gewinnt bei der gerichteten eutektoiden Umwandlung noch an Bedeutung (Livingston, 1974).

Die allgemeinen Grundlagen der Keimbildung sind in vielen Arbeiten nachzuschlagen und werden daher nicht wiederholt (s. z.B. Nucleation Phenomena, 1966; Löhberg, 1968; Lux und Kurz, 1973). Im Fall der sogenannten homogenen Keimbildung ist die Keimbildungswahrscheinlichkeit im ganzen System dieselbe. Es gibt also bei der Erstarrung keine bevorzugten Stellen, wie z.B. Grenzflächen zwischen festen Teilchen und der Schmelze. Eine Schmelze extrem hoher Reinheit und ein neutraler Tiegel sind daher Voraussetzung für das Auftreten dieses Keimbildungsphänomens. Die heterogene Keimbildung, der man normalerweise in der Praxis begegnet, geht stets von Fremdkörpern aus. Daher ist die Wahrscheinlichkeit, im System einen Keim zu finden, von Stelle zu Stelle verschieden.

Da bei der Erstarrung eines binären Eutektikums aus einer homogenen Schmelze zwei Phasen entstehen, muß vor Beginn des gemeinsamen Wachstums von jeder Phase mindestens ein Keim gebildet worden sein. Man muß annehmen, daß die zur Keimbildung nötige Unterkühlung für beide Phasen eines Eutektikums verschieden ist. Daher wird normalerweise zuerst eine Phase

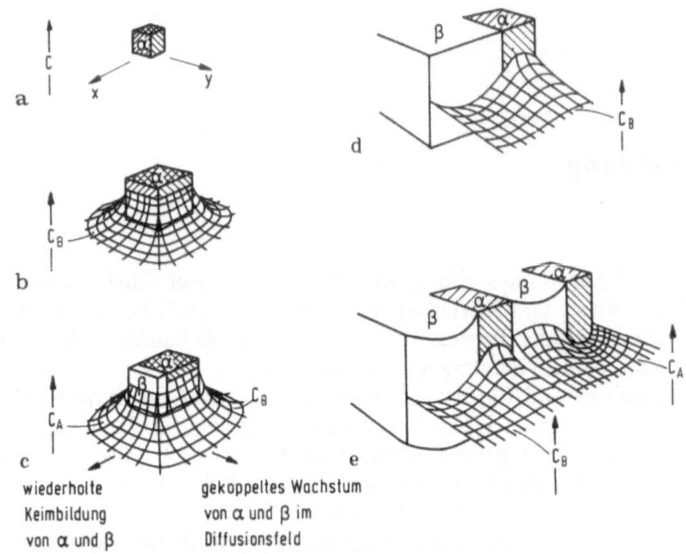

Bild 4.1. Wachstumsbeginn einer eutektischen Legierung. a)Keimbildung der α-Phase, b) Wachstum der α-Phase und Anreicherung der Schmelze an B, c) Keimbildung von β, d) Ausbildung des Diffusionsfeldes und gleichzeitig e) Ausbildung der Grenzflächenkrümmung (beachte: die z-Achse stellt Konzentrationen dar)

entstehen (homogen in äußerst reinen Schmelzen oder heterogen in Schmelzen normalen Reinheitsgrades). Falls die zuerst wachsende Phase α von β „benetzt" wird, wird β mit den energetisch günstigsten Grenzflächen an die erste Phase α wachsen (heterogene, gegenseitige Keimbildung). Dieser Prozeß wird weiter begünstigt durch die erhöhte Konzentration des Elementes B an der Phasengrenze des α-Kristalles mit der Schmelze (d.h. die Keimbildungswahrscheinlichkeit nimmt durch den Aufstau an Element B zu, Bild 4.1).

4.1. Homogene Keimbildung der eutektischen Phasen

Bei der homogenen Keimbildung ist der zu überwindende Anteil an Grenzflächenenergie sehr groß. Die metastabile Schmelze wird daher bis zu hohen Unterkühlungen stabilisiert. Cech und Turnbull (1950) fanden für Metalle, daß die maximale (homogene) Keimbildungsunterkühlung proportional zum Schmelzpunkt T_S (in K) ist:

$$\Delta T \simeq 0{,}18\ T_S$$

Auf eutektische Legierungen sind die üblichen Keimbildungsargumente nicht direkt anwendbar, da die Konzentration des Legierungselementes eine weitere Variable bei der Kristallbildung ist, die sowohl die freie Enthalpie-

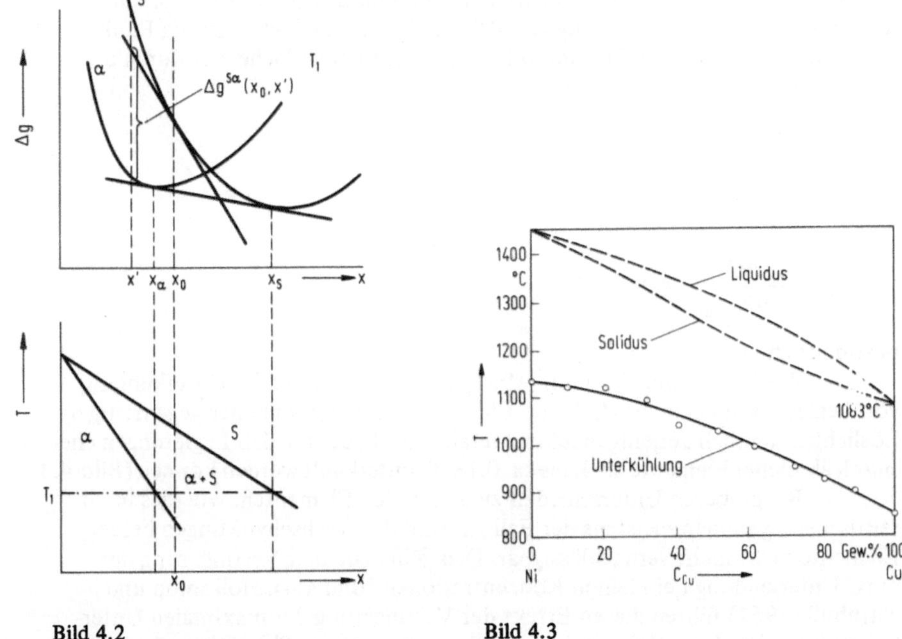

Bild 4.2

Bild 4.3

Bild 4.2. Zur Ableitung der Freien Keimbildungsenthalpie für Keime mit von der Schmelze unterschiedlicher Zusammensetzung

Bild 4.3. Unterkühlbarkeit der homogenen Keimbildung von Ni-Cu-Legierungen über den gesamten Zusammensetzungsbereich nach Cech und Turnbull (1951)

differenz des Phasenüberganges als auch die Grenzflächenenergie zwischen Schmelze und Kristall beeinflußt. Dies kann anhand der Keimbildung einer Legierung, die dem Phasendiagramm in Bild 4.2 entspricht und sich auf Temperatur T_1 befindet, gezeigt werden (Christian, 1965). Für die Keimbildung eines α-Kristalles der Zusammensetzung X' aus der Schmelze der Zusammensetzung X_0 kann man die Änderung der Freien Enthalpie pro Atom schreiben als

$$\Delta g_{s\alpha}\,(X_0, X') = g_\alpha\,(X') - g_s\,(X_0) - (X' - X_0)\left(\frac{\partial g_s}{\partial X}\right)_{X_0}$$

Die Bildung eines Keimes mit n Atomen der Zusammensetzung X ergibt eine Änderung der freien Enthalpie

$$\Delta G = n\Delta g_{s\alpha}\,(X_0, X') + \sigma\,(X', X_0)\; n^{2/3}\,.$$

Die spezifische Grenzflächenenergie σ ist hierbei eine Funktion der Zusammensetzung von Schmelze und Kristall. Die Änderung von ΔG mit n bei gegebener

Zusammensetzung X' führt zur kritischen Keimbildungsarbeit ΔG^* für einen α-Kristall der Zusammensetzung X'. ΔG^* ist jedoch auch gleichzeitig Funktion von X', weshalb der Sattelpunkt der Freien Energiefläche erst durch die zwei Bedingungen*)

$$\left[\frac{\partial\,(\Delta G)}{\partial n}\right]_{X'} = 0$$

und

$$\left[\frac{\partial\,(\Delta G)}{\partial X'}\right]_{n} = 0$$

bestimmt ist.

Wie Chech und Turnbull (1951) gezeigt haben, ist die Unterkühlung von Legierungen einander ähnlicher Elemente mit vollkommener gegenseitiger Löslichkeit ähnlich derjenigen reiner Metalle. Das bedeutet, daß Legierungen chemisch ähnlicher Elemente auch bis ca. 0,18 T_s unterkühlt werden können (Bild 4.3).

Bei größeren Unterschieden zwischen den Elementen, wie dies in eutektischen Systemen meistens der Fall ist, sind die Wechselwirkungen beider Elemente nicht mehr vernachlässigbar. Dies führt zu einer Verringerung der max. Unterkühlung bei kleinen Konzentrationen (Bild 4.4). Hollomon und Turnbull (1951) führen diesen Effekt der Verringerung der maximalen Unterkühlung von Pb (bzw. Sn) durch einige Prozent Sn (bzw. Pb) auf die Erniedrigung der Grenzflächenenergie fest-flüssig bei kleinen Konzentrationen zurück. Bei höheren Konzentrationen ist die Unterkühlung wieder proportional zur

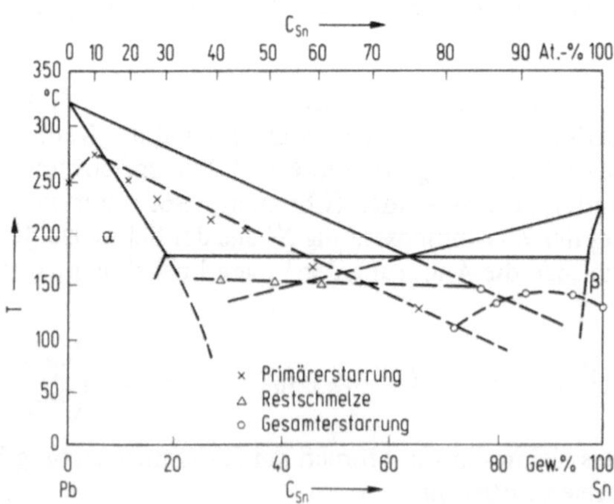

Bild 4.4. Unterkühlbarkeit von Pb-Sn-Legierungen, nach Hollomon und Turnbull (1951)

*) Eine Variation in der Zahl der Atome n entspricht einer Variation des Keimradius r

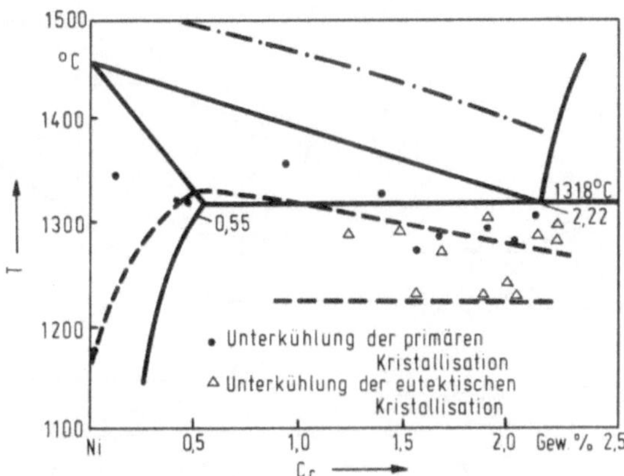

Bild 4.5. Unterkühlbarkeit von Ni-C-Schmelzen, nach Patterson et al. (1969)

Liquidustemperatur. Ähnliches wurde auch am System Ni-C von Patterson et al. (1969) gefunden (Bild 4.5).

4.2. Heterogene Keimbildung der eutektischen Phasen

Heterogene Keimbildung tritt meist dann auf, wenn die Schmelze knapp unterhalb ihres Schmelzpunktes erstarrt. Da die Schmelzen normalerweise genügend Fremdkeime enthalten bzw. die Tiegelwände in dieser Weise wirken, ist heterogene Keimbildung meistens für die Erstarrung verantwortlich. Fremdkeime besitzen eine für die Kristallbildung katalysierende Wirkung, da z.B. infolge von Epitaxie die Aktivierungsenergie der Keimbildung verringert wird. Dies kommt daher, daß ein Teilchen mit kleiner Grenzflächenenergie (Abschn. 3.2.2.) gegenüber dem Kristallkeim den in den ersten Stadien der Kristallbildung dominierenden Grenzflächenenergieanteil verringert. Aufgrund einer geometrischen Betrachtung ergibt sich für die heterogene kritische Keimbildungsenergie:

$$\Delta G^*_{het} = \Delta G^*_{hom} \cdot f(\theta) = \frac{16\pi\sigma^3}{3\Delta g^2} \cdot f(\theta) \tag{4.1}$$

$$f(\theta) = \frac{(2 + \cos\theta)(1 - \cos\theta)^2}{4}$$

(mit Δg als Freie Enthalpieänderung pro Volumen für den Flüssig-fest-Übergang und σ als Grenzflächenenergie zwischen Kristall und Schmelze derselben Komponente).

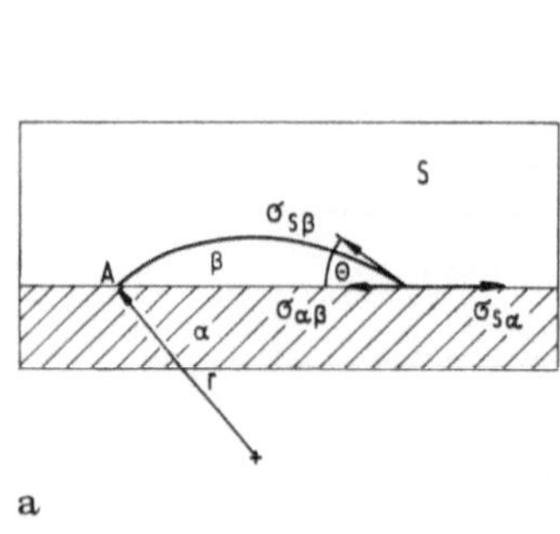

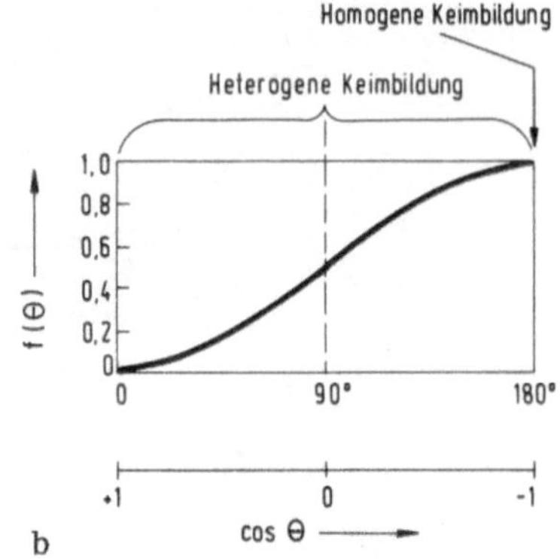

Bild 4.6. Benetzung und Grenzflächenspannung. a) Benetzungswinkel zwischen Fremdkeim α und Kristall β in Anwesenheit der Schmelze S ($\cos\theta\,\sigma_{S\beta} + \sigma_{\alpha\beta} = \sigma_{S\alpha}$) und b) graphische Darstellung von f (θ) aus (4.1)

Die Funktion f (θ) von (4.1) ist in Bild 4.6 graphisch wiedergegeben (Glicksman und Childs, 1962) und zeigt, daß bei $\theta = 0$, d.h. bei vollkommener Benetzung von Fremdkeim und Kristall, f (θ) = 0 und daher ΔG^*_{het} bzw. ΔT_{het} = 0. Liegen Teilchen vor, die vom Kristall überhaupt nicht benetzt werden (θ = 180°), dann ist f (θ) = 1, und die Schmelze verhält sich wie im Fall der homogenen Keimbildung.

In einer umfangreichen Studie zur heterogenen Keimbildung von Legierungen haben Sundquist und Mondolfo (1961) die von Cech und Turnbull (1950) beschriebenen Versuche weitergeführt und folgendes für die Keimbildung eutektischer Legierungen interessante Ergebnis (das übrigens von Lamplough und Scott schon 1914 beobachtet wurde) gefunden: Wirkt eine von zwei eutektischen Phasen keimbildend auf die andere, so ist es wahrscheinlich, daß bei Umkehrung der Verhältnisse die Keimbildung nur schwierig zu verwirklichen ist. Dieses Phänomen wurde „Einweg"-Keimbildung oder auch „nichtreziproke" Keimbildung genannt.

Am Beispiel des Pb-Sn Eutektikums konnte gezeigt werden, daß bei Anwesenheit von Sn-Primärdendriten die Pb-Phase mit kleiner Unterkühlung entsteht (also nahe der eutektischen Temperatur, nachdem die Restschmelze einer Sn-reichen Legierung die eutektische Zusammensetzung erreicht hat). Andererseits kann bei Anwesenheit von Pb-Primärdendriten das Eutektikum erst wachsen, wenn die Sn-Phase eine hohe Unterkühlung erreicht hat. Man erhält daher, je nach Zusammensetzung, bezogen auf das Eutektikum, verschiedene Gefüge. In Bild 4.7a erkennt man, daß das Eutektikum direkt an die Sn-Dendriten anwächst, während bei Anwesenheit von Pb-Dendriten (Bild 4.7b) zunächst ein Sn-Hof entsteht, auf dem das Eutektikum dann aufwächst. In Tab. 4.1 sind alle von Sundquist und Mondolfo (1961) gemessenen Unterkühlungswerte angegeben. Man erkennt, um nochmals das Beispiel des Pb-Sn Eutektikums herauszugreifen, daß ΔT_{Pb}, bei Anwesenheit von Sn, $\sim 0{,}25$ K, aber ΔT_{Sn}, bei Anwesenheit von Pb, > 40 K beträgt.

Aufgrund dieser Ergebnisse stellten dieselben Autoren eine Keimbildungsserie auf (Tab. 4.2), die einen möglichen Zusammenhang mit der Schmelzentropie erkennen läßt: Ein Metall oder eine Verbindung mit hoher Schmelzentropie kann keimbildungsfördernd auf ein Metall mit niedriger Schmelzentropie wirken. Somit ergibt sich, rückbezüglich auf die in Kap. 3 diskutierten Kriterien, für die atomare Rauheit der Phasengrenze, daß Stoffe mit facettierten (atomar ebenen) Wachstumsfronten auf Stoffe mit diffuser Wachstumsfront keimbildend wirken, nicht aber umgekehrt.

Dieses zunächst überraschende Ergebnis wurde von Chadwick (1965) auf einfache Weise erklärt: Zur bevorzugten Keimbildung einer β-Phase durch eine α-Phase muß die Energie der gebildeten Grenzflächen (pro Grenzflächeneinheit) kleiner sein als die der ursprünglich vorhandenen. Stellt man sich das Aufwachsen eines Kristalles (β) auf einen vorhandenen Kristall (α) vor, wobei beide Kristalle im Kontakt mit der eutektischen Schmelze (S) stehen, so muß die Bedingung (vgl. Bild 4.6)

$$\sigma_{\alpha\beta} + \sigma_{\beta S} \leqslant \sigma_{\alpha S}$$

erfüllt sein, damit α auf β keimbildend wirkt. Sollte auch β keimwirksam für α sein, so müßte gelten:

$$\sigma_{\beta\alpha} + \sigma_{\alpha S} \leqslant \sigma_{\beta S}$$

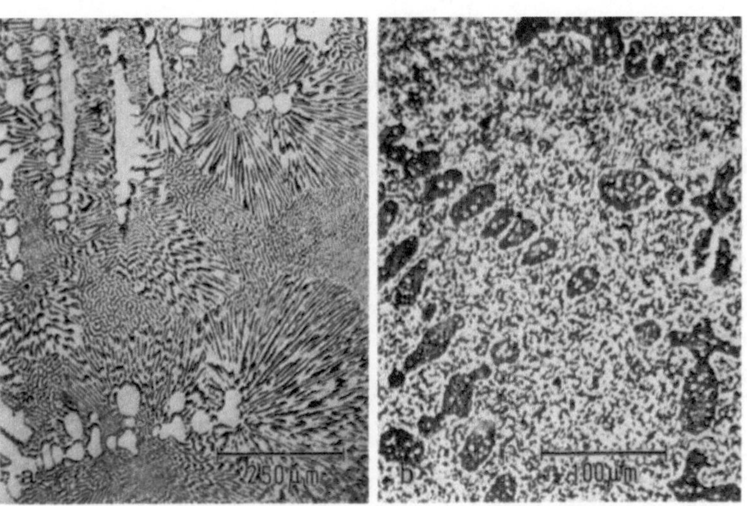

Bild 4.7. Heterogene Keimbildung des Pb-Sn–Eutektikums; a) bei Anwesenheit von primärem Sn und b) von primärem Pb, nach Sundquist und Mondolfo (1961)

Tabelle 4.1. Unterkühlbarkeit der eutektischen α-Phase bei heterogener Keimbildung durch die β-Phase, nach Sundquist und Mondolfo (1961)

System α-β	Max. ΔT von α (K)	ΔT (α durch β) unter der eutektischen Temperatur (K)	ΔT (α durch β) unter der Liquidustemperatur von α (K)
Pb-Sn	73	0,25 ± 0,25	0,25 ± 0,25
Sn-Pb	52	≥ 40,0	≥ 55,0
Pb-Ag	24	1,5 ± 0,25	1,0 ± 0,25
Ag-Pb	–	≥ 31,0	≥ 108,0
Pb-Sb	25	6,0 ± 1	10,0 ± 2,0
Sb-Pb	48	≥ 21,0	≥ 44,0
Pb-$AuPb_2$	30	2,5 ± 0,5	5,5 ± 1,0
$AuPb_2$-Pb	40	≥ 54,0	≥ 81,0
Bi-Au_2Bi	60	≥ 50,0	≥ 57,0
Au_2Bi-Bi	60	3,0 ± 1,0	19,0 ± 6,0
Bi-Ag	55	≥ 59,0	≥ 66,0
Ag-Bi	50	4,5 ± 1,0	28,0 ± 7,0
Bi-Zn	50	≥ 63,0	≥ 65,0
Zn-Bi	–	0,25 ± 0,25	0,25 ± 0,25
Bi-Sn	35	≥ 17,5	≥ 31,0
Sn-Bi	20	6,0 ± 1,0	10,0 ± 2,0
Sn-Zn	23	3,5 ± 0,5	4,5 ± 0,5
Zn-Sn	9	≥ 5,0	≥ 15,0
Ag-Cu	70	29,0 ± 1,0	53,0 ± 5,0
Cu-Ag	55	≥ 53,0	≥ 108,0
Ag-Ge	60	16,0 ± 1,0	31,0 ± 2,0
Ge-Ag	30	≥ 17,0	≥ 35,0
Au-$AuSb_2$	–	2,0 ± 0,5	3,0 ± 0,75
$AuSb_2$-Au	–	≥ 33,0	≥ 93,0
Pb_2Bi-Bi	45	4,5 ± 1,0	8,5 ± 3,0
Bi-Pb_2Bi	30	≥ 30,0	≥ 44,0
Tl-Au	13	2,5 ± 1,0	2,5 ± 1,0
Au-Tl	–	≥ 15,0	≥ 60,0
Ti-Au	11	≥ 9,0	≥ 12,0
Au-Ti	–	≥ 7,0	≥ 31,0
Tl-Sn	10	> 0,25 ± 0,25	0,25 ± 0,25
Sn-Tl	40	≥ 34,0	≥ 53,0
Ag_3Sn-Sn	–	≥ 10,0	≥ 50,0
Sn-Ag_3Sn	35	≥ 37,5	≥ 42,0
Ag_3Sb-Sb	–	≥ 34,0	≥ 130,0
Sb-Ag_3Sb	30	≥ 48,0	≥ 62,0

Da $\sigma > 0$ und $\sigma_{\alpha\beta} = \sigma_{\beta\alpha}$ ist, sind die beiden Ungleichungen nicht gleichzeitig erfüllbar und beide Elemente können nicht gegenseitig gleichwertige Keimbild-

Tabelle 4.2. Keimbildungsreihe nach Sundquist und Mondolfo (1961). Elemente tieferstehender Gruppen sind keimwirksam für Elemente höherstehender Gruppen, nicht aber umgekehrt

Gruppe	Element	T_S (K)	ΔS_S (cal/mol)
I	Tl	577	1,78
	Pb	600,6	1,90
II	Ag	1234	2,31
	Au	1336	2,21
	Cu	1357	2,30
	Ni	1725	2,40
	Co	1768	2,32
	Fe	1812	2,02
III	Ge	1210,4	6,28
	Sn	505	3,40
	Zn	692,7	2,55
	Bi	544,5	4,78
	Sb	903	5,28

ner sein. Man erkennt daraus, daß für Keimwirksamkeit ein hoher Wert der Grenzflächenspannung zwischen Keim und der eutektischen Schmelze sowie kleine Grenzflächenenergien zwischen Keim und aufwachsendem Kristall bzw. zwischen aufwachsendem Kristall und Schmelze günstig sind.

Tiller und Takahashi (1969) leisteten zu diesem Problem einen interessanten Beitrag, indem sie den elektronischen Anteil an der Grenzflächenenergie miteinbezogen. Nach Abschn. 3.2.2. kann der Anteil σ_e einen negativen Beitrag liefern und beträchtliche Werte annehmen und daher die Bilanz der Grenzflächenenergien stark beeinflussen. Der Benetzungswinkel (θ) ist nach Bild 4.6a definiert durch

$$\cos\theta = \frac{\sigma_{\alpha S} - \sigma_{\alpha\beta}}{\sigma_{\beta S}}$$

Tiller und Takahashi (1969) teilten die Grenzflächenenergie in drei Teile (vgl. mit (3.4)):

$$\sigma = \sigma_c + \sigma_s + \sigma_e,$$

wodurch man erhält:

$$\cos\theta = \frac{(\sigma_c + \sigma_s)_{\alpha S} - (\sigma_c + \sigma_s)_{\alpha\beta}}{\sigma_{\beta S}} + \frac{\Delta\sigma_e}{\sigma_{\beta S}} \tag{4.2}$$

mit

$$\Delta\sigma_e = \left| (\sigma_e)_{\alpha S} - (\sigma_e)_{\alpha\beta} \right|$$

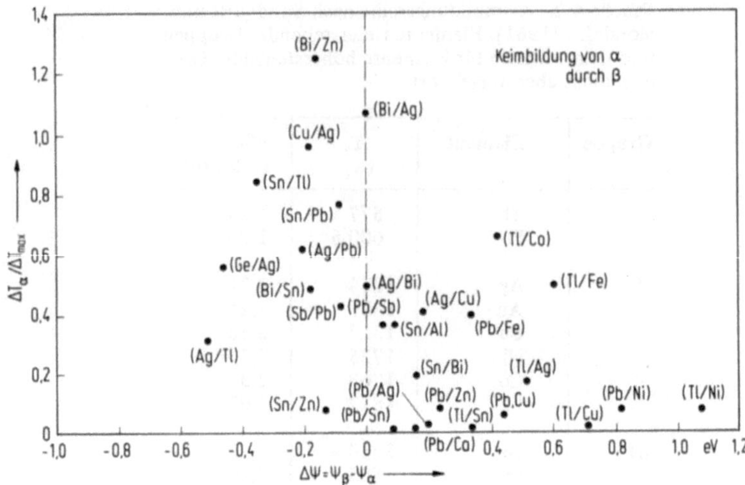

Bild 4.8. Unterkühlbarkeit eutektischer α-Phasen ΔT_α bei Anwesenheit von β-Kristallen als Funktion der Differenz der Austrittsarbeit $\Delta\psi$ zwischen β und α, nach Tiller und Takahashi (1969)

Für reine Stoffe nehmen die Autoren an, daß

$$(\sigma_c)_{\alpha S} \simeq (\sigma_c)_{\alpha\beta} \;{}^{*)} \quad \text{und} \quad (\sigma_s)_{\alpha S} \simeq 0,$$

sodaß für eine perfekte Übereinstimmung der Kristallgitter von α und β der erste Bruch von (4.2) Null wird. Im Fall eines Passungsfehlers zwischen den α-β-Gittern von 0-15% verändert sich der erste Summand in (4.2) zwischen 0 und -1. Falls $\Delta\sigma_e = 0$, liegt der Benetzungswinkel θ zwischen den Werten $90 \leqslant \theta \leqslant 180°$. Ein solcher Benetzungswinkel bedeutet aber schlechte Benetzung und daher geringe Keimwirkung. Daraus ist zu folgern, daß $\Delta\sigma_e/\sigma_{\beta S} > 2$ sein sollte, um zu einem niedrigen Wert von θ zu führen. In jedem Fall muß $\Delta\sigma_e$ positiv sein. Unter der Annahme, daß das Makropotential $\Delta\phi$ der Austrittsarbeit proportional ist (Abschn. 3.2.2), stellten Tiller und Takahashi (1969) das in Bild 4.8 dargestellte Diagramm auf. Darin sind die in Tab. 4.1 angegebenen Unterkühlungswerte auf das Verhältnis der Unterkühlung unter der eutektischen Temperatur ΔT_α zur maximalen beobachteten Unterkühlung ΔT_{max} umgerechnet worden. Werte der relativen Unterkühlung $\Delta T_\alpha/\Delta T_{max} < 1$ weisen auf Keimwirksamkeit hin und dies umso mehr je näher die Werte an 0 liegen. ψ_β ist die Austrittsarbeit des Elementes B**), das als Primärphase vorliegt und ψ_α ist die Austrittsarbeit des Elementes A, das auf β aufwächst. Die

*) Für den Fall der Keimbildung aus einer eutektischen Schmelze ist das natürlich eine große Vereinfachung.

**) Die Werte für die Austrittsarbeit reiner Metalle wurden herangezogen, da sie den einzigen experimentellen Anhaltspunkt für die Überprüfung der Zusammenhänge bilden. Die Werte sind über alle kristallographischen Richtungen gemittelt.

β-Phase ist keimwirksam für die α-Phase, d.h. $\Delta T_\alpha/\Delta T_{max} \ll 1$ und $\Delta\psi > 0$, wenn sich der Stoff beim Schmelzen ausdehnt. Diese Tendenz ist in Bild 4.8 erstaunlich gut wiedergegeben; vgl. z.B. das Paar (Pb durch Sn) mit $\Delta\psi \simeq 0{,}1$ bzw. (Sn durch Pb) mit $\Delta\psi \simeq -0{,}1$.

Da die Austrittsarbeit eines Elementes in einem linearen Verhältnis zu seiner Elektronegativität oder Anzahl der Valenzelektronen steht, können eventuell auch solche Werte für diese Betrachtung herangezogen werden. Weiterhin kann, solange der elektrostatische Beitrag zur Grenzflächenenergie überwiegt, gefolgert werden: Nichtleiter sind für Metalle schlechtere Fremdkeime als Leiter. Dies scheint durch eine Reihe experimenteller Befunde bestätigt zu werden, z.B. durch die Keimwirksamkeit der leitenden Karbide, Boride oder Nitride (TiN, TiC, WC, ZrC) für Gold im Vergleich zu den Oxiden (Bradshaw et. al., 1958/59) oder durch die relativ geringe Keimwirksamkeit von Oxiden und Graphit für Sn verglichen mit Metallen (Glicksman und Childs, 1962).

Die Ergebnisse von Sundquist und Mondolfo (1961) wurden mehrfach bestätigt (z.B. Hogan, 1965; Powell und Colligan, 1969, 1970). Mascré und Peuziat (1968) zeigten weiterhin, daß Zusätze von 0,1% Ti im Al-Al_2Cu-Eutektikum die Keimbildungsfolge Al_2Cu-Al umkehren können. Man sieht daraus, daß zur Interpretation der Ergebnisse eine genaue Kenntnis des Ausgangszustandes notwendig ist. Von Chadwick (1973) veröffentlichte Unterkühlungsmessungen an kleinen Tröpfchen eutektischer Schmelzen, die in einer der eutektischen (festen) Phasen eingeschlossen wurden, stehen zu den Ergebnissen von Sundquist und Mondolfo im Widerspruch. Zur Zeit ist nicht klar, woher die großen Unterschiede zwischen Chadwicks und den in Tab. 4.1 wiedergegebenen Werten kommen.

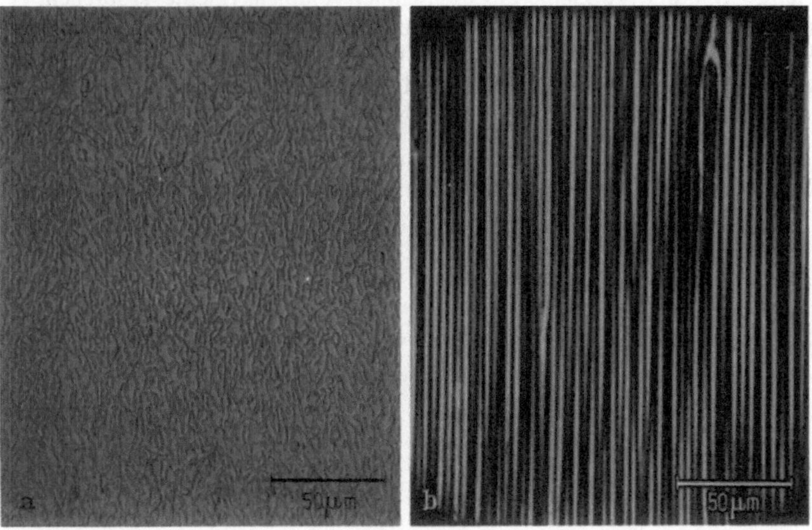

Bild 4.9. Gerichtet erstarrtes Al_2O_3-ZrO_2 (Y_2O_3)-Eutektikum (v = 0,8 cm/h, Längsschliffe) a) ungekeimt und b) gekeimt, nach Thompson (1973)

Wie in der Einleitung zu diesem Kapitel besprochen wurde, ist der durch die Keimbildung bestimmte Wachstumsbeginn wichtig für die Perfektion des Gefüges (vgl. auch Abschn. 5.2.5.). Verschiedene Arbeiten haben gezeigt, daß man durch Keimung (seeding) mittels einer der eutektischen Phasen bei Beginn der gerichteten Erstarrung je nach Orientierung des Keimes verschiedene Gefüge erhalten kann. Man unterscheidet zwischen zwei Gruppen:

- Durch Keimung von „unnatürlichen" Wachstumsrichtungen erhält man allgemein eine Erhöhung der Gefügefehler, und das Eutektikum rotiert mit fortschreitendem Wachstum in die Vorzugsorientierung (Hopkins und Kraft, 1968; Double et al., 1968).
- Durch Keimung kann man die Perfektion des Gefüges (z.B. oxidischer Eutektika) stark erhöhen, wobei auch in diesem Fall das bekeimte Gefüge während des Wachstums nicht stabil sein muß (Bild 4.9; Thompson, 1973; Schmid und Viechnicki, 1973).

Für eine allgemeine Theorie dieser Phänomene ist die gleichzeitige Berücksichtigung von Grenzflächenenergie und Wachstumskinetik unerläßlich. Hier liegt ein Gebiet für interessante Arbeiten vor.

4.3. Keimbildungslose Erstarrung eutektischer Legierungen

Die Kristallisation einer übersättigten Schmelze läßt sich grundsätzlich ganz unterbinden, indem man entweder sehr geringe Keimbildungsgeschwindigkeiten einstellt, z.B. durch Verkleinerung des Schmelzvolumens (kleine Tröpfchen, dünne Schichten), oder indem man die Abkühlgeschwindigkeit so hoch wählt, daß für die Keimbildung keine Zeit mehr bleibt. Wie Bild 4.10 schematisch zeigt, nimmt oberhalb einer bestimmten Unterkühlung die Keimbildungsge-

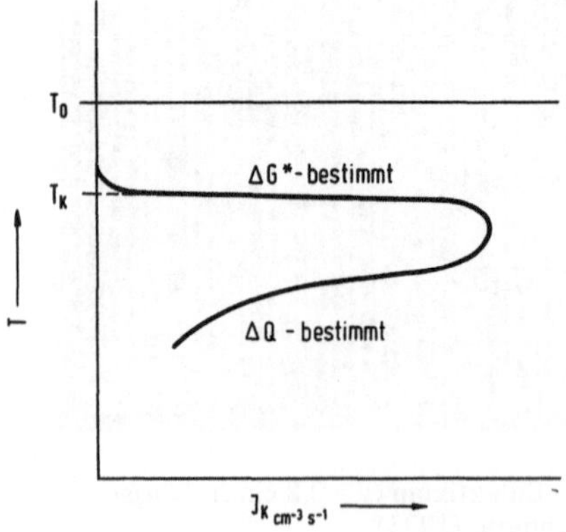

Bild 4.10. Keimbildungsgeschwindigkeit I_K (4.3) als Funktion der Temperatur (schematisch)

schwindigkeit I_K wieder ab, bedingt durch den dort die Reaktion bestimmenden Atomtransportanteil ΔQ der Gleichung:

$$I_K \sim N\frac{kT}{h}\exp -\left(\frac{\Delta Q + \Delta G^*}{kT}\right) \quad (4.3)$$

(mit ΔG^* als kritische Keimbildungsenergie, bestimmt durch die Schaffung der Grenzfläche).

Wird das Maximum der Kurve sehr schnell durchlaufen, so kann man die Schmelze in ihrem amorphen Zustand „einfrieren"*). Dies ist bei Legierungen mit tiefliegenden Eutektika beobachtet worden, insbesondere bei Kombinationen von Phasen mit komplexer Kristallstruktur (Tab. 4.3). Experimentell muß man hierzu Erstarrungsgeschwindigkeiten bis zu $\dot{T} = 10^8$ K/s erzeugen, wie dies z.B. Duwez (1967) und Warlimont (1972) beschreiben. (Für reine

Tabelle 4.3. Übersicht über eutektische, amorph abschreckbare Legierungen, nach Anantharaman und Suryanarayona (1971)

System A – B	Zusammensetzungsbereich (At.% B)
Ag – Si	17 ... 30
Ag – Te	60 ... 67
Au – Ge	27
Au – Si	15 ... 40
Au – Sn	29 ... 31
Co – Zr	72
Cu – Ti	30 ... 35
Cu – Zr	25 ... 60
Ga – Te	70 ... 90
Ge – Te	75 ... 90
In – Te	70 ... 90
Nb – Ni	33 ... 78
Ni – Ta	35 ... 45
Ni – Zr	60 ... 80
Pb – Sb	48
Pd – Si	15 ... 23
Pd – Zr	65 ... 80
Pt – Sb	33 ... 37
Pt – Si	25
Rh – Si	22

*) Dieses Phänomen ist analog zur Bildung des metastabilen Martensits bei hohen Abkühlgeschwindigkeiten (Maximum in I_K entspricht ungefähr dem Minimum in t eines ZTU-Diagrammes).

Metalle müssten wesentlich höhere Abkühlungsgeschwindigkeiten erreicht werden, was mit gegenwärtigen Mitteln nicht möglich erscheint.)

Ein praktischer Nutzen solcher schnell abgeschreckten Metalle ist in der Pulvermetallurgie oder auch in der „Fasermetallurgie" (Butler et al., 1972) zu erwarten.

Die Möglichkeit der Keimbildungsunterdrückung kann auch, wie kürzlich gezeigt wurde, sehr vorteilhaft für die Herstellung von In-situ-Kompositen herangezogen werden (Carpay und Cense, 1973; Livingston, 1973): Man stellt durch hohe Abkühlgeschwindigkeiten eine amorphe oder stark übersättigte feste Lösung her und läßt diese in einem Temperaturgradienten umwandeln. Diese Umwandlung kann entweder in der konventionellen Art (analog der gerichteten Erstarrung) erfolgen, d.h. die Probe wird von der Zone hoher Temperatur in die Zone tiefer Temperatur gezogen oder aber, wie Carpay und Cense bzw. Livingston beschreiben, von der Zone tiefer Temperatur in die Zone höherer Temperatur („up-transformation"). Letztere Methode bietet einen großen Vorteil, indem sie erlaubt, auf relativ einfache Art sehr feine Gefüge herzustellen. Carpay und Cense (1973) konnten an drei abgeschreckten Legierungen ($Ca(NO_3)_2$-$RbNO_3$, $ZnCl_2$-KCl und Bi_2O_3-B_2O_3; s. Tab. im Anhang) nachweisen, daß man, bei sonst gleichen Bedingungen von v und G, 10 bis 20mal kleinere Phasenabstände (λ um 0,5μm) erhalten kann als im Fall der gerichteten eutektischen Erstarrung. Ein weiterer Vorteil ist, daß man für die Herstellung dendritenfreier Komposite sehr weit von der eutektischen Zusammensetzung abweichen kann und sogar aus Legierungen ohne eutektische oder eutektoide Umwandlung In-situ-Komposite erhält (vgl. Abschn. 5.3.1.; Bild 5.47). Diese Methode der gerichteten Festkörperumwandlung wird in Zukunft wahrscheinlich noch eine Reihe interessanter Komposite liefern. Sie eignet sich besonders zur Herstellung von Werkstoffen mit speziellen physikalischen Eigenschaften. In diesem Zusammenhang ist auch Bild 6.3 interessant, da es zeigt, wie die Keimbildung für die Ausscheidungsreaktion in der CoAl-Matrix an den schon existierenden Co-Lamellen stattfindet und zwar an den abgerundeten Stellen, die keine günstigen kristallographischen Beziehungen erlauben.

4.4. Literatur

Anantharaman, T.R.; Suryanarayona, C. (1971): J. Mater. Sci. **6**, 1111

Berthou, P.; Gruzleski, J.E. (1971): J. Cryst. Growth **10**, 285

Bradshaw, F.J.; Gasper, M.E.; Pearson, S. (1958/59): J. Inst. Metals **87**, 15

Butler, J.; Kurz, W.; Gillot, J.; Lux, B. (1972): Fiber Science Techn. **5**, No. 4, 243

Carpay, F.M.A.; Cense, W.A. (1973): Nature Physical Science **241**, 1. Januar, S. 19

Cech, R.E.; Turnbull, D. (1950): J. Appl. Phys. **21**, 804

Cech, R.E.; Turnbull, D. (1951): Trans. AIME **191**, 242

Chadwick, G.A. (1965): J. Austral. Inst. Met. **10**, 178

Chadwick, G.A. (1973): Proc. Conf. In-Situ-Composites, Nat. Acad, Sci., Washington, USA, NMAB-308, Bd. 1, S. 25

Christian, J.W. (1965): *The Theory of Transformations in Metals and Alloys,* Pergamon, Oxford

Cline, H.E.; Livingston, J.D. (1969): Trans. AIME **245**, 1987

Double, D.D.; Truelove, P.; Hellawell, A. (1968): J. Cryst. Growth **2**, 191

Duwez, P. (1967): Trans. ASM **60**, 607

Glicksman, M.E.; Childs, W.J. (1962): Acta Met. **10**, 925

Hogan, L.M. (1965): J. Austral. Inst. Met. **10**, 78

Hollomon, J.H.; Turnbull, D. (1951): Trans. AIME **191**, 803

Hopkins, R.H.; Kraft, R.W. (1968): Trans. Met. Soc. AIME **242**, 1627

Lamplough, F.E.E.; Scott, J.T. (1914): Proc. Roy. Soc., Ser. A, **90**, 600

Livingston, J.D. (1973): Scripta Met. **7**, 361

Livingston, J.D. (1974): General Electric Research Lab., Schenectady, USA, persönliche Mitteilung

Löhberg, K. (1968): Z. Metallkde. **59**, 314

Lux, B.; Kurz, W. (1972): Z. Metallkde. **63**, 594

Mascré, C.; Peuziat, C. (1968): in *The Solidification of Metals,* ISI Publication 110, London, S. 133

Nucleation Phenomena (1966): Am. Chem. Soc., Washington

Patterson, W.; Engler, S.; Moser, R. (1969): Gießereiforschung **21**, 43 und 51

Powell, G.L.F.; Colligan, G.A. (1969): Trans. Met. Soc. AIME **245**, 1913

Powell, G.L.F.; Colligan, G.A. (1970): Met. Trans. **1**, 1349

Schmid, F.; Viechnicki, D. (1973): Proc. Conf. In-Situ-Composites, Nat. Acad. Sci., Washington, USA, NMAB-308, Bd. 1, S. 119

Sundquist, B.E.; Mondolfo, L.F. (1961): Trans. Met. Soc. AIME **221**, 157

Thompson, E.R. (1973): United Aircraft Research. Lab., East Hartford, USA, unveröffentlichte Arbeiten

Tiller, W.A.; Takahashi, T. (1969): Acta Met. **17**, 483

Warlimont, H. (1972): Z. Metallkde. **63**, 113

5. Wachstum

Die Wachstumsphänomene spielen für gerichtet erstarrte Gefüge eine entscheidende Rolle. Dies hat seinen Grund in der gewollten Umgehung der Keimbildung, nachdem die Legierung zu Beginn des Wachstums den Keimbildungsvorgang einmal durchlaufen hat. Für eine gute Zusammenfassung der physikalischen Modelle zur Beschreibung der Kristallisationsphänomene sei eingangs auf die Arbeiten von Kirkaldy (1968b) und Parker (1970) verwiesen.

5.1. Grundlagen des eutektischen Wachstums

5.1.1. Atomare Vorgänge an der Fest-flüssig-Phasengrenze.

Die Fest-flüssig-Phasengrenze kann in atomaren Dimensionen eine ebene oder diffuse Gestalt annehmen, wie dies in Kap. 3 gezeigt wurde. Für die dort abgeleiteten Gleichgewichtsbedingungen ist die atomar-ebene Phasengrenze dann die stabilere, wenn die Schmelzentropie hohe Werte annimmt. Dies ist bei vielen nichtmetallischen Substanzen der Fall. Die atomar-rauhe Phasengrenze ist andererseits bei der kleinen Schmelzentropie der Metalle die stabilere (vgl. Bild 3.13).

Während der Erstarrung existiert ein dynamisches Gleichgewicht an der Phasengrenze, und die oben beschriebenen Verhältnisse müssen entspre-

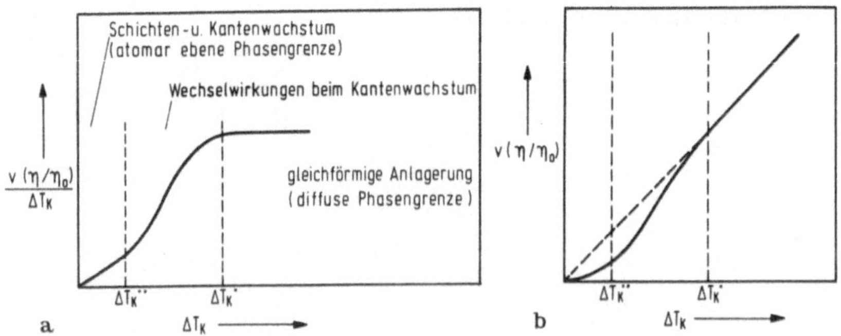

Bild 5.1. Theoretische Wachstumsgeschwindigkeit in Funktion der Unterkühlung (Tiller, 1971). Die Wachstumsgeschwindigkeit ist auf die Schmelzviskosität bezogen.

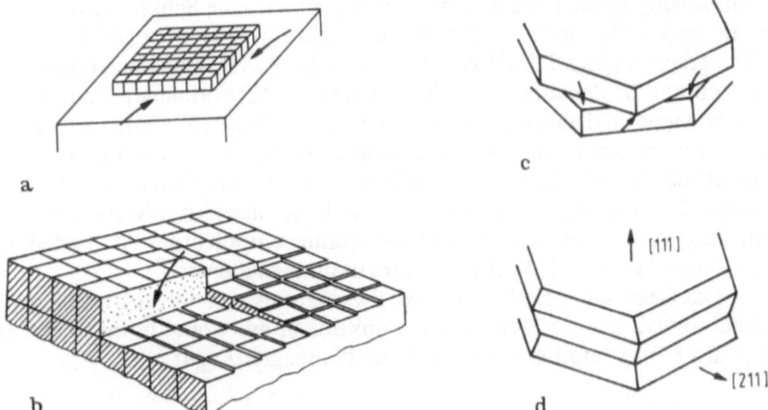

Bild 5.2. Mechanismen des Kristallwachstums bei atomar-ebener Phasengrenze: a) Zweidimensionaler Keim, b) Stufe durch Schraubenversetzung mit Burgersvektor senkrecht zur Phasengrenze, c) Stufenbildung an Drehgrenze, nach Minkoff (1968), d) Stufe durch Zwillingsbildung für Diamantstruktur (Si), nach Hamilton und Seidensticker (1960)

chend erweitert werden. Hierzu muß der Widerstand berechnet werden, den eine mehr oder weniger diffuse Phasengrenze ihrer Fortbewegung (normal zu sich selbst) entgegensetzt. Dieses Problem wurde von Cahn et al. (1960 und 1964) gelöst und von Christian (1965), Jackson et al. (1967) und Tiller (1971) zusammenfassend behandelt. In diesen Modellen wird angenommen, daß sich die Grenzfläche jeweils bei vollkommener Belegung mit Atomen in einem Zustand minimaler Energie befindet. Alle übrigen Zwischenzustände sind mit erhöhter Energie verbunden, wobei die maximale Energiedifferenz ΔG_{max} zwischen den beiden Niveaus für die Art der Grenzfläche unter Wachstumsbedingungen entscheidende Bedeutung hat.

Aufgrund des Modelles erwartet man, daß die Art der Grenzfläche nicht nur von der Schmelzentropie, sondern auch von der kinetischen Unterkühlung ΔT_K abhängt. Wie Bild 5.1 zeigt, ist bei kleinen Unterkühlungswerten eine singuläre Phasengrenze zu erwarten, während bei großen Unterkühlungen die Phasengrenze diffus wird. Zwischen den beiden Extremen befindet sich ein Übergangsbereich, der dadurch gekennzeichnet ist, daß die Stufendichte oder Schraubenversetzungsdichte mit zunehmendem ΔT_K wächst und dies für einen kontinuierlichen Übergang von atomar-eben auf atomar-diffus sorgt. Dieses Übergangsgebiet liegt für verschiedene Stoffe bei verschiedenen ΔT_K*-Werten (Tiller, 1971), wobei $\Delta T_K{}^* \sim \Delta G_{max}$ ist. Ein großes ΔG_{max} ergibt einen grossen Wert für $\Delta T_K{}^*$ und stabilisiert die singuläre Phasengrenze über einen weiten Bereich von Versuchsbedingungen. Umgekehrt liegt bei metallischen Stoffen mit kleinem ΔG_{max} die kritische Unterkühlung $\Delta T_K{}^*$ derart niedrig, daß bei Erstarrung praktisch niemals singuläre Phasengrenzen auftreten.

Ist bei der diffusen Phasengrenze ein kontinuierliches Wachstum möglich, so ist das Wachstum einer singulären Phasengrenze (Bild 5.2a) diskontinuierlich, solange keine selbsterhaltenden Stufen wie eine Schraubenversetzung mit einem senkrecht zur Phasengrenze stehenden Burgersvektor (Bild 5.2b) bzw. Drehgrenzen (Bild 5.2c-Minkoff, 1968) oder Zwillingsgrenzen (Bild 5.24 – Hamilton und Seidensticker, 1960; Hellawell, 1970) vorhanden sind; denn bei atomar ebener Kristallisationsfront muß für das Wachstum einer neuen Ebene ein zweidimensionaler Keim gebildet werden, der erst nach Erreichen einer überkritischen Größe wachstumsfähig ist. In einem solchen Fall hat man es mit einer kontinuierlichen Keimbildung während des Kristallwachstums zu tun, im Gegensatz zu der einmaligen Keimbildung eines Kornes. Man erkennt, wie eng Keimbildung und Wachstum hier zusammenhängen.

Die Geschwindigkeit des Kristallwachstums v steigt mit zunehmender Unterkühlung ΔT nach verschiedenen Funktionen an, wobei immer $v = 0$ bei $\Delta T = 0$ gilt. Für die atomar-rauhe (diffuse) Phasengrenze gilt

$$v = K_1 \cdot \Delta T , \tag{5.1a}$$

für die atomar-ebene Grenze, in der eine Schraubenversetzung liegt (Bild 5.2b), ist

$$v = K_2 \cdot \Delta T^2 , \tag{5.1b}$$

und für die atomar-ebene Grenzfläche, die durch zweidimensionale Keimbildung wächst, erhält man

$$v = K_3 \cdot \exp \left[- \frac{K_4}{\Delta T} \right] \tag{5.1c}$$

Die Wachstumsgeschwindigkeit einzelner Kristallebenen ist verschieden, wobei in reinen Stoffen mit singulärer Phasengrenze die dichtbesetzten Ebenen langsamer wachsen als dünnbesetzte. In Legierungen kehrt sich dieses Verhältnis oft durch den Einfluß von Adsorptionsphänomenen um. Aufgrund des Kristallhabitus läßt sich daher auf die relativen Wachstumsgeschwindigkeiten einzelner Ebenen schließen (die langsam wachsenden Ebenen bestimmen die äußere Form, während die schnell wachsenden Ebenen verschwinden).

Ein Anwendungsbeispiel dieser Überlegungen ist in Bild 5.3 wiedergegeben: Walter und Cline (1973) haben durch Gegenüberstellung von TaC-Primärkristallen mit eutektischen TaC-Fasern in verschiedenen eutektischen Legierungen auf der Basis Co, Ni und Fe die Änderungen im Kristallwachstum der nichtmetallischen Phase nachgewiesen und in Verbindung zur Faserform gebracht. Es wurde auch mehrmals gezeigt, daß durch extreme Reinigung (Zonenschmelzen) die Ausrichtung vieler anomaler Eutektika wesentlich verbessert werden kann (Ruth und Turpin, 1969; Kumar und Merchant, 1973), (vgl. Abschn. 5.2.2.).

Bild 5.3. TaC-Kristallhabitus (links Primärkristalle, rechts eutektische Fasern und Lamellen) als Funktion der Matrixzusammensetzung: a) Co; b) Co, Cr, Ni; c) Ni, Cr; d) Fe, Cr, Al (Walter und Cline, 1973)

5.1.2. Diffusionsbestimmtes Wachstum

Entwicklung der Theorien zur eutektischen Phasenumwandlung

Es scheint, daß Tammann (1908) der erste war, der eine theoretische Deutung des eutektischen Wachstums aufstellte. Er schlug vor, daß das Wachstum beider eutektischer Phasen abwechselnd vor sich gehe, d.h. daß die Wachstumsrichtung auf die α-β-Grenzfläche senkrecht stehe. Dieser Mechanismus, der bei der Keimbildung eines eutektischen Kristalles eine Rolle spielt (Bild 4.1) sowie unter gewissen Umständen auch beim monotektischen Wachstum, kann jedoch das diffusionsbestimmte Wachstum eines Eutektikums nicht erklären. Rosenhain und Tucker schlugen 1909 einen der tatsächlichen eutektischen Erstarrung näherkommenden Mechanismus vor. Sie nahmen an, daß das eutektische Gefüge durch ein dendritenförmiges Wachstum der einen Phase und durch interdendritische Ausscheidung der anderen Phase entstünde, eine Erklärung, mit der das Wachstum bestimmter monovarianter Eutektika (Sahm und Lorenz, 1972) und mancher Gußeisengefüge (Lux und Kurz, 1968) beschrieben werden kann. 1912 beschrieb Vogel erstmals, daß das Wachstum gekoppelt und parallel zur α-β-Grenzfläche vor sich geht. Dies wurde darauf von Lamplough und Scott (1914) und von Straumanis und Brakss (1935 und 1938) bestätigt, wobei Straumanis und Brakss 1935 erstmalig Eutektika gerichtet erstarrt herstellten. Es bedurfte dann weiterer 10 Jahre, bis erste theoretische Ansätze zur Lösung des diffusionsbestimmten, gekoppelten Wachstums eines Eutektikums bzw. Eutektoids erschienen.

Brandt (1945) und Scheil (1946a) führten zum ersten Mal eine mathematische Analyse des Diffusionsproblems in der Matrixphase bei eutektoider Umwandlung durch. Zener (1946) berücksichtigte in einer stark vereinfachten Behandlung des Problems die Grenzflächenenergie zwischen den beiden eutektischen Phasen (Perlit) und war somit in der Lage, einen funktionellen Zusammenhang zwischen dem Lamellenabstand λ und der Wachstumsunterkühlung ΔT zu entwickeln. Er mußte zur Bestimmung der λ-v-Beziehung eine intuitive Extremum-Bedingung*) für die Wachstumsgeschwindigkeit v einführen und erhielt die bekannte Gleichung

$$\lambda^2 v = K$$

(K ist eine Konstante). In den Jahren darauf veröffentlichte Scheil (1946b und 1954) eine Reihe interessanter Versuchsergebnisse. 1958 führte Tiller eine modifizierte Analyse für den Fall der gerichteten eutektischen Erstarrung (v konstant) durch. Die von Tiller verfolgten Gedankengänge sind nicht exakt, aber anschaulich. Die 1957 veröffentlichte Arbeit von Hillert zu diesem Problem ist historisch wichtig und brachte neue Ergebnisse zur Form der Umwandlungsfront und zum Diffusionsproblem in der Matrix. Auf diese Arbeit aufbauend analysierten Jackson und Hunt (1966)

*) Die Extremum-Bedingung besagt, dass der Kristall entweder mit maximaler Geschwindigkeit oder minimaler Unterkühlung wächst (vgl. Text zu Bild 5.13).

das Wachstum lamellarer sowie faseriger Eutektika unter verschiedenen Bedingungen. Neuerdings wurden die Lösungen des Diffusionsproblems an der Phasengrenze zwischen Matrix und 2. Phase verfeinert (Donaghey und Tiller, 1968 und 1969; Bolze et al., 1972) und auch die Wirkung von ternären Elementen berücksichtigt (Hillert, 1971), sodaß das durch die Volumendiffusion bestimmte gekoppelte Wachstum eutektischer Gefüge recht genau beschrieben werden kann. Allen diesen Arbeiten liegt jedoch die Annahme zugrunde, daß das Wachstum am Extremum vor sich geht.

Der wesentliche Vorgang beim stationären eutektischen Wachstum metallischer Phasen*) ist der Diffusionsfluß der Atome an die ihnen im eutektischen Gefüge bestimmten Plätze sowie die Abführung der freiwerdenden Kristallisationswärme. Ausgehend von dem reaktionsbestimmenden Mechanismus, dem Stofftransport, wird zunächst einleitend das diffusionsbestimmte Wachstum einer ebenen Kristallplatte beschrieben. Die in Abschn. 5.1.1. beschriebene Wachstumskinetik wird weiter unten (Abschn. 5.2.2. und 5.2.4.) behandelt.

Diffusionsbestimmtes Wachstum einer einzelnen Lamelle

Es wird angenommen, daß ein β-Kristall in einem unendlich ausgedehnten α-Kristall wächst (Bild 5.4). Bewegt sich die Phasengrenze während der Zeit dt um die Distanz dz, so werden in das neugeschaffene Volumen der β-Phase entsprechend dem Phasengleichgewicht zusätzliche B-Atome gelöst, deren Menge gleich dem Fluß

$$J_1 = (C_\beta - C_\alpha)\, dz \tag{5.2}$$

ist. Befindet sich die (vorerst) ebene Phasengrenze an der Stelle z=0, so ist der Diffusionsfluß von B-Atomen pro Einheitsquerschnitt in der Zeit dt in der α-Matrix

$$J_2 = D\left(\frac{dC}{dz}\right)_{z=0} dt \tag{5.3}$$

Beide Flüsse müssen gleich groß sein, und man erhält

$$v = \frac{dz}{dt} = \frac{D}{C_\beta - C_\alpha}\left(\frac{dC}{dz}\right)_{z=0} \tag{5.4}$$

Man kann diese Gleichung auch mittels einer effektiven Diffusionsschichtdicke δ_D ausdrücken (s. Bild 5.4b):

---

*) Bei der Erstarrung metallischer Werkstoffe aus der Schmelze sind die Grenzflächenreaktionen derart rasch, daß unter normalen Verhältnissen an der Phasengrenze zwischen Matrix und wachsender Phase praktisch immer mit dem Gleichgewicht gerechnet werden kann, d.h. die Phasengrenze ist äusserst mobil und reagiert auf kleinste Unterschiede in der treibenden Energie (= ΔT). Der kinetische Anteil an der Unterkühlung einer reinen metallischen Phasengrenze ist bei normalen Erstarrungsgeschwindigkeiten meist kleiner als 0,01K und wird in den Ableitungen daher vernachlässigt. (vgl. mit Abschn. 5.1.1.).

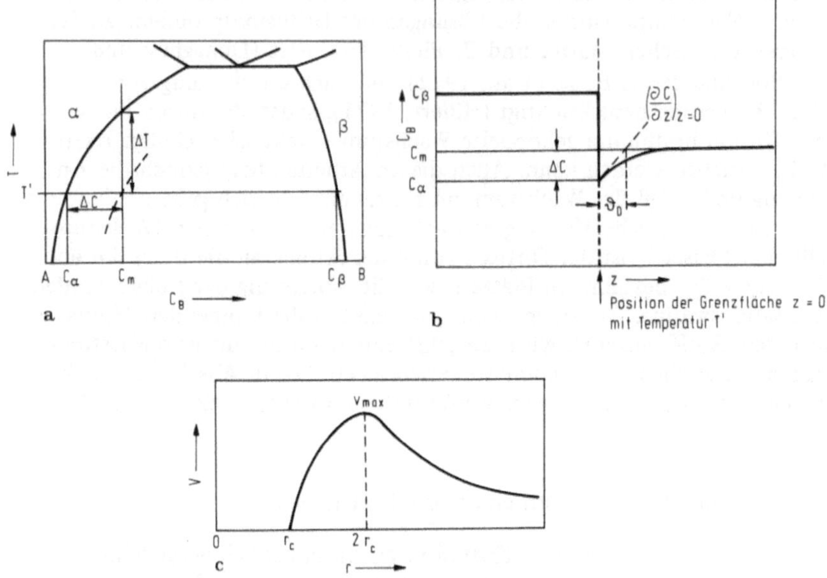

Bild 5.4. Diffusionsbestimmtes Wachstum eines β-Kristalles in einer α-Matrix; a) Phasendiagramm, b) Konzentrationsprofil in der Nähe der Phasengrenze, c) Wachstumsgeschwindigkeit und Krümmungsradius des wachsenden Kristalls mit Maximum

$$v \simeq \frac{(C_m - C_\alpha)}{(C_\beta - C_\alpha)} \cdot \frac{D}{\delta_D} \,. \tag{5.5}$$

(5.5) gilt für das Wachstum senkrecht zur Fläche einer ebenen Platte. Eine Platte kann aber auch an der Kante wachsen, wobei man den Krümmungsradius der Kante berücksichtigen muß, der, wie in Kap. 3 gezeigt, (3.1) bis (3.3), die Gleichgewichtstemperatur und -zusammensetzung an der Grenzfläche verändert. Es läßt sich nun ein minimaler Radius r_c berechnen, bei dem die während des Wachstums bestehende Übersättigung (ΔT oder ΔC in Bild 5.4a) vollkommen durch die Krümmung der Phasengrenze aufgehoben wird (strichlierte Löslichkeitskurve in Bild 5.4a). In dem Fall muß die Wachstumsgeschwindigkeit v = 0 sein, da ΔT und ΔC = 0 sind (Bild 5.4c). Man muß daher (5.5) mit einem Korrekturfaktor, der die Krümmung berücksichtigt $(1 - r_c/r)$, versehen (Zener, 1946 und 1949). Da weiterhin bei einem kleinen Krümmungsradius keine große Grenzschichtdicke δ_D aufrechterhalten werden kann, darf man annehmen, daß

$$\delta_D = K \cdot r$$

und K nahe 1 ist. Somit erhält man für (5.5) die allgemeinere Näherungsform

$$v = \frac{D}{Kr} \frac{(C_m - C_\alpha)}{(C_\beta - C_\alpha)} \left(1 - \frac{r_c}{r}\right) \qquad (5.6)$$

Gleichung (5.6) beschreibt eine wichtige Tatsache: Die Phasengrenzengeschwindigkeit v nimmt mit sinkendem Krümmungsradius vorerst zu, um dann bei Annäherung an r_c wieder abzunehmen (Bild 5.4c). Unter Annahme einer Extremum-Bedingung – das Teilchen wächst mit maximaler Geschwindigkeit – kann aus (5.6) die Geschwindigkeit v berechnet werden. Das Maximum in der Wachstumsgeschwindigkeit findet man bei $v = 2\ r_c$, womit

$$v = \frac{D}{2\ Kr_c} \frac{(C_m - C_\alpha)}{(C_\beta - C_\alpha)} \qquad (5.7)$$

wird. Diese Überlegungen sind rein qualitativ, und eine Abschätzung der Konstanten K ist daher nicht möglich. Hillert (1957) behandelte das Problem in exakterer Weise und erhielt eine (5.6) sehr ähnliche Lösung.

Die Platte ist nicht die einzige Wachstumsform der Kristalle, wie das Dendritenwachstum beweist. Für die Lösung dieser viel komplexeren Probleme sei jedoch auf das Schrifttum verwiesen (Christian, 1965; Sekerka, 1968).

Gekoppeltes Wachstum zweier Lamellen

Bei lamellar erstarrenden eutektischen Legierungen geht das Wachstum über die Kante der Lamellen vor sich, ähnlich wie es für den einphasigen Fall gezeigt wurde. Da hier jedoch an der Phasengrenze gleichzeitig zwei Kristalle mit sehr verschiedener Zusammensetzung nebeneinander entstehen, bekommt das Diffusionsfeld vor der Phasengrenze eine kompliziertere Form als im Fall der einphasigen Umwandlung. Man erkennt aus Bild 5.5, daß jede Phase ein dem Bild 5.4b ähnliches Konzentrationsfeld vor der Fest-flüssig-Phasengrenze aufbaut.

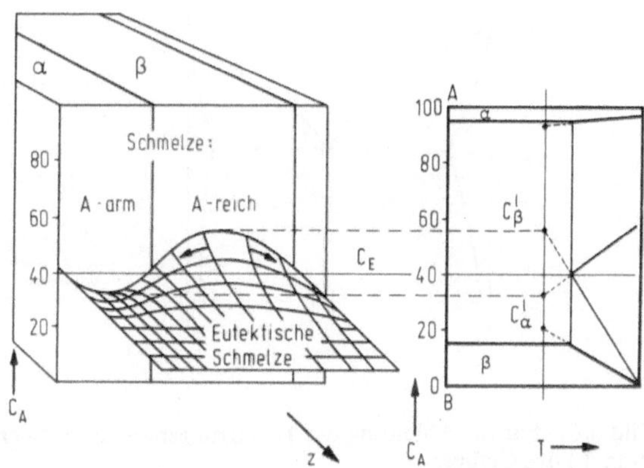

Bild 5.5. Diffusionsfeld in der Schmelze vor der eutektischen Wachstumsfront

Hierdurch entsteht eine periodische Konzentrationsschwankung an der Phasengrenze, die einen lateralen (zur Wachstumsfront parallelen) Diffusionsstrom bewirkt. Dieser Strom entsteht dadurch, daß die meisten B-Atome zur B-reichen β-Phase wandern müssen und die A-Atome zur α-Phase. Vor der eutektischen Wachstumsfront ergeben sich somit – stark vereinfachend ausgedrückt – zwei Diffusionsströme für die A- bzw. B-Atome:

- parallel zur Erstarrungsfront in beiden Richtungen von den β-Lamellen zu den α-Lamellen für die A-Atome (und umgekehrt für die B-Atome), mit der charakteristischen Diffusionslänge $\lambda/2$ (λ ist die Wellenlänge zwischen zwei gleichwertigen Punkten des Eutektikums und wird als Lamellenabstand bezeichnet);
- senkrecht zur Erstarrungsfront mit der charakteristischen Diffusionslänge δ_D (entsprechend Bild 5.4). Da $\delta_D \gg \lambda/2$ ist, kann man in erster Näherung diesen in Erstarrungsrichtung verlaufenden Diffusionsstrom vernachlässigen.

Eine mathematische Lösung des Diffusionsproblems wurde, wie einleitend bemerkt, von verschiedenen Autoren in mehr oder weniger exakter Weise durchgeführt. Infolge seiner Anschaulichkeit wird hier das einfache Modell der eutektischen Erstarrung von Tiller (1958, vgl. auch Chadwick, 1963) entwickelt und anschließend der Lösung von Jackson und Hunt (1966) gegenübergestellt. In allen diesen Modellen wird vorausgesetzt, daß die Diffusion vor allem in der Schmelze vor der Phasengrenze vor sich geht. In Bild 5.6 sind die in der Ableitung benötigten Symbole definiert. Da das Problem für ebene Phasengrenzen bei stationärem Wachstum in erster Näherung periodisch und symmetrisch ist, braucht nur der schraffierte Bereich von Bild 5.6b betrachtet zu werden. Zieht man darüber hinaus noch ein symmetrisches eutektisches Phasendiagramm für die Ableitung heran, so wird das Problem nochmals einfacher.

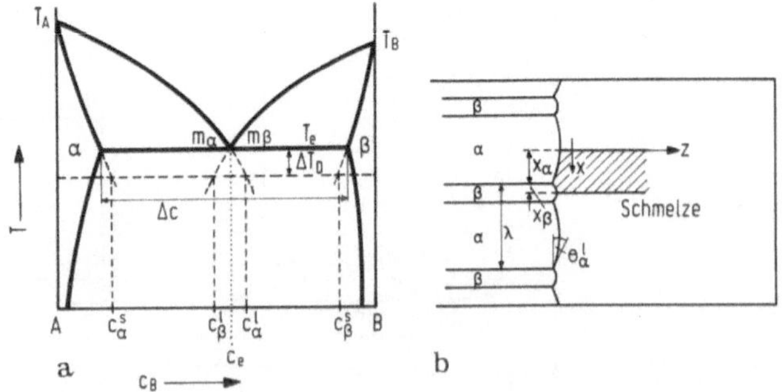

Bild 5.6. Für die Ableitung des Erstarrungsmodells notwendige Größen: a) der Legierung, b) des Gefüges

Zum Bewegen der Phasengrenze in Richtung Schmelze müssen gleichzeitig zwei Phasen kristallisieren, die einmal voneinander und zum anderen von der Schmelze stark unterschiedliche Zusammensetzung haben. Sie koexistieren in einem Bereich von 10^{-3} bis 10^{-4} cm. Dies bedingt Zweierlei*):

- eine laterale Diffusion,
- die Schaffung einer großen Zahl von α-β-Grenzflächen, Größenordnung m^2/cm^3 (vgl. Kap. 3.).

Sowohl die Prozesse der Diffusion (irreversibel) als auch diejenigen der Grenzflächenbildung (reversibel) benötigen Energie ΔG, welche bei der Erstarrung durch die Unterkühlung der wachsenden Phasengrenze

$$\Delta G \simeq \frac{\Delta H_s}{T_s} \Delta T$$

geliefert wird, mit ΔH_s als Schmelzenthalpie. Man kann die Unterkühlung ΔT der Fest-flüssig-Phasengrenze in einen Diffusions- und in einen Grenzflächenanteil ($\Delta T_D, \Delta T_G$) aufteilen und erhält unter Vernachlässigung eines kinetischen Anteils ($\Delta T_K \simeq 0$ für Metalle)

$$\Delta T = \Delta T_D + \Delta T_G .$$

Während der Erstarrung wird die Schmelze unmittelbar vor der α-Lamelle an B-Atomen angereichert und vor der β-Lamelle verarmt. Dies entspricht, da es sich um eine binäre Legierung handelt, einer Anreicherung von A-Atomen vor der β-Lamelle und einer Verarmung vor der α-Lamelle. Zufolge der Symmetrie des Phasendiagramms und der Annahme gleicher Diffusionsgeschwindigkeiten für A- und B-Atome in der Schmelze kann man schreiben

$$J = v\,(C_\alpha^l - C_\alpha^s) = v\,(1 - k_\alpha)\, C_\alpha^l,$$

wobei J der Stofffluß an der Phasengrenze in Richtung Schmelze für B-Atome vor einer α-Lamelle bzw. in Richtung Kristall für B-Atome vor einer β-Lamelle und k_α der Verteilungskoeffizient der α-Phase (C_α^s/C_α^l, vgl. Bild 5.6a) ist. Da nun die α-Lamelle, die die B-Atome vor sich herschiebt, von zwei β-Lamellen umgeben ist, verteilt sich der Stofffluß J auf beide Seiten. Für ein α-β-Paar muß man daher J halbieren

$$J_1 = \frac{v}{2}(1 - k_\alpha)\, C_\alpha^l .$$

Im Fall eines kleinen Aufstaus an gelöstem Element B ist die Differenz zwischen C_α^l und C_e wesentlich kleiner als C_e, und man kann annehmen, daß C_α^l ungefähr $= C_e$ ist, d.h.

*) Die Wachstumskinetik (Abschn. 5.5.1.) wird in diesen Modellen nicht berücksichtigt.

$$J_1 \simeq \frac{v}{2}(1-k_\alpha)\,C_e\,. \tag{5.8}$$

J_1 ist somit der angebotene Stofffluß an B-Atomen, der kompensiert werden muß durch den Konzentrationsgradienten

$$\frac{dC}{dx} \simeq \frac{(C_\alpha^l - C_\beta^l)}{\lambda/2}\,.$$

Dieser Gradient stellt einen Mittelwert dar, d.h. die sinusförmige Kurve in Bild 5.5 wird durch eine Zick-Zack-Linie angenähert. Der Stofffluß, der B-Atome von α nach β transportiert (x-Richtung), ist absolut:

$$J_2 = D\,\frac{(C_\alpha^l - C_\beta^l)}{\lambda/2}\,. \tag{5.9}$$

Im stationären Zustand sind beide Flüsse gleich, und man erhält durch Gleichsetzen von (5.8) und (5.9):

$$(C_\alpha^l - C_\beta^l) \simeq \frac{\lambda\, v\,(1-k_\alpha)\,C_e}{4\,D}\,. \tag{5.10}$$

Aus rein geometrischen Überlegungen am Phasendiagramm (Bild 5.6a, strichlierte Liquiduslinien) kann man, für eine ebene und isotherme Erstarrungsfront, ΔT_D für kleine Werte wie folgt mit den Konzentrationen in Beziehung setzen:

$$\Delta T_D = -\,m_\alpha\,(C_\alpha^l - C_e) = m_\beta\,(C_e - C_\beta^l)$$

und erhält

$$(C_\alpha^l - C_\beta^l) = \Delta T_D\left(\frac{1}{m_\beta} - \frac{1}{m_\alpha}\right)\,. \tag{5.11}$$

Aus (5.10) und (5.11) erhält man:

$$\Delta T_D = \frac{\lambda\, v\,(1-k_\alpha)\,C_e}{\left(4\,D\,\frac{1}{m_\beta} - \frac{1}{m_\alpha}\right)}\,. \tag{5.12}$$

ΔT_D von (5.12) ist ein Mittelwert der zur Diffusion benötigten Unterkühlung. Zu dieser Unterkühlung kommt ein weiterer Anteil zur Bildung der α-β-Grenzflächen hinzu: Auf das Einheitsvolumen bezogen ist die Summe der Grenzflächen eines lamellaren Eutektikums = $2/\lambda$. Die Freie Grenzflächenenthalpie ist daher:

$$\Delta G = \frac{2\sigma_{\alpha\beta}}{\lambda} = \frac{\Delta H_s}{T_e}\,\Delta T_G$$

und

$$\Delta T_G = \frac{2\sigma_{\alpha\beta}\,T_e}{\lambda\,\Delta H_s}\;. \tag{5.13}$$

Durch Summierung von (5.12) und (5.13) erhält man:

$$\Delta T = K_1\,v\,\lambda + K_2/\lambda. \tag{5.14}$$

Für eine Legierung sind K_1 und K_2 in erster Näherung konstant und nehmen die Werte

$$K_1 = \frac{(1-k_\alpha)\,C_e}{4D\left(\frac{1}{m_\beta}-\frac{1}{m_\alpha}\right)} \qquad K_2 = \frac{2\sigma_{\alpha\beta}\,T_e}{\Delta H_s}$$

an.(5.14) ist in Bild 5.7 dargestellt. Man erkennt, daß bei kleinem Lamellenabstand λ die Unterkühlung der Grenzflächenbildung und bei großem λ der Diffusionsanteil überwiegt. Dazwischen weist die ΔT-λ-Funktion ein Minimum auf, das Tiller als den Extremwert $\lambda = \lambda_{\Delta T min}$ annahm, bei dem sich ein stationärer Zustand einstellt. Das Bild vermittelt gleichzeitig eine qualitative Einsicht in das Phänomen der λ-Verkleinerung bei Erhöhung der Geschwindigkeit v. Indem man d $(\Delta T)/d\lambda = 0$ setzt, erhält man

$$\lambda^2 v = \frac{8\sigma_{\alpha\beta}\,T_e\,D\left(\frac{1}{m_\beta}-\frac{1}{m_\alpha}\right)}{\Delta H_s\,(1-k_\alpha)\,C_e} = K_3\,, \tag{5.15}$$

womit der experimentell wohlbekannte Zusammenhang nachvollzogen ist.

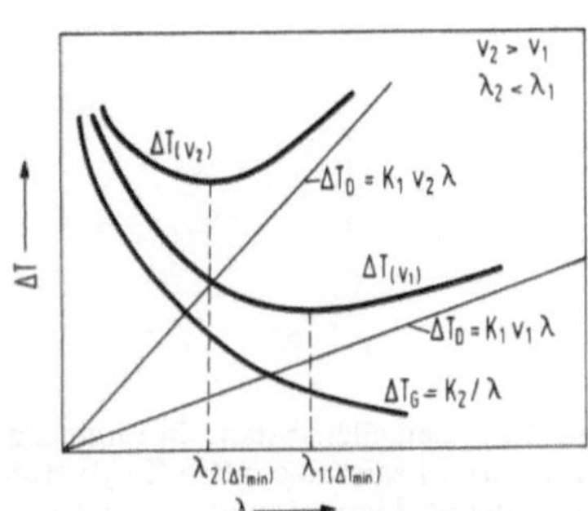

Bild 5.7. Beziehung zwischen Unterkühlung und Phasenabstand mit der Wachstumsgeschwindigkeit als Parameter

Die von Jackson und Hunt (1966) durchgeführte Analyse des Problems ergab einen mit (5.14) qualitativ ähnlichen Zusammenhang (wiederum für lamellare Eutektika, vgl. Bild 5.6):

$$\frac{\Delta T}{K_4} = K_5 \, v \lambda + \frac{K_6}{\lambda} \tag{5.16}$$

mit

$$\frac{1}{K_4} = \frac{1}{m_\alpha} + \frac{1}{m_\beta},$$

$$K_5 = \frac{K_7 \, (1+\phi)^2 \, \Delta C}{\phi D},$$

$$K_6 = 2\,(1+\phi)\left(\frac{a_\alpha^l}{m_\alpha} + \frac{a_\beta^l}{\phi m_\beta}\right),$$

$$\phi = \frac{x_\alpha}{x_\beta},$$

$$K_7 = \sum_{n=1}^{\infty} \left(\frac{1}{n\pi}\right)^3 \sin^2\left(\frac{n\pi \, x_\alpha}{x_\alpha + x_\beta}\right),$$

$$x_\alpha + x_\beta = \lambda/2,$$

$$a_i^l = (T_e/\Delta H_s)_i \sigma_i^l \sin \theta_i^\varrho \quad .$$

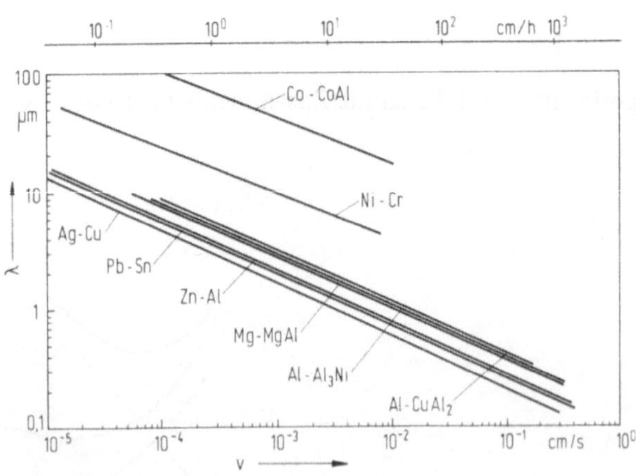

Bild 5.8. Lamellenabstand in Funktion der Wachstumsgeschwindigkeit für verschiedene eutektische Legierungen (Co-CoAl: Hubert et al., 1973; Ni-Cr: Kossowsky et al., 1969; alle anderen: Livingston et al., 1970)

Durch Nullsetzen von d $(\Delta T)/d\lambda$ in (5.16) erhält man eine (5.15) analoge Form:

$$\lambda^2 v = \frac{K_6}{K_5} = K_8 \; . \tag{5.17}$$

Weiter kann man ableiten:

$$\frac{\Delta T^2}{v} = 4K_4^2 \cdot K_5 \cdot K_6 \tag{5.18}$$

bzw.

$$\Delta T\lambda = 2K_4 \cdot K_6 \; . \tag{5.19}$$

Diese drei Gleichungen sind für das Wachstum eutektischer Legierungen von fundamentaler Bedeutung. Für faserige Eutektika ergeben sich völlig analoge Ausdrücke, die sich nur in den Konstanten unterscheiden (Jackson und Hunt, 1966).

In Bild 5.8 erscheinen die λ-Werte verschiedener Eutektika als Funktion der Erstarrungsgeschwindigkeit (Tiller, 1968; Livingston et al., 1970). Man erkennt, daß die Konstanten in (5.15) bzw. (5.17) für viele Systeme zwischen $K_8 = 10^{-10}$ und 10^{-11} $cm^3 \cdot s^{-1}$ liegen*). Man kann sich leicht merken, daß, bei v = 10 cm/h, λ für viele Eutektika um 1μm liegt und bei Verringerung der Wachstumsgeschwindigkeit um einen Faktor 100 der Lamellenabstand um einen Faktor 10 wächst.

In Bild 5.9 ist die experimentell bestimmte ΔT-v-Abhängigkeit (5.18) für das Pb-Sn-Eutektikum wiedergegeben (Jordan und Hunt, 1972). Aus den Experimenten ergibt sich in Übereinstimmung mit der Theorie $\Delta T^2/v = 164$ $(K^2\, s\, cm^{-1})$. Bemerkenswert ist das schwer zu erklärende Verhalten beim „gerichteten Aufschmelzen" der Legierung.

Alle Unterkühlungsanteile vor einer wachsenden Grenzfläche sind in Bild 5.10 zusammengestellt (Hunt und Chilton, 1963/64). Dabei ist zu bemerken, daß die Unterkühlung durch die Grenzflächenkrümmung ΔT_r (Gibbs-Thompson-Effekt, vgl. Abschn. 3.2.1.) gezeigt ist (Hillert, 1957; Jackson und Hunt, 1966) und nicht die zur Schaffung der Grenzflächen nötige Unterkühlung ΔT_G (Tiller, 1958). Die Größen ΔT_G und ΔT_r sind miteinander verknüpft, wobei die Krümmung die exaktere Lösung ermöglicht. Dies kann anhand von Bild 3.1 erklärt werden: Unter der Annahme eines Gleichgewichtszustandes müssen die beiden Grenzflächenkräfte $\sigma_{\alpha s}$ und $\sigma_{\beta s}$ für $\sigma_{\alpha\beta}$ aufkommen. Dies ist nur möglich, wenn die drei Vektoren zueinander entsprechende Winkel einnehmen. Eine krümmungslose Phasengrenze (wie sie im Tillerschen Modell angenommen wird) ist daher nur im hypothetischen Fall $\sigma_{\alpha\beta} = 0$ möglich. Man erkennt in Bild 5.10, daß bei entsprechender Asymmetrie des Eutektikums in der Phase mit dem größeren Volumenanteil eine negative Krümmung entstehen kann (Hillert, 1957). Eine wichtige Voraussetzung für das Verständnis

---

*) Der Minimalwert von $K_8 = 6{,}8 \cdot 10^{-12}$ cm^3/s wird beim NiAl-Cr-Eutektikum (Walter und Cline, 1970) und der Maximalwert $K_8 = 7{,}3 \cdot 10^{-9}$ cm^3/s beim CoAl-Co-Eutektikum (Hubert et al., 1973) erreicht.

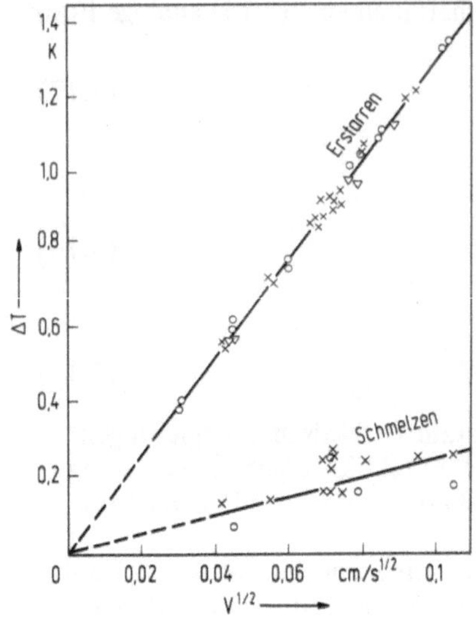

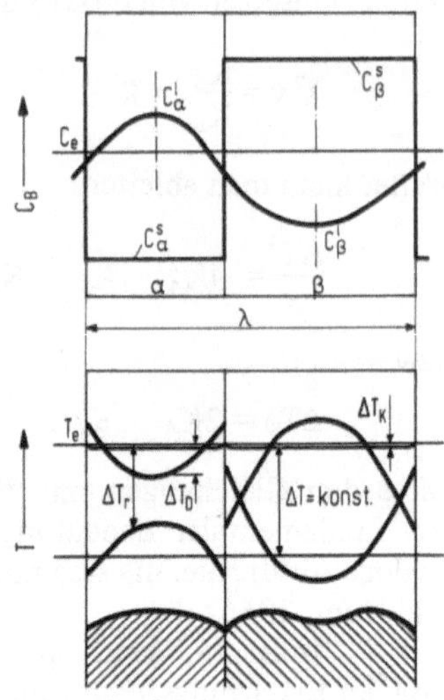

Bild 5.9. Bild 5.10.

Bild 5.9. Unterkühlung beim Erstarren und beim Schmelzen als Funktion der Phasengrenzengeschwindigkeit im Pb-Sn-Eutektikum (Jordan und Hunt, 1972)

Bild 5.10. Konzentrationsprofil und Unterkühlungsverlauf an einer eutektischen Erstarrungsfront nach Hunt und Chilton, 1963/64. ($\Delta T_K = 0$: kinetische Unterkühlung; $\Delta T_D = m\,\Delta C$: „konstitutionelle" Unterkühlung; $\Delta T_r = \sigma/\Delta S(1r_1 + 1/r_2)$: Unterkühlung durch Krümmung. $\Sigma\Delta T = \Delta T_D + \Delta T_r$ = konstant entlang einer isothermen Phasengrenze)

der ΔT-Kurven dieses Modells ist, daß die Grenzfläche infolge der hohen Wärmeleitfähigkeit metallischer Werkstoffe bei konstanter Unterkühlung, d.h. isotherm, wächst. Jackson und Hunt (1966) haben an transparenten organischen Eutektika gezeigt, daß die experimentell ermittelten Formen der Phasengrenzen für verschiedene Volumenanteile mit den Rechnungen gut übereinstimmen.

Diffusionsprofile verschiedener lamellarer und faseriger binärer Eutektika vor der Erstarrungsfront sind von Donaghey (1969) berechnet worden. Die Konzentrationswerte sind mittels der Pécletschen Zahl normalisiert worden. Donaghey hat auch eine Lösung für das ternäre, lamellare Sn-Pb-Cd-Eutektikum (Bild 5.11) angegeben (zu beachten ist, daß die Lamellenfolge hier $\alpha\beta\gamma\beta\alpha$ . . . ist).

Aus K_8 in (5.17) sind auch Rückschlüsse auf das Gefüge zulässig. Ein interessanter Zusammenhang ist in Bild 5.12 gezeigt: Bei sehr kleinem Volumenanteil wird K_8 und damit λ sehr groß (Fisher und Kurz, 1973). Etwas Ähnliches wird beobachtet, wenn die Konzentrationsdifferenz ΔC zwischen der α- und β-Phase bei T_e klein wird, wie z.B. im System Co-CoAl (Hubert et al., 1973, Bild 5.8). Aufgrund von (5.17) sieht man, daß auch der Diffusionskoeffizient und die Grenzflächenenergie eine Rolle spielen. Jordan und Hunt (1971a) haben die Veränderung der Konstanten in Funktion der Zusammensetzung näher untersucht und die Ergebnisse mit verschiedenen Wachstumsmodellen verglichen.

Kriterien optimalen Phasenabstandes

Alle Gefüge von Legierungen sind auf den Umwandlungszustand zurückzuführen, der je nach Bedingungen mehr oder weniger weit vom Gleichgewichtszustand entfernt ist. Das System sucht während der Umwandlung einen optimalen Weg aus dem Ungleichgewicht, wobei es gleichzeitig mehrere Stabilitätskriterien erfüllen muß (Kirkaldy, 1968). Das eutektische Gefüge ist verwandt mit einer Reihe periodischer Strukturen, die man findet, wenn sich ein System vom Gleichgewicht entfernt (Dendriten, Konvektionszellen u.a.; Glarnsdorff und Prigogine, 1971).

Wie zu Anfang dieses Kapitels erwähnt, ist die Frage nach einem geeigneten Kriterium für die Beschreibung eines stabilen Wachstumszustandes einer eutektischen Legierung noch immer nicht gelöst, obwohl sie seit zwei Jahrzehnten diskutiert wird. Dies hat seinen Grund darin, daß die Randbedingungen an der Phasengrenze (z.B. gegeben durch Temperatur- und Konzentrationsfelder) zu einem nichtlinearen Problem führen.

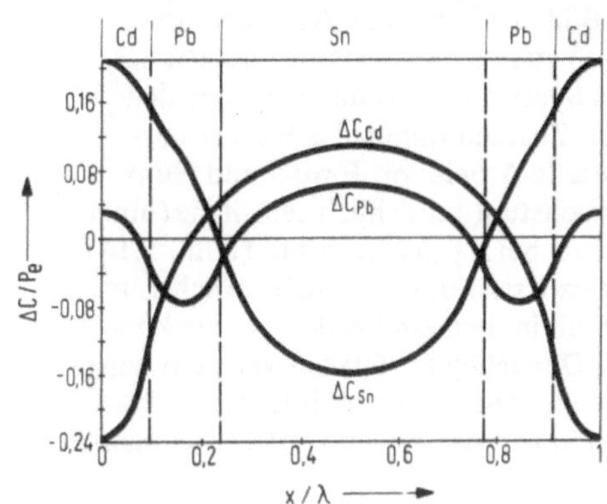

Bild 5.11.

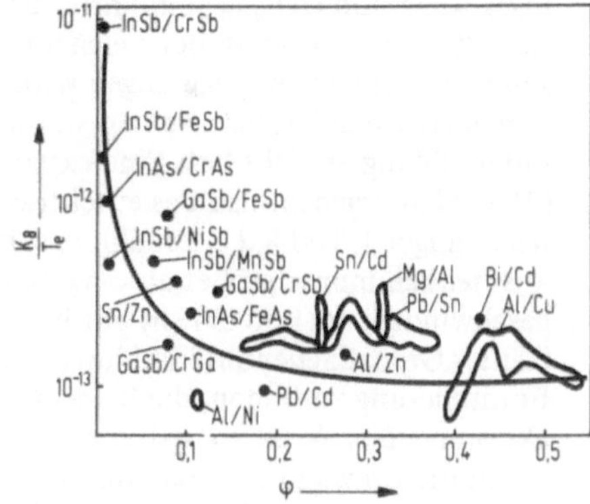

Bild 5.12.

Bild 5.11. Diffusionsprofile in der Schmelze an der Erstarrungsfront des ternären Eutektikums Sn-Pb-Cd (ΔC stellt die Abweichung von der eutektischen Zusammensetzung und Pe die Pecletzahl: $\frac{v\lambda}{2D}$ dar, nach Donaghey (1969)

Bild 5.12. Auf die eutektische Temperatur bezogene Konstante K_8 (5.17) als Funktion des Volumenanteils φ für verschiedene Eutektika

aufgezwung. Bedingung	v = konst	ΔT = konst
Extremum-Kriterium	ΔT_{min}	v_{max}
	gerichtete Erstarrung	globulitische Erstarrung

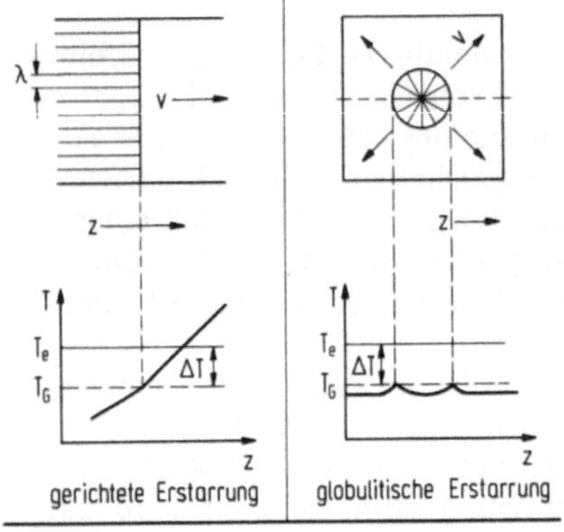

Bild 5.13. Gültigkeitsbereiche der Stabilitätigskriterein ΔT_{min} und v_{max}

Es wurde gezeigt (vgl. Abschnittsbeginn), daß Zener der erste war, der für das eutektoide Wachstum ein Optimierungskriterium für $\lambda = f(v)$*) in Form eines Extremumkriteriums (v_{max}) vorschlug und Tiller später ein analoges Kriterium (ΔT_{min}) einführte. Nach Bild. 5.13 gilt das ΔT_{min}-Kriterium für einen Zustand, bei welchem dem System eine konstante Erstarrungsgeschwindigkeit v aufgezwungen wird. Das System variiert dann solange den Lamellenabstand λ, bis es einen stationären Zustand minimaler Wachstumsunterkühlung erreicht hat. Eine experimentelle Arbeit von Jordan und Hunt (1972) hat ergeben, daß das eutektische Wachstum tatsächlich sehr nahe (innerhalb einiger 1/100 K Unterkühlungsdifferenz) bei ΔT_{min} stattfindet (Bild 5.14). λ ist jedoch immer größer als $\lambda_{\Delta T min}$. Das Kriterium maximaler Wachstumsgeschwindigkeit (Bild 5.13b) gilt für den Fall, in dem ein Festkörper bei konstanter Grenzflächenunterkühlung wächst. Donaghey (1969) hat versucht, eine Formulierung zu finden, die beide Kriterien beinhaltet. Danach läuft die Reaktion in einer Weise ab, daß die Geschwindigkeit der Freien Enthalpieabnahme durch die Umwandlung maximalisiert wird.

Wie Puls und Kirkaldy (1972) feststellen, muß man heute das Zener-Kriterium: „das Eutektikum bildet den Phasenabstand aus, der der maximalen Umwandlungsgeschwindigkeit entspricht" modifizieren in: „das Eutektikum bildet das Spektrum von Phasenabständen aus, das am Maximum der Umwandlungsgeschwindigkeit liegt". Diese Feststellung ist eng verbunden mit der Gefügefehlerdichte (Abschn. 5.2.5.).

---

*) Dieses Kriterium hatten bereits Tammann und Botschwar (1926) implizit verwendet, um das gekoppelte Wachstum zweier Phasen in organischen Eutektika zu erklären.

Die neueren theoretischen Ansätze zur Lösung des Problems des optimalen Umwandlungsgefüges lassen sich in zwei Gruppen einteilen (Puls und Kirkaldy, 1972):

- Stabilitätsanalysen, die sich mit der Untersuchung der Stabilität gewisser Grenzflächenkonfigurationen befassen, wie Lamellenfehler (Jackson und Chalmers, 1964); große negative Krümmung, zu katastrophalem Zusammenbruch führend (Sundquist, 1968); Halbierung von λ (Kirkaldy, 1968a) und eine Reihe von Analysen, die das Wachstum sinusförmiger Störungen der Erstarrungsfront untersuchen (O'Hara und Hellawell, 1968; Cline, 1968; Hurle und Jakeman, 1968; Hunt et al., 1970; Sträßler und Schneider, 1974 – s. auch Abschn. 5.2.4.).
- Thermodynamische Optimierungsmethoden, die, basierend auf Onsager (1931), über die Entropieproduktionsrate (Geschwindigkeit der Umwandlung der im System vorhandenen Energie in Wärme) eine Lösung suchen (Kirkaldy, 1964; Kirkaldy, 1968b; Lesoult und Turpin, 1969; Lesoult, 1972).

Kirkaldy konnte mit dem zweiten Weg zeigen, daß die optimale Entwicklung des Systems über eine Minimax-Konfiguration (Sattelpunkt) in der Entropieproduktionsrate gefunden werden kann, d.h. daß diese Rate ungefähr ein Maximum ist für eine Änderung des mittleren Phasenabstandes bei konstantem v oder ΔT und ein Minimum für alle Änderungen des lokalen Abstandes bei gegebenem mittleren λ.

Einen interessanten Beitrag haben Sträßler und Schneider (1974) mit ihrer Stabilitätsanalyse geliefert, da sie ohne intuitive Annahmen höchste Stabilität bei $\lambda \gtrsim \lambda_{\Delta T min}$ finden, in allgemeiner Übereinstimmung mit vielen

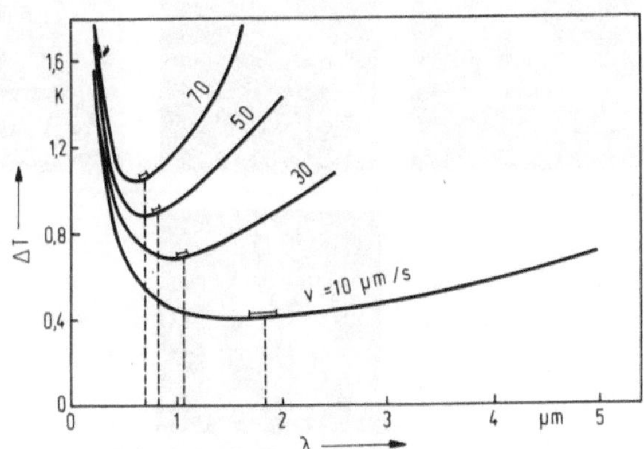

Bild 5.14. Vergleich zwischen Rechnung und Experiment für das Wachstum des Pb-Sn-Eutektikums bei verschiedenen Erstarrungsgeschwindigkeiten (Jordan und Hunt, 1972)

anderen theoretischen und experimentellen Beobachtungen. Weiter scheint die Arbeit auch die widersprüchlichen Ergebnisse von Cline (1968) und Hurle und Jakeman (1968) bezüglich der Wellenlänge der kritischen Störung zu erklären, indem Sträßler und Schneider zeigen, daß für Stabilität sowohl lang- als auch kurzwellige Störungen eine Rolle spielen (vgl. Abschn. 5.2.4.).

5.2. Eutektische Gefüge und deren Beeinflussung

In eutektischen Legierungen findet man innerhalb eines Kornes meist Lamellen oder Fasern. Ein eutektisches Korn stellt oft einen Einkristall einer Phase dar, der von einer zweiten zusammenhängenden Phase durchdrungen wird. Eine eu-

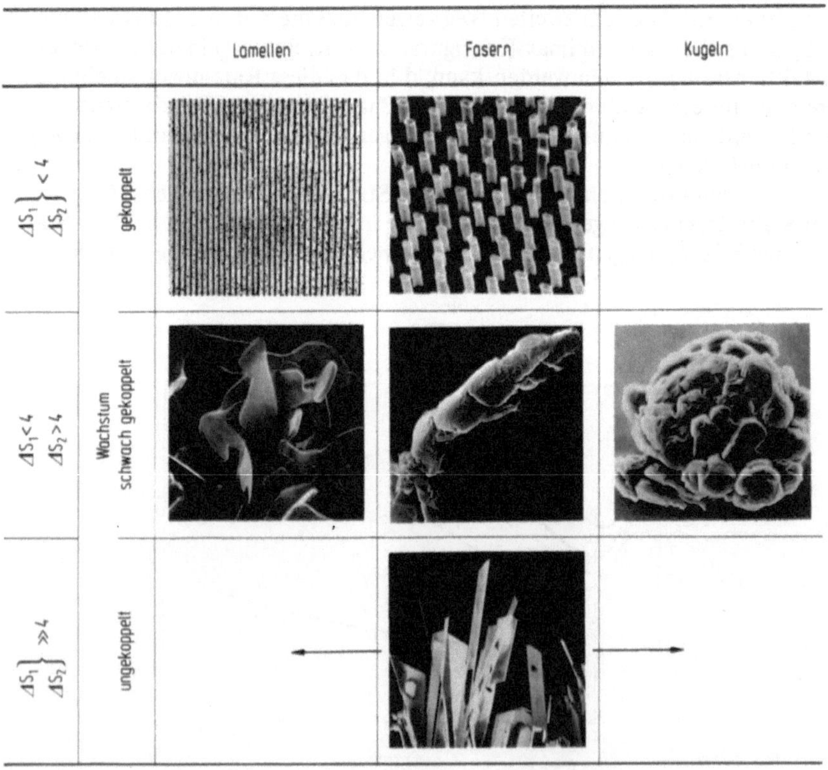

		Lamellen	Fasern	Kugeln
$\left.\begin{matrix}\Delta S_1\\ \Delta S_2\end{matrix}\right\\} < 4$	gekoppelt			
$\Delta S_1 < 4$, $\Delta S_2 > 4$	Wachstum schwach gekoppelt			
$\left.\begin{matrix}\Delta S_1\\ \Delta S_2\end{matrix}\right\\} \gg 4$	ungekoppelt	←		→

Bild 5.15. Klassifizierung eutektischer Gefüge nach Schmelzentropie der Phasen und deren Morphologie

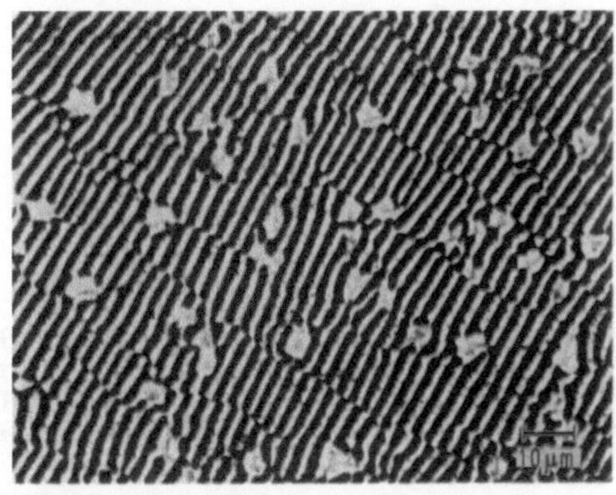

Bild 5.16. Querschliff eines gerichtet erstarrten, ternären Al-Cu-Ni-Eutektikums (Rinaldi et al., 1972)

tektische Zelle*) ist demgegenüber ein Bereich eines Kornes, der durch die zellenförmige Erstarrungsfront gebildet wird. An den Zellengrenzen ändern die eutektischen Phasen ihre Richtung und Morphologie (vgl. Bild 5.33).

Das Gefüge einer eutektischen Legierung läßt sich allgemein auf drei Elemente, die mehr oder weniger regelmäßig angeordnet sind, zurückführen (Bild 5.15): Lamellen, Fasern und Kugeln.

Lamellen- und faserförmige Eutektika gehören zu den gekoppelt wachsenden Gefügen, d.h. sie wachsen gemeinsam an der Erstarrungsfront und führen zu Gefügen, die man in einer Richtung als unendlich ausgedehnt betrachten kann. Eutektische Fasern weisen meist ein sehr großes Durchmesser- zu Längenverhältnis auf (etwa $1 : 10^4$), weshalb gerichtet erstarrte Eutektika interessante Verbundeigenschaften ergeben. Die Kontinuität des gekoppelten eutektischen Gefüges entlang der Probenachse bei gerichteter Erstarrung ist dann nicht gegeben, wenn eine der Phasen des Eutektikums Sphäroliten bildet. Solche kugelförmigen Eutektika sind als entartet anzusehen, d.h. das Wachstum verläuft nicht mehr bei (ungefähr) gleicher Temperatur an der gemeinsamen Phasengrenze. Es handelt sich vielmehr um ein getrenntes Wachstum der Phasen (Anomalie) – entweder, wie bei den Graphitkugeln in Gußeisen, um in der übersättigten Schmelze ausgekeimte Primärkristalle oder um Seigerungserscheinungen, wobei die Phase hoher Schmelzentropie interdendritisch entsteht und zu einem quasieutektischen Gefüge führt (Lux und Kurz, 1968; Sahm und Lorenz, 1972). Das Auftreten von Kugeln und Sphäroliten ist ein Sonderfall und spielt vor allem bei den verschiedenen Metall-Graphiteutektika eine Rolle. Dieses Problem wurde kürzlich eingehend von Lux (1970) behandelt (vgl. Abschn. 5.2.2.). Einen weiteren Sonderfall stellen auch die spiralförmigen Eutektika wie Zn-Mg Zn_2 und Al-Th (Fullman und Wood, 1954; Dippenaar et al., 1971) dar.

Ternäre eutektische Legierungen weisen oft gemischte Gefüge auf (Cooksey und Hellawell, 1967; Rinaldi et al., 1972; Garmong und Rhodes, 1972). Bild 5.16 zeigt z.B. Lamellen zweier Phasen und Fasern der dritten

---

*) vgl. Fußnote in Abschn. 3.1.

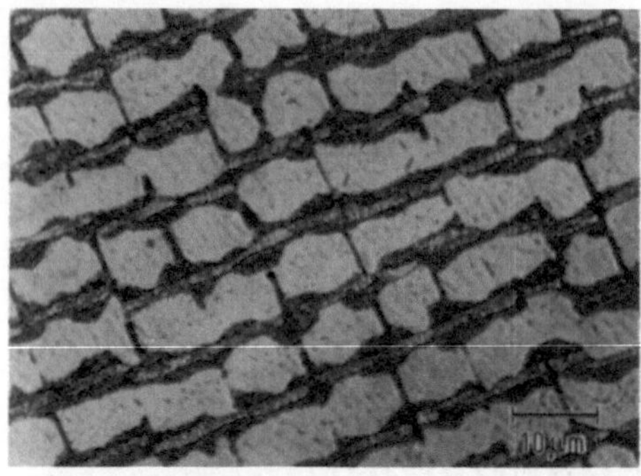

Bild 5.17. Gerichtet erstarrtes, quaternäres Sn-Pb-Cd-Zn-Eutektikum (Querschliff, v = 0,1 cm/h, G = 23 K/cm), nach Fisher und Kurz, 1974

Phase. Noch komplizierter wird der Gefügeaufbau, wenn man zu quaternären Eutektika übergeht, Bild 5.17. Hier, im Sn-Pb-Cd-Zn-Eutektikum wird das Problem des optimalen Gefüges in einigen Körnern dadurch gelöst, daß die Zn-Lamellen ungefähr senkrecht zum bekannten Gefüge der ternären Sn-Pb-Cd-Legierung wachsen (Fisher und Kurz, 1974). Ein anderer interessanter Fall wird durch das Co-Cr_xC_y-System geliefert (vgl. Bild 2.4), bei dem man unter Umständen ein paralleles Wachstum zweier verschiedener Eutektika Co-Cr_7C_3 und Co-$Cr_{23}C_6$, beobachten kann (Bild 5.18; Sahm, 1974). Solche Mischgefüge bieten vermehrte Möglichkeiten zur Optimierung einander widersprechender Eigenschaften.

Phasenform (lamellar oder faserig), Kopplungsgrad des Wachstums und das allgemeine Problem der Stabilität der Umwandlungsfront (mikroskopische Ausrichtung der Phasen) bestimmen ganz wesentlich das Gefüge (s. auch Kerr, 1969 bzw. Crocker et al., 1973) und somit die Eigenschaften. Hierauf wird im folgenden näher eingegangen; dieser Abschnitt vermittelt wesentliche Grundlagen für die Herstellung (Kap. 7.).

5.2.1. Morphologie der Phasen

Ob ein Eutektikum lamellar oder faserig erstarrt*), kann anhand des ΔT_{min}-Kriteriums erklärt werden: Das Gefüge mit der kleinsten Wachstumsunterkühlung entsteht bevorzugt. Beide Unterkühlungsanteile ΔT_D und ΔT_G wurden in der Literatur getrennt zur Erklärung des Lamellen-Faser-Überganges herangezogen: der Diffusionsanteil von Frank und Puttnick (1956) sowie Hunt und Chilton (1962/63) und der Grenzflächenanteil von Cooksey et al. (1965). Hunt und Jackson (1966) suchten das Minimum in der Gesamtunterkühlung. Da die getrennte Analyse beider Unterkühlungen ein anschauliches Bild von den Vorgängen gibt, wird hier darauf eingegangen.

---

*) Der Übergang von lamellarer zu faseriger Morphologie ist oft kontinuierlich, weshalb nicht immer klar zwischen der einen oder anderen Form unterschieden werden kann.

Die Unterkühlung, notwendig zum Einbau von α-β-Grenzflächen in faserigen und lamellaren Gefügen, ist, wie (5.13) zeigt, proportional dem Produkt aus Grenzfläche und spezifischer Grenzflächenenergie. Der Übergang von Faser zu Lamelle (und umgekehrt) kann daher prinzipiell auf zwei Arten bewirkt werden:

- durch Änderung des Verhältnisses der α-β-Grenzflächen (Grenzfläche/Volumen zwischen faserigem und lamellarem Gefüge) und
- durch Veränderung der spezifischen α-β-Grenzflächenenergie bei faserigem und lamellarem Gefüge.

Das Verhältnis der α-β-Grenzflächen zwischen faserigem und lamellarem Gefüge kann durch den Volumenanteil verändert werden. Betrachtet man Bild 5.19, so erkennt man leicht, daß durch Erhöhung des Volumens der β-Phase bei gleichbleibendem Phasenabstand die Grenzfläche der Fasern parabolisch erhöht wird, während die Grenzfläche der Lamellen konstant bleibt. Aus dieser rein geometrischen Überlegung folgt, daß in Eutektika mit einem Volumenanteil unterhalb 28% der β-Phase die Grenzfläche (bzw. ΔT_G) der Faser kleiner ist als die der Lamelle (Cooksey et al., 1965) und daher bevorzugt Fasern entstehen.

Eine Veränderung der spezifischen α-β-Grenzflächenenergie zwischen faserigem und lamellarem Gefüge kann man anhand der verschiedenen Geometrie der beiden Strukturen erklären: Im lamellaren Gefüge können beide Phasen

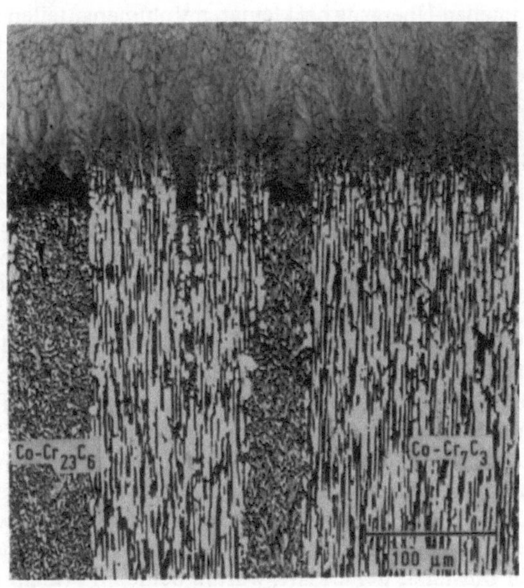

Bild 5.18. Gleichzeitiges Wachstum zweier Eutektika: Co-Cr_7C_3 und Co-$Cr_{23}C_6$ (Sahm, 1974)

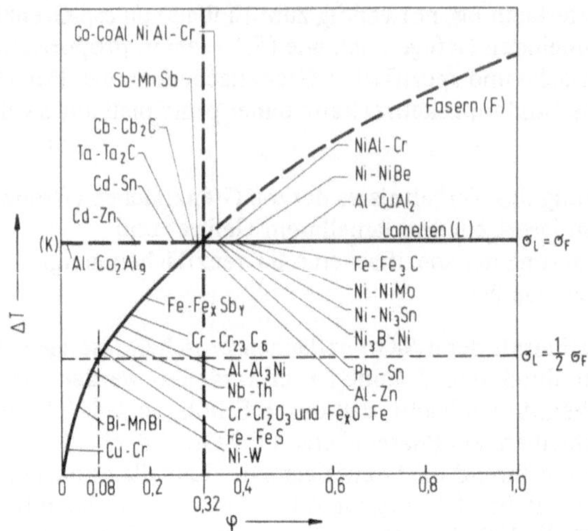

Bild 5.19. Durch Grenzflächenenergie verursachte Unterkühlung beim eutektischen Wachstum ΔT_G (5.13) als Funktion des Volumenanteils φ am Schmelzpunkt und der Phasenform

kristallographisch begünstigte Ebenen ausbilden (Epitaxie), während dies im Fall kreisförmiger Fasern unmöglich ist. Somit ist die spez. Grenzflächenenergie der Lamellen kleiner, und man findet in solchen Legierungen den Fasern-Lamellen-Übergang bei kleineren Volumenanteilen als 28%. Diese Feststellung gilt auch für Fasern mit facettiertem Querschnitt (Bild 5.20), da meist nur zwei der die Faser begrenzenden Ebenen eine Epitaxie mit dem Matrixgitter aufweisen können und die übrigen Ebenen höhere Energie besitzen. (Eine Ausnahme bilden Systeme wie z.B. NiAl-Cr, bei denen Faser und Matrix in der gleichen kristallographischen Richtung wachsen und der Passungsfehler sehr klein ist. Wie Bild 5.19 zeigt, tritt im Fall, in dem z.B. Koinzidenz der beiden Gitter zu $\sigma_L = 0{,}5\ \sigma_F$ führt, der Übergang schon bei 8 Vol.-% auf.

In den bisherigen Überlegungen wurde vorausgesetzt, daß beim Faser-Lamellen-Übergang das Diffusionsfeld unverändert bleibt. In komplementären Abschätzungen haben Frank und Puttnick (1956) sowie Hunt und Chilton (1962/63) angenommen, daß die Grenzfläche beider Gefüge dieselbe ist und das sich verändernde Diffusionsfeld über ΔT_{min} entscheidet. Durch Gleichsetzen der für ein Eutektikum charakteristischen Diffusionslänge $\lambda/2$ für Lamellen und Fasern erhalten sie einen Volumenanteil von 32%, gleiche isotrope Grenzflächenenergie vorausgesetzt. Bei Ausbildung von Vorzugsebenen in der lamellaren Struktur sind die Argumente die gleichen wie oben.

Man sieht also, daß beide Unterkühlungswerte (ΔT_G und ΔT_D) bei sehr ähnlichen Volumenanteilen (28 bis 32%) ein Minimum durchlaufen, ein Umstand, der erklärt, warum beide im Prinzip sehr einfachen Analysen gut mit der Wirklichkeit übereinstimmende Ergebnisse liefern (vgl. Bild 5.19). In ihrer Analyse haben Jackson und Hunt (1966) die Wachstumsfunktionen (ΔT_G und ΔT_D) für beide Gefüge minimalisiert und finden verschiedene λ-ΔT-Funktionen. Bei Gleichheit der ΔT-Werte ergibt sich ein kritischer Volumenanteil von 32%, ein Wert, der mit den oben erwähnten Abschätzungen gut übereinstimmt.

Angeschlossen werden einige Beobachtungen, die Phasenform und Volumenanteil entscheidend beeinflussen können.

Chemische Zusammensetzung

Ein gutes Beispiel haben Cline et al. (1970 und 1971) geliefert: Durch Zulegieren von Mo zum faserigen NiAl-Cr-Eutektikum (Bild 5.20a) wird durch die bevorzugte Mo-Löslichkeit im Cr der Passungsfehler der Cr-Fasern gegen die Grundmasse verändert, d.h. die Grenzflächenenergie erhöht oder verringert, und ein Lamellenübergang beobachtet. Dies sollte – obwohl die Ergebnisse vom NiAl-Cr-Eutektikum dem aus unbekannten Gründen entgegensprechen – einen

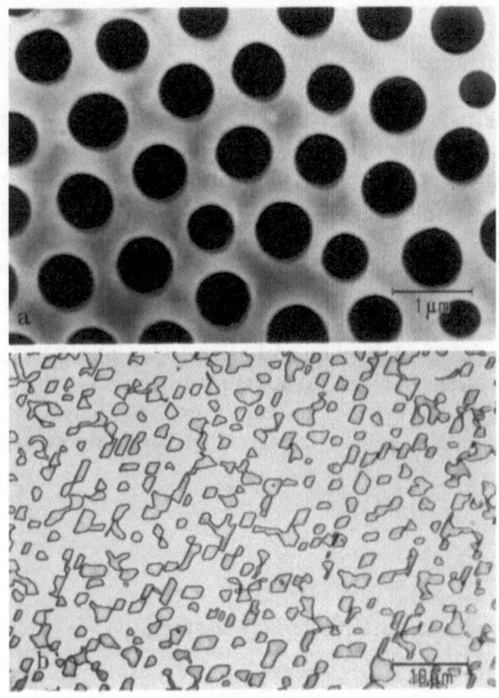

Bild 5.20. Runde und facettierte Faserform in den Systemen: a) NiAl-Cr (Hogan et al., 1971), b) Co-Cr_7C_3 (Sahm und Lorenz, 1972)

Übergang von Fasern zu Lamellen bewirken, wenn die Grenzflächenenergie erhöht wird. Es muß jedoch im Fall des NiAl-Cr-Eutektikums beachtet werden, daß zwischen der lamellaren und der faserigen Struktur ein diskontinuierlicher Übergang der Wachstumsrichtung von <111> auf <100> stattfindet.

Schließlich haben Hubert et al. (1973) gezeigt, daß Legieren des Co-CoAl-Eutektikums durch ein weiteres Element bei entsprechend ausgebildeter monovarianter Reaktion den Volumenanteil ändern kann und man auf diese Weise einen Umschlag im Gefüge bekommt: Durch Zugabe von 7 At% Ni steigt der Volumenanteil der Co-Phase des Co-CoAl-Eutektikums von 26 auf 50%, und man erhält ein rein lamellares Eutektikum.

Zugabe oder Entfernung von Spurenelementen hat großen praktischen Nutzen bewiesen, z.B. bei Gußeisen und beim Al-Si-Eutektikum. Diese Beobachtung trifft besonders auf anomale Eutektika zu, wobei sich die Morphologie der Phase mit hoher Schmelzentropie je nach Wachstumsbedingungen ändert. Durch weitgehende Entfernung des Schwefels erhält man z.B. bei eutektischen Fe-C-Legierungen einen Übergang von der Graphitlamelle zur Graphitfaser und möglicherweise auch eine Bildung von Kugelgraphit (Lux und Kurz, 1967). Analoge Beobachtungen wurden auch am Al-Si-Eutektikum gemacht (Steen und Hellawell, 1972; vgl. auch Abschn. 5.2.2. bzw. den Text zu Bild 5.3).

Änderung der Wachstumsrichtung und -geschwindigkeit

Falls eine gute Gitterpassung zwischen beiden Phasen durch Wachsen um Kanten herum (Hunt und Chilton, 1962/63) oder an Zellengrenzen gestört wird, kann dies ebenfalls zu Veränderungen der Morphologie führen. Im ersten Fall wird sich jedoch nach Überwindung des Hindernisses wieder die ursprüngliche Morphologie einstellen. Mit diesem Problem hat man bei der Herstellung komplexer Formen zu rechnen (vgl. Kap 7.). Beispiele der Morphologieänderung an Zellengrenzen sind praktisch in jedem Eutektikum zu beobachten (Bild 5.33 b,c).

Der Übergang von Lamellen zu Fasern (oder umgekehrt) kann auch kinetisch bedingt sein. So beobachtet man einen Gefügeumschlag bei Änderung der Wachstumsgeschwindigkeit, z.B. in den Systemen Al-Al_3Ni und Ni-W (Kurz und Lux, 1971; Livingston, 1971). Die Ursachen für dieses Phänomen sind nicht bekannt.

5.2.2. Kopplungsgrad des eutektischen Wachstums

Über den Kopplungsgrad des eutektischen Wachstums, der auf dem bereits oft zitierten Entropieunterschied der beteiligten Phasen basiert, lassen sich eutektische Gefüge klassifizieren (Bild 5.15 und 5.21).

Normale und anomale Eutektika

Viele der heute bekannten Hochtemperatur-Eutektika bestehen aus einer hochfesten Verbindung, die in eine duktile Matrix eingelagert ist (Co-TaC, Co-Cr_7C_3, Ni-Ni_3Nb, Ni_3Al-Ni_3Nb; Kap. 8.). Beide Phasen haben in dem Fall ein unterschiedliches Erstarrungsverhalten. Ein gekoppeltes eutektisches Wachstum kann nur dann stattfinden, wenn beide Phasen bei gleicher Unterkühlung ungefähr gleich schnell wachsen. Bei Metall-Metall-Eutektika ist dies leicht möglich, und sie kristallisieren daher meistens mit hoher Regelmäßigkeit.

Weist eine der Phasen eine wesentlich höhere Schmelzentropie*) als die andere auf (z.B. Cr_7C_3 gegenüber Co), dann hat die Phase mit der hohen Entropie größere Wachstumsschwierigkeiten als die mit kleiner Schmelzentropie (Bild 5.22, vgl. Abschn. 3.3.), mit dem Ergebnis, daß beide Phasen nicht mehr gleichzeitig wachsen. In einem solchen Fall (Bild 5.23) bestimmt die vorauseilende Phase weitgehend das Gefüge (Hunt und Jackson, 1966; McLeod et al., 1973), da sie sich ungestört krümmen und verzweigen kann (schwache Kopplung). Es kommt vor, daß die facettierte Phase (mit hohem ΔS_S) dendritenförmig wächst und diese Primärstruktur dem Eutektikum aufprägt. Dies wurde am Al-Si-Eutektikum beobachtet (Gigliotti und Colligan, 1972; Justi

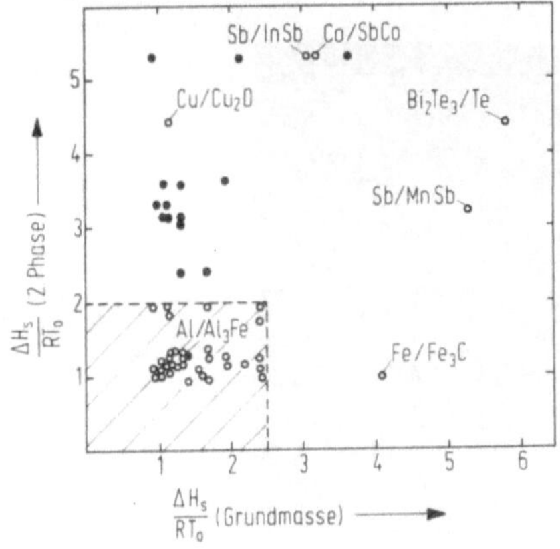

Bild 5.21.

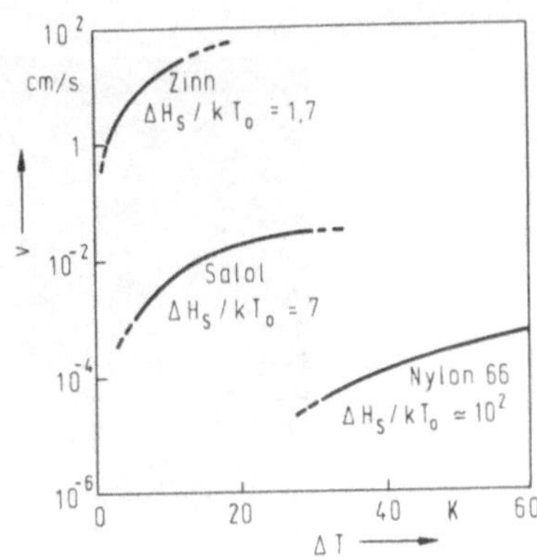

Bild 2.22.

Bild 5.21. Reduzierte Schmelzentropien eutektischer α- und β-Phasen und Klassifizierung „normaler" (offene Kreise) und „anomaler" (schwarze Kreise) Eutektika. Systeme, die eine Ausnahme bilden, sind bezeichnet

Bild 5.22. Typische Wachstums-Unterkühlungskurven für drei Stoffe mit verschiedener Schmelzentropie (Guy, 1971)

---

*) Die Schmelzentropie wird nach Hunt und Jackson (1966) als charakteristisches Unterscheidungsmerkmal benützt (Bild 5.21; Fisher und Kurz, 1973).

et al., 1972). Van Suchtelen (1971) hat das Wachstum dieser Eutektika ($\Delta S_1 < 4$, $\Delta S_2 > 4$ cal/mol K) unter dem Mikroskop verfolgt und festgestellt, daß die Phasengrenze oft facettierte Zellen bildet. Dieses Phänomen, das die Ursache der Ausbildung komplex-regulärer Gefüge ist, wird durch die facettiert wachsende Phase des Eutektikums hervorgerufen. Diese Morphologie wird durch konstitutionelle Unterkühlung begünstigt, tritt aber auch ohne diese auf. Im wesentlichen hängt der Abstand der Zellen von der Wachstumsgeschwindigkeit und dem Temperaturgradienten ab (s. auch Wilcox, 1970).

Van Suchtelen konnte beobachten, daß das facettierte Wachstum vieler Phasen bei hohen Wachstumsgeschwindigkeiten in ein nicht-facettiertes (metallisches) Wachstum übergeht, in Übereinstimmung mit den theoretischen Ergebnissen von Cahn (vgl. Bild 5.1). Ist der Volumenanteil der Phase mit niedriger Schmelzentropie klein, dann beobachtet man wiederum sehr regelmäßige Gefüge (Hunt und Hurle, 1968),wie z.B. in den Systemen Bi-Cu, $MnCl_2$-Mn. Wie schon in Abschn. 5.1.1. erwähnt wurde, kann auch die Reinheit der Legierung einen großen Einfluß auf die Regelmäßigkeit dieser Eutektika ausüben (Kumar und Merchant, 1973).

Weisen beide Phasen eine hohe Schmelzentropie auf, dann ist das Wachstum weitgehend bedingt durch die Kinetik des Übergangs der Atome an

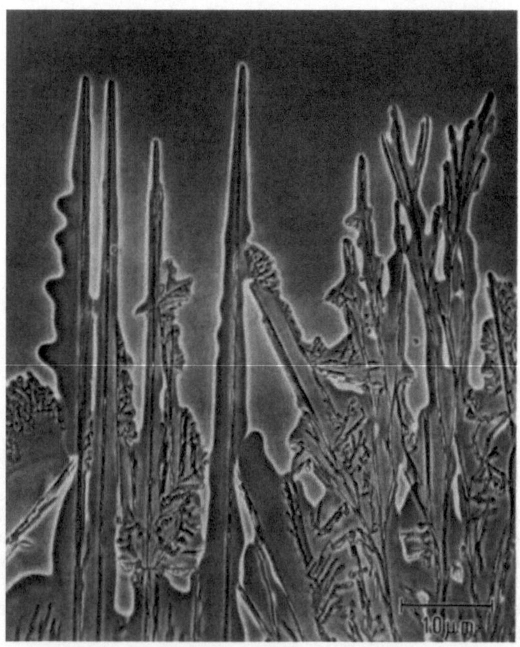

Bild 5.23. Schwach gekoppelt wachsendes Eutektikum aus Borneol (facettierte Phase mit kleinem Volumen) und Succonitril,nach Hunt und Jackson, 1966 (beachte die große Ähnlichkeit mit Fe-C oder Al-Si-Legierungen)

der Phasengrenze beider Phasen und nicht, wie im Falle der „metallischen" Eutektika, durch den Kopplungsmechanismus der Diffusion. Beide Phasen wachsen dann weitgehend unabhängig voneinander (Bild 5.15). Filonenko (1970) wies jedoch darauf hin, daß in diesem Fall nicht so sehr der absolute Wert der Schmelzentropie eine Rolle spielt, als vielmehr das Verhältnis $\Delta S_1/\Delta S_2$. Ist dieses Verhältnis nahe 1, dann können auch Eutektika mit zwei facettiert-wachsenden Phasen gekoppeltes Wachstum und damit regelmäßige Gefüge aufweisen. Dies trifft z.B. zu für Sb-Ge, Ni_3Al-Ni_3Nb, Ni_3Al-Ni_3Ta. Rastogi (1969) fand ähnliche Ergebnisse an organischen Eutektika.

Gußlegierungen

Ein ungekoppeltes eutektisches Wachstum kann unter gewissen Umständen auch bei der zweiten Gruppe der Eutektika ($S_1 > 4$, $S_2 < 4$) auftreten (z.B. bei Gußeisen mit Kugelgraphit). Hierzu ist meist eine kombinierte Wirkung mehrerer Faktoren, wie z.B. Unterkühlung, Spurenelemente etc., auf die Keimbildung und das Wachstum einer oder beider Phasen notwendig. Dies führt dazu, daß man Legierungen wie Fe-C (Lux, 1970), Al-Si (Weller, 1966; Hellawell, 1970; Gigliotti und Colligan, 1972), Co-TaC (Walter und Cline, 1973), Superlegierungen (Ashbrook und Wallace, 1966; Kotval et al., 1972; Doherty et al., 1971) „modifizieren" kann*).

Die beiden vielverwendeten ungerichteten Gußlegierungen auf der Basis der Eutektika Fe-C und Al-Si weisen sehr verschiedene Gefüge auf und sind im Verhalten relativ komplex. Auf diesem Gebiet existiert sehr viel Literatur mit zum Teil recht widersprechenden Hypothesen und Ergebnissen. Hier sollen nur einige wesentliche Zusammenhänge diskutiert werden.

Das stabile System Fe-C weist bei der eutektischen Zusammensetzung prinzipiell drei Gefügetypen auf: Lamellen, Fasern und Kugeln (Lux et al., 1969), die auch analog bei eutektischen Al-Si Legierungen zu finden sind. Waren beim Gußeisen lange Zeit nur das lamellare bzw. sphärolitische Wachstum des Graphits bekannt, so ist das bei Al-Si übliche Gefüge entweder lamellar oder faserig (Bild 5.24). Faserförmiges Graphitwachstum wurde erstmals von Lux und Mitarbeitern (1968 a,b) näher definiert. Solche Legierungen zeigten interessante mechanische Eigenschaften (Lux, 1967; Gilbert und Day, 1969). Am Rasterelektronenmikroskop erkennt man eine frappante Ähnlichkeit der nicht-metallischen Lamellen bzw. Fasern beider Eutektika.

Untersuchungen, auch bei Al-Si-Legierungen kugeliges Wachstum zu erzielen (Minkoff und Lux, 1970/1971a), sind bis heute nur teilweise erfolgreich gewesen, denn um die primäre Si-Kugel wächst immer faseriges Eutektikum (vgl. Bild 13 von Minkoff und Lux, 1971a). Sphärolitisches Gußeisen

---

*) Unter Modifizieren versteht man allgemein eine Kombination von Gefügefeinung, Unterbrechung grober lamellarer Teilchen und deren Abrundung an den Kanten (Bild 5.24). Hervorgerufen wird dies durch Zugabe von spezifischen Elementen in die Schmelze. Mg und Ce in Gußeisen, Na in Al-Si-Legierungen, Hf in Superlegierungen). Dadurch erhält man verbesserte mechanische Eigenschaften, insbesondere eine höhere Zähigkeit.

kann dagegen in einem weiten Bereich, ohne daß Eutektikum zwischen den Kugeln auftritt, erstarrt werden. Dieses unterschiedliche Verhalten beider Legierungen kann über die verschiedenen Wachstumsmechanismen des C- und Si-Kristalles erklärt werden und hängt u.a. damit zusammen, daß der C-Sphärolit ein radiales polykristallines Aggregat darstellt, das gegen die Schmelze nur langsam wachsende, stabile (0001)-Ebenen ausbildet (Bild 5.15), während die Si-Kugel ein „abgerundeter" Einkristall ist und daher zumindest lokal mit schnell wachsenden Ebenen an die Schmelze angrenzt.

Das Kristallwachstum nichtmetallischer (facettierter) Phasen in eutektischen Legierungen wurde besonders intensiv am Beispiel des Graphits in Gußeisen untersucht (Double und Hellawell, 1969/1971; Lux, 1970; Minkoff und Lux, 1970/1971 a, b).

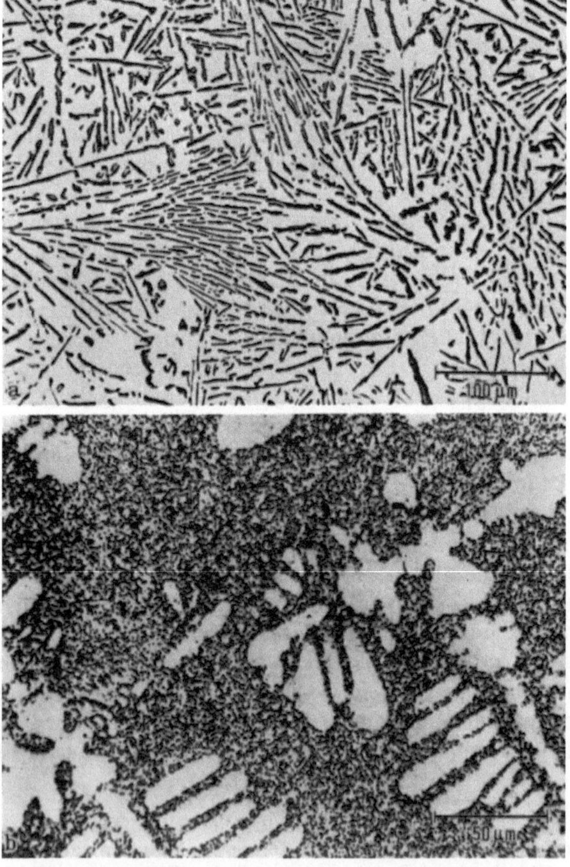

Bild 5.24. Al-Si-Eutektikum (12,5 Gew. % Si): a) vor und b) nach Modifizierung durch hohe Abkühlgeschwindigkeit (Hellawell, 1970)

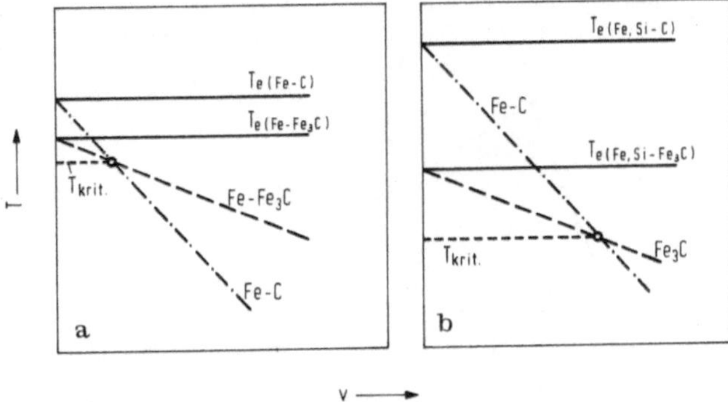

Bild 5.25. Temperatur-Wachstumsgeschwindigkeitsfunktionen (schematisch) für die Eutektika Fe-C und Fe-Fe_3C; a) ohne, b) mit Si (Lux und Kurz, 1968)

Das nahe Beieinanderliegen des stabilen Fe-C- und metastabilen Fe-Fe_3C-Eutektikums*) hat, ohne die bei tieferer Temperatur ablaufende eutektoide Umwandlung des Austenits in Ferrit und Fe_3C(Perlit) zu berücksichtigen, hinsichtlich der gerichteten Erstarrung**) großes Interesse geweckt (Brigham, 1966; Hillert, 1968; Lux und Kurz, 1968; Tiller, 1968; Ruth und Turpin, 1969). Anhand von Bild 5.25 können die Bedingungen, die zum stabilen bzw. metastabilen Wachstum führen, schematisch gezeigt werden (Lux und Kurz, 1968): Bei einer reinen Fe-C-Legierung liegt die Temperatur des metastabilen Fe-Fe_3C-Eutektikums sehr nahe an der Temperatur des stabilen Fe-C-Eutektikums. Weil die Gleichgewichtstemperatur der metastabilen Reaktion tiefer liegt als die des stabilen Fe-C-Eutektikums, ist bei langsamer Abkühlungsgeschwindigkeit, d.h. bei geringer Wachstumsunterkühlung, immer das Fe-C-Eutektikum anzutreffen. Die auftretende Unterkühlung entspricht der v-Differenz, um die Fe-C schneller wächst als Fe-Fe_3C. Da jedoch die Diffusionsverhältnisse vor der Phasengrenze das Wachstum des Fe-Fe_3C-Eutektikums begünstigen (die Zusammensetzung des Karbids ist der Schmelzzusammensetzung viel ähnlicher als die des reinen Graphits), nimmt die Wachstumsgeschwindigkeit des Fe-Fe_3C-Eutektikums schneller mit ΔT zu als die des Fe-C-Eutektikums, und man erhält eine charakteristische Wachstumstemperatur, bei deren Unterschreitung (Keimbildung des Zementits vorausgesetzt) das Fe-Fe_3C-Eutektikum die größere Umwandlungsgeschwindigkeit aufweist. Hillert und Subba Rao (1968) konnten diesen Übergang von einer Form in die andere experimentell nachweisen.

---

*) Anstelle des Fe im Fe-C-System kann auch Ni oder Co genommen werden, wodurch infolge der verringerten Karbidstabilität ein weißerstarrtes Gefüge nicht auftritt. Unter weißerstarrtem Gefüge versteht man das metastabile Eutektikum Fe-Fe_3C im Gegensatz zum stabilen, grauerstarrten Fe-C-Eutektikum; die Bezeichnung weiß bzw. grau geht auf die charakteristische Farbe der Bruchflächen zurück.

**) Analoge Arbeiten sind am Al-Si-System durchgeführt worden (Day und Hellawell, 1968; Hellawell, 1970; Steen und Hellawell, 1972).

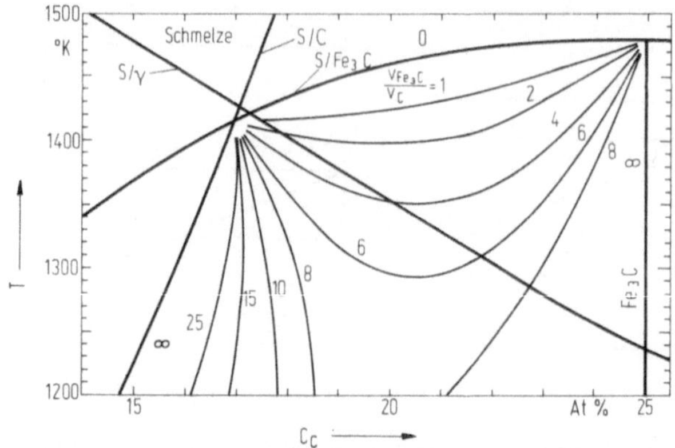

Bild 5.26. Relative Wachstumsgeschwindigkeiten der beiden Eutektika Fe-C und Fe-Fe_3C (Hillert, 1968)

Legiert man Si zum Fe-C-Eutektikum, dann wird der Temperaturunterschied zwischen stabilem und metastabilem Eutektikum größer, was zu einer wesentlich höheren Wachstumsunterkühlung führt, bei der die „graue" in die „weiße" Erstarrung umschlägt. Daher kann man dünne Gußstücke (mit hoher Abkühlgeschwindigkeit und somit hohem ΔT) nur mit entsprechend hohen Si-Gehalten in stabiler Form erhalten. Das relative Wachstum von Graphit bzw. Zementit hängt auch von der Zusammensetzung der Legierung ab. In Bild 5.26 ist das Verhältnis der Wachstumsgeschwindigkeit des Zementits zur Geschwindigkeit des Graphits in Funktion von C-Gehalt und Unterkühlung für das reine Fe-C-System wiedergegeben (Hillert, 1968).

Kopplungsbereich

Der in Abschnitt 5.1.2. beschriebene Kopplungsmechanismus der Diffusion behält nur solange seine Wirkung als er ein rascheres Wachstum des Eutektikums, verglichen mit dem Primärwachstum der beiden Phasen, ermöglicht. Diese Feststellung wurde erstmals von Tammann und Botschwar (1926) gemacht und kann als Definition des gekoppelten Wachstums gelten (Kofler, 1950; Scheil, 1959). Wie Bild 5.27 zeigt, bezeichnet man als Kopplungsbereich die Temperatur-Konzentrations-Zone im Phasendiagramm (schraffierter Bereich), in der das gemeinsame Wachstum der beiden eutektischen Phasen schneller vor sich geht als das der primären Phasen allein. (Es sei hier darauf hingewiesen, daß dieses experimentell gefundene Kriterium ähnlich ist dem Extremumkriterium von Zener, der es einführte, um den Lamellenabstand λ mit der Wachstumsgeschwindigkeit v in seiner Rechnung zu koppeln; Abschn. 5.1.2.). Bild 5.27 zeigt schematisch die zu erwartenden Wachstumsgeschwindigkeiten für zwei Phasen α und β bei konstanter Temperatur T als Funktion der Zusammensetzung für normale und anomale Eutektika. Die Verlangsamung des

Wachstums der Primärphasen mit zunehmendem Legierungselement (C_B für α bzw. C_A für β) ist durch die Verringerung der Unterkühlung (Liquidustemperatur – T) bedingt. Bei derjenigen Konzentration, bei der die metastabile Liquiduskurve die Temperatur T schneidet, hört das Primärwachstum auf ($\Delta T = 0$).

Bei normalen Eutektika (Bild 5.27a) ist im Bereich der eutektischen Zusammensetzung die Wachstumsgeschwindigkeit des Eutektikums größer als die der Primärphase. Bei stark unterschiedlicher Schmelzentropie der Phasen (Bild 5.27b) ist die Geschwindigkeit für die Primärphase mit der kleineren Entropie größer als für das Eutektikum. In diesem Fall muß die Konzentration der Legierung in Richtung der Phase mit hoher Schmelzentropie verschoben (und damit ΔT_β erhöht) werden, damit man eine ähnliche Wachstumsgeschwindigkeit beider Phasen erhält. Aus Bild 5.27b kann man auch erkennen, daß eine Legierung eutektischer Zusammensetzung dieses Typs selten mit einem rein eutektischen Gefüge erstarrt (gut bekannt bei Gußeisen und Al-Si-Legierungen); das gilt umso weniger, je größer die Abkühlungsgeschwindigkeit und damit die Wachstumsunterkühlung ist. Anstelle des erwarteten eutektischen Gefüges erhält man Primärdendriten der α-Phase und interdentritisches Eutektikum*). Diese Überlegungen gelten prinzipiell auch für ternäre Eutektika (McCrone, 1957) bzw. für Eutektoide (Chadwick, 1973).

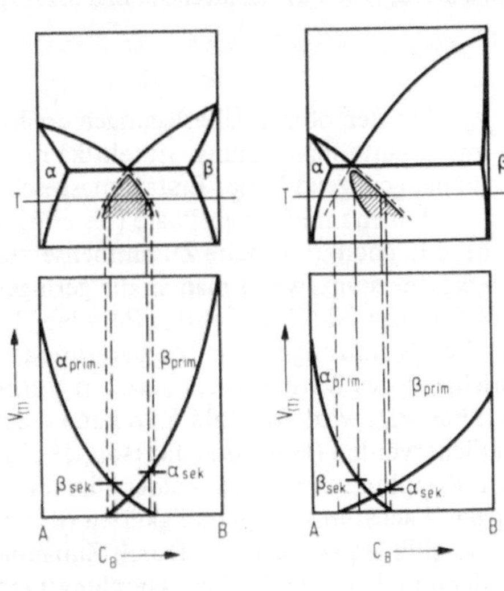

Bild 5.27. Kopplungsbereiche des eutektischen Wachstums;
a) Schmelzentropien beider Phasen klein, b) β-Phase mit hoher Schmelzentropie

*) Dieser kinetische Effekt muß bei Abschreckversuchen besonders beachtet werden, wo man die Zusammensetzung des Eutektikums, bestehend zumindest aus einer Phase mit hoher Schmelzentropie, bestimmen will (Phasendiagrammbestimmung).

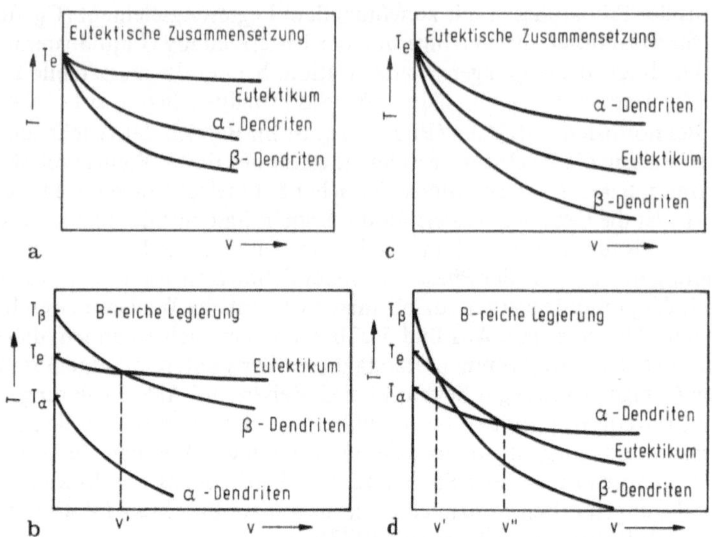

Bild 5.28. Schematische Kurven für die Wachstumsgeschwindigkeit – Temperaturabhängigkeit der α-, β-Primärdendriten sowie des Eutektikums; a) und b) für Legierungen des Typs von Bild 5.27a; c) und d) entsprechend Bild 5.27b, nach Hunt und Jackson, 1967

Aus den obigen Überlegungen ergibt sich eine für das Kompositwachstum interessante Feststellung: Eutektika mit einer Phase hoher Schmelzentropie können bei genügend hoher Erstarrungsgeschwindigkeit mit beträchtlich höherem Volumenanteil dieser Phase (als es dem eutektischen Gleichgewicht entspricht, d.h. übereutektische Zusammensetzung) erstarrt werden. Dies ist besonders interessant, wenn man an die geringen Volumina der Monokarbidfasern in den Co- bzw. Ni-MC-Eutektika (M = Nb, Ta, Ti usw.) denkt. Zur raschen gekoppelten Erstarrung ist ein Temperaturgradient nur soweit notwendig als zur Ausrichtung des Wärmeflusses bzw. zur Verhinderung einer zweiphasigen Instabilität benötigt wird. Mit Bild 5.28 kann dieses Verhalten*) noch einmal veranschaulicht werden (Hunt und Jackson, 1967). Man erkennt, daß bei asymmetrischem Kopplungsbereich und einer übereutektischen Legierung (Bild 5.28d) bei geringen Wachstumsgeschwindigkeiten (d.h. auch Unterkühlungen) ein Vorauseilen der β-Phase vorherrscht. Durch Zunahme der Geschwindigkeit kommt man dann in den eutektischen Kopplungsbereich, um schließlich bei sehr hohen Geschwindigkeiten die α-Phase zu begünstigen. Den ersten Übergang von Dendriten und Eutektikum zum reinen Eutektikum (Bild 5.29) konnten Cline und Livingston (1969) eindeutig nachweisen. Man erkennt also, daß die Wachstumskinetik eine Veränderung der Stabilität des gekoppelten eutektischen

---

*) vgl. Fußnote zu Gleichung 5.25

Wachstums nach sich zieht. Hierauf muß man auch bei ternären und höherwertigen eutektischen Legierungen achten. Z.B. konnte Thompson (1973) Ni-Dendriten in rein eutektischen Ni-Ni_3Al-Ni_3Nb- und Ni-Ni_3Al-Ni_3Ta-Legierungen beobachten. Ein perfektes Kompositwachstum kann durch eine entsprechende Anreicherung der Ni_3Nb- (oder Ni_3Ta-) Phase erzielt werden. Auf die eben besprochenen Phänomene wird in Abschn. 5.2.4. nochmals eingegangen.

Hofbildung

Ein anderes Phänomen, das auch mit einem asymmetrischen Kopplungsbereich erklärt werden kann, ist die Hofbildung von nicht-facettiert wachsenden Elementen um die Primärkristalle von Phasen mit hoher Schmelzentropie (vgl. Bild 4.7). Dieses Phänomen wurde ursprünglich von Sundquist und Mitarbeitern (1962/63) über die unterschiedliche Keimbildungswirksamkeit beider Phasen erklärt. Gigliotti et al. (1970) wiesen jedoch darauf hin, daß diese Erklärung den Beobachtungen an eutektischen Systemen mit einer „metallischen" und einer „nicht-metallischen" Phase widerspricht (die metallische Phase umgibt in Hofform die nichtmetallische Primärphase). Gigliotti et al. erklärten das Phänomen anhand des asymmetrischen Kopplungsbereiches: Nach Keimbildung der Primärphase ändert sich die Schmelzzusammensetzung entlang der entsprechenden Liquiduslinie und deren metastabilen Verlängerung unter die eutektische Temperatur solange bis Keimbildung der anderen Phase eintritt.

Bild 5.29. Übergang vom primären Sn-Dendritenwachstum zu Kompositwachstum bei Erhöhung der Geschwindigkeit von v_1 auf v_2, nach Cline und Livingston, 1969 (vgl. mit Bild 5.28b: $v_1 < v' < v_2$ und mit Bild 5.36).

Liegt dann die Schmelzzusammensetzung im Kopplungsbereich (dies ist der Fall bei Primärwachstum von α in Bild 5.27b), wird das α-β-Eutektikum unmittelbar an den α-Kristall wachsen; das Umgekehrte gilt für die β-Phase. Da der Kopplungsbereich an der (metastabilen) Liquiduslinie der nicht-facettiert wachsenden Phase liegt, muß die facettierte „nichtmetallische" Phase von einem Hof umgeben werden. Barclay et al. (1973) haben diese Überlegungen fortgesetzt und auf den Fall gerichtet erstarrter Legierungen übertragen. Hierzu mußten sie zusätzlich annehmen, daß das gekoppelte Wachstum erst unterhalb einer gewissen kinetisch bedingten Unterkühlung stattfinden kann. Die Überlegungen von Barclay et al. sind insofern interessant als sie auf einen weiteren Aspekt der Gefügemodifikation hinweisen, der eventuell zur Herstellung von Werkstoffen mit interessanten mechanischen Eigenschaften herangezogen werden kann (siehe Ende Abschn. 8.1.2.).

5.2.3. Konstitutionelle Unterkühlung

Die Erstarrung läuft an der Grenzfläche zwischen Flüssig und Fest ab. Da diese Grenzfläche eine Stelle erhöhter Energie (Exzeßenergie) ist, wird eine ruhende Grenzfläche immer den Zustand minimaler Energie anstreben. Die sich bewegende Grenzfläche einer Legierung stellt eine bewegliche Wärmequelle und eine Quelle oder Senke für Legierungselemente dar. Es bilden sich dadurch an der Phasengrenze Temperatur- und Konzentrationsgradienten, die die entsprechenden Flüsse hervorrufen. Stoff- und Wärmefluß sind, wie schon am Ende von Abschn. 5.1.2. diskutiert wurde, entscheidend für die Morphologie der

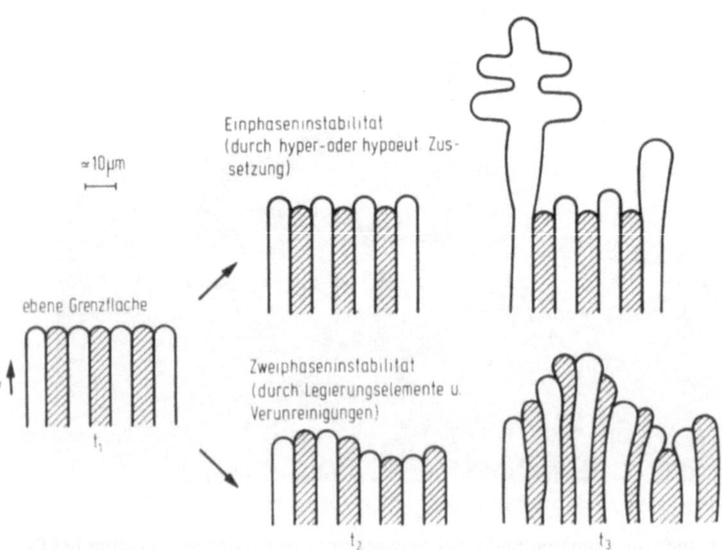

Bild 5.30. Arten der Phasengrenzeninstabilität beim Eutektikum

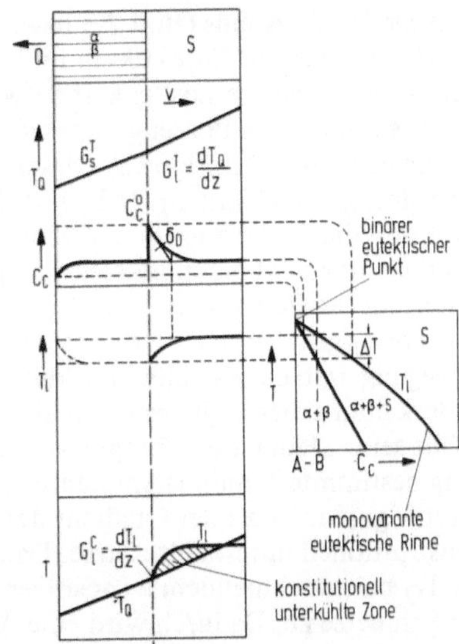

Bild 5.31. Konstitutionelle Unterkühlung einer eutektischen Phasengrenze durch Drittelelemente (vgl. Bild 2.3)

Phasengrenze (Sekerka, 1968, 1969; Kirkaldy, 1968). Stabiles Verhalten der Phasengrenze bedeutet Stabilität gegen Formänderungen, d.h. daß eine durch Unebenheiten gestörte Phasengrenze nach geraumer Zeit wieder eine ungestörte ebene Form annimmt. An einer instabilen Grenzfläche werden dagegen kritische Störungen solange verstärkt bis ein neuer stationärer Zustand eingetreten ist. Dieser stationäre Zustand kann eine zellenförmige oder eine dendritische Phasengrenze sein. Bei eutektischen Phasengrenzen gibt es nun zwei Formen von Zellen oder Dendriten (beide im folgenden allgemein als Instabilität bezeichnet). Wie Bild 5.30 zeigt, kann eine zweiphasige Erstarrungsfront entweder einphasige Instabilitäten entwickeln (Wachstum außerhalb des Kopplungsbereiches) oder, bei Anwesenheit von Verunreinigungen oder Legierungselementen, Zweiphaseninstabilitäten hervorrufen. Die Beschreibung der Instabilität und daher der Morphologie einer Phasengrenze ist schon für einphasige Legierungen sehr schwierig und zur Zeit nur teilweise möglich. Für eutektische Legierungen gibt es bis heute nur wenige Versuche (siehe Abschn. 5.2.4.).

Ein qualitatives Verständnis der Zweiphaseninstabilität (Bild 5.30 unten) kann auf sehr einfache Weise über das klassische Kriterium der konstitutionellen Unterkühlung gewonnen werden (Tiller et al., 1953), indem man dieses analog auf ein legiertes oder verunreinigtes binäres Eutektikum (Dreistoffsystem) anwendet (Bild 5.31). Die Erstarrung einer eutektischen Legierung (A-B) mit der Konzentration an Legierungselement C (C_C) in einem gerichteten Temperaturfeld mit dem gerichteten Wärmefluß Q ist im obersten Teilbild gezeigt. Der Wärmefluß Q führt zu einem Temperaturverlauf mit der Ordinate T_Q. Dadurch sind die Temperaturgradienten im Festkörper G_s^T und in der Schmelze G_l^T gegeben. Betrachtet man nun das Phasendiagramm in Bild 5.31, das einen Vertikalschnitt durch die (monovariante) eutektische Rinne eines Dreistoffsystems (Bild 2.3 bzw. 2.4b entsprechend) darstellt, dann erkennt man, daß das Eutektikum im festen Zustand (d.h. α und β) für das Element C eine kleinere Löslichkeit aufweist als die Schmelze. Hierdurch entsteht an der eutektischen Phasengrenze ein Aufstau von gelöstem Element mit der maximalen Konzentration C_c^o. Dieser Aufstau vor der Phasengrenze mit der Diffusionsgrenzschicht $\delta_D \approx D/v$ ($\simeq 10^{-2}$ cm) führt zu einer entsprechenden Funktion der Erstarrungstemperatur (Liquidus T_l) vom Abstand z. Durch Überlagerung der beiden lokalen Temperaturfelder T_Q und T_l erhält man ein Kriterium für die Existenz und die Ausdehnung einer konstitutionell unterkühlten Zone (ganz unten in Bild 5.31). Da eine Erstarrungsfront zu ihrer Fortbewegung mit der Geschwindigkeit v eine, wenn auch für Metalle kleine, Unterkühlung benötigt, muß an der Phasengrenze (z = 0) die Bedingung erfüllt sein: „Fühlbare" Temperatur (T_Q^o) kleiner als durch die Zusammensetzung bestimmte Liquidustemperatur (T_l^o). Falls der Gradient der Liquidustemperatur größer ist als der Gradient der fühlbaren Temperatur, erhält man eine konstitutionell unterkühlte Zone. Dann nimmt selbst mit steigender Temperatur T_Q bei zunehmendem z (positiver Temperaturgradient) die Unterkühlung der Schmelze zu. Dadurch wird eine Ausbuchtung in der ebenen Phasengrenze vor der Front günstigere Wachstumsbedingungen finden als in der Ebene. Dies führt zu Zellen- oder Dendritenwachstum. Die Bedingung für stabiles Verhalten ist daher

$$\frac{dT_l}{dz} \leqslant \frac{dT_Q}{dz} \qquad \text{(bei } z = 0) \qquad (5.20)$$

Um (5.20) benützen zu können, muß man den Wert dT_l/dz berechnen können. Der Gradient $dT_Q/dz = G_l^T$ kann entweder mit Thermoelementen gemessen werden oder bei konvektionsarmer gerichteter Erstarrung in erster Näherung durch Gleichsetzen mit dem Ofengradienten erhalten werden. Der Gradient der Liquidustemperatur kann leicht aus der Differenz zwischen Liquidus und Solidus der Legierung abgeschätzt werden (Bild 5.31)

$$\left(\frac{dT_l}{dz}\right)_{z=0} \simeq \frac{T_l - T_s}{\delta_D} = \frac{\Delta T}{\delta_D} .$$

Da die charakteristische Diffusionslänge $\delta_D \simeq D/v$ ist, erhält man (Jackson, 1967)

$$\left(\frac{dT_l}{dz}\right)_{z=0} \simeq \frac{\Delta T \cdot v}{D} . \qquad (5.21)$$

Aus (5.20) und 5.21) erhält man für Stabilität der ebenen Phasengrenze die Bedingung (G_l^T wird in der Literatur meist mit G bezeichnet)

$$\frac{G}{v} > \frac{\Delta T}{D} \qquad (5.22)$$

Ist das Verhältnis Temperaturgradient G zu Erstarrungsgeschwindigkeit v grösser als der rechte Teil der Gleichung, dann ist die ebene Phasengrenze stabil. Aus dieser allgemeingültigen Näherungsgleichung kann man leicht über das Phasendiagramm die üblichen Beziehungen ableiten, indem man ΔT durch äquivalente Größen ersetzt:

$$\frac{G}{v} > \frac{m \cdot c}{D} \; \frac{1-k}{k} \tag{5.22a}$$

oder

$$\frac{G}{v} > \frac{m}{D} (C - C_e) \tag{5.22b}$$

(5.22a) wird allgemein für einphasige Legierungen (Kurz und Lux, 1969) bzw. für legierte Eutektika (Bild 5.31), und (5.22b) für binäre unter- bzw. übereutektische Legierungen verwendet.

Hurle (1961) hat das Kriterium der konstitutionellen Unterkühlung durch einen Konvektionsfaktor erweitert und gezeigt, daß bei $k < 1$ durch Konvektion die Stabilität der ebenen Phasengrenze erhöht wird. Das Stabilitätskriterium lautet dann

$$\frac{G}{v} > \frac{\Delta T}{D} \; \frac{k}{k + (1-k)\, e^{-\Delta}} \tag{5.23}$$

mit $\Delta = \delta_K \cdot v/D$ und δ_K als Diffusionsgrenzschicht bei Anwesenheit von Konvektion.

Das einfache Kriterium der konstitutionellen Unterkühlung gilt nur unter den einschränkenden Annahmen, die zu seiner Ableitung geführt haben:

Bild 5.32. Wachstumsfront bei Einphaseninstabilität: Primärdendriten mit interdendritischem, eutektischem Gefüge; (Eutektikum: Kohlenstofftetrabromid – Hexchloräthan, Dendriten: Kohlenstofftetrabromid, nach Hunt und Jackson, 1967)

Grenzflächenenergie zwischen Fest-Flüssig $\sigma_{S\ell} = 0$; Wachstumskinetik unendlich rasch, d.h. die Konstanten in (5.1a) . . . (5.1c) nehmen den Wert ∞ an; Temperaturgradienten in Schmelze und Festkörper sind gleich.

Die Grenzschicht senkrecht zur Erstarrungsfront, die nach Bild 5.31 die konstitutionelle Unterkühlung hervorruft, existiert an der eutektischen Phasengrenze doppelt:

- durch Anreicherung oder Verarmung des einen oder des anderen Elementes des Eutektikums, falls die Zusammensetzung der Schmelze von C_e abweicht (5.22b) – Einphaseninstabilität, Bild 5.32;

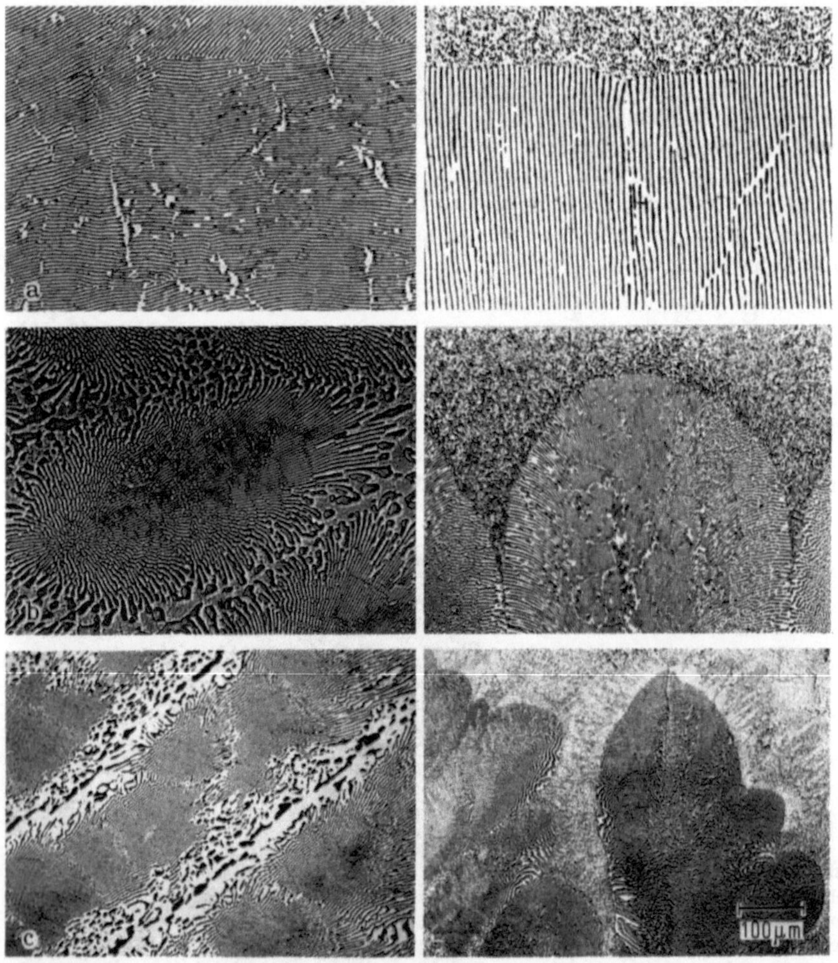

Bild 5.33. Zweiphaseninstabilität im Sn-Cd-Eutektikum (links Querschliff, rechts Längsschliff mit abgeschreckter Phasengrenze); a) beginnende Instabilität, b) ausgeprägte eutektische Zellen, c) eutektische Dendriten (Gruzleski und Winegard, 1968a)

- durch Anreicherung oder Verarmung der Legierungselemente bzw. Verunreinigungen (5.22a) – Zweiphaseninstabilität, Bild 5.33.

Beide Teile können verschiedene Unterkühlungen vor der α- oder/und der β-Phase bewirken. Beide Grenzschichtdicken liegen, wie schon oben erwähnt, für normale Erstarrungsgeschwindigkeiten in der Größenordnung von 10^{-2} cm. Verglichen hierzu sind die für ein Eutektikum charakteristischen Diffusionslängen parallel zur Erstarrungsfront (Abschn. 5.1.2.) in der Größenordnung einiger μm, also 10 bis 100 mal kleiner.

Die Veränderung der Konzentration eines der Elemente des Eutektikums, wie dies beim über- oder untereutektischen Wachstum vorkommt, führt zu Primärdendriten der einen Phase und zu interdendritischem Eutektikum (Bild 5.32). Bei einer Anreicherung (oder Verarmung) von Verunreinigungen und Legierungselementen wird in den meisten Fällen eine relativ gleichmäßige konstitutionelle Unterkühlung vor beiden Phasen auftreten und zu eutektischen Zellen (Bild 5.33b) oder eutektischen Dendriten („Duplexdendriten"), Bild 5.33c, führen. Wie Bild 5.33 für das Sn-Cd-Eutektikum zeigt (Gruzleski und Winegard, 1968a) finden sich bei eutektischen Phasengrenzen einphasigen Legierungen analoge Erscheinungen (vgl. auch Bullock et al., 1971; Durand-Charre und Durand, 1972). Hamar und Durand (1972) haben sich eingehend mit den Bedingungen, die im Bi-Cd-Eutektikum zu eutektischen Zellen führen, befaßt. Der Übergang*) folgt dem von Chadwick (1963) modifizierten Kriterium der konstitutionellen Unterkühlung (5.22a), in dem die Größen m und k die Werte der monovarianten Reaktion mit der betreffenden Verunreinigung annehmen. Der Verteilungskoeffizient k wird über beide eutektischen Phasen gemittelt. Der Zellenabstand Λ ist eine Funktion der Zusammensetzung, des Temperaturgradienten und der Erstarrungsgeschwindigkeit, Bild 5.34 (Hamar und Durand, 1972). Ähnliche Untersuchungen hat Garmong

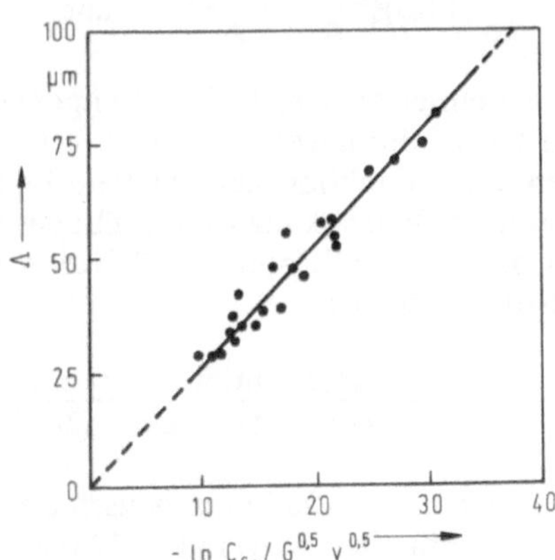

Bild 5.34. Eutektische Zellengröße Λ in Abhängigkeit von C_{Sn}, G, und v (Hamar und Durand, 1972)

*) Es sei bemerkt, daß ein „Übergang" immer mehr oder weniger kontinuierlich erfolgt.

(1972) veröffentlicht, wobei er die experimentellen Ergebnisse mit der Stabilitätsanalyse von Cline (1968) erfolgreich verglich (siehe Abschn. 5.2.4.). Bei Erhöhung der konstituionellen Unterkühlung geht die gerichtete eutektische Zelle sehr oft in ein globulitisches Wachstum über (Sahm und Kilias, 1970), d.h. die eutektische Zelle kann sich nicht immer zum vollen Dendriten mit zweiphasigen Sekundärarmen ausbilden, wie in Bild 5.33e gezeigt ist. Das Wachstum der Duplexdendriten verläuft durch Diffusionskoppelung der beiden Phasen und stellt theoretisch ein äußerst schwieriges und noch ungelöstes Problem dar.

5.2.4. Allgemeines Stabilitätsproblem

Einphasige Legierungen

Ungefähr ein Jahrzehnt nach der physikalischen Beschreibung des Phänomens der Grenzflächeninstabilität durch die konstituionelle Unterkühlung analysierten Mullins und Sekerka (1963) das Problem für einphasige Legierungen in einer Art, die eine quantitative Aussage ermöglicht*). (Für eine Einführung in das Gebiet s. Sekerka, 1968 und 1969). Der Grundgedanke ist folgender: Man löst zuerst die Differentialgleichung der Diffusion (Wärme, Masse), beispielsweise für eine ebene Phasengrenze unter Annahme entsprechender Randbedingungen. Der Phasengrenze wird dann mathematisch eine kleine Störung überlagert (z.B. eine Sinusschwingung), und man untersucht das zeitliche Verhalten dieser Störung. Man erhält eine Funktion der Amplitude $\dot{A}$ der Sinusstörung mit der Wellenlänge λ,

$$A(\omega, t) = A_0(\omega)\, e^{t f(\omega)}$$

$$f(\omega) = \frac{\dot{A}}{A} = \frac{dA/dt}{A} \quad \text{und} \quad \omega = \frac{2\pi}{\lambda}\,.$$

Eine Fourier-Analyse liefert Komponenten mit positiven und/oder negativen $f(\omega)$. Störungen mit $f(\omega) > 0$ ergeben Instabilität der ebenen Phasengrenze. Die Funktion läßt eine Berechnung der Wellenlänge der Störung mit maximaler Verstärkung zu und gibt ein Bild der Periode der Instabilität (Zellenabstand). Für Stabilität muß $f(\omega) < 0$ sein. Als Kriterium für die Stabilität erhält man somit:

$$\frac{G}{v} + \frac{\Delta H_s}{2\kappa_l} > \frac{mC}{D}\,\frac{1-k}{k}\,\frac{\kappa_s + \kappa_l}{2\kappa_l}\, S \tag{5.24}$$

(ist eine Stabilitätsfunktion, typisch 0,8 – 0,9 für Metalle (Sekerka, 1968). Man erkennt, daß (5.24) mit (5.22a) eine gewisse Ähnlichkeit besitzt, jedoch

*) Wagner hatte die Methode der Stabilitätsanalyse schon 1956 für Oxydationsreaktionen verwendet

die Schmelzwärme, ΔH_S, die Wärmeleitfähigkeit von Schmelze und Festkörper (κ_l, κ_S) und die Grenzflächenenergie (über S) einbezieht.

Ein Vergleich der beiden Kriterien ist an einphasigen Sn-Legierungen vorgenommen worden (Davies und Fryzuk, 1971a). Gegenüber (5.22a) ergibt sich ein merklicher Unterschied, der auch für Eutektika sehr wesentlich ist: Mit zunehmender Erstarrungsgeschwindigkeit nimmt die kritische Krümmung der Instabilitäten zu, und es muß daher mehr Grenzflächenenergie aufgewandt werden. Somit stabilisiert die Grenzflächenenergie bei hohen Erstarrungsgeschwindigkeiten die ebene Phasengrenze. In derselben Richtung wirkt auch Konvektion (Hurle, 1969; Delves, 1971) und in bestimmten Fällen die Kinetik des Übergangs an der Grenzfläche (Brice, 1969).

Zweiphasige Legierungen

Will man den Bereich der Zusammensetzung und der Erstarrungsbedingungen kennen, in dem die Herstellung eines gerichteten Komposites möglich ist (vgl. Abschn. 7.1.), so muß man gleichzeitig berücksichtigen:

- konstitutionelle Unterkühlung einer Phase bei Abweichung von der eutektischen Zusammensetzung (Primärdendriten),
- Konstitutionelle Unterkühlung beider Phasen durch Legierungselemente oder Verunreinigungen (eutektische Zellen und Dendriten),
- Kinetik des Kristallwachstums,
- Grenzflächenenergie und
- Konvektion.

Bisher gibt es noch keine einheitliche theoretische Behandlung aller dieser Phänomene, weshalb auf eine nähere Beschreibung der Stabilitätsanalysen (Cline, 1968; Cline und Tarshis, 1969; Hurle und Jakeman, 1968; Hunt et al., 1970) verzichtet wird. Hier liegt ein fruchtbares Feld für zukünftige Arbeiten verborgen. Eine zur Zeit noch ungelöste Frage ist die nach dem Beginn der Instabilität. Obwohl es hierzu einige experimentelle Beobachtungen gibt, die auf kurzwellige Instabilitäten hindeuten (Jordan und Hunt, 1971b; Pflieger und Durand, 1972), so bleibt unklar, welche Wellenlänge letztlich für die Instabilität verantwortlich ist. Darüber hinaus ist nicht bekannt, worin sich Kriterien für einphasige und zweiphasige Instabilität (Bild 5.30) unterscheiden. Die Arbeit von Sträßler und Schneider (1974) könnte hier einen neuen Impuls liefern. Diese Autoren kommen zum Schluß, daß die Stabilität eines Eutektikums sowohl durch lang- als auch kurzwellige Störungen beeinflußt wird (vgl. Kriterien optimalen Phasenabstandes in Abschn. 5.1.2.).

Verhoeven und Gibson (1972 und 1973) haben gezeigt, daß bei der Entstehung von Dendriten in einer eutektischen Pb-Sn-Legierung heterogene Keimbildung an der Tiegelwand vorliegt, und man findet eine deutliche Hysterese zwischen den G/v-Werten am Ort der ersten Entstehung und demjenigen der letzten Auflösung der Dendriten. Daraus geht hervor, daß die Entstehung der Dendriten unter gewissen Umständen (Tiegelmaterial, Korngrenzenfreiheit u.a.) erschwert werden kann (vgl. auch Schaefer, 1969; Glicksman, 1971).

Auch ohne komplizierte Analysen ist ein qualitativer Einblick in die Vorgänge möglich (Hunt und Jackson, 1967; Jackson, 1968; Cline und Livingston, 1969): Die Grundidee, von welcher zur Beschreibung des stabilen Kompositwachstums im binären System ausgegangen wird, ist das „Wachstum um die Wette". α-, β-Dendriten und das α-β-Eutektikum wachsen mit bestimmten Geschwindigkeiten, die von der Zusammensetzung der Legierung abhängen (Bild 5.27 und 5.28). Wachsen die α-Dendriten schneller als das Eutektikum, dann ist die eutektische Phasengrenze instabil. Hunt und Jackson (1967) haben aufgrund dieser Überlegungen den Stabilitätsbereich des Pb-Sn-Eutektikums als Funktion der Geschwindigkeit für die Bedingung G = 0 berechnet (vgl. auch Cline und Livingston, 1969): Die Wachstumsgeschwindigkeit einer eutektischen Phasengrenze folgt der Gleichung (vgl. mit (5.18)):

$$K_e\, v_e^{0,5} = (T_e - T)$$

und die der Dendriten*):

$$K_d\, v_d^{0,5} = (T_l - T)$$

(K_e, K_d sind Konstanten und T_e bzw. T_l sind die eutektische bzw. Liquidustemperatur). Weiterhin gilt

$$T_l = m\,(c - c_e) + T_e,$$

und nach Gleichsetzen von

$$v_e = v_d = v \quad \text{und} \quad T_l - T_e = m\,(c - c_e)$$

folgt

$$m\,(c - c_e) = (K_d - K_e)\, v^{0,5}. \tag{5.25}$$

Diese Gleichung berücksichtigt somit den kinetischen Anteil an der Stabilisierung der Grenzfläche (Abschn. 5.2.2.) bei G = 0 (Bild 5.35, Kurve KB = Kopplungsbereich). Die Kristallisationskinetik stabilisiert das gekoppelte Wachstum bei hohen Wachstumsgeschwindigkeiten bzw. bei hohen Wachstumsunterkühlungen (Bild 5.27).

Später erweiterte Jackson (1968) diese Analyse und bezog die Wirkung des Temperaturgradienten in vereinfachter Weise ein. Er berechnete die

*) Burden und Hunt (1974a) haben vor kurzem aufgrund von experimentellen Ergebnissen und theoretischen Überlegungen eine neue Beziehung zwischen v_d und ΔT_d (Unterkühlung der Dendritenspitzen unter Liquidus) vorgeschlagen:

$$\Delta T_d = T_l - T = GD/v_d + A v_d^{0,5}$$

mit $A = 2^{3/2}\,[-\sigma_{Sl}\, T_l\,(1-k)\, m\, C/\Delta H_S D]^{0,5}$. Hiermit erhält man eine wesentlich bessere Übereinstimmung zwischen Theorie und Experiment als in Bild 5.36 gezeigt ist (Burden und Hunt, 1974b).

maximale Wachstumsgeschwindigkeit der Dendriten in der konstitutionell unterkühlten Zone vor der eutektischen Erstarrungsfront, ohne die Wechselwirkung von Dendritenwachstum und Temperaturverteilung zu berücksichtigen. Hierdurch war es ihm möglich, beide Phänomene, Wachstumskinetik und konstitutionelle Unterkühlung, gemeinsam zu behandeln. Das Resultat läßt sich als Summe der Kurven KB und KU in Bild 5.35 darstellen. Die Kurve KU stellt das nach Mollard und Flemings (1967) angegebene Kriterium der konstitutionellen Unterkühlung dar (5.22b).

Man erkennt, daß das Resultat von Jackson einen minimalen Stabilitätsbereich bei mittleren Geschwindigkeiten ergeben sollte. Dieser Bereich wird vergrößert: zu kleinen Erstarrungsgeschwindigkeiten (oder zu großen G-Werten) durch die Verringerung der konstitutionellen Unterkühlung, bzw. zu großen Erstarrungsgeschwindigkeiten durch den stabilisierenden Effekt der Kopplung. Dem überlagert sich noch ein ebenfalls mit zunehmender Geschwindigkeit stärker stabilisierender Krümmungsanteil, der in der Stabilitätsanalyse von Cline (1968) berücksichtigt wurde (Kurve SA von Bild 5.35).

Die Stabilisierung durch die Krümmung wird in der Differenz zwischen Kurve KU und SA sichtbar. Es ist daher nicht verwunderlich, daß man – genügend hohen Wärmefluß zur Entfernung der Erstarrungswärme von der Erstarrungsfront vorausgesetzt – bei hohen Geschwindigkeiten über weite Bereiche der Zusammensetzung Verbundwerkstoffe herstellen kann (vgl. Bild 5.29). Bild 5.36 (vgl. auch mit Bild 7.7) faßt Meßergebnisse im Pb-Sn-Eutektikum über einen weiten Geschwindigkeitsbereich zusammen (Cline und Livingston, 1969; Mollard und Flemings, 1967). Sie werden mit den Rechnungen von Jackson (1968) für verschiedene Temperaturgradienten verglichen *). Bereiche der konstitutionellen Unterkühlung (KU in Bild 5.35) wurden für die Systeme Au-Co (Sahm und Killias, 1970), Al-Al_2Cu (Pflieger und Durand, 1970;

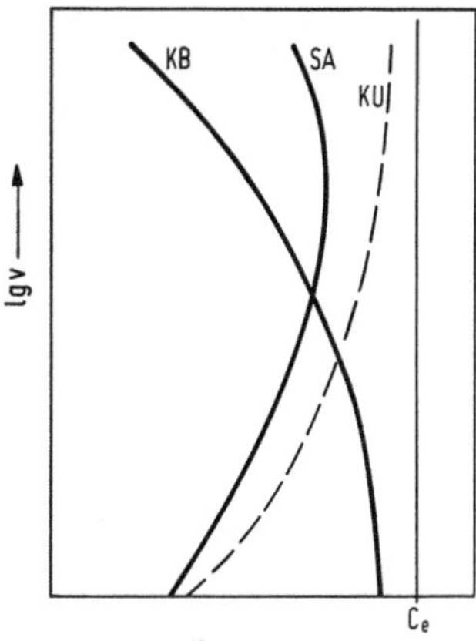

Bild 5.35. Stabilitätsbereiche des eutektischen Wachstums; KB: Kopplungsbereich (Kofler, 1950), KU: Konstitutionelle Unterkühlung (Mollard und Flemings, 1967), SA: Stabilitätsanalyse mit Berücksichtigung der Grenzflächenenergie (Cline, 1968)

*) Man beachte, daß die meisten Autoren auf die Ordinate g/v auftragen, womit man nur den unteren Bereich erfaßt.

Jordan und Hunt, 1971a) bestimmt, während Barclay et al. (1971) den Kopplungsbereich für die Systeme Al-Al_3Ni und Al-Al_9Co_2 und Goto et al. (1973) für Ti-reiche Zn-$TiZn_{15}$-Legierungen untersuchten. Bild 5.37 zeigt deutlich die Asymmetrie des Kopplungsbereiches des Al-Al_3Ni-Eutektikums, der eine Erhöhung des Volumenanteils der verstärkenden Phase ermöglicht (Abschn. 5.2.2.). Seit kurzem werden die Stabilitätsbereiche für hohe G/v-Werte auch an ternären Legierungen untersucht: Al-Cu-Mg von Garmong (1971), Al-Cu-Ni von Rinaldi und Mitarbeitern (1972), Pb-Sn-Cd von Ha-Quac Bao und Durand (1972) und Chell und Kerr (1972), Cu-Ni-Mg von Fehrenbach et al. (1972 und 1973). Solche Untersuchungen sind langwierig. Es ist daher sehr interessant, daß Sharp und Flemings (1973) feststellten, daß die Zusammensetzungsgrenze des Kompositwachstums für ein bestimmtes G/v-Verhältnis einfach durch die Analyse (Mikrosonde) des interdendritischen Eutektikums an einer außerhalb des Kopplungsbereiches erstarrten Probe ermittelt werden kann.

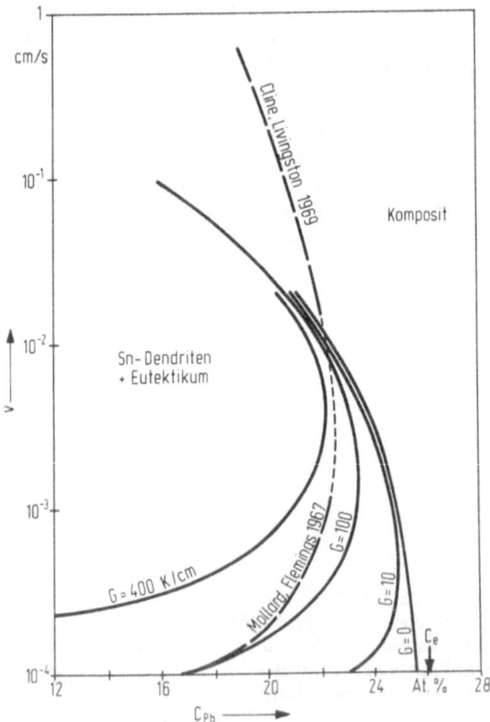

Bild 5.36. Bereich des stabilen Kompositwachstums für das reine Pb-Sn-Eutektikum; (strichlierte Kurven Meßwerte, ausgezogene Kurven berechnet nach Jackson, 1968; vgl. mit Bild 7.7)

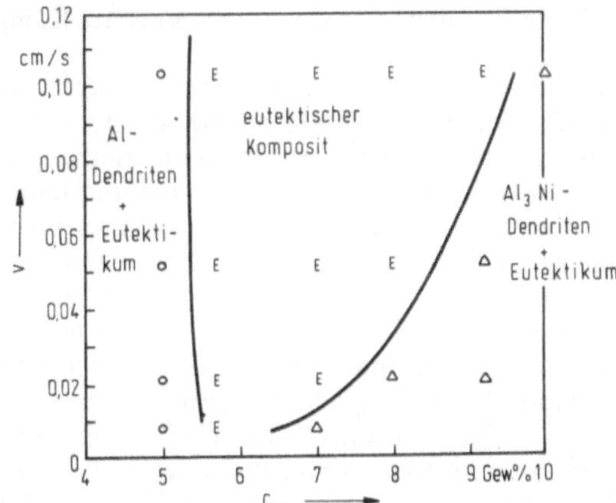

Bild 5.37. Kopplungsbereich für das Al-Al_3Ni-Eutektikum (Barclay et al., 1971)

5.2.5. Perfektion des Gefüges

Infolge der gelegentlich starken Gefügeabhändigkeit der Eigenschaften (z.B. Kriechen, Abschn. 8.1.5.) ist man bestrebt, die Fehlerdichte eutektischer Gefüge besser zu beherrschen. Es hat sich gezeigt, daß Fehler (z.B. „versetzungsartig" gegeneinander verschobene Lamellen, Bild 7.1) eine wichtige Rolle im Wachstum spielen (Cline, 1969; Double, 1973). Die Fehler sehen nicht nur aus wie Versetzungen, sondern wirken auch ähnlich wie diese, indem sie kontinuierliche Orientierungs- und Abstandsänderungen zwischen perfekten Gebieten des Gefüges (das ja diskontinuierlich ist) erlauben. Wie Dean und Gruzleski (1974) zeigten, können sich solche Fehler senkrecht zur Lamelle oder auch in Lamellenrichtung bewegen. Ihre Geschwindigkeit ist größer bei Bewegung senkrecht zur Lamelle. Dean und Gruzleski schließen aufgrund ihrer Beobachtungen, daß die Fehler während des stationären Wachstums vor allem die von Double et al. (1968) beobachtete Rotation der Lamellen ermöglichen.

Die Fehlerdichte hängt eng mit der Kristallorientierung eines Eutektikums zusammen (vgl. Abschn. 4.2). Auch dieses Gebiet, das mit dem Stabilitätsproblem eng verwandt ist, ist weitgehend unbekannt. Berthou und Gruzleski (1971), Hopkins (1973) und Riquet und Durand (1973) fanden hier erste interessante Zusammenhänge. Die Messung der Fehlerdichte ist ebenfalls schwierig (Kraft et al., 1962; Hopkins und Kraft, 1965; Gruzleski und Winegard, 1968b; Hopkins, 1973). Über den Einsatz moderner metallographischer Methoden kann man jedoch eine ganze Reihe wichtiger Gefügeparameter statistisch erfassen. Mittels quantitativer Bidlanalyse können Phasenabstände, Volumenanteile, Fehlerlinienabstände und Winkel der Lamellen und Fehlerlinien lokal in großer Zahl erfaßt werden. Weiterhin gestattet Beugung von monochromatischem Licht (Laser) am eutektischen Gefüge komplementäre Aussagen über die Gefügeparameter (Buffat, 1974; vgl. Abschn. 8.4.).

5.3. Wachstum nah- und nichteutektischer Komposite

Wie im vorausgegangenen Abschnitt gezeigt wurde, kann ein eutektischer Verbundwerkstoff, d.h. ein Komposit mit homogenem Zweiphasengefüge über einen gewissen Bereich von Zusammensetzungen mit ebener Phasengrenze erstarrt werden. Dies schließt über- und untereutektische sowie monovariante Legierungen ein. Hierdurch kann ein gewisser Einfluß sowohl auf den Volumenanteil als auch auf die Eigenschaften der Phasen ausgeübt werden. Nicht immer jedoch stehen eutektische Reaktionen zwischen zwei Partnern zur Verfügung, die man in die Form eines In-situ-Verbundwerkstoffes bringen will. Es ist daher von größtem Interesse zu erkennen, wie weit auch andere Reaktionen zur Kompositherstellung herangezogen werden können.

Für die Kontrolle der Wachstumsfront ist entscheidend, ob die Reaktion isotherm oder nicht-isotherm verläuft*) bzw. ob das Komposit aus der Schmelze oder aus dem Festkörper entsteht (Tab. 5.1). In Bild 5.38 sind zwei Reaktionen aus der Schmelze und in Bild 5.39 zwei aus dem Festkörper aufgeführt (Livingston, 1971). Isotherm sind alle Reaktionen, bei der sich zwei oder mehr Phasen bei einer Temperatur ausscheiden. Nicht-isotherm sind Reaktionen, bei denen beide Phasen bei verschiedenen Temperaturen entstehen, wie im Fall der zellenförmigen Erstarrung mit interzellularen Ausscheidungen. Unter teilisotherm werden alle jene Reaktionen verstanden, die bei Unterdrückung der konstitutionellen Unterkühlung vor der Phasengrenze isotherm gekoppelt wachsen. Hierzu gehören die für eine Anwendung interessanten

Tabelle 5.1. Reaktionen, die zur Herstellung von In-situ-Verbundwerkstoffen herangezogen werden können

Reaktionsarten	isotherm	teilisotherm	nichtisotherm
aus Schmelze	• Eutektikum • Monotektikum	• über- u. untereutektische Reaktion • monovariantes Eutektikum • Peritektikum • Metatektikum	• gerichtete Erstarrung mit zellenförmiger Phasengrenze und interzellularen Ausscheidungen
aus Festkörper	• Eutektoid • Monotektoid	• über-, untereutektoid • monovariantes Eutektoid • Peritektoid	• diskontinuierliche Ausscheidung • Verdrängungsreaktion

*) Nach dieser Einteilung wird eine ebene eutektische Erstarrungsfront als isotherm bezeichnet, obwohl sich die Autoren im Klaren darüber sind, daß dies streng genommen nicht der Fall sein muß (siehe z.B. Lesoult und Turpin, 1969).

- über- und untereutektischen Legierungen,
- monovarianten Eutektika,
- Peritektika und
- Metatektika (Bild 2.1).

Den teil- und nichtisothermen Reaktionen ist gemeinsam, daß die Stabilität der Phasengrenze eine ganz wesentliche Rolle für die Herstellung solcher Komposite spielt. Für die teilisothermen Umwandlungsreaktionen braucht man eine stabile Wachstumsfront, während bei nichtisothermen Reaktionen eine kontrollierte Instabilität der Umwandlungsfront die gewünschte Morphologie ergeben kann. Im allgemeinen kann man sagen, daß die charakteristische Wellenlänge des Gefüges (λ) von einigen Hundert μm auf einige Zehntel μm, also um etwa drei Größenordnungen, wie folgt abnimmt:

- zellenförmige Erstarrungsfront mit Ausscheidungen,
- Monotektikum,
- Eutektikum,
- Eutektoid.

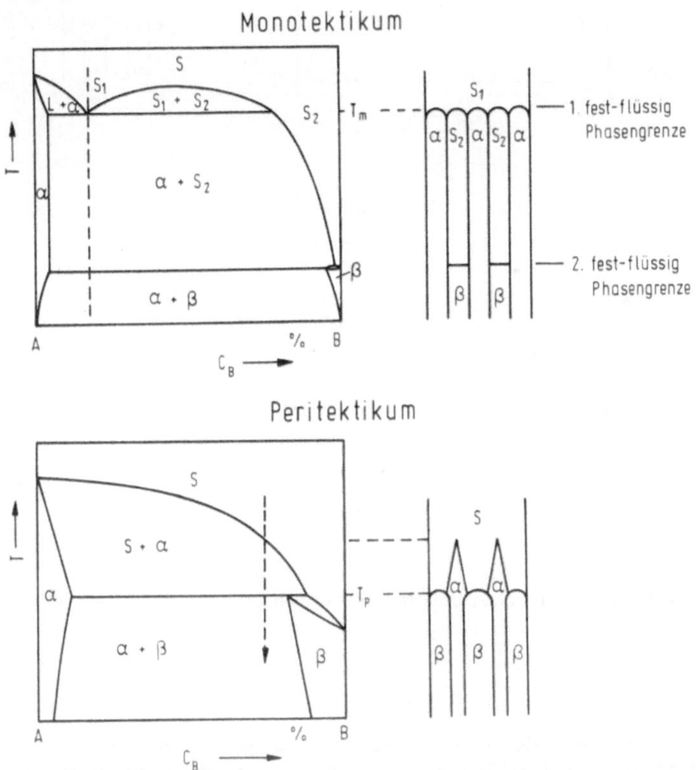

Bild 5.38. Isotherme und teilisotherme Reaktionen bei der Erstarrung

5.3.1. Isotherme Reaktionen

Nachdem die eutektische Erstarrung zu Anfang des Kapitels behandelt wurde, wird hier ergänzend

- die Erstarrung monotektischer Legierungen,
- die eutektoide Umwandlung und
- die zellenförmige Ausscheidung*)

diskutiert.

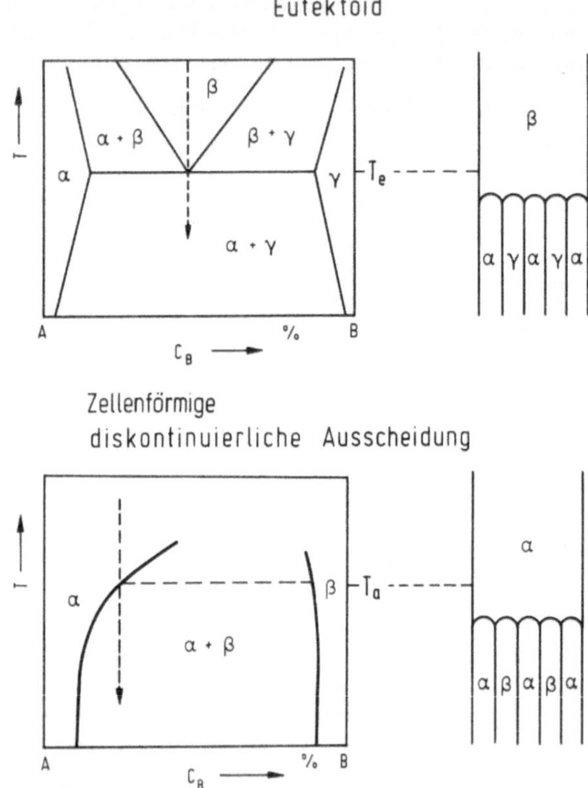

Bild 5.39. Isotherme und nicht-isotherme Reaktionen bei der Umwandlung im festen Zustand

---

*) Obwohl die zellenförmige Ausscheidung dem Gleichgewicht nach (Bild 5.39b) keine isotherme Reaktion darstellt, so geht die Umwandlung doch scheinbar isotherm vor sich (Kinetik!) und kann nur schwer von einem eutektoiden Gefüge unterschieden werden.

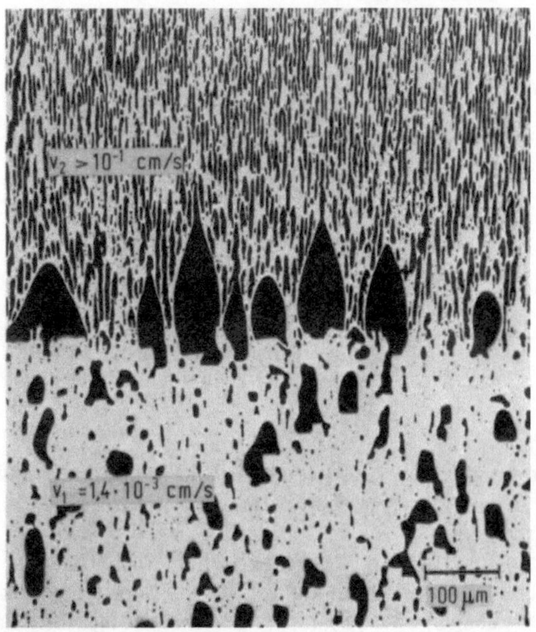

Bild 5.40. Monotektischer Cu-Pb-Komposit bei unter- und überkritischer Wachstumsgeschwindigkeit (Livingston und Cline, 1969)

Monotektische Erstarrung

Die monotektische Erstarrung kann insofern als Spezialfall der eutektischen Erstarrung aufgefaßt werden als an der Phasengrenze eine feste und eine flüssige Phase gekoppelt entstehen:

$$S_1 = \alpha + S_2.$$

Wie Bild 5.38a zeigt, erstarrt die zunächst flüssige Phase S_2 bei tieferer Temperatur. Folgende Konsequenzen ergeben sich daraus für das Wachstum solcher Legierungen (Livingston und Cline, 1969):

- Die Schmelze S_2 hat eine von S_1 verschiedene Dichte, und es ergibt sich entweder ein Absinken oder Aufsteigen der flüssigen Kompositphase. Daher existiert eine minimale Wachstumsgeschwindigkeit, die erreicht werden muß, um einen gerichteten Komposit herzustellen. Dies ist in Bild 5.40 gezeigt, das eine Stelle beschleunigten Wachstums wiedergibt. Man erkennt die schweren Pb-reichen Tropfen vor der Phasengrenze und das gekoppelte eutektikumsähnliche Wachstum bei hohen Geschwindigkeiten. Für dieses Sy-

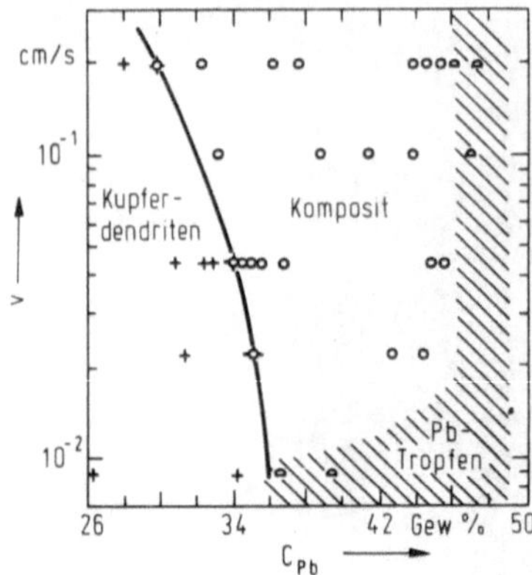

Bild 5.41. Bereich des gekoppelten monotektischen Wachstums für das Cu-Pb-Monotektikum (Livingston und Cline, 1969)

stem (Livingston und Cline, 1969) zeigt das Bild 5.41 den Kopplungsbereich, der zumindest auf der kupferreichen Seite dem eutektischen Verhalten (Bild 5.36) ähnlich ist.

- Während man zur Beschreibung des eutektischen Wachstums die Diffusion im festen Zustand vernachlässigen kann, findet beim Monotektikum auch Diffusion in der flüssigen Phase S_2 hinter der Erstarrungsfront statt. Hierdurch wird das Diffusionsfeld vor der Phasengrenze verändert.
- Die Erstarrungsschrumpfung der später erstarrenden Phase ruft eine Strömung im teilflüssigen Bereich des Komposites hervor, wodurch der Stofftransport hinter der Phasengrenze erhöht wird. Durch dieses und das vorher genannte Phänomen des erhöhten Stofftransportes in S_2 kann man den relativ großen Abstand zwischen den Phasen erklären.
- Die Erstarrung der Schmelze S_2 bedingt eine Konzentrationsänderung an der zweiten Fest-flüssig-Phasengrenze.

Die Art der gegenseitigen Benetzung der Phasen spielt ebenfalls eine wichtige Rolle für die Morphologie (Chadwick, 1965). In dem Zusammenhang wird der „Flip-Flop-Mechanismus" denkbar, den Tammann (1908) für das eutektische Wachstum vorgeschlagen hatte. Livingston (1971) konnte weiterhin nachwei-

Tabelle 5.2. Gerichtet erstarrte Monotektika; T_{S_1} = monotektische Temperatur, T_{S_2} = Schmelztemperatur der niedrigschmelzenden Phase

System α - β	Ce_β At.-%	T_{S_1}, T_{S_2} °C	Literatur
Cu-Pb	14,7	954/326	Livingston u. Cline, 1969
Co-Bi	2	1345/258	Sahm u. Killias, 1970
Bi_2Se_3-Se	73	618/217	Knight et al. 1963
Sb_2S_3-S	~ 63	530/110	Lemkey u. Ford, 1965

sen, daß beim Cu-Pb-System das Pb die kristallographische Orientierung des Cu annimmt (Epitaxie). Die Gültigkeit der $\lambda^2 v$-Beziehung scheint in den bisherigen Arbeiten stets gegeben gewesen zu sein. In Tab. 5.2 sind bisher untersuchte Systeme zusammengestellt.

Die eutektoide Kristallisation

Die eutektoide Reaktion ist die klassische Umwandlungsreaktion, mit der sich die Metallkundler seit jeher beschäftigten. Das starke Interesse stammt von dem im Stahl auftretenden Perlit (Zener, 1946; Hillert, 1957). Die Umwandlungskinetik wurde seit langem anhand der sog. ZTU-Diagramme (Zeit – Temperatur – Umwandlung) beschrieben, die die gemeinsame Wirkung von Keimbildung und Wachstum für ein ungerichtetes Gefüge darstellen. Im Gegensatz dazu wird hier die gerichtete Umwandlung diskutiert, die anisotrope Gefüge liefert. Die Unterschiede zur eutektischen Umwandlung werden im folgenden aufgezählt:

- Wegen der insgesamt langsameren Diffusion erhält man beim eutektoiden Wachstum kleinere Lamellenabstände bei vergleichbaren Geschwindigkeiten. In Bild 5.42 werden das parallele Wachstum eines metastabilen Eutektikums mit dem des entsprechenden Eutektoids (Livingston, 1974) verglichen. Der Lamellenabstand des Eutektoids beträgt etwa ein Zehntel desjenigen des Eutektikums.

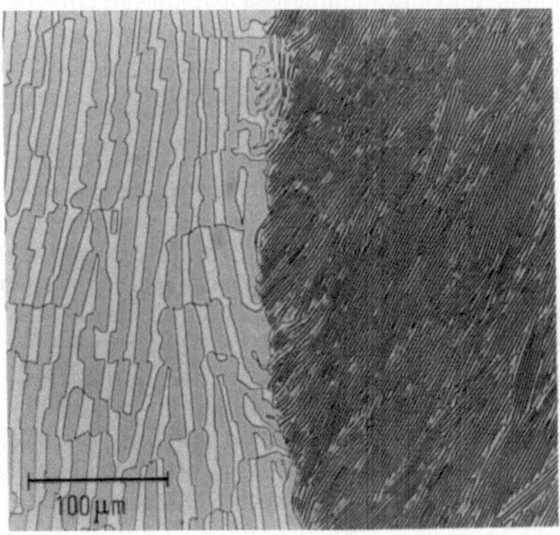

Bild 5.42. Querschnitt einer gerichtet erstarrten Co-Si-Legierung ($v = 7.10^{-5}$ cm/s) mit gleichzeitigem Wachstum des Co-Co_2 Si-Eutektoids (rechts) und des metastabilen Co-Co_2 Si-Eutektikums (links), nach Livingston (1974)

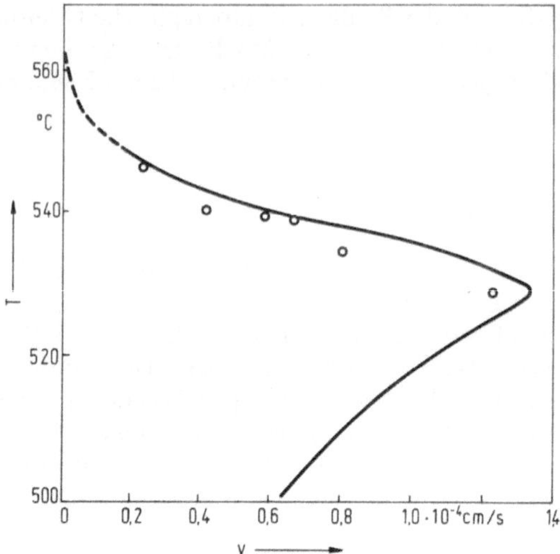

Bild 5.43. Wachstumstemperatur in Abhängigkeit der Wachstumsgeschwindigkeit für das Cu-Cu_9Al_4-Eutektoid; nach Cheetham und Ridley, 1973

- Es existiert eine meßbare maximale Umwandlungsgeschwindigkeit*), oberhalb derer keine gerichteten Gefüge mehr entstehen (Bild 5.43). Ist die Fortbewegung des Probestabes schneller, dann tritt Keimbildung vor der Phasengrenze ein. Das Maximum der Umwandlungsgeschwindigkeit entspricht etwa dem Zeitminimum eines ZTU-Diagrammes. Bei Unterkühlungen $\Delta T < \Delta T_{v_{max}}$ scheint die Bildung von Flächenkeimen an der Kristallisationsfront geschwindigkeitsbestimmend zu sein, während bei $\Delta T > \Delta T_{v_{max}}$ sich die Diffusion reaktionshemmend auswirkt.
- Die Diffusion innerhalb der umgewandelten Zone darf nicht vernachlässigt werden. Bei eutektoider Umwandlung kann es vorkommen, daß die Phasengrenzendiffusion oder sogar die Diffusion im umgewandelten Teil wesentlich schneller ist als in der Matrix (z.B. ist der Diffusionskoeffizient von C im Ferrit des Perlits ca. 100 mal größer als im Austenit). Somit ergibt sich eine zur Erstarrung unterschiedliche Gesetzmäßigkeit zwischen λ und v (s.w.u.).
- Die eutektoide Umwandlung besitzt eine beträchtlich höhere kinetische Unterkühlungsfähigkeit als die eutektische Reaktion (Bild 5.43).
- Ein anderes Unterscheidungsmerkmal zum Eutektikum sind die Spannungen, die sich in der umwandelnden Matrix aufbauen können. Sie hemmen u.U. das Wachstum des Verbundwerkstoffes. Aus diesem Grund spielen Korngrenzen in der Matrix eine wesentliche (negative) Rolle.

---

*) Auch Eutektika weisen prinzipiell ein Maximum in der Umwandlungsgeschwindigkeit auf; dieses liegt jedoch bei extrem hohen Geschwindigkeitswerten.

In Tab. 5.3. sind die bis heute gerichtet umgewandelten Legierungen zusammengefaßt. Carpay (1970) stellte fest, daß jedes System eine maximale Umwandlungsgeschwindigkeit v_{max} besitzt, bis zu der die Umwandlungsfront parallel zu den Isothermen verläuft (siehe oben). v_{max} ist anscheinend proportional zur Umwandlungstemperatur.

λ-v-Abhängigkeiten eutektoider Gefüge wurden von verschiedenen Autoren berechnet. Eine erste Theorie der eutektoiden Umwandlung über Volumendiffusion wurde von Zener (1946) aufgestellt. Seine Arbeit lieferte die Grundlage für spätere Theorien der eutektischen Erstarrung. Er leitete die bekannte Gleichung

$$\lambda^2 v = K$$

ab. In Fällen, wo die Diffusion entlang der Umwandlungsfront geschwindigkeitsbestimmend ist, ergibt sich ein veränderter Zusammenhang (Sundquist, 1968; Shapiro und Kirkaldy, 1968):

$$\lambda^3 v = K$$

Tabelle 5.3. Gerichtet umgewandelte eutektoide Legierungen

System	Gleichgewichtstemperatur der eutektoiden Reaktion T_e (°C)	Maximale Geschwindigkeit gerichteter Umwandlung v_{max} (cm/h)	Literatur
$Cu\text{-}Cu_9Al_4$	565	0,5	Livingston, 1970 Carpay, 1970 Cheetham u. Ridley, 1973
$Cu\text{-}Cu_9In_4$	574	1,2	Carpay, 1970 u. 1972a Chadwick, 1973 Livingston u. Cahn, 1974
$Fe\text{-}Fe_3C$	738	–	Bolling u. Richman, 1970 Gurevich et al., 1972 Chadwick, 1973
$NiIn\text{-}Ni_2In_3$	770	5,0	Carpay, 1970 Carpay u. v.d. Boomgaard, 1971 Livingston u. Cahn, 1974
$FeAl\text{-}FeAl_2$	1103	–	Livingston, 1973a
$Co\text{-}Co_2Si$	1193*)	12,0	Carpay, 1972a Livingston, 1974

*) Köster et al., 1973

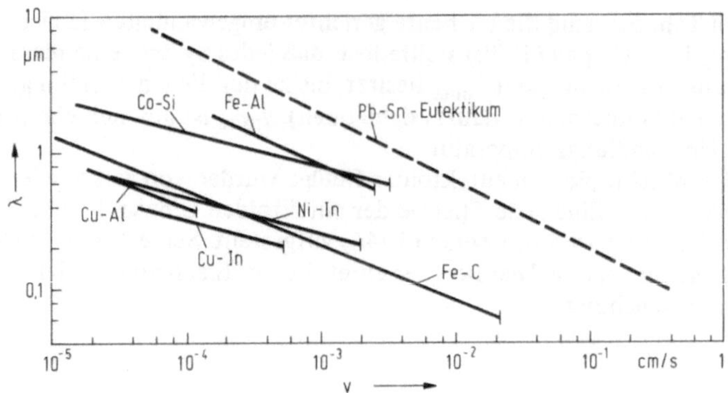

Bild 5.44. Lamellenabstand gerichtet umgewandelter eutektoider Legierungen nach Livingston (1974). Pb-Sn-Eutektikum dient als Vergleich (vgl. Bild 5.8)

Carpay und Mitarbeiter wiesen darauf hin (Carpay und v.d. Boomgard, 1971; Carpay, 1972a/b), daß ein Modell der Grenzflächendiffusion und der Wachstumskinetik an der Reaktionsfront die von ihnen beobachtete Beziehung

$$\lambda^4 v = K$$

erklären kann. In den Arbeiten von Carpay (1972a und b) wird auch darauf hingewiesen, daß die maximale Wachstumsgeschwindigkeit für alle Systeme einem konstanten minimalen λ von ca. 0,1µm entspricht. Anhand eines einfachen Modells wird abgeleitet, daß Unterkühlungen, bei denen die Kinetik überwiegt ($0 < \Delta T < \Delta T v_{max}$), $\lambda^4 v = K$ ergeben, während höhere Unterkühlungen ($\Delta T \simeq \Delta T v_{max}$) $\lambda^2 v = K$ liefern. Ist die Unterkühlung deutlich größer als $\Delta T v_{max}$, dann ist der Lamellenabstand konstant. Für eine kritische Würdigung der Theorien des eutektoiden Wachstums sei auf die Arbeit von Puls und Kirkaldy (1972) und für einen interessanten Vergleich der eutektischen und eutektoiden Umwandlung auf Livingston (1974) hingewiesen (Bild 5.44).

Ähnlich wie bei Eutektika findet man auch hier eine Erweiterung des Kopplungsbereiches mit zunehmender Geschwindigkeit (Chadwick und Edmonds, 1973). Im allgemeinen ist es schwieriger, gut ausgerichtete Gefüge über die eutektoide Umwandlungsreaktion zu erhalten als über die eutektische Erstarrung. Hohe Temperaturgradienten sind notwendig, um Keimbildung vor der Phasengrenze (hervorgerufen durch die hohe Unterkühlung des Wachstums) zu unterdrücken und um die Stabilität der Wachstumsfront zu erhöhen. Die Gefügeperfektion wird durch eine Ausrichtung der Matrix (gerichtete Erstarrung vor gerichteter Umwandlung; Livingston, 1974) bzw. durch Verwendung von Einkristallen (Carpay, 1970) wesentlich verbessert. Livingston (1973b) hat vorgeschlagen, bei kleinen Umwandlungsgeschwindigkeiten sehr feine Gefüge herzustellen (s. nächsten Abschnitt). Extrem feine Gefüge reifen jedoch sehr schnell, und in diesem Zusammenhang hat Livingston einen neuen Mechanismus der Gefügevergröberung, die diskontinuierliche Vergröberung (Wachstum eines groben lamellaren Gefüges innerhalb eines feinen), entdeckt (Livingston und Cahn, 1974; vgl. Kap. 6.).

Zellenförmige Ausscheidung

Eine weitere Reaktion, die mit quasi-isothermer Wachstumsfront im festen Zustand abläuft, ist die zellenförmige Ausscheidung einer Legierung des Typs aus Bild 5.39b. Eine solche Reaktionsfront ist in Bild 5.45 gezeigt. Das Reaktionsprodukt ist morphologisch einem Eutektoid sehr ähnlich, mit dem Unterschied, daß eine Phase gleiche Kristallstruktur wie die Matrix besitzt und sich von dieser nur in der Zusammensetzung unterscheidet. Diese Reaktion kann sogar in eutektischen Legierungen innerhalb einer Phase auftreten, wodurch die Eigenschaften des Werkstoffes durch entsprechende Wärmebehandlung verändert werden können. Kossowsky (1970a, b) hat dies am Ni-Cr-Eutektikum demonstriert, während Carpay (1970) gerichtete Kompositgefüge in Pb-10 Gew.-% Sn-Legierungen nachweisen konnte. Livingston (1973c) stellt fest, daß unter den vielen heute untersuchten Systemen nur die Legierungen Pb-Sn, Fe-Zn, Ag-Cu und Au-Ni Wachstumsgeschwindigkeiten von $v > 1$ cm/Tag aufweisen. Solche Geschwindigkeiten sind für eine praktische Herstellung viel zu klein.

Zur Keimbildung und Kristallographie der zellenförmigen Ausscheidung an Pb-Sn-Legierungen haben Tu und Turnbull (1967 und 1969) Beiträge geleistet. Eine gemeinsame theoretische Behandlung der diskontinuierlichen Ausscheidungsreaktionen (eutektoide und zellenförmige Ausscheidung) wurde

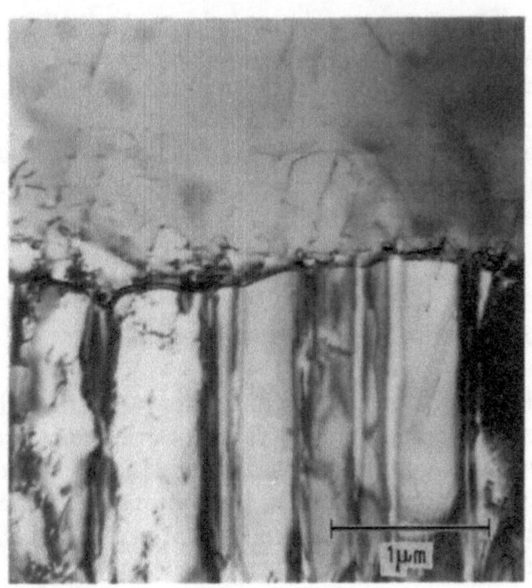

Bild 5.45. Wachstumsfront bei diskontinuierlicher zellularer Ausscheidung in den Ni-Lamellen eines Ni-Cr-Eutektikums (Kossowsky, 1970)

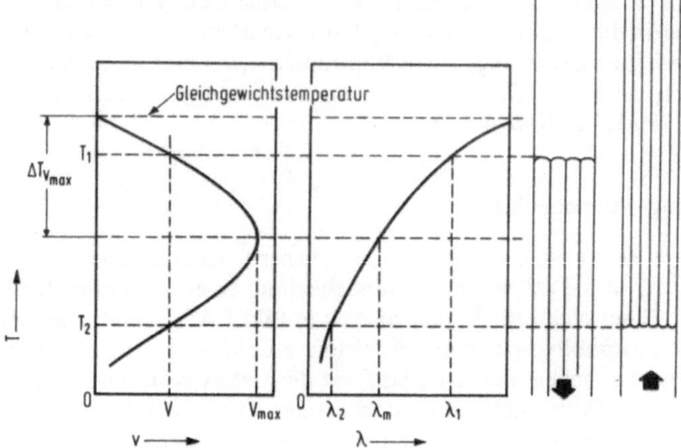

Bild 5.46. Verhältnisse bei der Kompositherstellung aus einem übersättigten Festkörper („up-transformation" nach Livingston, 1973b).

von Cahn (1959) versucht. Kürzlich haben Hornbogen (1972) und Sundquist (1973) je eine umfangreiche Zusammenfassung dieses Gebietes veröffentlicht.

Für jegliche Art zweiphasiger Legierungen haben Carpay und Cense (1973a, b und 1974) und Livingston (1973b) einen interessanten Weg zur Herstellung sehr feiner Gefüge (unter 1μm) vorgeschlagen (vgl. auch Abschn. 4.3.): die gerichtete Umwandlung einer abgeschreckten und daher übersättigten Matrix durch Erwärmung („up transformation"). Bild 5.46 veranschaulicht die Bedingungen bei eutektoider Zusammensetzung: λ ist eine Funktion der Temperatur, und man bekommt mit $\Delta T > \Delta T_{v_{max}}$ bei relativ kleiner Geschwindigkeit ein feineres Gefüge als mit $\Delta T_{v_{max}}$. Neben dem feinen Gefüge sind die Verformbarkeit der Matrix vor der Umwandlung und eine beträchtliche Erweiterung des Kopplungsbereiches Vorteile der Methode. Ganz allgemein wird die Stabilität der Wachstumsfront dadurch erhöht, daß sie sich in Richtung kleinerer Temperatur bewegt. Bild 5.47 zeigt einen auf diese Art hergestellten Komposit (Carpay und Cense, 1974).

5.3.2. Teilisotherme Reaktionen

Wie weiter oben definiert wurde, gehören in diese Gruppe alle invarianten Reaktionen mit einem überlagerten Primärerstarrungsbereich, also über-, untereutektische und monovariante Eutektika sowie Peritektika. Da das Problem des Wachstums von über- und untereutektischen bzw. monovariant-eutektischen Legierungen schon in Abschn. 5.2.3. behandelt wurde, wird hier nicht mehr darauf eingegangen.

Peritektische Umwandlung

Eine peritektische Legierung sollte für Zusammensetzungen zwischen α und β (Bild 5.38b) immer dann zu einer ebenen Wachstumsfront führen, wenn die Primärkristallisation der α-Phase unterdrückt wird. Hiermit ergäbe sich ein dem übereutektischen Wachstum analoger Fall der Stabilisierung einer ebenen Umwandlungsfront. Fisher und Kurz (1973) haben gekoppelt anmutendes Wachstum im Sn-SnSb-Peritektikum beobachtet, Bild 5.48.

Folgende Probleme der Herstellung ergeben sich in teilisothermen Systemen (vgl. Kap. 7.):

- Grundbedingung ist ein hoher Temperaturgradient. Hierfür kann u.U. Konvektion in der Schmelze nützlich sein, da der Wärmetransport vor der Phasengrenze erhöht wird (5.23). Es muß jedoch sichergestellt werden, daß die Konvektionsströmung laminar bleibt, damit Fluktuationen im Wachstum vermieden werden (Verhoeven und Homer, 1970).
- Hohe Temperaturgradienten führen zu Thermodiffusion (Soret-Effekt), und man erhält Konzentrationsverschiebungen (Verhoeven et al., 1972; Yue und Yue, 1972).
- Über die Länge der erstarrten Probe findet eine Entmischung (Seigerung) statt, der man entgegenwirken kann, indem man die Erstarrung in einem offenen System durchführt (Verhoeven und Homer, 1970) oder zur Technik des Zonenschmelzens greift (Davis und Fryzuk, 1971b).

Bild 5.47. Längsschliff durch einen $Li_2O.4B_2O_3$-B_2O_3-Komposit in umgekehrtem Temperaturgradienten aus dem amorphen Zustand kristallisiert (6,7 Gew. % Li_2O; Liquidus $\simeq$ 780°C; peritektische Reaktion $\simeq$ 630°C; Wachstumstemperatur $\simeq$ 575°C; nach Carpay und Cense, 1973b)

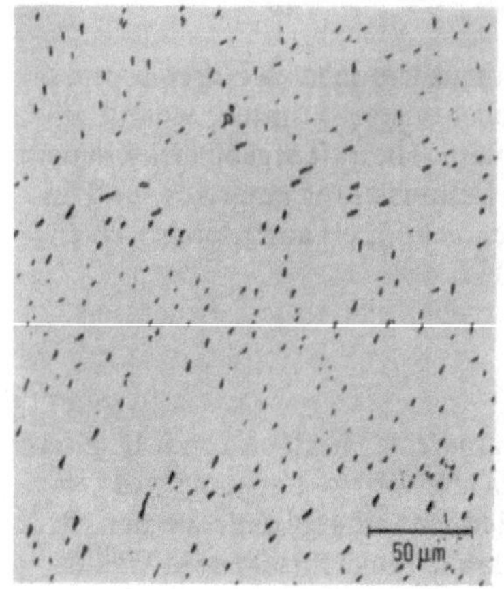

Bild 5.48. Gekoppelt gewachsenes Sn-SnSb-Peritektikum (Fasern = SnSb); v = 0,5 cm/h, G = 180° C/cm

5.3.3. Nichtisotherme Reaktionen

Prinzipiell kann man mit den in Abschn. 5.3.2. besprochenen Legierungen auch bei instabiler Phasengrenze Komposite herstellen, wenn man die Instabilität kontrolliert. Ein typisches Beispiel ist das in Bild 5.38b skizzierte Gefüge: α-Zellen oder -Dendriten wachsen im Bereich der Primärerstarrung, und die β-Phase entsteht durch interzellulare Seigerung bei der peritektischen Temperatur. Man erkennt, daß die Phasengrenze zwischen Zellenmitte und Ausscheidungsmitte alle Temperaturen zwischen der Liquidustemperatur und

Tabelle 5.4. Eutektische Systeme mit Curie-Temperatur T_c über T_e

Matrix α	2. Phase β	T_e (°C)	T_c (°C) von α
Co	Au	996	1121
Co	Bi	258	1121
Co	Co_5As_2	918	925
Co	Co_3In_2	1060	1121
Co	Co_2P	1023	1121
Co	Co_4S_3	877	1121
Co	Co_9S_8	788	1121
Co	CoSe	900	1121
Co	CoTe	960	1121
Co	Co_2U	1063	1121
BiMn	Bi	262	360

der peritektischen Temperatur annimmt. Analoges kann man über in der Zusammensetzung weit vom Eutektikum liegende Legierungen sagen. Hellawell (1968) konnte dieses Prinzip am System Al-Al_2Cu nachweisen. Weist die vorauswachsende Phase kinetische Wachstumsschwierigkeiten auf, so kann sie sich nur schwer verzweigen. Man kann in solchen Fällen die (relativ groben) Primärkristalle als Kompositphase verstehen (Bild 5.49, Sahm et al. 1972).

Bild 5.49. Kompositwachstum im stark übereutektischen Bereich des Co-Cr_7C_3-Eutektikums; $\Delta T = 150$ K und $G = 1000$ K/cm. (Stabilisierung durch langsame Wachstumskinetik)

In Sonderfällen ist ein gerichtetes Wachstum unter Zuhilfenahme äußerer Kräfte möglich. So läßt sich beispielsweise in Systemen mit eutektischen Temperaturen, die unterhalb des Curiepunktes einer der beteiligten ferromagnetischen Phasen liegen, durch Anlegen eines Magnetfeldes eine Ausrichtung der Primärphase erzielen (Tab. 5.4; Sahm und Killias, 1970; Sahm, 1973). So wurden z.B. Co-Dendriten aus dem monotektischen Co-Bi-System ausgerichtet, wobei mit stark übermonotektischer Zusammensetzung gearbeitet wurde ($\Delta T = 600$ K). Die Erklärung gelingt mit einer einfachen Energiebilanz, in der die zur Drehung der Co-Spiesse notwendige Energie mit derjenigen verglichen wird, die das Magnetfeld liefert. Eine Änderung des chemischen Potentials als Funktion der Richtung könnte ebenfalls als Ursache gelten, wie dies bei der kontinuierlichen (spinodalen) Ausscheidung in Permanentmagneten vom Typ Alnico gefunden wurde (Cahn, 1968). Werner und Verhoeven (1973) haben den Einfluß eines elektrischen Feldes auf die Stabilität untersucht, jedoch nur geringfügige Wirkungen beobachtet.

5.3.4. Andere Reaktionen

Abschließend sollen noch drei für spezielle Zwecke interessant erscheinende Methoden zur In-situ-Kompositherstellung erwähnt werden:

- Verdrängungsreaktionen, z.B. durch lokale Oxydation bestimmter Phasen, lassen sich unter entsprechenden Bedingungen zur Verbundwerkstoffherstellung heranziehen (Rapp et al., 1973; Yurek et al., 1973).
- Wie Cline (1972) gezeigt hat, kann die Wanderung flüssiger Filme im Temperaturgradienten (Temperaturgradient – Zonenschmelzen) zur Herstellung physikalisch interessanter Verbundwerkstoffe eingesetzt werden. Cline hat in die Oberfläche eines Si-Einkristalles auf photographischem Wege kleine Vertiefungen eingeätzt und darauf Al niedergeschlagen. Die nach Polieren der Oberfläche erscheinenden Al-reichen Stellen wandern durch einen beliebig langen Kristall, wenn dieser einem statischen Temperaturgradienten unterworfen ist (Pfann, 1966; Hurle et al., 1967; Cline, 1971). Man kann damit schnell zahlreiche Scheiben mit hoher Dichte an p-n-Übergängen herstellen. Der Vorteil dieses Verfahrens ist, daß beim Wachstum des Komposites das Grundmaterial (hochreines Si) nicht verunreinigt wird.
- Schließlich sei noch die Möglichkeit erwähnt, aus einem künstlichen Verbundwerkstoff durch Glühung einen stabilen, in-situ-artigen Komposit zu erhalten. Wie Darroudi et al. (1971) zeigten, kann man z.B. aus Ni-Fasern in Al-Matrix durch Wärmebehandlung Al_3Ni-Fasern in Al-Matrix herstellen. Dieses Verfahren gestattet, beliebige Volumenanteile herzustellen, dürfte jedoch Schwierigkeiten mit der Faserqualität bzw. mit Volumenänderungen bei der Festkörperumwandlung bringen. Weitere Arbeiten zu diesem Vorschlag erscheinen angebracht.

5.4. Literatur

Ashbrook, R.L.; Wallace, J.F. (1966): Trans. Met. Soc. AIME **236**, 670

Barclay, R.S.; Kerr, H.W.; Niessen, P. (1971): J. Mater. Sci. **6**, 1168

Barclay, R.S.; Niessen, P.; Kerr, H.W. (1973): J. Cryst. Growth **20**, 175

Berthou, P.; Gruzleski, J.E. (1971): J. Cryst. Growth **10**, 285

Bolling, G.F.; Richman, R.H. (1970): Met. Trans. **1**, 2095

Bolze, G.; Puls, M.P.; Kirkaldy, J.S. (1972): Acta Met., **20**, 73

Brandt, H.W. (1945): J. Appl. Phys. **16**, 139

Brice, J.C. (1969): J. Cryst. Growth **6**, 9

Brigham, R.J. (1966): Dissertation McMaster Univ., Hamilton, Kanada

Buffat, P. (1974): Ecole Polytechnique Fédérale de Lausanne, unveröffentlichte Arbeiten

Bullock, J.B.; Simpson, C.J.; Eardy, J.A., Winegard, W.C. (1971): J. Inst. Met. **99**, 212

Burden, M.H.; Hunt, J.D. (1974a): J. Cryst. Growth **22**, 99 u. 109

Burden, M.H.; Hunt, J.D. (1974b): J. Cryst. Growth **22**, 328

Cahn, J.W. (1959): Acta Met. **7**, 18

Cahn, J.W. (1960): Acta Met. **8**, 554

Cahn, J.W.; Hillig, W.B.; Sears, G.W. (1964): Acta Met. **12**, 1421

Cahn, J.W. (1968): Trans. Met. Soc. AIME **242**, 166

Carpay, F.M.A. (1970): Acta Met. **18**, 747

Carpay, F.M.A.; van den Boomgaard, J. (1971): Acta Met. **19**, 1279

Carpay, F.M.A. (1972a): Acta Met. **20**, 929

Carpay, F.M.A. (1972b): Scripta Met. **6**, 1019

Carpay, F.M.A.; Cense, W.A. (1973a): Nature Phys. Sci. **241**, No. 105, 1. Jan., S. 19

Carpay, F.M.A.; Cense, W.A. (1973b): " In-Situ Growth of Aligned Composites from the Vitreous State ($Li_2O-B_2O_3$)", Philips Forschungslaboratorium, Eindhoven, M.S. 8307

Carpay, F.M.A.; Cense, W.A. (1974): "In-Situ Growth of Composites from the Vitreous State", 4th Int. Congr. Cryst. Growth, Tokyo, (erscheint in J. Cryst. Growth)

Chadwick, G.A. (1963): Progr. Mat. Sci. **12**, 99

Chadwick, G.A. (1965): Brit. J. Appl. Phys. **16**, 1095

Chadwick, G.A. (1973): Proc. Conf. In-Situ-Composites, Nat. Acad. Sci., Washington, USA, NMAB-308, Bd. 1, S. 1

Chadwick, G.A.; Edmonds, D.V. (1973): in *Chemical Metallurgy of Iron and Steel*, Iron and Steel Inst., London, S. 264

Cheetham, D.; Ridley, N. (1973): Met. Trans. **4**, 2549

Chell, M.F.; Kerr, H.W. (1972): Met. Trans. **3**, 2002

Christian, J.W. (1965): *The Theory of Transformations in Metals and Alloys*, Pergamon, Oxford

Cline, H.E. (1968): Trans. Met. Soc, AIME **242**, 1613

Cline, H.E. (1969): Trans. Met. Soc. AIME **245**, 2205

Cline, H.E.; Livingston, J.D. (1969): Trans. Met. Soc. AIME **245**, 1987

Cline, H.E.; Tarshis, L.A. (1969): Trans. Met. Soc. AIME **245**, 422

Cline, H.E.; Walter, J.L. (1970): Met. Trans. **1**, 2907

Cline, H.E.; Anthony, T.R. (1971): General Electric Res. Lab., Schenectady, N.Y. Rep. 71-C-046

Cline, H.E.; Anthony, T.R. (1971): General Elextric Res. Lab., Rep. 71-C-046

Cline, H.E.; Walter, J.L., Koch, E.F.; Osika, L.M. (1971): Acta Met. **19**, 405

Cline, H.E.; Walter, J.L.; Lifshin; Russell (1971): Met. Trans. **2**, 189

Cline, H.E. (1972): General Electric Research Laboratories, Schenectady, USA, persönliche Mitteilung

Cooksey, D.J.S.; Munson, D.; Wilkinson, M.P.; Hellawell, A. (1965): Phil. Mag. **10**, 745

Cooksey, D.J.S.; Hellawell, A. (1967): J. Inst. Metals **95**, 183

Croker, M.N.; Fidler, R.S.; Smith, R.W. (1973): Proc. Roy. Soc. A.**335**, 15

Darroudi, T.; Vedula, K.M.; Heckel, R.W. (1971): Met. Trans. **2**, 325

Davis, K.G.; Fryzuk, P. (1971a): J. Cryst. Growth **8**, 57

Davis, K.G.; Fryzuk, P. (1971b): Can. Met. Quarterly **10**, 273

Day, M.G.; Hellawell, A. (1968): Proc. Roy. Soc. **A305**, 473

Dean, H.; Gruzleski, J.E. (1974): J. Cryst. Growth **21**, 51

Delves, R.T. (1971): J. Cryst. Growth **8**, 13

Dippenaar, A.; Bridgman, H.D.W.; Chadwick, G.A. (1971): J. Inst. Met. **99**, 137

Doherty, J.E.; Kear, B.H.; Giamei, A.F. (1971): J. Metals, 59

Donaghey, L.F.; Tiller, W.A. (1968/69): Mater. Sci. Eng. **3**, 231

Donaghey, L.F. (1969): "Eutectic-Type-Phase Transformations: The Evaluation of Their Solute Distributions and Stationary-State Morphologies", Dissertation, Stanford Univ., USA

Double, D.D.; Truelove, P.; Hellawell, A. (1968): J. Cryst. Growth **2**, 191

Double, D.D.; Hellawell, A. (1969): Acta Met. **17**, 1071

Double, D.D.; Hellawell, A. (1971): Acta Met. **19**, 1303

Double, D.D. (1973): Proc. Conf. In-Situ-Composites, Nat. Acad. Sci., Washington, USA, NMAB-308, Bd. 1, S. 193

Durand-Charre, M.; Durand, F. (1972): J. Cryst. Growth **13/14**, 747

Fehrenbach, P.J.; Kerr, H.W.; Niessen, P. (1972): J. Cryst. Growth **16**, 209

Fehrenbach, P.J.; Kerr, H.W.; Niessen, P. (1973): J. Cryst. Growth **18**, 151

Filonenko, V.A. (1970): Russ. J. Phys. Chem. **44**, 648

Fisher, D.J.;Kurz W. (1973): Ecole Polytechnique Fédérale de Lausanne, unveröffentlichte Arbeiten

Fisher, D.J.; Kurz, W. (1974): Met. Trans. **5**, 1508

Frank, F.C.; Puttnick, K.E. (1956): Acta Met. **4**, 206

Fullman, R. L.; Wood, D.L. (1954): Acta Met. **2**, 188

Garmong, G. (1971): Met. Trans. **2**, 2025

Garmong, G.; Rodes, C.G. (1972): Met. Trans. **3**, 533

Garmong, G. (1972): Met. Trans. **3**, 741

Gigliotti, M.F.X.; Colligan, G.A.; Powell, L.F. (1970): Met. Trans. **1**, 891

Gigliotti, M.F.X.; Colligan, G.A. (1972): Met. Trans. **3**, 933

Gilbert, G.N.J.; Day, M.G. (1969): BCIRA Rep. 973

Glarnsdorff, P.; Prigogine I. (1971): *Thermodynamie Theory of Structure, Stability and Fluctuations*, Wiley-Interseience, New York

Glicksman, M.E. (1971): "Direct Observation of Solidification" in *Solidification*, ASM, Metals Park, Ohio, USA

Goto, S.; Koda, S.; Morozumi, S. (1973): J. Jap. Inst. Met. **37**, 1108

Gruzleski, J.E.; Winegard, W.C. (1968a): Trans. Met. Soc. AIME **242**, 1785

Gruzleski, J.E.; Winegard, W.C. (1968b): J. Inst. Met. **96**, 301

Gurevich, Ya. B.; Zubko, A.M.; Nikonova, V.V.; Rakhmanova, E.P. (1972): Sov. Phys. Doklady **16**, 922

Guy, A.G. (1971): *Introduction to Materials Science*, McGraw Hill, New York

Hamar, R.; Durand, F. (1972): Mém. Sci. Rév. Mét. **69**, 151

Hamilton, D.R.; Seidensticker, R.G. (1960): J. Appl. Phys. **31**, 1165

Ha-Quac Bao; Durand, F. (1972): J. Cryst. Growth **15**, 291

Hellawell, A. (1968): "Melt Growth of Fibrous Composite Materials" in *The Solidification of Metals*, ISI Publ. 110, London

Hellawell, A. (1970): in *Progress in Materials Science* **15**, No. 1

Hillert, M. (1957): Jernkont. Ann. **141**, 757

Hillert, M. (1968): in *Recent Research on Cast Iron* (H.D. Merchant, Hsgb.), Gordon and Breach, New York

Hillert, M.; Subba Rao, V.V. (1968): in *The Solidification of Metals*, Iron and Steel Institute Publ. 110, London

Hillert, M. (1971): Acta Met. **19**, 769

Hogan, L.M.; Kraft, R.W.; Lemkey, F.D. (1971): „Eutectic Grains" in *Advances in Mater. Res.* **5**, 83 (Homan, H., Hsgb.)

Hopkins, R.H.; Kraft, R.W. (1965): Trans. Met. Soc. AIME **233**, 1526

Hopkins, R.H. (1973): Proc. Conf. In-Situ-Composites, Nat. Acad. Sci., Washington, USA, NMAB-308, Bd. 1, S. 181

Hornbogen, E. (1972): Met. Trans. **3**, 2717

Hubert, J.C.; Kurz, W.; Lux, B. (1973): J. Cryst. Growth **18**, 241

Hunt, J.D.; Chilton, J.P. (1962/63): J. Inst. Metals **91**, 338

Hunt, J.D.; Chilton, J.P. (1963/64): J. Inst. Metals **92**, 21

Hunt, J.D.; Jackson, K.A. (1966): Trans. Met. Soc. AIME **236**, 843

Hunt, J.D.; Jackson, K.A. (1967): Trans. Met. Soc. AIME **239**, 864

Hunt, J.D.; Hurle, D.T.J. (1968): Trans. Met. Soc. AIME **242**, 1043

Hunt, J.D.; Hurle, D.T.J.; Jackson, K.A.; Jakeman, E. (1970): Met. Trans. **1**, 318

Hurle, D.T.J. (1961): Solid-State Electron. **3**, 37

Hurle, D.T.J.; Mullin, J.B.; Pike, E.R. (1967): J. Mater. Sci. **2**, 46

Hurle, D.T.J.; Jakeman, E. (1968): J. Cryst. Growth **3/4**, 574

Hurle, D.T.J. (1969): J. Cryst. Growth **5**, 162

Jackson, K.A.; Hunt, J.D. (1966): Trans. Met. Soc. AIME **236**, 1129

Jackson, K.A.; Chalmers, B. (1964): in B. Chalmers: *Principles of Solidification*, Wiley, New York, S 202

Jackson, K.A.; Uhlmann, D.R.; Hunt, J.D. (1967): J. Cryst. Growth **1**, 1

Jackson, K.A. (1967): in *Progr. Sol. State Chem.* **4**, 53

Jackson, K.A. (1968): Trans. Met. Soc. AIME **242**, 1275

Jordan, R.M.; Hunt, J.D. (1971a): Met. Trans. **2**, 3401

Jordan, R.M.; Hunt, J.D. (1971b): J. Cryst. Growth **11**, 141

Jordan, R.M.; Hunt, J.D. (1972): Met. Trans. **3**, 1385

Justi, S.; Körber, K.; Löhberg, K. (1972): Gießereiforschung **24**, 37

Kerr, H.W. (1969): *Epitaxie-Endotaxie*, S. 116

Kirkaldy, J.S. (1964): Can. J. Phys. **42**, 1447

Kirkaldy, J.S. (1968a): Scripta Met. **2**, 565

Kirkaldy, J.S. (1968b): "Crystallization in the Condensed State" in *Energetics in Metallurgical Phenomena*, 4, 197

Knight, R.J.; Che-Juli; Spencer, C.W. (1963): Trans. Met. Soc. AIME **227**, 18

Kofler, A. (1950): Z. Metallkunde **41**, 221

Köster, W.; Warlimont, H.; Gödecke, T. (1973): Z. Metallkde **64**, 399

Kossowsky, R.; Johnston, W.C.; Shaw, B.J. (1969): Trans. Met. Soc. AIME **245**, 1219

Kossowsky, R. (1970a): Met. Trans. **1**, 1623

Kossowsky, R. (1970b): Met. Trans. **1**, 2959

Kotval, P.S.; Venables, J.D.; Calder, R.W. (1972): Met. Trans. **3**, 453

Kraft, R.W.; Lemkey, F.D.; George, F.D. (1962): Trans. Met. Soc. AIME **224**, 1037

Kumar, L.; Merchant, H.D. (1973): J. Cryst. Growth **20**, 116

Kurz, W.; Lux, B. (1969): Schweiz. Archiv **35**, 49

Kurz, W.; Lux, B. (1971): Met. Trans. **2**, 329

Lamplough, F.E.E.; Scott, J.T. (1914): Proc. Roy, Soc. **90 A**, 600

Lemkey, F.D.; Ford, J.A. (1965): J. Metals **17**, 91

Lesoult, G.; Turpin, M. (1969): Mém. Sci. Rév. Métall. **66**, 619

Lesoult, G. (1972): J. Cryst. Growth **13/14**, 733

Livingston, J.D.; Cline H.E. (1969): Trans. Met. Soc. AIME **245**, 351

Livingston, J.D. (1970): J. Mater. Sci. **5**, 951

Livingston, J.D.; Cline, H.E.; Koch, E.F.; Russell, R.R. (1970): Acta Met. **18**, 399

Livingston, J.D. (1971): Mater. Sci. Eng. **7**, 61

Livingston, J.D. (1973a): Proc. Conf. In-Situ-Composites, Nat. Acad. Sci., Washington, USA, NMAB-308, Bd. 1, S. 87

Livingston, J.D. (1973b): Scripta Met. **7**, 361

Livingston, J.D. (1973c): Metallic Composites Formed in situ by Reactions in the Solid State"; Naval Air Syst. Comm., Contract N 00019-73-C-0173

Livingston, J.D. (1974) J. Cryst. Growth **24/25**, 94

Livingston, J.D.; Cahn, J.W. (1974): Acta Met. **22**, 495

Lux, B. (1967): Gießereiforschung **19**, 141

Lux, B.; Kurz, W. (1967): Gießereiforschung **19**, 49

Lux, B.; Kurz, W. (1968): "Eutectic Growth of Fe-C-Si-and Fe-C-Si-S-Alloys" in *The Solidification of Metals*, Iron and Steel Institute, ISI Publ. 110, London

Lux, B.; Grages, M. (1968a): Prakt. Metallogr. **5**, 123

Lux, B.; Grages, M.; Sapey, D. (1968b): Prakt. Metallogr. **5**, 587

Lux, B.; Kurz, W.; Grages, M. (1969): Prakt. Metallogr. **6**, 464

Lux, B. (1970): Gießereiforschung **22**, 65 und 161

McCrone, W.C. (1957): *Fusion Methods in Chemical Microscopy*, Interscience, London, S. 179

McLeod, A.J.; Hogan, L.M.; Adam, C.McL.; Jenkinson, D.C. (1973): J. Cryst. Growth **19**, 301

Minkoff, I. (1968): in *The Solidification of Metals*, ISI Publ. 110, London

Minkoff, I.; Lux, B. (1970): Proc. 3rd Ann. Scanning Electron Microsc. Symp., IIT Res. Inst., Chicago, USA

Minkoff, I.; Lux, B. (1971a): Micron **2**, 282

Minkoff, I.; Lux, B. (1971b): Prakt. Metallogr. **8**, 69

Mollard, F.R.; Flemings, M.C. (1967): Trans. Met. Soc. AIME **239**, 1526

Mullins, W.W.; Sekerka, R.F. (1963): J. Appl. Phys. **34**, 323

O'Hara, S.; Hellawell, A. (1968): Scripta Met. **2**, 107

Onsager, L. (1931): Phys. Rev. **37**, 405

Parker, R.L. (1970): "Crystal Growth Mechanism: Energetics, Kinetics and Transport" in *Solid State Physics* **25**, 151

Pfann, W.G. (1966): *Zone Melting*, Wiley, New York

Pflieger, G.; Durand, F. (1970): C.R. Acad. Sci. C **271**, 1544

Pflieger, G.; Durand, F. (1972): C.R. Acad. Sci. C **274**, 839

Puls, M.P.; Kirkaldy, J.S. (1972): Met. Trans. **3**, 2777

Rapp, R.A.; Ezis, A.; Yurek, G.J. (1973): Met. Trans. **4**, 1283

Rastogi, R.P.; Rastogi, V.K. (1969): J. Cryst. Growth **5**, 345

Rinaldi, M.D.; Sharp, R.M.; Flemings, M.C. (1972): Met. Trans. **3**, 3133 und 3139

Riquet, J.P.; Durand, F. (1973): Universität Grenoble, unveröffentlichte Arbeiten

Rosenhain, W.; Tucker, P. (1909): Phil. Trans. **209 A**, 89

Ruth, J.C.; Turpin, M. (1969): Mém. Sci. Rev. Mét. **64**, 633

Sahm, P.R.; Killias, H.R. (1970): J. Mater. Sci. **5**, 1027

Sahm, P.R. (1971): J. Cryst. Growth **8**, 109

Sahm, P.R.; Lorenz, M. (1972): J. Mater. Sci. **7**, 793

Sahm, P.R.; Lorenz, M.; Hugi, W.; Frühauf, V. (1972): Met. Trans. **3**, 1022

Sahm, P.R. (1974): Tagungsbericht „Verbundwerkstoffe", DGM, Konstanz, S. 76

Schaefer, R.J. (1969): J. Metals **21**, 122A

Scheil, E. (1946a): Z. Metallk. **37**, 123

Scheil, E. (1946b): Z. Metallk. **36**, 1

Scheil, E. (1954): Z. Metallk. **45**, 298

Scheil, E. (1959): Gießerei, techn.-wiss. Beih. **24**, 1313

Sekerka, R.F. (1968): J. Cryst. Growth **3/4**, 71

Sekerka, R.F. (1969): Bull. Soc. Fr. Mineral. Crystallogr. **92**, 540

Shapiro, J.M.; Kirkaldy, J.S. (1968): Acta Met. **16**, 579

Sharp, R.M.; Flemings, M.C. (1973): Met. Trans. **4**, 997

Steen, H.A.H.; Hellawell, A. (1972): Acta Met. **20**, 363

Strässler, S.; Schneider, W.R. (1974): Phys. Cond. Matter **17**, 153

Straumanis, M.; Brakss, N. (1935): Z. Phys. Chem. **B30**, 117

Straumanis, M.; Brakss, N. (1938): Z. Phys. Chem. **B 38**, 140

Sundquist, B.E.; Bruscato, R.; Mondolfo, L.F. (1962-1963): J. Inst. Met. **91**, 204

Sundquist, B.E. (1968): Acta Met. **16**, 1413

Sundquist, B.E. (1973): Met. Trans. **4**, 1919

Tammann, G. (1908): *Lehrbuch der Metallographie*

Tammann, G.; Botschwar, A.A. (1926): Z. Anorg. Chem. **157**, 26

Thompson, E.R. (1973): United Aircraft Research Lab., East Hartford, USA, persönliche Mitteilung

Tiller, W.A.; Jackson, K.A.; Rutter, J.W.; Chalmers, B. (1953): Acta Met. **1**, 428

Tiller, W.A. (1958): in *Liquid Metals and Solidification*, ASM, Cleveland, Ohio, USA, S. 276

Tiller, W.A. (1968): in *Recent Research on Cast Iron* (H.D. Merchant, Hsgb.), Gordon and Breach, New York

Tiller, W.A. (1971): in *Solidification*, ASM, Metals Park, Ohio, USA

Tu, K.U.; Turnbull, D. (1967): Acta Met. **15**, 369 und 1317

Tu, K.U.; Turnbull, D. (1969): Acta Met. **17**, 1263

Van Suchtelen, J. (1971): "The Growth of Faceted/Nonfaceted Eutectics", Philips Forschungslaboratorium, Eindhoven, Holland, M.S. 6987

Verhoeven, J.D.; Homer, R.H. (1970): Met. Trans. **1**, 3437

Verhoeven, J.D.; Gibson, E.D. (1972): Met. Trans. **3**, 1893

Verhoeven, J.D.; Warner, J.C.; Gibson, E.D. (1972): Met. Trans. **3**, 1437

Verhoeven, J.D.; Gibson, E.D. (1973): Met. Trans. **4**, 2581

Vogel, R. (1912): Z. Anorg. Chem. **76**, 425

Wagner, C. (1956): J. Electrochem. Soc. **103**, 571

Walter, J.L.; Cline, H.E. (1970): Met. Trans. **1**, 1221

Walter, J.L.; Cline, H.E. (1973): Proc. Conf. In-Situ-Composites, Nat. Acad. Sci., Washington, USA, NMAB-308, Bd. 1, S. 61

Warner, J.C.; Verhoeven, J.D. (1973): J. Mater. Sci. **8**, 1817

Weller, J. (1966): „Beitrag zur Metallurgie der Gefügebeeinflussung von Al-Si-Legierungen", Freiberger Forschungshefte - Gießereiwesen B **124**, 235

Wilcox, W.R. (1970): J. Cryst. Growth **7**, 203

Yue, A.S.; Yue, J.T. (1972): J. Cryst. Growth 13/14, 797

Yurek, G.J.; Rapp, R.A.; Hirth, J.P. (1973): Met. Trans. 4, 1293

Zener, C. (1946): Trans. Met. Soc. AIME 167, 550

Zener, C. (1949): J. Appl. Phys. 20, 950

6. Gefügestabilität bei hoher Temperatur

Die typischen Eigenschaften der anisotropen eutektischen Verbundwerkstoffe sind solange gewahrt wie ihr Gefüge erhalten bleibt. Will man diese Stoffe bei höheren Temperaturen anwenden, so tritt die Frage auf, wie nahe man bei bestimmten Einsatzzeiten an die Schmelztemperatur herangehen darf, ohne die Eigenschaften zu verlieren. Bei vielen Eutektika hat sich gezeigt, daß bemerkenswerte Stabilität bis zu 0,99 T_s erhalten bleibt, bei anderen wiederum sind während des Abkühlungsprozesses von der Erstarrungstemperatur bereits starke Gefügeänderungen beobachtet worden. Sie führen ihrerseits zu Eigenschaftsänderungen, die positive und negative Auswirkungen haben können. So kann z.B. die Festigkeit eines Eutektikums durch Ausscheidungen in einer Phase erhöht (Tab. 6.1; Rhodos und Garmong, 1972; Lemkey und Thompson, 1973) oder durch Vergröberung des Phasenabstandes bzw. durch Formänderungen der Phasen erniedrigt werden. Dementsprechend gewinnt das Gebiet der Gefügemodifikation im derzeitigen Stadium von Forschung und Entwicklung an Bedeutung, da auf diese Weise wesentliche Eigenschaftsverbesserungen erzielt werden können.

Es lassen sich zweierlei Gefüge unterscheiden:

- Erstarrungsgefüge (Eutektikum),
- im festen Zustand entstandene Gefüge (eutektoide oder spinodale Ausscheidung, Ordnungsvorgänge etc.).

Tabelle 6.1. $\sigma_{0,2}$-Grenze des Al-Al_2 Cu-Eutektikums nach gerichteter Erstarrung und nach Wärmebehandlung (535°C/180 °C), Rhodos u. Garmong, 1972

Behandlung (Härtezeit bei 180°C)	$\sigma_{0.2}$ MN/m²
nach Erstarrung	223-234
nach Abschrecken	316-343
3/4 h	319-354
2 h	379-390
10 h	445-464
24-28 h	400

Einige Beispiele von Duplexgefügen geben Kossowsky und Johnston (1969), Kossowsky (1970), Rhodes und Garmong (1972), Bellows et al. (1973), Lemkey und Thompson (1973). Auch das Gußeisen ist ein Beispiel, da sich die eutektisch ausgeschiedene Austenitmatrix bei tieferer Temperatur in Perlit umwandelt. Ein weiteres Beispiel ist in Bild 6.1 gezeigt: dem primär entstandenen eutektischen Erstarrungsgefüge (Co-Fasern und Lamellen in CoAl-Matrix) ist ein Sekundärgefüge überlagert (Ausscheidungen von Co in der CoAl-Matrix).

Bild 6.1. Stabile bzw. instabile α-β-Phasengrenze in einer abgeschreckten eutektischen Co-CoAl-Legierung. (Die Hofbildung um die Co-Lamellen rührt vom Aufstau des Al während des Wachstums der Co-Fasern her)

Beide Gefügearten, das Erstarrungs- und das Ausscheidungsgefüge*), unterliegen analogen Gesetzmäßigkeiten, was ihre morphologische Veränderung betrifft, mit dem Unterschied, daß die Abmessungen der Festkörper-Ausscheidungen 10 bis 100 mal kleiner sind als die der eutektischen Phasen, und die Ausscheidungen isotropes Wachstum zeigen können, während die eutektischen Phasen infolge der gerichteten Erstarrung anisotrope Gestalt haben. Die Triebkräfte solcher Gefügeänderungen sind Löslichkeitsunterschiede und/oder grenzflächenenergiegetriebene Reifungsprozesse. Die von Temperatur und Zeit abhängige Gefügestabilität wird daher in zwei kurzen Unterkapiteln diskutiert.

*) In diesem Zusammenhang sei auf eine Veröffentlichung von Duvall und Donachie (1972) hingewiesen, in der die Ausscheidungscharakteristik Ni-reicher Ni-Al-Nb-Legierungen diskutiert wird.

6.1. Gefügemodifikation durch Löslichkeitsänderung

Diese Gefügeänderung kann hervorgerufen werden durch:

- temperaturabhängige gegenseitige Löslichkeitsunterschiede der Phasen,
- Modifikationswechsel der Phasen.

Bei Eutektika kann auf diese Weise der Volumenanteil als Funktion von Temperatur und Zeit verändert werden. Besonders ausgeprägt ist diese Erscheinung im Co-CoAl-System (Bild 1.1), das bei T_e = 1400 °C 30 Vol. % und bei 600 °C 65 Vol. % Co-Fasern (oder -Lamellen) liefert (Cline, 1967; Hubert et al., 1973). Es ist klar, daß solche Legierungen nicht bei Temperaturen benützt werden können, oberhalb derer merkliche Diffusion einsetzt*).

Bild 6.2. Instabilitäten an der Co-CoAl-Phasengrenze in facettierter Ausbildung (helle Phase Co, dunkle Phase CoAl mit dendritischen Co-Ausscheidungen)

*) Ein weiteres Problem können Temperaturgradienten liefern, indem sie das Gefüge in ein „Gradientengefüge" umwandeln und Gefügevergröberung beschleunigen (Chadwick, 1973; Jones, 1974 a und b).

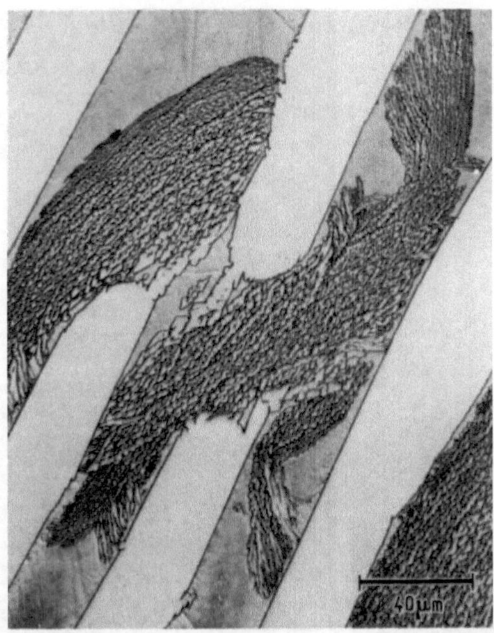

Bild 6.3. Keimbildung der Co-Ausscheidungen an den Instabilitäten der eutektischen α-β-Phasengrenze

Vorhandene Unterschiede in der Löslichkeit wirken sich stark auf das Temperaturwechselverhalten eutektischer Komposite aus, da die α- β-Phasengrenze sich beim Aufheizen in die eine und beim Abkühlen in die andere Richtung bewegt. Somit muß das Wachstum bzw. die Auflösung der Phasen in Betracht gezogen werden, wenn man eutektische Werkstoffe Temperaturzyklen unterwirft. Die α- β- Phasengrenze wirkt in diesen Fällen wie eine Umwandlungsfront, deren Morphologie durch Stabilitätsbetrachtungen (ähnlich Abschn. 5.2.4.) beschrieben werden kann (Shewmon, 1965; Coates und Kirkaldy, 1971). Bild 6.1 zeigt den typischen Fall einer instabilen α- β-Grenzfläche, die durch die Wärmebehandlung der Probe unmittelbar nach der Erstarrung entstand. Diese Instabilität scheint stark von der Kristallographie der α- β- Grenzfläche beeinflußt zu werden (Kurz und Chappex, 1973). Sie entsteht immer dort zuerst, wo die Co-Lamellen von einer Vorzugsebene abzuweichen scheinen, d.h. an Lamellenenden und -krümmungen. Diese Beobachtung läßt sich zwanglos über die bei Koinzidenzorientierungen auftretenden Energieminima erklären (Bild 3.7), die stabilisierend wirken (vgl. auch Text zu Bild 6.7). Aus demselben Grund erscheinen die Instabilitäten auch häufig facettiert (Bild 6.2). Die Grenzflächeninstabilitäten wirken auch als „Keim" für die Ausscheidungsreaktion von Co in der CoAl-Matrix. Diese in Bild 6.3 gezeigte Reaktion weist nicht auf eine zellenförmige Ausschei-

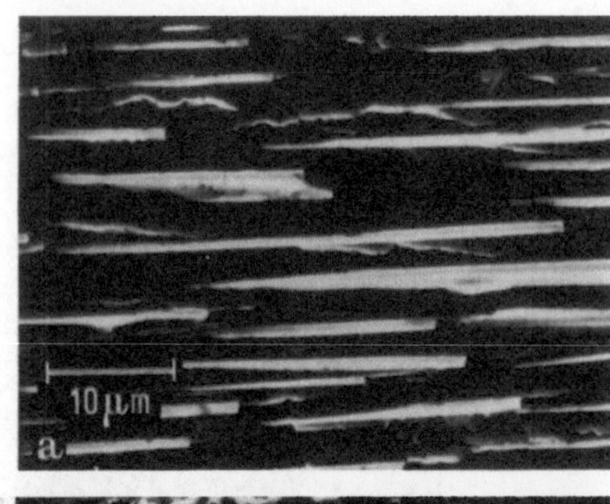

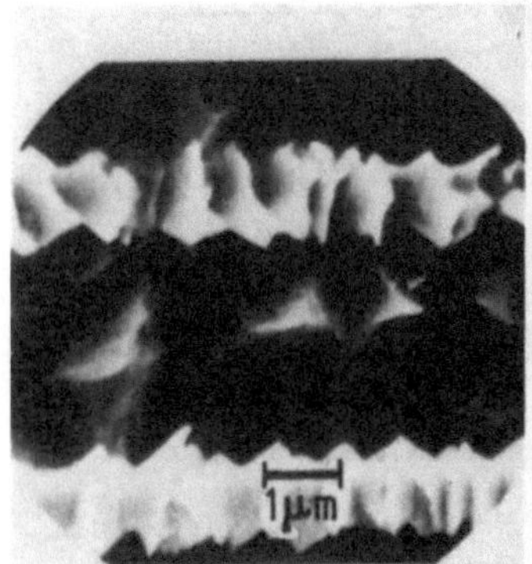

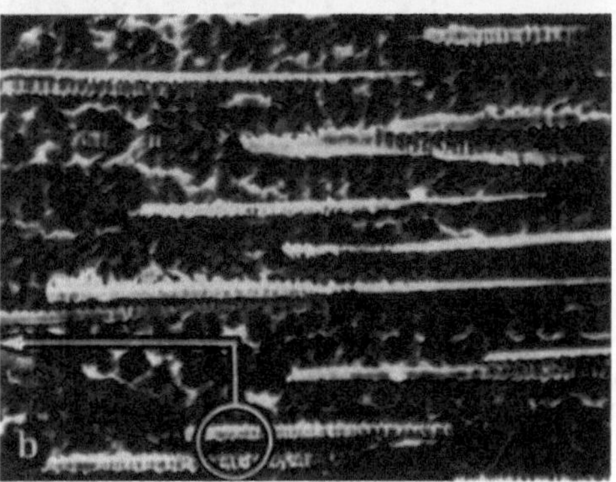

Bild 6.4. Gefüge des Co-TaC-Eutektikums (in Gew.-%: 10 Ni – 15 Cr – 4 W – 12 Ta – 0,75 C – Rest Co): a) [100] - TaC-Whisker nach gerichteter Erstarrung (v = 2 cm/h, G = 300 K/cm), b) nach Temperaturwechselbeanspruchung (3000 Zyklen von 2 min. Dauer zwischen 1120°C und 400°C, nach Lemkey und Thompson, 1974)

dung hin, sondern eher auf ein durch hohe Übersättigung hervorgerufenes Co-Dendritenwachstum im Festkörper.

In Bild 6.4 ist gezeigt, wie sich die Morphologie der TaC-Fasern eines legierten Co-TaC-Eutektikums nach 3000 Temperaturzyklen verändern kann (Lemkey und Thompson, 1974; vgl. auch Dunlevey und Wallace, 1973). Dieses Phänomen läßt sich wahrscheinlich mit den obigen Feststellungen erklären, wobei die facettierte Form auch noch durch die Wachstumskinetik bedingt sein kann.

Der Einfluß von Umwandlungspunkten unterhalb der eutektischen Temperatur kann sich entweder im Modifikationswechsel der vorliegenden Phasen oder im Auftreten von Ausscheidungen äußern. Bei allotroper Umwandlung der Matrix (Co-Legierungen ohne Ni) erhält man sehr starke Gefügeveränderungen, die die Legierung nach wenigen Temperaturzyklen unbrauchbar machen (Arnson, 1972). Ein langsamerer und daher weniger schädlicher Prozeß wird z.B. im Co-Cr_7C_3-Eutektikum beobachtet: Ursprünglich reines Cr_7C_3-Karbid wird bei Abkühlung bzw. späterer Wärmebehandlung ganz oder teilweise in $Cr_{23}C_6$ umgewandelt sowie Ausscheidungen derselben Phase in der Grundmasse gebildet (Sahm et al., 1972). Dies kann unter Umständen Probleme hervorrufen, wenn die stabile Phase nach langer Glühzeit spröde Nadeln bildet, wie dies im Fall bei σ-Phasen in Superlegierungen beobachtet wird (Sims und Hagel, 1972). Hierbei wird man sich an die bei der Entwicklung von Superlegierungen aufgestellten Regeln halten müssen (Schubert, 1971).

6.2. Grenzflächenbedingte Reifungsprozesse

Ein eutektischer Verbundwerkstoff ist in Bezug auf seine Zusammensetzung thermodynamisch stabil, solange er sich auf gleicher Temperatur befindet – ein großer Vorteil gegenüber künstlichen Kompositen bei hohen Temperaturen. Infolge der großen spezifischen Grenzfläche zwischen den eutektischen Phasen (α- β- Grenzflächen zu Volumen-Verhältnis $F/V \sim 10^6\ cm^2/cm^3$) neigen solche Mehrphasengefüge jedoch zur Vergröberung, d.h. es wird ein Zustand minimaler Energie ($F/V \sim 1\ cm^2/cm^3$) angestrebt. Dieses Phänomen wurde für den Fall der dreidimensionalen Vergröberung von Ausscheidungen von Greenwood (1956), Lifshitz und Slyozov (1961) bzw. Wagner (1961) theoretisch beschrieben und für gerichtete Eutektika erstmals von Kraft et al. (1963) experimentell am Al-Al_2Cu-System nachgewiesen. Je feiner der Phasenabstand umso schneller geht der Vergröberungsprozeß vor sich. In dieser Hinsicht sind eutektoide Komposite allgemein weniger stabil als Eutektika (Livingston, 1973).

Die Gefügeinstabilität äußert sich prinzipiell als:

- Gefügevergröberung ohne Morphologieänderung (Bild 6.5) und als

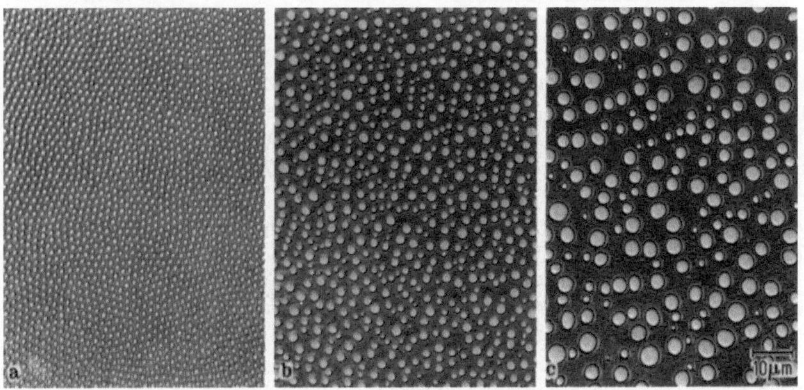

Bild 6.5. Gefügevergröberung des NiAl-Cr-Eutektikums (Querschliff) nach isothermer Wärmebehandlung bei 1400°C: a) 5 h, b) 75 h, c) 160 h (Walter und Cline, 1973)

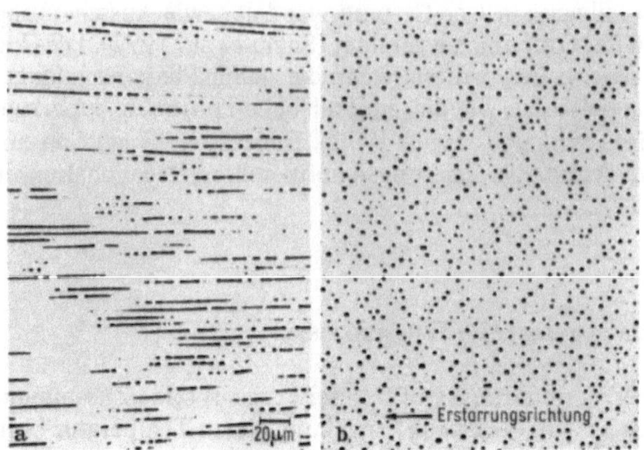

Bild 6.6. Sphäroidisierung der Cu_2O-Fasern des Cu-Cu_2O-Eutektikums während der Herstellung (beide Bilder Längsschliffe); a) 0,2 mm hinter Phasengrenze, b) 1,0 mm hinter Phasengrenze ($v = 1{,}4 \cdot 10^{-3}$ cm/s, nach Marich und Jaffrey, 1971)

- Morphologieänderung, d.h. meistens Sphäroidisierung des vorerst faserigen oder lamellaren Gefüges (Bild 6.6).

Beide Vorgänge sind eigentlich nicht voneinander trennbar, jedoch gibt es Eutektika, bei denen der eine oder der andere Fall bevorzugt auftritt.

Wie Ardell (1972) nachgewiesen hat, wird bei isotroper Faservergröberung eines Eutektikums die Radiusänderung durch ein parabolisches Gesetz beschrieben:

$$\langle r \rangle^3 - \langle r_0 \rangle^3 = Kt \tag{6.1}$$

$$K = \frac{6\,\sigma_{\alpha\beta}\,C_0\,DV^2}{RT} \cdot \frac{\langle \mu \rangle^3}{\zeta}$$

Darin stellen dar: $\langle r \rangle$ den mittleren Faserradius zur Zeit t, $\langle r_0 \rangle$ den mittleren Faserradius bei $t = 0$, C_0 die Gleichgewichtskonzentration für $r = \infty$, D den Diffusionskoeffizienten des gelösten Elementes in der Matrix und V das Molekularvolumen. $\langle \mu \rangle$ und ζ sind in Tab. 1 von Ardell (1972) in Funktion des Volumenanteils angegeben.

Die Geschwindigkeit der isothermen Gefügevergröberung kann danach auf folgende Weise verringert werden:

- durch Erniedrigung der spezifischen Grenzflächenenergie $\sigma_{\alpha\beta}$ (Abschn. 3.4)
  - Verringerung von $\sigma_{\alpha\beta}$ durch Legieren
  - Ausbildung epitaktischer Grenzflächen (Minima in $\sigma_{\alpha\beta}$)
- durch Verringerung der Phasenkrümmung
  - große Phasenabstände
  - perfekte, lamellare, unverformte Gefüge

- durch Erschwerung des Stofftransportes
  - kinetische Wachstumsbehinderung
  - kleine Diffusionskoeffizienten (Tab. 6.2)
  - Vermeidung lokaler Spannungskonzentrationen

Diese verschiedenen Parameter werden in einer fundamentalen Arbeit von Cline (1971) untersucht, indem eine von Lord Rayleigh (1879) für die Tropfenbildung von Flüssigkeitsstrahlen durchgeführte Analyse verwendet wird. Zwei wesentliche Aussagen dieser theoretischen Untersuchung wurden kürzlich von Walter und Cline (1973) experimentell überprüft:

- Eutektika mit kleinerem Faservolumen als 20% neigen verstärkt zur Sphäroidisierung, während bei höheren Volumenanteilen die Gefügevergröberung bevorzugt auftritt;
- Eutektika mit facettierten epitaktischen*) α-β-Grenzflächen sind gegen Sphäroidisierung stabil, da eine Abschnürung der Phase einen steilen Grenzflächenenergieanstieg bedeutet (vgl. Abschn. 6.1.).

Wie Bild 6.5 zeigt, ist im NiAl-Cr-Eutektikum mit 34 Vol. % Cr-Fasern nur eine starke Vergröberung festzustellen, während im Vergleich hierzu die Cu_2O-Fasern des Cu-Cu_2O-Eutektikums (Bild 6.6) extrem schnell, d.h. schon während der Abkühlung von der Erstarrungstemperatur sphäroidisieren (vgl. auch Racek und Lesoult, 1972; Kothari und Hogan, 1970). Tabelle 6.2 zeigt, daß im Fall des Cu-Cu_2O-Eutektikums der große Diffusionskoeffi-

Tabelle 6.2. Diffusionskoeffizienten der reaktionsbestimmenden Lösungselemente bei T/T_S = 0,95 nach Marich und Jaffrey (1971)

System Matrix-2. Phase	diffundierendes Element	Diffusionskoeffizient in Grundmasse (cm^2/s)
Cu-Cu_2O	O	3.1×10^{-5}
Nb-Nb_2C	C	1.5×10^{-5}
Ta-Ta_2C	C	1.2×10^{-5}
$Fe_{1-X}S_X$-Fe	Fe	4.1×10^{-7}
Cu-Cu_2S	S	2.1×10^{-7}
Sn-Zn	Zn	1.5×10^{-7}
Ni-Cr	Cr	6.8×10^{-10}
Al-Al_2Cu	Cu	6.2×10^{-10}
Pb-Cd	Cd	1.7×10^{-10}
Cd-Zn	Zn	1.2×10^{-10}
Ag-Cu	Cu	7.8×10^{-11}
Al-Al_3Ni	Ni	3.2×10^{-12}

*) d.h. in diesem Fall eine durch ein Energieminimum gekennzeichnete Grenzfläche

zient des Sauerstoffs auch eine Rolle spielt. (Eine Sphäroidisierung eutektischer bzw. eutektoider Gefüge wird in manchen Fällen bewußt angestrebt, wie beim Temperguß bzw. perlitischen Stahl.)

Der Einfluß bevorzugter kristallographischer Ebenen (Minima in σ) wird in Bild 6.7 deutlich. Man erkennt die starke zeitliche Veränderung der Cr-Faserdichte gegenüber der nahezu konstanten Mo-Faserdichte. Das Ergebnis ist umso erstaunlicher als die absoluten Werte der α-β-Grenzflächenenergie aufgrund der Gitterfehlpassung Δa bei den Mo-Fasern ($\Delta a = 9\%$) wesentlich größer sein sollten als bei den Cr-Fasern ($\Delta a = 0{,}35\%$). Es scheint also, daß ein Minimum in der Grenzflächenenergie, das,wie im Fall des NiAl-Mo-Eutektikums zu facettierten Phasen führt, wesentlich stabilere Gefüge erzeugt als ein kleiner absoluter σ-Wert. Hiermit läßt sich auch die Beobachtung von Garmong et al. (1973) erklären, daß die nach der Erstarrung runden Al_3Ni-Fasern nach einer Glühung Facetten ausbilden. In einem solchen Fall sind die einfachen theoretischen Zusammenhänge von (6.1) nicht mehr gültig. Gefügedefekte führen auch zu Ungleichgewichten innerhalb des Werkstoffes, da zwei gleiche Phasen verschiedenen Durchmessers ungleiches chemisches Potential aufweisen (6.1): Die relativ große Durchmesservariation der Fasern in schnell erstarrten Eutektika (hervorgerufen z.B. durch Zellenbildung infolge konstitutioneller Unterkühlung) führt, wie Smartt et al. (1971) gezeigt haben, zu beschleunigter Gefügevergröberung. Ein anderer Mechanismus, Bild 6.8, der zu einer beschleunigten Vergröberung führt, sind Lamellen- oder Faserenden bzw. -verzweigungen (Kraft et al., 1963; Graham und Kraft, 1966; Cline, 1973 sowie Weatherly und Nakagawa, 1971). Beide Phänomene dürften wohl für das in Bild 6.9 gezeigte Ergebnis von Bayles et al. (1967) verantwortlich sein, das für rasch erstarrte Al-Al_3Ni-Proben (10.6 cm/h) eine deutlich schnellere Gefügevergröberung, selbst nach 400 h Glühung, zeigt als die langsamer hergestellten Proben. Weitere Einflüsse und mögliche Mecha-

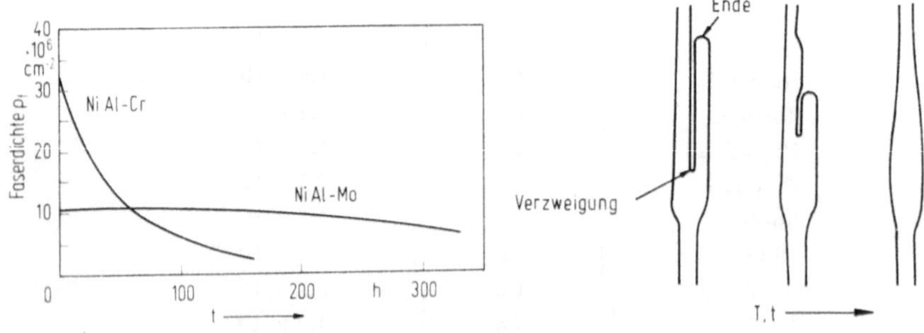

Bild 6.7. Bild 6.8.

Bild 6.7. Faserdichte der Systeme NiAl-Cr und NiAl-Mo als Funktion der Glühzeit bei 1400°C (Walter und Cline, 1973)

Bild 6.8. Veränderungen in der fehlerbehafteten Fasermorphologie eines Eutektikums während der Glühung (Cline, 1971)

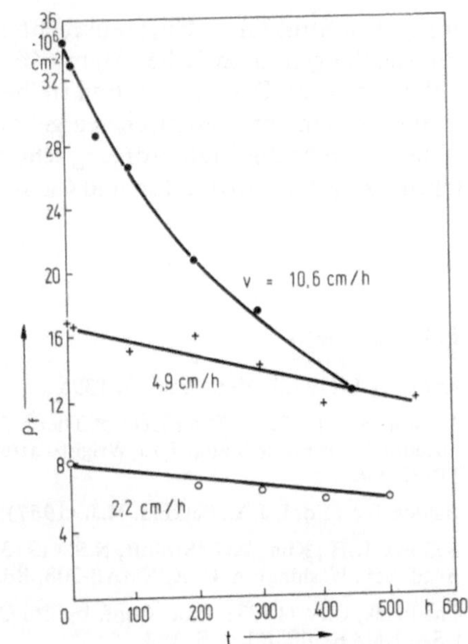

Bild 6.9. Mittlere Faserdichte des Al-Al_3Ni-Eutektikums als Funktion der Glühzeit bei 575°C und der Erstarrungsgeschwindigkeit v (Bayles et al. 1967)

nismen der Gefügevergröberung sind Verformung (Soutiere und Kerr, 1969; Nakagawa und Weatherly, 1972), Spannung (Salkind et al., 1967) und vor allem Temperaturgradienten (Jones, 1974).

Die oben beschriebenen Prozesse sind kontinuierlich. Bei sehr feinen Gefügen und mittleren Temperaturen haben Livingston und Cahn (1974) einen neuen Mechanismus diskontinuierlicher Gefügevergröberung beobachtet und theoretisch zu deuten versucht (Bild 6.10). Das Lamellenwachstum

Bild 6.10. Diskontinuierliche Gefügevergröberung in einem lamellaren Co-Co_2Si-Eutektoid infolge Korngrenzenwanderung (Glühung: 4 Tage bei 1000°C), nach Livingston und Cahn (1974)

der groben Struktur verläuft senkrecht zu einer Korngrenze, die sich wie eine Umwandlungsfront zwischen Matrix (feines Gefüge) und Eutektoid (grobes Gefüge) bewegt. Die die Reaktion treibende Energie wird durch den großen Unterschied in der Grenzfläche aufgebracht. Dieser vorerst an eutektoiden Legierungen beobachtete Vorgang scheint auch für sehr schnell erstarrte Eutektika zu gelten (Livingston und Cahn, 1974).

6.3. Literatur

Ardell, A.J. (1972): Met. Trans. **3**, 1395

Arnson, H.L. (1972): „The Effect of Thermal Cycling on the Structure of the Co-Co_3Nb Eutectic", Air Force Mater. Lab.,Wright-Patterson Base, Ohio, USA, Techn. Rep.: AFML-TR-72-286

Bayles, B.J.; Ford, J.A.; Salkind, M.J. (1967): Trans. Met. Soc. AIME **239**, 847

Bellows, R.H.; Kim, Y.G.; Stoloff, N.S. (1973): Proc. Conf. In-Situ-Composites, Nat. Acad. Sci., Washington, USA, NMAB-308, Bd. 2, S. 121

Chadwick, G.A. (1973): Proc. Conf. In-Situ-Composites, Nat. Acad. Sci., Washington, USA, NMAB-308, Bd. 3, S. 143

Cline, H.E. (1967): Trans. Met. Soc. AIME **239**, 1906

Cline, H.E. (1971): Acta Met. **19**, 481

Coates, D.E.; Kirkaldy, J.S. (1971): Met. Trans. **2**, 3467

Dunlevey, F.M.; Wallace, J.F. (1973): "Effect of Thermal Cycling on the Structure and Properties of a Co,Cr,Ni-TaC Directionally Solidified Eutectic Composite", Techn. Rep.: NASA-CR-121249

Duvall, D.S.; Donachie, M.J. (1972): J. Inst. Metals **100**, 6

Garmong, G., Rhodes, C.G.; Spurling, R.A. (1973): Met. Trans. **4**, 707

Graham, L.D.; Kraft, R.W. (1966): Trans. Met. Soc. AIME **236**, 94

Greenwood, G.W. (1956): Acta Met. **4**, 243

Hubert, J.C.; Kurz, W.; Lux, B. (1973): J. Cryst. Growth **18**, 241

Jones, D.R.H. (1974a): Mater. Sci.Eng. **15**, 203

Jones,.D.R.H. (1974b): Metal Sci. **8**, 37

Kossowsky, R.; Johnston, W.C. (1969): Trans. Met. Soc. AIME **245**, 1826

Kossowsky, R. (1970): Met. Trans. **1**, 1623

Kothari, N.C.; Hogan, L.M. (1970): J. Austral. Inst. Metals **15**, 212

Kraft, R.W.; Albright, D.L.; Ford, J.A. (1963): Trans. Met. Soc. AIME **227**, 450

Kurz, W.; Chappex, A.R. (1973): Ecole Polytechnique Fédérale de Lausanne, unveröffentlichte Arbeiten

Lemkey, F.D.; Thompson, E.R. (1973): Proc. Conf. In-Situ-Composites, Nat. Acad. Sci., Washington, USA, NMAB-308, Bd. 2, S. 105

Lemkey, F.D.; Thompson, E.R. (1974): United Aircraft Research Lab., East Hartford, USA, Publikation in Vorbereitung

Lifshitz, I.M.; Slyozow, V.V. (1961): J. Phys. Chem. Solids **19**, 35

Livingston, J.D. (1973): Proc. Conf. In-Situ-Composites, Nat. Acad. Sci., Washington, USA, NMAB-308, Bd. 1, S. 87

Livingston, J.D.; Cahn, J.W. (1974): Acta Met. 22, 495

Marich, S.; Jaffrey, D. (1971): Met. Trans. 2, 2681

Nakagawa, Y.G.; Weatherly, G.C. (1972): Met. Trans. 3, 3223

Racek, R.; Lesoult, G. (1972): J. Cryst. Growth 16, 223

Rayleigh, Lord (1879): Lond. Math. Soc. Proc., S. 4

Rhodes, C.G.; Garmong, G. (1972): Met. Trans. 3, 1861

Sahm, P.R.; Lorenz, M.; Hugi, W.; Fruehauf, V. (1972): Met.Trans. 3, 96

Salkind, M.; Leverant, G.; George, F. (1967): J. Inst. Met. 95, 349

Schubert, F. (1971): Archiv Eisenhw. 42, 501

Shewmon, P.G. (1965): Trans. Met. Soc. AIME 233, 736.

Sims, Ch. T.; Hagel, W.C. (Hsgb.) (1972): *The Superalloys*, Wiley, New York

Smartt, H.B.; Tu, L.K.; Courtney, T.H. (1971): Met. Trans. 2, 2717

Soutiere, B.; Kerr, H.W. (1969): Trans. Met. Soc. AIME 245, 2595

Wagner, C. (1961): Z. Elektrochem. 65, 581

Walter, J.L.; Cline, H.E. (1973): Met. Trans. 4, 33

Weatherly, G.C.; Nakagawa, Y.G. (1971): Scripta Met. 5, 777

7. Verfahren der gerichteten Erstarrung

Dieses Kapitel will nach einer Zusammenfassung der für die Herstellung kritischen Parameter die wichtigsten Verfahren vorstellen, die für die gerichtete Erstarrung benutzt werden können (vgl. auch Flemings, 1974 und Hellawell, 1974). Das Ziel der Verfahren ist in den meisten Fällen, möglichst perfekte Gefüge zu produzieren*) und eine möglichst freie Wahl des Volumenanteiles der Phasen zu haben. Um dies über größere Abmessungen zu verwirklichen, ist eine Kontrolle verschiedener Prozeßparameter notwendig (erstmals von Kraft u. Albright 1961 diskutiert).

Ein Eutektikum besteht mindestens aus zwei einander durchdringenden einkristallinen Phasen (Duplex-Kristall), wobei die Phasen normalerweise faserig oder lamellar ausgebildet sind. Unerwünscht für viele Eigenschaften sind Unregelmäßigkeiten und Unterbrechungen des Gefüges (Bild 7.1), die sich im einzelnen wie folgt manifestieren:

- Abweichung der Gefügeausrichtung von der Vorzugsorientierung,
- unregelmäßige Anordnung und Abmessung der Phasen,
- kurzwellige Formänderungen der dispergierten Phasen (Wellen-, Tropfenbildung, Enden, Verzweigungen),
- Korngrenzen (Klein- und Großwinkelkorngrenzen),
- Zellengrenzen,
- Seigerungen aller Art,
- Wachstumsbänder,
- Primärwachstum einer Phase.

Diese Fehler können auf folgende Ursachen zurückgeführt werden:

- Unebene Wachstumsfront, da die Phasen meistens senkrecht zur Erstarrungsfront wachsen,
  - makroskopische Krümmung durch ungerichteten Wärmefluß bzw. durch Konvektion (Bild 7.2),
  - mikroskopische Krümmung durch konstitutionelle Unterkühlung (Bild 5.33) bzw. an Korngrenzen.
- Zeitliche Fluktuationen im Diffusions- und Konvektionsfeld der Schmelze vor der Phasengrenze (Wärme- und Stofftransport), z.B. durch
  - Unregelmäßigkeiten im mechanischen Antrieb,

*) Unter gewissen Umständen kann jedoch ein weniger perfektes Gefüge auch interessant sein. Z.B. kann ein zellenförmiges Gefüge im Fuß einer Turbinenschaufel die nötige Scherfestigkeit bringen, ohne die Festigkeit bei mittleren Temperaturen herabzusetzen (Thompson, 1973).

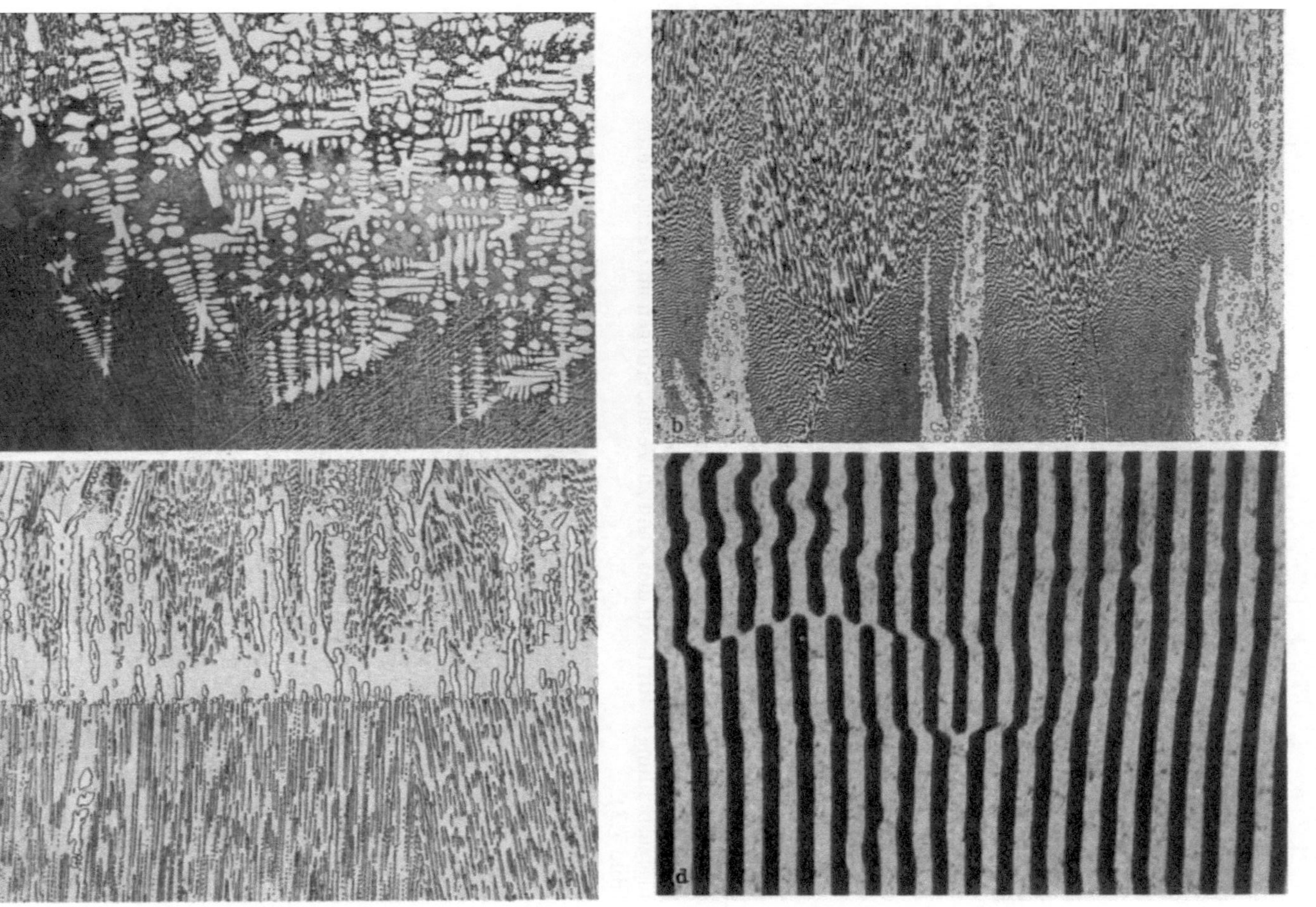

Bild 7.1. Gefügefehler, die in gerichtet erstarrtem Gefüge beobachtet werden: a) Dendriten einer Phase, b) eutektische Zellen, c) Wachstumsband, d) fehlerhafte Lamellen; a) bis c) Längsschliffe, d) Querschliff

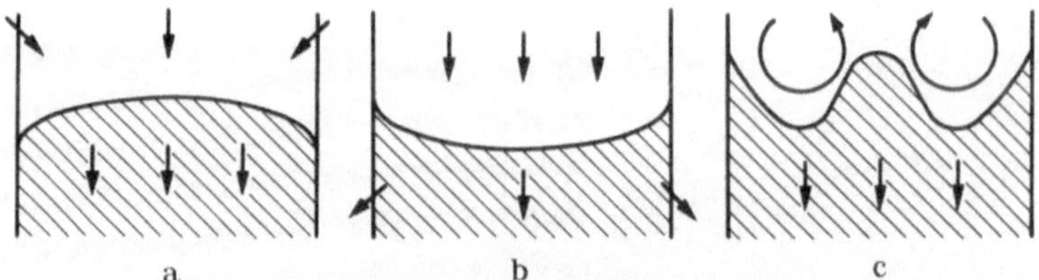

Bild 7.2. Makroskopische Ausbildung der Fest-flüssig-Phasengrenze, besonders in Proben mit relativ großem Durchmesser und kleiner Wärmeleitfähigkeit (Pfeil = Wärmeflußrichtung); a) Wärmezufuhr mit seitlicher Komponente (konvexe Grenzfläche), b) Wärmeabfuhr mit seitlicher Komponente (konkave Grenzfläche), c) Konvektion in der Schmelze

- Fluktuationen im Wärmefluß infolge von Temperaturänderungen im Ofen bzw. im Kühlmedium,
- Turbulenz oder Geschwindigkeitsänderungen der Schmelzströmung vor der Phasengrenze.

Kristallographische Ausrichtung und Zusammensetzung der Phasen spielen ebenfalls eine wichtige Rolle. Zu Erstarrungsbeginn findet immer ein kompetitives Wachstum statt, d.h. Körner mit wachstumsgünstiger Kristallorientierung breiten sich schneller aus. Auch existieren am Probenanfang und -ende jeweils Überganszonen, was die Zusammensetzung (Seigerungen) und die Gefügeausrichtung betrifft. All dies kann zu Veränderungen im Gefüge führen (Bild 7.3).

Ähnliche Probleme treten bei der Herstellung von Einkristallen auf, weshalb man im allgemeinen auf die dort gewonnenen Erfahrungen zurückgreifen kann (Tiller, 1968; Kristallisation, 1969; Laudise, 1970). Einige der

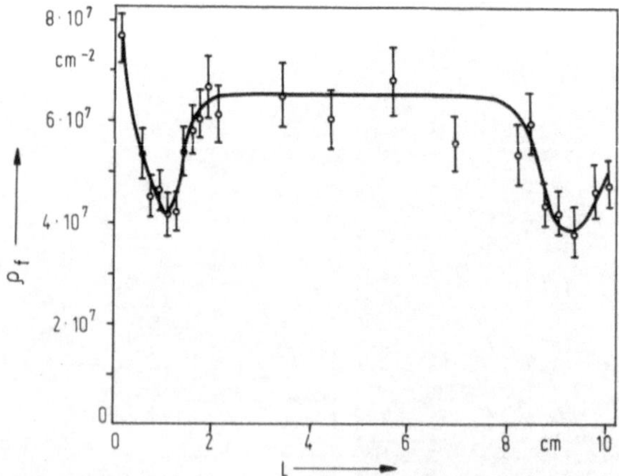

Bild 7.3. Veränderung der Faserdichte φ_f als Funktion der Probenlänge L durch Seigerungs- und Wärmeleitphänomene im Al-Al_3Ni-Eutektikum (Smartt et al., 1971)

bei der Kristallzüchtung üblichen Probleme treten jedoch bei rein eutektischen Werkstoffen nicht auf, weil hier die seigerungsfördernden Intervalle zwischen Solidus- und Liquidustemperaturen wegfallen. Im Hinblick auf die Wichtigkeit des nichteutektischen Komposit-Wachstums (Abschn. 5.3.) werden sie jedoch mitberücksichtigt.

Zur Übersicht sind in Tabelle 7.1 noch einmal die eingangs aufgezählten Gefügefehler zusammengefaßt und die Möglichkeiten zu ihrer Unterdrükkung angegeben. Man erkennt, daß die Konvektion dabei eine große Rolle spielt. Ihr stärkster Effekt zeigt sich in der Entstehung von Wachstumsbändern.

Tabelle 7.1. Zusammenfassung auftretender Gefügefehler gerichtet erstarrter eutektischer Werkstoffe

Gefügefehler	Kontrollkriterium zur Vermeidung des Fehlers	Kapitel
Abweichung der dispergierten Gefügekomponente von der Vorzugsorientierung	• makro- und mikroskopisch ebene Grenzfläche	5, 7
	• Konvektionskontrolle	7
	• Herstellung von Einkristallen	5, 7
regelmäßige Faser- und Lamellenanordnung (2. Phase ohne makroskopische Versetzungen)	• Angleichung des Ofengradienten an den Gradienten im Metall $\kappa_S G_S = \Delta H_S v + \kappa_l G_l$;	7
	• Kristallograph. Orientierung	4, 5
kurzwellige Formänderungen der dispergierten Phase: Einschnürung, Sphäroidisierung	• hohe Abkühlgeschwindigkeit (= G · v)	6, 7
	• gleichmäßiger Antrieb	7
Korngrenzen	• Keimkontrolle	4
	• G/v-Kriterium	5
	• Konvektionskontrolle	7
Zellengrenzen	• $G/v \geq \Delta T/D$	5, 7
Seigerungen	• Zusammensetzung	7
	• Kontrolle der Konvektion	7
	• G/v-Kriterium	5
	• Erstarrungsgeschwindigkeit	5
	• Schmelzvolumen (Zonenschmelz.)	7
Wachstumsbänder	• konstante Geschwindigkeit der Grenzfläche flüssig-fest	7
	• Unterbindung von Konvektion	7

7.1. Verfahrensgrundlagen

Eine erfolgreiche gerichtete Erstarrung hängt wesentlich von der richtigen Wahl nachstehender Parameter ab:

- Tiegelwerkstoff und -form,
- Wärmeflußrichtung,
- Kristallisationsgeschwindigkeit v,
- Temperaturgradient G, unmittelbar vor der Flüssig-fest-Grenzfläche
- Konvektion in der Schmelze.

Diese Parameter müssen dazu dienen, eine gleichmäßig fortschreitende Erstarrungsfront mit gewünschter Morphologie (meist eben) einzustellen. Nachfolgend werden diese Parameter im einzelnen besprochen.

7.1.1. Tiegelwerkstoff und -form

Da der Prozeß der gerichteten Erstarrung mit ebener Erstarrungsfront oft kleine Kristallisationsgeschwindigkeiten bedingt, ist die chemische Stabilität des Tiegelwerkstoffes ein wesentlicher Faktor in der Herstellung. (Besonders kritisch ist dieser Punkt, wenn es um die Herstellung hohler Werkstücke, z.B. gekühlter Turbinenschaufeln, geht,vgl. Abschn. 7.2.5.). Die meistgebrauchten Tiegelwerkstoffe für tiefschmelzende Legierungen sind

- Graphit für Al-, Cu-, Pb-, Sn-Basislegierungen,
- Stahl oder Quarz, sofern eine geringe Löslichkeit bzw. Reaktionsgeschwindigkeit vorliegt,
- Al_2O_3 für die meisten Legierungen mit einem Schmelzpunkt zwischen 1000 und 1500° C, wie z.B. Ni_3Al-Ni_3Nb, Co-TaC, Co-Cr_7C_3 etc. und
- BN für Legierungen auf der Basis der Seltenen Erden; vgl. Abschn. 8.3.1. (Miller u. Austin, 1971 und 1973).

Auch die Tiegelform spielt eine wichtige Rolle. Meist wird man einfache Profile konstanten Querschnitts herstellen, die zumindest in einer Richtung des Querschnitts eine kleine Abmessung aufweisen (Zylinder und Platten). Eine kleine Abmessung ist notwendig, da die Wärmeabfuhr bei größeren Probenlängen nur über die Mantelfläche erfolgen kann (Bild 7.4). Eine Ausnahme bildet die Herstellung großflächiger Platten mit Fasern senkrecht zur Plattenoberfläche, da in diesem Fall die Wärmeabfuhr in der Faserrichtung möglich ist (Abschn. 7.2.6. und 7.2.7.).

Für den Fall komplizierter Formen kann es wesentlich sein, daß die Phasen der Legierung entlang Krümmungen wachsen können (z.B. im Fuß von Turbinenschaufeln). Die Fähigkeit „um die Ecke zu wachsen", hängt sehr stark vom Grenzflächenverhältnis ab, das zwischen den Phasen existiert (vgl. Abschn. 3.4.). Dabei ist allgemein festzustellen, daß ein eutektisches Gefüge leichter der von außen aufgeprägten Form folgt, wenn die Grenzfläche zwischen den eutektischen Phasen keine feste kristallographische Beziehung aufweist. Jaffrey und Chadwick (1970) haben an einer Vergleichsstudie zwischen den Systemen Sn-Zn und Al-Al_3Ni nachgewiesen, daß das lamellare Sn-Zn-Eutektikum seine kristallographische Beziehung auch gegen eine Änderung der Wärmeflußrichtung beibehält, während im Al-Al_3Ni-Eutektikum die Al_3Ni-Faser der Wärmeflußrichtung folgt und durch laufende Verzweigung die [010]-Richtung als Faserachse beibehält. Die Kristallorientierung der Al-Matrix bleibt durch den Wärmefluß unbeeinflußt. Ähnliches kann man auch beim Co-Cr_7C_3-Eutektikum beobachten (Bild 7.5).

Ein weiteres Phänomen, auf das bei Herstellung komplexer Formen geachtet werden muß, ist die Änderung des Diffusionsfeldes vor der Phasengrenze, wenn sich das Schmelzvolumen plötzlich ändert. In einem solchen Fall verläßt das System einen stationären Wachstumszustand, was zu Gefügestörungen führt. An abrupten Querschnittsvergrößerungen kann auch vom wachsenden Kristall unabhängige Keimbildung eintreten. Bei der Herstellung komplexer Formen ist es daher in jedem Fall vorteilhaft, in Erstarrungsrichtung kontinuierliche und langsame Querschnittsänderungen vorzunehmen (vgl. Abschn. 7.2.5.).

7.1.2. Wärmeflußrichtung

Der Unterschied zwischen einem gerichtet und einem isotrop (globulitisch) erstarrenden Gußstück ist prinzipiell in Bild 5.13 gezeigt. Abgesehen von der unterschiedlichen Morphologie ist der wesentliche Unterschied in der entgegengesetzten Wärmeflußrichtung zu suchen: Bei globulitischer Erstarrung

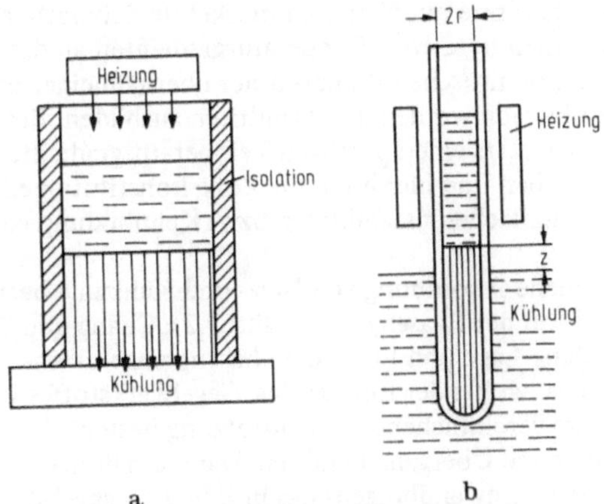

Bild 7.4. Zwei grundsätzlich verschiedene Anordnungen zur gerichteten Erstarrung: a) Induktionsheizung und Kühlung mittels Kühlplatte (Leitung), beides axial, b) Strahlungsheizung und Konvektionskühlung über Flüssigkeit, beides radial

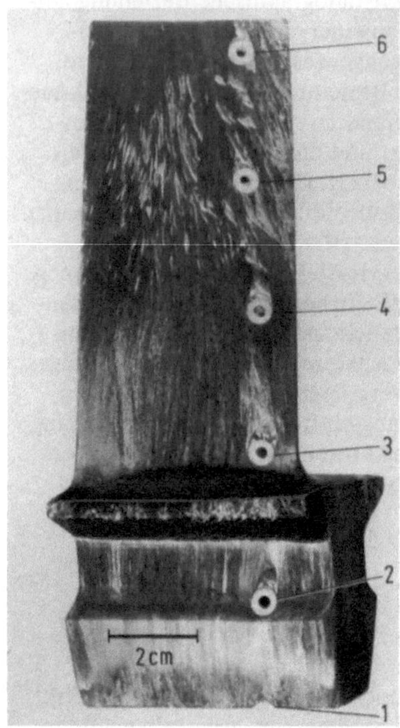

Bild 7.5. Eutektisches Wachstum in einer komplizierten Form: Gasturbinenschaufel, nach Staub und Sahm (1971), vgl. Bild 7.25

kann die Erstarrungswärme nur über die unterkühlte Schmelze abgeführt werden. Dies bedingt einen negativen Temperaturgradienten an der Erstarrungsfront, weshalb die globulitischen Primärkörner oberhalb einer bestimmten Korngröße immer instabil werden und Dendriten ausbilden. Bei gerichteter Erstarrung kann man stets einen positiven Temperaturgradienten vor der Erstarrungsfront einstellen und hierdurch die Zone konstitutioneller Unterkühlung und somit Grenzflächeninstabilitäten bzw. Keimbildung vor der Phasengrenze vermeiden.

Die räumliche Anordnung von Heiz- und Kühlzone bestimmt die makroskopische Form der Phasengrenze (Bild 7.2). Chang und Wilcox (1974) haben gezeigt, welche Lage und Form die Phasengrenze in einer Bridgman-Apparatur einnimmt, wobei der Einfluß des Tiegelwerkstoffes vernachlässigt wurde. Eine weitere vereinfachende Voraussetzung besteht darin, daß Heiz- und Kühlzone sich ohne Übergang berühren. Dann erhält man im homogenen Medium (ohne Phasenumwandlungen) das in Bild 7.6a abgebildete Temperaturfeld. Die Lage der Isothermen ϕ ist in der Abbildung für zwei Geschwindigkeiten eingezeichnet. (Die Geschwindigkeiten werden durch die Péclet-Zahl Pe bestimmt, Tab. 7.5). Die verwendeten Werte gelten wiederum für große Nusselt-Zahlen*), die für tiefschmelzende organische Stoffe typisch sind (für hochschmelzende Metalle gelten Nu-Werte um 0,02).

Wie Bild 7.6a zeigt, ist eine ebene Isotherme bei Geschwindigkeiten nahe 0 und ϕ = 0,5 zu erwarten, d.h. die Erstarrungstemperatur muß möglichst in der Mitte zwischen den Temperaturen der Heizzone T_H und der Kühlzone T_K zu liegen kommen. Bei höheren Geschwindigkeiten bzw. Pe-Werten muß T_e, um eine ebene Isotherme zu erhalten, der Ofentemperatur angenähert werden. Nach Bild 7.6b wird dieses Verhalten durch die Erstarrungswärme ΔH_s noch verstärkt und zwar umso mehr je kleiner die Nusseltzahl ist. Anders ausgedrückt, bei konstanten Temperaturen T_H und T_K wird die Phasengrenze umso weiter zur Kühlzone hin verschoben (und nimmt damit die Form von Bild 7.2b an) je größer die relative Schmelzwärme W, je höher die Geschwindikeit v und je kleiner die Nusseltzahl wird. Die gleiche Wirkung wird durch Konvektion in der Schmelze ausgelöst, da sie den Wärmefluß erhöht. Wie später zu zeigen sein wird (Bild 7.11), ist in einer senkrechten Bridgman Apparatur die thermische Konvektion vernachlässigbar. Da die Nusseltzahl u.a. von der Wärmeübergangszahl α bestimmt ist, wird verständlich, warum ebene Phasengrenzen in niedrigschmelzenden Legierungen schwer einzustellen sind (kleine Temperaturdifferenzen und geringer Strahlungsanteil führen zu kleinen α-Werten). Diese Überlegungen zeigen, daß eine ebene Wachstumsfront durch die Verwendung einer Isolationsschicht zwischen Wärme-und Kältezone begünstigt wird, indem der Wärmefluß erzwungenermaßen über eine größere Entfernung parallel zur Probenachse verläuft.

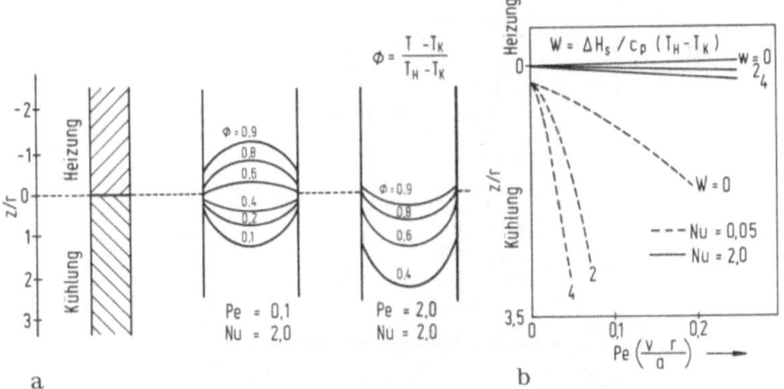

Bild 7.6. Temperaturverteilung bei der gerichteten Erstarrung; a) Lage der Isothermen ϕ, b) Lage der Fest-flüssig-Grenzfläche; nach Chang und Wilcox (1974)

*) auch Biot-Zahl genannt, wobei z in Nu den Probenradius darstellt (Tab. 7.5).

Wie Bild 7.4 zeigt, gibt es zwei prinzipiell verschiedene Anordnungen zur Erzeugung eines gerichteten Wärmeflusses. Die ideale Anordnung ist in Bild 7.4a dargestellt, da bei guter seitlicher Isolation (ggf. durch Heizung) der Wärmefluß, selbst bei großen Querschnitten, gerichtet ist. Diese Methode eignet sich also für kurze Gußstücke (max. Höhe ≈ 20 cm) mit großem Querschnitt. Zum Unterschied hierzu eignet sich die in Bild 7.4b dargestellte Methode für lange, jedoch mindestens in einer Richtung relativ dünnwandige Objekte.

Als Faustregel kann gelten, daß bei kleiner Wärmeleitfähigkeit die maximale Geschwindigkeit, bei der noch ein bestimmter Durchmesser mit gerichtetem Wärmefluß erstarrt werden kann, entsprechend kleiner ist, da das Produkt aus Erstarrungsgeschwindigkeit v und Probendurchmesser d proportional der Wärmeleitzahl a ist:

$$v \cdot d \sim a = \frac{\kappa}{c\rho} \quad .$$

Bei hohen Geschwindigkeiten kann die Umwandlungswärme der den Prozeß bestimmende Faktor werden, Bild 7.6. Für diesen Fall kann eine maximale Ziehgeschwindigkeit geschätzt werden, bei der G positiv bleibt: Mit zuneh-

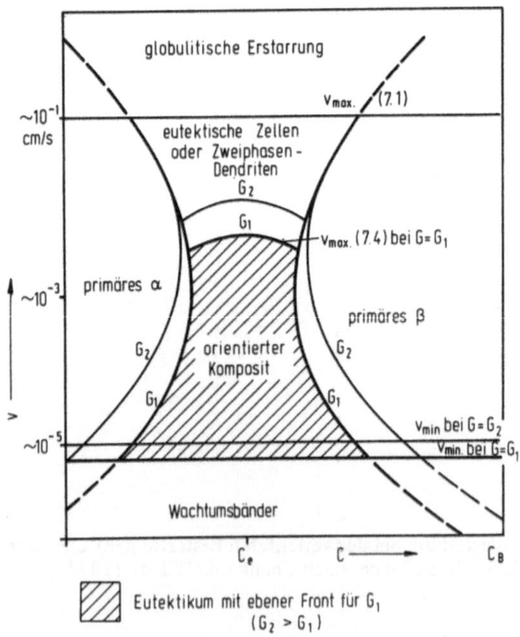

Bild 7.7. Kritische Wachstumsbedingungen (Erklärung s. Text, vgl. auch Bild 5.36)

mender Geschwindigkeit v rückt die Flüssig-fest-Grenzfläche immer tiefer, bis sie z = 0 erreicht (vgl. Bild 7.4). Bei weiterer Geschwindigkeitssteigerung findet die Erstarrung unter der Oberfläche des Kühlmediums statt, wodurch eine radiale Wärmeentzugskomponente auftritt. Dann kann eine makroskopisch ebene Kristallisationsfront nicht mehr bestehen. Die maximale Zieh- bzw. Erstarrungsgeschwindigkeit ist nun berechenbar (Livingston et al., 1970):

$$v_{max} = \left[\frac{2\alpha\kappa_s}{cr}\right]^{1/2} \cdot (Z^{1/2} - Z^{1/2}), \tag{7.1}$$

$$Z = \frac{\Delta H_s + c\,(T_H - T_K)}{\Delta H_s + c\,(T_H - T_e)} ,$$

wo c spezifische Wärme pro Einheitsvolumen, T_H Temperatur des Ofens und T_K Temperatur des Kühlmediums. (7.1) besagt, daß mit steigendem Wärmeübertragungs- und Wärmeleitungskoeffizienten α bzw. κ_s und mit kleiner werdendem Radius der Probe r höhere Geschwindigkeiten möglich sind.

7.1.3. Erstarrungsgeschwindigkeit – Temperaturgradient

Die Erstarrungsgeschwindigkeit v beeinflußt direkt die Feinheit des Gefüges, so daß sie als einer der wichtigsten Kontrollparameter angesehen werden kann (Abschn. 5.1.2.). Auch bei den Stabilitätskriterien (Abschn. 5.2.3. und 5.2.4.) spielt v eine wichtige Rolle*).

Es bestehen zusätzlich zu den im vorangegangenen Abschnitt angestellten Betrachtungen gewisse Begrenzungen für v (Bild 7.7.). Neben einer maximalen Wachstumsgeschwindigkeit für $G \geqslant 0$, d.h. für gerichteten Wärmefluß (7.1), bzw. damit $G/v > \Delta T/D$, (s.w.u. (7.4) bzw. (7.5)) existiert auch eine minimale, die ganz einfach durch die vom System abhängigen Temperaturflukationen an der Erstarrungsfront bestimmt wird. Diese können über einen sehr gleichmäßigen Vorschub, durch extrem konstante Wärmequellen sowie regelmäßige Probengeometrie weitgehend vermindert werden. Praktisch liegt diese untere Grenze der Wachstumsgeschwindigkeit jedoch bei etwa 3 μm/s ($\approx$ 1 mm/h). Die übrigen in Bild 7.7 dargestellten Grenzwerte sind aufgrund von Stabilitätsbetrachtungen bestimmbar, wie dies in Abschn. 5.2. (Bild 5.36) beschrieben ist.

Nach der bekannten Proportionalität zwischen Wärmefluß q und Temperaturgradient G ergibt sich dieser aus

$$G = \frac{q}{\kappa} . \tag{7.2}$$

---

*) Die Erstarrungsgeschwindigkeit (Fortpflanzungsgeschwindigkeit der Kristallisationsfront) ist nicht immer identisch mit der Geschwindigkeit der Proben- oder Tiegelbewegung. Vor allem an den Enden kann man größere Abweichungen beobachten (Bild 7.3).

Man erkennt aus (7.2.), daß man zur Einstellung eines hohen Temperaturgradienten sowohl einen hohen Wärmefluß in der Legierung als auch eine kleine Wärmeleitfähigkeit derselben braucht.

Tabelle 7.2: Wärmetransportmechanismen bei gerichteter Erstarrung mit und ohne Tiegel

		mit Tiegel	ohne Tiegel
Wärmequelle			
		Strahlung Konvektion[1])	Strahlung Induktion Elektronenstrahl
Tiegel		Leitung	
Legierung	flüssig	Leitung Konvektion Strahlung[2])	
	fest	Leitung Strahlung[2])	
Tiegel		Leitung	Leitung Konvektion Strahlung
		Leitung Konvektion Strahlung	
Wärmesenke			

[1]) bei niedrigen Temperaturen
[2]) bei transparenten Stoffen wie Keramik, organische Stoffe, Salze etc.

Ist die Legierung und damit κ vorgegeben, so kann man nur durch den Wärmefluß Einfluß auf den Temperaturgradienten nehmen*). Der Wärmefluß hängt, von geometrischen Faktoren abgesehen, im wesentlichen vom Wärmeübergang zwischen Heizung-(Tiegel)-Probe-(Tiegel)-Kühlung ab. Dieser Wärmeübergang kann durch Leitung, Konvektion, Strahlung oder Induktion bewerkstelligt werden (Tab. 7.2). Im allgemeinen wird man daher zu folgenden Maßnahmen greifen, wenn man einen hohen Temperaturgradienten einstellen will:

*) Bei hochschmelzenden transparenten Stoffen wie z.B. keramischen Eutektika geht der Wärmetransport nicht in erster Linie durch Leitung sondern durch Strahlung vor sich (Cocks et al., 1973). In diesem Fall wird der Temperaturgradient im Festkörper sehr klein (Tiller, 1968), wodurch die Stabilität der Wachstumsfront beeinflußt wird (5.24).

- große Differenz zwischen Temperatur der Wärmequelle und der Erstarrungsfront (Problem bei hochschmelzenden Legierungen),
- große Differenz zwischen Temperatur der Erstarrung und der Wärmesenke (Problem bei tiefschmelzenden Legierungen),
- hohe Absorptionskoeffizienten strahlender Flächen,
- dünne Tiegelwerkstoffe (falls Tiegel vorhanden),
- hohe Strömungsgeschwindigkeit der Kühlflüssigkeit,
- Kühlflüssigkeiten mit hoher Wärmekapazität und/oder hoher Wärmeleitfähigkeit sowie hohem Siedepunkt. Hierfür werden insbesondere Wasser, Öl und flüssige Metalle wie Ga-In-Eutektikum (Sahm und Lorenz, 1972) oder Sn (Erickson et al., 1974) verwendet.

Bei Methoden nach Bild 7.4a ist vor allem die Wärmeleitung des erstarrten Gußstückteiles, die sich mit der Erstarrungszeit ändert, ausschlaggebend. G und v sind Funktionen des Wärmeflusses und durch diesen miteinander gekoppelt. Beide Größen nehmen mit der Zeit ab. Demgegenüber weist die Methode nach Bild 7.4b zu den in Abschn. 7.2.1 beschriebenen Vorteilen noch folgende auf:

- Wahl beliebiger Erstarrungsgeschwindigkeit ($v_{min} < v < v_{max}$),
- unabhängig davon Wahl eines konstanten oder veränderlichen Temperaturgradienten G.

Experimentell läßt sich der Temperaturgradient durch eine direkte Messsung, mit dem Thermoelement, aber auch durch Abschrecken einer über- bzw. untereutektischen Schmelze bekannter Zusammensetzung (bekanntes ΔT zwischen Solidus und Liquidus) und anschließender metallographischer Auswertung des abgeschreckten Primärgefüges vor der eutektischen Wachstumsfront messen (Sharp und Hellawell, 1971; Sahm und Lorenz, 1972).

Die Anpassung des Temperaturprofils des Ofens an die in der Längsrichtung der Probe herrschenden Gradienten kann helfen, gleichmäßigere Gefüge herzustellen (Berthou und Gruzleski, 1971). Infolge der Änderung der Wärmeleitfähigkeit an der Fest-flüssig-Phasengrenze (für Metalle ist $\kappa_s/\kappa_\ell \sim 2$) ist der Gradient bei kleinen Wachstumsgeschwindigkeiten in der konvektionsfreien Schmelze größer als im Festkörper. In bewegten Systemen ergibt die Wärmebilanz

$$G_s\kappa_s = G_\ell\kappa_\ell + v \cdot \Delta H_s.$$

Die Ofengradienten sollten daher so eingestellt werden, daß das Gradientverhältnis (s = fest, ℓ = flüssig)

$$G_s/G_\ell = (\kappa_\ell/\kappa_s) + (v\Delta H_s/G_\ell\kappa_s) \qquad (7.3)$$

wird. Ist diese Bedingung erfüllt, dann entstehen keine quergelagerten Gradienten, die die Wachstumsfront makroskopisch oder mikroskopisch verzerren können.

Mit (5.22) wurde gezeigt, wie weit der Temperaturgradient in der Schmelze vor der Wachstumsfront den Erfolg bestimmt, eine mikroskopisch ebene Phasengrenze flüssig-fest zu erzeugen. Für eine ebene Front ist es günstig, den Gradienten so hoch wie möglich zu wählen, obwohl auch Fälle existieren, bei denen ein niedriger Gradient vorzuziehen ist (hohe G-Werte machen u.a. die Erstarrungsfront anfälliger gegen Fluktuationen), so daß optimale Werte von Fall zu Fall bestimmt werden müssen. Der Temperaturgradient

$$G = dT/dz$$

ist im Zusammenhang mit der Erstarrungsgeschwindigkeit

$$v = dz/dt$$

für die Abkühlungsgeschwindigkeit $\dot{T}$ direkt an der Wachstumsfront verantwortlich, der der wachsende Kristall unterworfen ist:

$$\dot{T} = dT/dt = G \cdot v \text{ (K/s)}$$

In manchen Fällen bestimmt $\dot{T}$ (eine in der Gießereitechnik häufig verwendete Größe) die resultierende Morphologie (Kap. 6.). Das Stabilitätskriterium (5.22) ergibt einen Quotienten G/v (K s/cm^2), der für Stabilitäts größer bleiben muß als ein Wert, der sich aus dem Diffusionskoeffizienten und aus der Größe des Erstarrungsintervalles (Differenz aus Liquidus- und Solidus-Temperatur) zusammensetzt:

$$G/v > \Delta T/D. \tag{5.22}$$

Wie in Abschn. 5.2.3. gezeigt wurde, ist diese Schreibweise äquivalent dem Kriterium der konstitutionellen Unterkühlung und läßt daher nur eine sehr grobe Abschätzung der tatsächlichen Verhältnisse zu. Man erhält dann unter den herrschenden Bedingungen eine maximale Geschwindigkeit

$$v_{max} \cong \frac{G \cdot D}{\Delta T}, \tag{7.4}$$

bei welcher die Legierung (solange Grenzflächenenergie, -kinetik u.a. vernachlässigt werden können) noch mit ebener Erstarrungsfront erstarrt (Bild 7.7). Die Gleichungsform mit dem Temperaturintervall ΔT zwischen Liquidus und Solidus ist insofern vorzuziehen, als ΔT selbst in komplexen Legierungen leicht experimentell durch Differentialthermoanalyse bestimmt werden kann. Die sonst übliche Schreibweise mit Steigung der Liquidusflächen und Verteilungskoeffizienten (5.22a und b) ist in realen Systemen selten verwendbar, da diese Größen nicht bekannt sind.

Mit dem G/v-Kriterium (5.22) lassen sich bei normalen Erstarrungsgeschwindigkeiten beide Arten von Instabilitäten (Bild 5.30) in erster Näherung abschätzen:

- die einphasig-dendritische Instabilität rein binärer Legierungen (A-B) über- oder untereutektischer Zusammensetzung und

- die zweiphasig-zellenförmige oder -dendritische Instabilität, die selbst bei genau eutektischer Zusammensetzung durch Verunreinigungen oder Legierungselemente (C_i) ausgelöst wird.

(5.22) spaltet sich nach einer vereinfachenden Betrachtung dementsprechend auf in:

$$G/v > (\Delta T_{A,B} + \Delta T_i)/D. \qquad (7.5)$$

$\Delta T_{A,B}$ wird durch das binäre System A-B bestimmt und ist umso größer je größer die Abweichung der Zusammensetzung vom eutektischen Punkt ist. In Bild 7.7 ist dies durch den sich nach unten öffnenden Bereich dargestellt. Je kleiner die Wachstumsgeschwindigkeit und je größer der Temperaturgradient sind umso weiter kann die Zusammensetzung von der binären eutektischen abweichen. Berücksichtigt man den bei höheren Geschwindigkeiten wirksam werdenden Kopplungseffekt, dann erhält man die sich nach oben öffnenden Kurvenäste von Bild 7.7 (s. Abschn. 5.2.2. sowie 5.2.4.).

ΔT_i gibt das Temperaturintervall zwischen Solidus und Liquidus auf der monovarianten Rinne für komplexe Legierungen an (Bild 5.31). Der Index (i) definiert die Legierungselemente bzw. Verunreinigungen. Je komplexer die Legierung umso größer wird allgemein ΔT_i, was zu einer Verringerung der maximalen Geschwindigkeit, bei der eine ebene Erstarrungsfront noch stabil ist, führt. In Bild 7.7 ist diese Geschwindigkeitsgrenze durch die Kurve gegeben, die den schraffierten Bereich nach oben abschließt. Erhöhter Gradient heißt hier auch erhöhte Geschwindigkeit.

$\Delta T_i/D$ wird gleichgesetzt einem kritischen Verhältnis $(G/v)_k$. Diese Werte sind für die Praxis wichtige Legierungsparameter, die über die Herstellbarkeit einer eutektischen Legierung entscheiden, Tabelle 7.3. Liegen die realisierbaren G/v-Werte unterhalb der in Tabelle 7.3 gegebenen Zahlen, so treten in den aufgeführten Systemen eutektische Zellen auf. Abhilfe kann durch Verringerung der Konzentration der Legierungselemente bzw. durch erhöhte Reinheit der Legierungsbestandteile geschaffen werden oder durch entsprechende Erhöhung des Temperaturgradienten bzw. Verkleinerung der Erstarrungsgeschwindigkeit.

Tabelle 7.3. Kritische G/v-Werte einiger eutektischer Legierungen nach El Gammal (1973) und Lemkey (1973)

System	$(G/v)_k$ Ks/cm²
Co, Cr, Ni-TaC	$25 \cdot 10^4$
Ni_3Al-Ni_3Nb	$8{,}3 \cdot 10^4$
Co, Cr- $(Cr, Co)_7C_3$	$2{,}5 \cdot 10^4$
Ni/Ni_3Al-Ni_3Nb	$1{,}8 \cdot 10^4$

7.1.4. Konvektion in der Schmelze

In vielen Fällen wird die Erstarrung durch Wärmetransport und Stofftransport bestimmt. Die Konvektion wirkt auf beide Phänomene und beeinflußt somit die Erstarrungsbedingungen. Vier wichtige Ursachen für Konvektion in der Schmelze sind:

- Dichteunterschiede in der Schmelze, bedingt durch
  - Temperaturgradienten und
  - Konzentrationsgradienten;
- Ausscheidungen fester, flüssiger oder gasförmiger Phasen verschiedener Dichte;
- Volumenänderung an der Flüssig-fest-Grenzfläche (Erstarrungsschrumpfung bzw. -expansion);
- äußere Kräfte, z.B.
  - elektromagnetische Felder,
  - mechanische Rührung.

In den letzten Jahren sind mehrere Arbeiten erschienen, die sich mit dem Konvektionszustand erstarrender Schmelzen befassen (Carruthers, 1968; Cole, 1971; Hurle, 1972; Stewart und Weinberg, 1972). Praktisch unbekannt ist dabei jedoch die Wechselwirkung zwischen Konvektion und eutektischem Gefüge geblieben. Aus diesem Grund wird nachfolgend versucht, einen für die gerichtete eutektische Erstarrung brauchbaren Überblick zu liefern.

Grenzschichten an der Erstarrungsfront

Für das gesamte Gebiet der Erstarrung äußerst wichtig sind die Grenzschichten der Wärme- und der Stoffdiffusion an der kristallisierenden Grenzfläche (Tabelle 7.4. und Bild 7.8). Ihre Ausdehnung δ stimmt nur bei Gasen überein. Liegt im System Konvektion vor, so überlagert sich eine dritte hydrodynamische Grenzschicht (Impulstransport), die die Erstarrungsvorgänge ebenfalls beein-

Tabelle 7.4. Grenzschichten δ (in cm) für Impuls-, Stoff- und Wärmetransport für den Fall einer parallel angeströmten Platte, 1 cm hinter der Einlaufkante (x = 1, Bild 7.8)

Grenzschicht / Schmelze	Impulstransport (Konvention) $\delta_I/x = 4{,}64\ Re^{-0{,}5}$	Stofftransport (Diffusion) $\delta_D/x = 4{,}64\ Re^{-0{,}5}Sc^{-0{,}33}$	Wärmetransport (Wärmeleitung) $\delta_T/x = 4{,}64\ Re^{-0{,}5}Pr^{-0{,}33}$
Sn	0,24	0,059	1,03
Fe	0,45	0,079	0,93
Salze	0,42	0,096	0,87
$CHCl_3$	0,338	0,053	0,40
H_2O	0,545	0,049	0,25

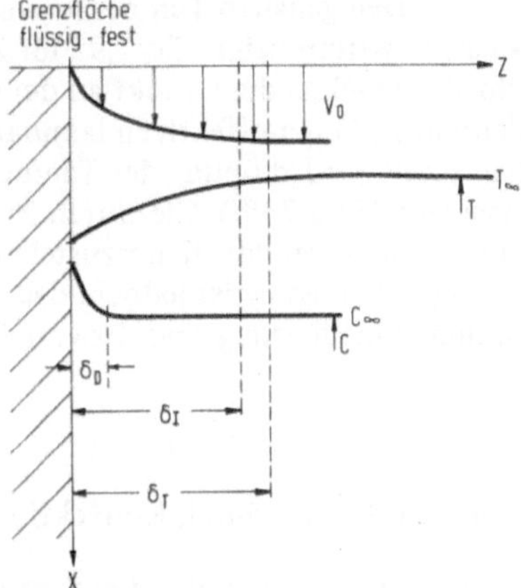

Bild 7.8. Grenzschichten: Wärmediffusion δ_T, Stoffdiffusion δ_D und Impulstransport δ_I

flussen kann. Beispielsweise wird bei den Ableitungen der Wachstumsgesetze (Kap. 5.) normalerweise vorausgesetzt, daß die typischen Massentransportschichten δ_D (~D/v) vor der kristallisierenden Grenzschicht viel kleiner sind als die Wärmediffusionsschichten δ_T (~a/v), was für Metalle immer zutrifft (Tab. 7.4). Dieses Verhältnis kann durch die überlagerte Konvektion verändert werden; in jedem Fall werden beide Grenzschichten durch Konvektion verkleinert, was eine Stabilisierung der Front bedeutet.

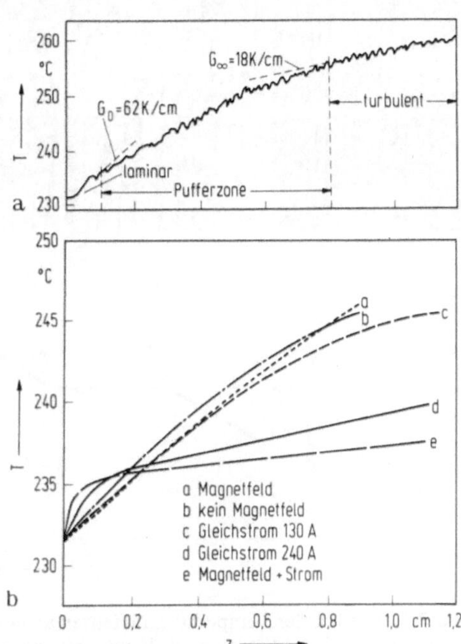

Bild 7.9. Temperaturverteilung vor einer vertikalen Erstarrungsfront in einer Sn-Schmelze; a) mit natürlicher Konvektion, b) unter dem Einfluß eines Magnetfeldes sowie eines überlagerten Gleichstromes (Cole, 1967)

Den genauen Temperaturverlauf an einer vertikal angeordneten Wachstumsfront zeigt Bild 7.9a für Zinn (Cole, 1967). Man erkennt die Unterschiede zwischen dem direkt an der Grenzfläche herrschenden Temperaturgradienten G_0 in der effektiven laminaren Grenzschicht und G_∞. Konvektion kann man somit zur Erhöhung des Temperaturgradienten an der Erstarrungsfront ausnützen (Bild 7.9b). Hierdurch ist es auch möglich, unter- oder übereutektische Verbundwerkstoffe herzustellen (Verhoeven u. Homer, 1970). Eine wesentliche Bedingung ist jedoch, daß die durch Turbulenz hervorgerufenen Fluktuationen klein genug sind, bzw. daß der Schmelze eine laminare Strömung aufgezwungen wird.

Wachstumsbänder durch Konvektion

Vandenbulcke und Vuillard (1972) haben den Einfluß von Konvektion auf die Bildung von Wachstumsbändern am Al-Si-Eutektikum untersucht. Es zeigte sich, daß turbulente Strömungen katastrophale Wachstumsbandbildung, konvektionslose Bedingungen sowie laminare Strömung aber keine Wachstumsfehler bewirkten, Bild 7.10. Die Autoren verwendeten ein vertikales System mit erstarrter Legierung oben, um einfach natürliche Konvektion zu realisieren (vgl.

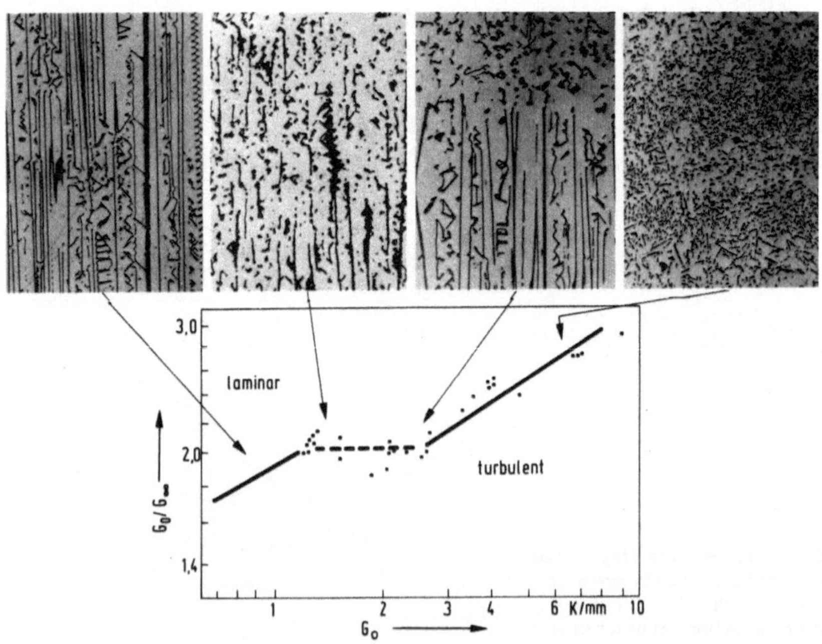

Bild 7.10. Einfluß der Temperaturgradienten an der Grenzfläche auf die Gefügeausbildung des Al-Si-Eutektikums nach Vandenbulcke und Vuillard (1972)

Bild 7.11 ganz rechts). Sie bestimmten die Bedingung für turbulente Konvektion, die oberhalb einer Nusselt-Zahl von 2 und einer Grashof-Zahl von ebenfalls ca. 2 eintrat. Hierbei wurde der in der Schmelze gemessene Temperaturgradient wie folgt mit diesen Zahlen in Verbindung gebracht (Cole, 1967):

$$\mathrm{Nu} = \frac{q_{\mathrm{total}}}{q_{\mathrm{Leitung}}} = \frac{G_0}{G_\infty}$$

und (vgl. Tabelle 7.5)

$$\mathrm{Gr} = \frac{g\,\beta\,z^4\,G_\infty}{\nu^2} = KG_\infty \ ,$$

wobei $\Delta T_\infty/z = G_\infty$ (z ist die charakteristische Behälterdimension). Die Wachstumsbänder sind demnach eine Folge der Erstarrungsbedingungen $\mathrm{Nu} > 2$ und $\mathrm{Gr} \gtrsim 2$.

Konvektionskontrolle

Von den eingangs erwähnten Ursachen für die Konvektion ist eine Beherrschung der Dichteunterschiede in der Schmelze, die durch Temperatur- und Konzentrationsgradienten ausgelöst werden, besonders wichtig. Eine kurze Diskussion wird auch den äußeren Kräften gewidmet, weil sie zur Kontrolle der Konvektion einen Beitrag leisten. Der Effekt von Ausscheidungen, seien sie gasförmiger, flüssiger oder fester Natur, wird nicht erläutert, weil diese Phänomene bei der gerichteten Erstarrung normalerweise nicht auftreten. Infolge der kleinen Erstarrungsgeschwindigkeit spielt auch die Volumenänderung an der Wachstumsfront bei der gerichteten Erstarrung meist keine Rolle.

Die Triebkräfte für die thermische und die konstitutionelle (konzentrationsbedingte) Konvektion werden wie folgt beschrieben:

$$\begin{aligned} &\bullet\ \text{thermische Auftriebskraft} &&= g\left(\frac{1}{\rho}\frac{d\rho}{dT}\right)\Delta T \\ &\bullet\ \text{konstitutionelle Auftriebskraft} &&= g\left(\frac{1}{\rho}\frac{d\rho}{dC}\right)\Delta C \end{aligned} \qquad (7.6)$$

Aus diesen Gleichungen erklärt sich das Interesse, das Weltraumexperimenten entgegengebracht wird. Im schwerelosen Zustand kann der Einfluß von Dichteunterschieden völlig vernachlässigt werden (Wuenscher, 1972; Carruthers und Grasso, 1972). Bei der eutektischen Erstarrung spielt die thermische Konvektion die primäre Rolle. Für gewisse Systeme kann jedoch die konstitutionelle Konvektion einen wesentlichen Beitrag leisten (Sharp und Hellawell, 1972).

Den Konvektionszustand eines Systems kann man mit der Rayleighzahl definieren (Tab. 7.5). Man erkennt, daß außer den Eigenschaften der

Tabelle 7.5. Dimensionslose Kennzahlen (zum Teil nach Szekely und Themelis, 1971)

Kennzahl	Beschreibung	Anwendung
	Hydrodynamik	
Reynold, Re $= \frac{v\,z\,\rho}{\eta} = \frac{vz}{\nu}$	$\frac{\text{Trägheitskraft}}{\text{viskose Kraft}}$	Strömung
Hartmann, Ha $= \frac{\mu\,H\,z\,\sigma^{1/2}}{\eta^{1/2}}$	$\frac{\text{magnetohydrodyn. Kraft}}{\text{viskose Kraft}}$	Strömung im Magnetfeld
Taylor, Ta $= \frac{4\,z^4\,\omega^2}{\nu^2}$	$\frac{\text{Rotationskraft}}{\text{viskose Kraft}}$	Strömung bei Rotation
	Wärmetransport	
Grashof*), Gr $= \frac{g\,z^3\,\beta\,\Delta T}{\nu^2}$	$\frac{\text{Auftriebskraft}}{\text{viskose Kraft}}$	freie Konvektion
Nusselt, Nu $= \frac{\alpha\,z}{\kappa}$ $(= \frac{G_0}{G_\infty})$	$\frac{\text{gesamter Wärmetransport}}{\text{geleiteter Wärmetransport}}$	erzwungene Konvektion
Péclet*), Pe $= \frac{vz}{a}$ $(= Re \cdot Pr)$	$\frac{\text{konvekt. Wärmetransport}}{\text{geleiteter Wärmetransport}}$	erzwungene Konvektion
Prandtl, Pr $= \frac{\nu}{a}$ $(= Pe/Re = Le \cdot Sc)$	$\frac{\text{Impulsdiffusion}}{\text{Wärmediffusion}}$	erzwungene und freie Konvektion
Rayleigh*), Ra $= \frac{z^3\,g\,\beta\,\Delta T}{a\,\nu}$	$\frac{\text{konvekt. Wärmetransport}}{\text{geleiteter Wärmetransport}}$	freie Konvektion
	Massetransport	
Lewis, Le $= \frac{D}{a}$ $(= Pr/Sc)$	$\frac{\text{Stoffdiffusion}}{\text{Wärmediffusion}}$	Wärme- und Stoffübertragung im gleichen Feld
Schmidt, Sc $= \frac{\nu}{D}$ $(= Pr/Le)$	$\frac{\text{Impulsdiffusion}}{\text{Stoffdiffusion}}$	erzwungene und freie Konvektion

*) in modifizierter Form auch bei Stofftransport anwendbar

zu Tabelle 7.5 (vgl. Anhang)

$a = \kappa/\rho c$ = Temperaturleitzahl

G_0 = Temperaturgradient an der Wachstumsfront

G_∞ = mittlerer Temperaturgradient über gesamte Schmelzausdehnung

z = Länge

α = Wärmeübergangszahl

$\beta = -\frac{1}{\rho}\left(\frac{\partial \rho}{\partial T}\right)$

ΔT = Temperaturdifferenz

$\nu = \eta/\rho$

σ = elektrische Leitfähigkeit

ω = Winkelgeschwindigkeit

Schmelze der Temperaturgradient G und die Gefäßdimension z in die Rechnung eingehen*). Für jedes System existiert eine kritische Rayleighzahl Ra_c, unterhalb derer keine Konvektion zu beobachten ist. Für eine Flüssigkeit, die durch zwei feste Wände begrenzt ist, ist $Ra_c \simeq 1700$ (Tiller, 1968). Hierdurch erhält man einen kritischen Temperaturgradienten G_c, bei dessen Überschreitung Konvektion einsetzt (instabile Verhältnisse vorausgesetzt, d.h. Heizung von der Seite bzw. von unten, wenn die Flüssigkeit sich mit der Temperatur ausdehnt).

Da Temperatur- und Konzentrationsgradienten nicht frei wählbar sind, erfordert das für die praktische Versuchsdurchführung die Kontrolle der Konvektion durch

- Tiegelgeometrie,
- Tiegelanordnung und
- äußere Kräfte.

Tiegelgeometrie

Für Metalle ($a \simeq 10^{-1}, \nu \simeq 5 \cdot 10^{-1}$ und $\beta \simeq 3 \cdot 10^{-5}$ in cgs-Einheiten) erhält man mit $Ra_c = 1700$ ein kritisches Produkt (Tiller, 1968)

$$G_c \cdot z^4 \simeq 35. \tag{7.7}$$

Dadurch, daß die Gefäßdimension mit der vierten Potenz in die Gleichung eingeht (sofern sich die Temperaturdifferenz über z erstreckt), ist die charakteristische Länge z in engen Grenzen festgelegt: Thermische Konvektion läßt sich für praktisch alle Temperaturgradienten unterbinden, wenn $z <$ 0,5 cm, während selbst bei sehr kleinen Temperaturgradienten Konvektion eintritt, falls die Abmessung des Gefäßes größer als 2 cm ist. Diese Abschätzung stimmt mit den Messungen von Cole (1971) an Zinnschmelzen überein.

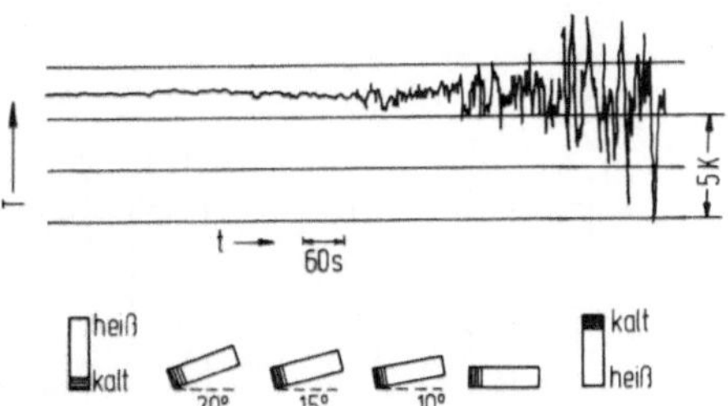

Bild 7.11. Temperaturfluktuationen als Funktion der Tiegelanordnung (Cole u. Winegard, 1964/65)

*) Wie Tabelle 7.5 zu entnehmen ist, wird die Wirkung des Temperaturgradienten durch die Temperaturdifferenz zwischen zwei Punkten in der Schmelze sowie durch mindestens eine kritische Abmessung des Schmelzbehälters berücksichtigt. Der Temperaturgradient kann jedoch nicht unabhängig von der Behälterorientierung und -geometrie betrachtet werden.

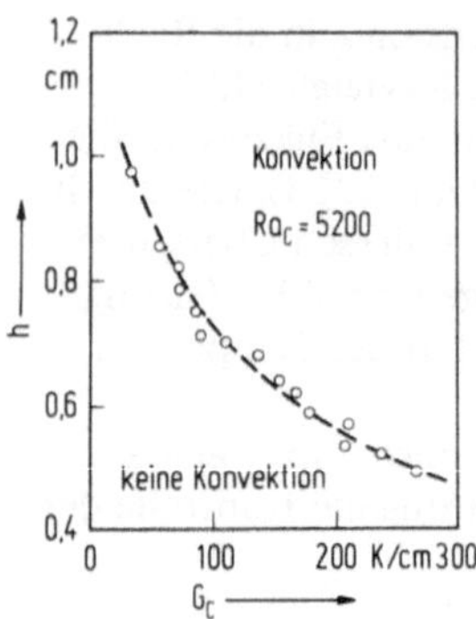

Bild 7.12. Höhe einer senkrechten Phasengrenze h, bei der keine Konvektion auftritt, als Funktion des kritischen Temperaturgradienten G_c (Cole, 1971)

(Bild 7.12). Der relativ große Unterschied in Ra_c, bedingt durch verschiedene Gefäßgeometrie,ist in diesem Fall von geringer Bedeutung. Falls man ein großes Tiegelvolumen wünscht, kann man durch Anordnung von Netzen und Umlenkblechen senkrecht zur Schwerkraftrichtung die charakteristische Dimension z stark herabsetzen und damit eine Konvektionsdämpfung erzielen (Whiffin u. Brice, 1971).

Tiegelanordnung

Die Orientierung des Tiegels ist ebenfalls ausschlaggebend, wie Bild 7.11 zeigt. Hier sind strömungsbedingte Temperaturfluktuationen als Funktion der Gefäßanordnung relativ zur Wärmequelle und zur Wärmesenke gemessen worden (Cole u. Winegard, 1964/65). Dabei hat sich herausgestellt, daß natürliche Konvektion überall dort auftritt, wo zum Schwerefeld entgegengesetzte Dichteunterschiede herrschen. Müller und Wilhelm (1964 und 1965) haben in einer horizontalen Anordnung beim Herstellen gerichteter InSb-NiSb Eutektika ebenfalls starke Temperatur-Fluktuationen und damit Wachstumsbandbil-

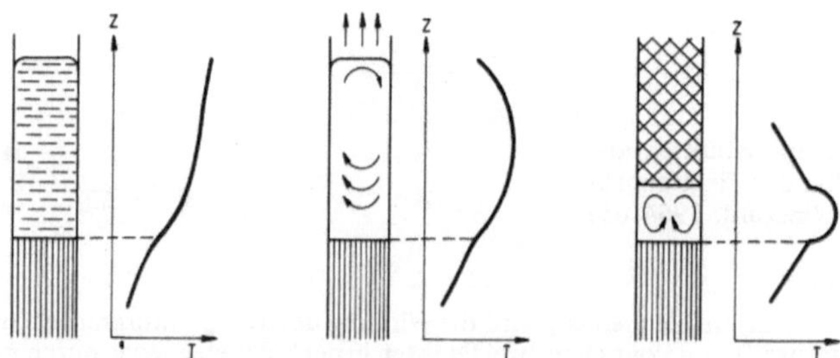

Bild 7.13. Temperatur- und Konvektionsbedingungen bei verschiedenen senkrechten Erstarrungssystemen

dung beobachtet. Den in Bild 7.11 gezeigten Ergebnissen ist zu entnehmen, daß selbst bei hohen Temperaturgradienten stabile konvektionslose Systeme bei vertikaler Anordnung realisiert werden können, wenn die Wärmeabfuhr nach unten hin erfolgt (für den Fall $d\rho/dT < 0$). Hierbei ist allerdings Voraussetzung, daß die Schmelze nach oben hin über einen weiten Bereich zunehmende Temperatur aufweist, was beim Zonenschmelzen nicht und bei offenen Tiegeln nur dann der Fall ist, wenn die Abstrahlung von der Schmelzoberfläche entsprechend gedämmt wird (Bild 7.13). Die auftretende Konvektion im oberen Teil des Tiegels ist nur dann unschädlich, wenn der Tiegel lang oder dünn genug ist, so daß die Konvektion die Grenzfläche nicht beeinflußt.

Diese Überlegungen zum Temperaturgradienten sind grundsätzlich auch solange auf entsprechende Konzentrationsgradienten anwendbar als die schweren und leichteren Komponenten sich im gleichen Sinne anordnen.

Äußere Kräfte

Die Konvektion läßt sich auch durch äußere Kräfte positiv oder negativ beeinflussen, z.B. durch:

- Coriolis-Kräfte,
- Magnetfelder,
- Lorentz-Kräfte (gemeinsam wirkendes elektrisches und magnetisches Feld).

Die Coriolis-Kraft entsteht durch Rotation. In dem Fall gibt die Taylor-Zahl (Tabelle 7.5) an, unter welchen Bedingungen Rotation überkritische Temperaturgradienten kompensieren kann, Bild 7.14. Durch Wechsel der Rotationsgeschwindigkeit oder -richtung kann man die Konvektion, wenn erwünscht, verstärken (Bolling, 1971; Schulz-DuBois, 1972). Ein interessantes Beispiel für die Gefügekontrolle mittels einsinniger oder wechselnder Rotation

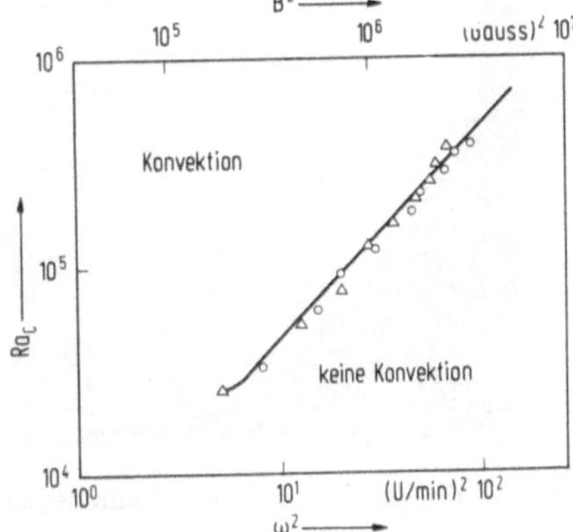

Bild 7.14. Wirkung von Rotation und Magnetfeld B auf die kritische Raleigh-Zahl (ein B von 1000 Gauß entspricht einer Rotation von 7 U/min) nach Cole (1971)

einer erstarrenden Form ist in Bild 7.15 gezeigt. Auf diese Weise lassen sich wahlweise polykristallines und stengelkristallines Gefüge während eines einzigen Prozesses herstellen, so daß jede Werkstückstelle opitmale Eigenschaften aufweist (Gradientgefüge).

Auch das Magnetfeld stellt ein verhältnismäßig wirksames Mittel dar, Konvektion durch magnetische Trägheitskräfte zu unterbinden. Das Magnetfeld wird hierbei senkrecht zur Probenachse angelegt (Utech und Flemings, 1967). Im Fall der kombinierten Anwendung von Magnetfeld und Stromfluß in der Probe erhält man eine verstärkte Rührung (Johnston und Tiller, 1961 und 1962). Wie Bild 7.9b zeigt, ist dies eine sehr wirksame Rührmethode, obwohl das Anlegen einer Gleichstromquelle allein auch schon erheblich verstärkte Konvektion ergibt. In Bild 7.14 ist der Effekt des Magnetfeldes auf die Ra_c-Zahl mit der Rotation verglichen. Man erkennt, daß die Wirkung der Rotation auf Ra_c wesentlich größer (und billiger) ist als die eines Magnetfeldes.

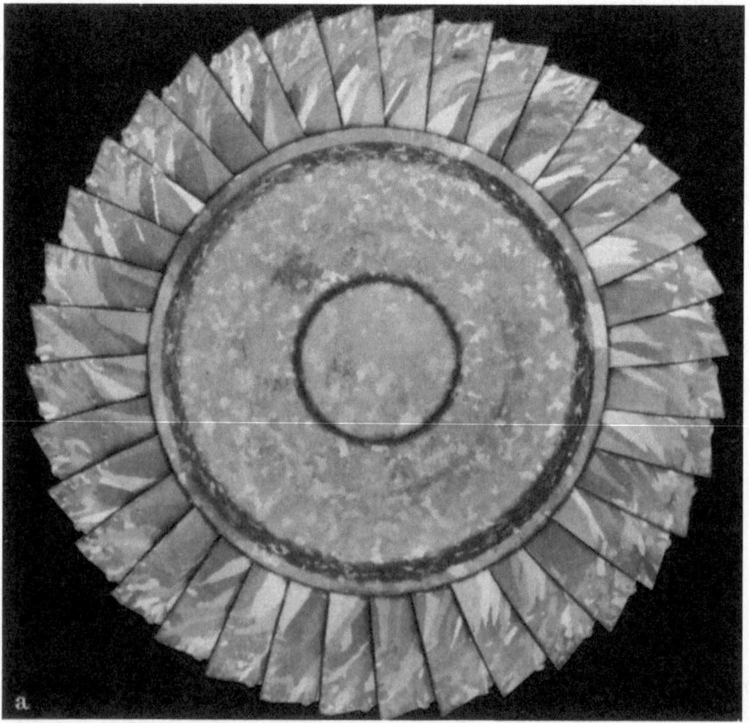

Bild 7.15. Integral gegossene Turbinenräder aus INCO-713-Legierung (Erstarrungsbeginn

Elektromagnetische Felder spielen eine Rolle bei direkter Induktionsheizung gerichtet zu erstarrender Schmelzen. Die Konvektion wird hierbei selbst in sehr kleinen Systemen hervorgerufen (z.B. einige mm^3 beim Zonenschmelzen). Direkte Induktionsheizung ist deshalb nicht zu empfehlen, da sehr leicht Wachstumsbänder entstehen. Eine Abschirmung des Wechselfeldes wird durch Suszeptoren erreicht, d.h. das elektromagnetische Wechselfeld heizt einen Zylinder auf, der die induzierte Wärme durch Strahlung weitergibt. Um die Schmelze gegen eine direkte Induktion abzuschirmen, muß eine ausreichende Wanddicke des Suszeptors gewählt werden. Sie sollte möglichst nicht dünner sein als 5 mal die Eindringtiefe des Wechselstromes δ_H:

$$\delta_H = K \left(\frac{\mu f}{\rho}\right)^{1/2}$$

(K ist eine geometrieabhängige Konstante mit dem Wert 5030 für zylindrische Konfiguration bei Angabe von δ_H in mm, f in Hz und ρ in Ωcm). δ_H-Werte

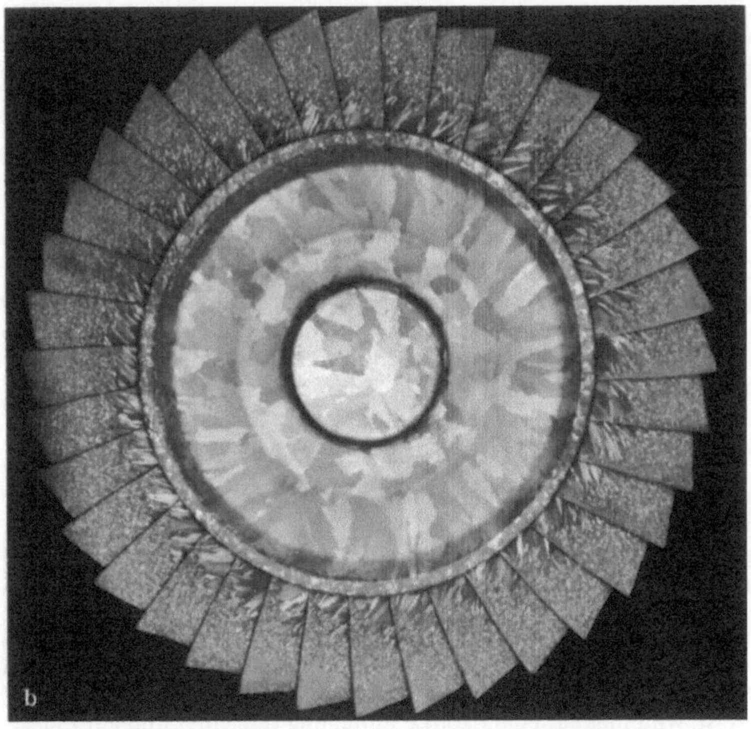

außen) nach Cole und Cremisio (1972) a) Rotation am Beginn der Erstarrung und später Oszillation, b) konvektioneller Guß sind für einige wichtige Materialien in Bild 7.16 zusammengestellt (Philips Information).

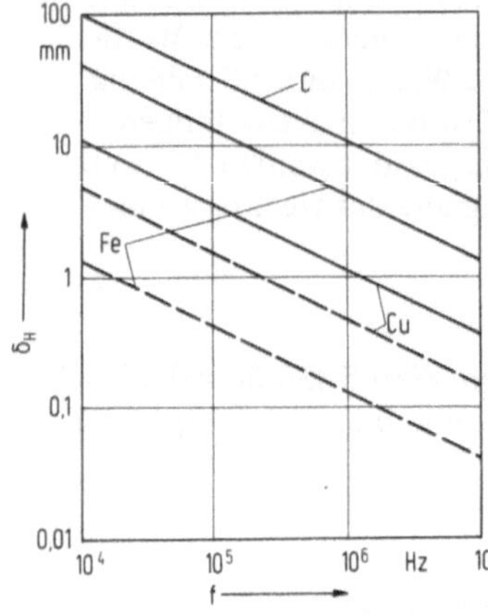

Bild 7.16. Abhängigkeit der Eindringtiefe von der Frequenz bei verschiedenen Materialien (die durchgezogenen Linien gelten für 800 - 1000°C, die gestrichelten Linien für Raumtemperatur)

7.2. Methoden der gerichteten Erstarrung

Die Methoden der gerichteten Erstarrung lassen sich nach verschiedenen Gesichtspunkten einteilen und unterscheiden (Kurz und Lux,1972). Im Grunde genommen sind alle bisher verwendeten Kristallzuchtmethoden auch auf die gerichtete Erstarrung eutektischer Legierungen anwendbar. Hier kann daher nur am Beispiel einzelner Verfahren ein Eindruck der vielfältigen Möglichkeiten vermittelt werden. Vom praktischen Standpunkt sind besonders folgende Merkmale interessant (Tabelle 7.6): Die Herstellung erfolgt

- kontinuierlich oder diskontinuierlich,
- mit oder ohne Tiegel,
- über Bewegung der Probe oder durch Veränderung der Heizleistung,
- horizontal oder vertikal.

Bisher haben in erster Linie die Verfahren, die im kontinuierlichen, vertikalen Betrieb mit bewegter Probe eingesetzt werden, Bedeutung erlangt. Da die Bedeutung eines Verfahrens stark mit dem Verwendungszweck gekoppelt ist, wird hier auf eine rigorose Einteilung verzichtet und auf Einzeldarstellungen zurückgegriffen. Mit Tabelle 7.6 wird der Versuch unternommen, dem Experimentator die Wahl eines Verfahrens für einen bestimmten Zweck durch Gegenüberstellung der Vor- und Nachteile zu erleichtern.

Tabelle 7.6: Übersicht über verschiedene Verfahren der gerichteten Erstarrung (Freiheit in der Wahl kritischer Kontrollparameter: + groß, – gering)

Kontrollparameter	a) normale gerichtete Erstarrung (Bridgman – Stockbarger)	b) Zonenschmelzen	c) Czochralski	d) Strangguß	e) Präzisionsguß
Erstarrungsgeschwindigkeit	+	+	+	±	–
Temperaturgradient	+	+	–	+	–
Wärmeableitung	+ seitlich	+ seitlich	– seitlich	+ seitlich	± anfangs nach unten, später seitlich
Profilwahl	+	+	–	+	+ +
Konvektionsanfälligkeit	klein	groß	groß	klein	klein bei indirekter Heizung
Temperaturprofil ■ Wärmequelle ▥ gerichtet erstarrtes Probenteil ▦ Schmelze ▨ Tiegel bzw. Gußform	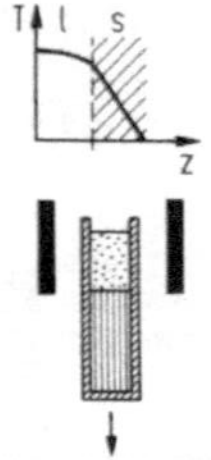 T, l, s, z	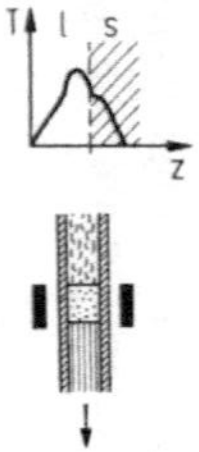 T, l, s, z	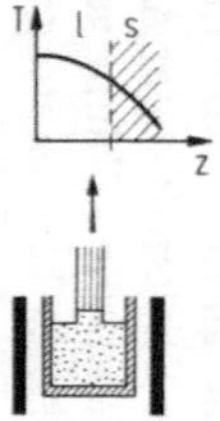 T, l, s, z	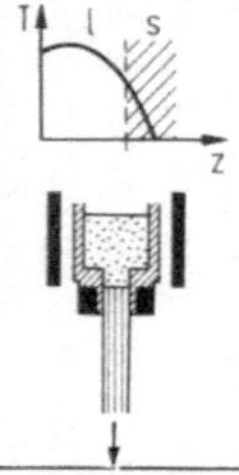 T, l, s, z	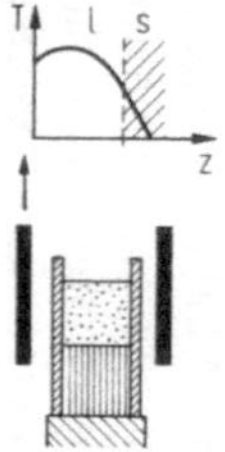 T, l, s, z
besonders geeignet für	einfache, diskontinuierliche Profile	einfache, diskontinuierliche Profile reaktiver, hochschmelzender Legierungen (tiegellos)	einfache, kontinuierliche Profile, ev. tiegellos	einfache, kontinuierliche Profile	komplexe Gußteile (Querschnitt variabel)

7.2.1. Normale gerichtete Erstarrung (Bridgman-Stockbarger)

Bereits Bild 7.4 hat einen allgemeinen Eindruck der für die gerichtete Erstarrung notwendigen Grundelemente vermittelt. Bild 7.17 zeigt eine experimentelle Anordnung, wie sie für die gerichtete Erstarrung im Labormaßstab verwendet werden kann (Sahm und Biller, 1971; Thompson et al., 1973). Die Erstarrungsgeschwindigkeit kann über einen Motor in einem weiten Bereich entweder kontinuierlich oder in Stufen vorgegeben werden. Wichtig für ein gesündes Erstarrungsgefüge ist die Stabilität der Führung, um Vibrationen zu vermeiden. Die Verbindung zwischen Probe und Motor kann über eine Spindel oder über ein Kabel erfolgen.

Die über eine größere Länge angeordnete Heizung sorgt anfangs für ein Aufschmelzen der gesamten Probe, so daß während der Erstarrung nur eine einzige Fest-flüssig-Grenzfläche vorhanden ist. Die sich kontinuierlich von oben nach unten verringernde Temperatur unterdrückt die Konvektion (Abschn. 7.1.4.). Die Heizung kann aus elektrischen Widerständen bestehen, bis zu 1000° C aus Kanthal an Luft und bei höheren Schmelztemperaturen aus SiC an Luft, Mo unter Wasserstoff-Stickstoffgemisch oder aus Graphit unter Stickstoff- oder Argonatmosphäre. Bei hohen Schmelzpunkten kann man oft auf die Kühlung verzichten, denn die Strahlungsverluste ergeben ohne weiteres Temperaturgradienten von 100 K/cm (vgl. z.B. Thompson et al., 1973). Für die Erhöhung des Temperaturgradienten ist in Bild 7.17 eine Zwangskühlung durch Wasserumlauf vorgesehen. Um ein Eindringen des Wassers in die Heizzone (und damit ein Verdampfen sowie eine damit verbundene Fluktuation im Wärmefluß) zu verhindern, muß die Wasserströmung um den in die Kühlflüssigkeit eintauchenden Tiegel forciert werden. Man kann auch ein Kühlmedium mit sehr geringem Dampfdruck, etwa flüssiges Metall,

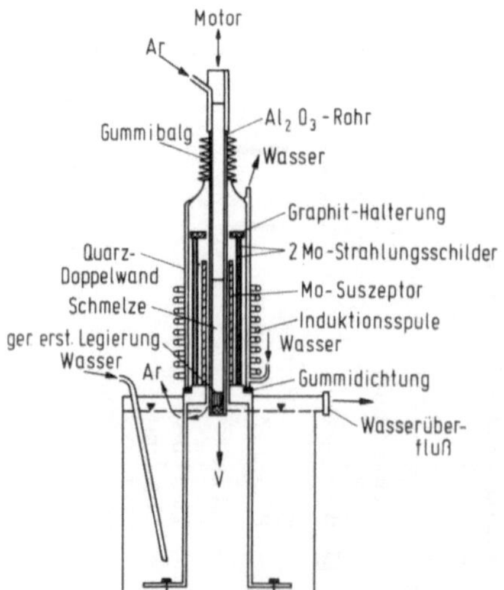

Bild 7.17. Apparatur zur gerichteten Erstarrung mit Wasserkühlung, nach Sahm und Biller (1971)

verwenden (Abschn. 7.1.3.). Dies bietet zudem den Vorteil der viel besseren Wärmeleitung des Kühlmediums. Eine kontrollierte Temperierung des Metallbades läßt sich zusätzlich vorsehen, etwa durch eingebaute Wasserschlangen oder Heizelemente (wichtig bei Sn-Kühlung). Bei sehr dünn gewählten Probedurchmessern (unter 1,0 mm) sind bei flüssiger Metallkühlung Temperaturgradienten bis zu 3500 K/cm gemessen worden (Sahm und Lorenz, 1972).

7.2.2. Zonenschmelzen

Das Zonenschmelzen (Pfann, 1958; Schildknecht, 1964) ist allgemein für die gerichtete Erstarrung eutektischer Legierungen bei beliebigen Lagen der Erstarrungsfront (vertikal oder horizontal) verwendbar, ohne daß Seigerungen befürchtet werden müssen. Es gelten ähnliche experimentelle Überlegungen wie sie im vorigen Abschnitt beschrieben wurden. Das vertikale Zonenschmelzen ist auch für tiegelloses Schmelzen einsetzbar, wenn die Bedingungen für die Stabilität der Schmelzzone eingehalten werden können. Der experimentelle Aufbau für eine wohlkontrollierte gerichtete Erstarrung wird jedoch erheblich kompliziert. Im wesentlichen muß man sich hier mit der natürlichen Wärmeabführung durch den festen Teil der Probe zufriedengeben.

Die Heizung kann durch Induktion oder durch Elektronenstrahlen erfolgen, wenn es sich um leitende Proben, bzw. über indirekte Methoden, wenn es sich um Nichtleiter handelt (s.w.u.). Im letzteren Fall kann auch das Verfahren der Glimmentladung Verwendung finden. Eine pyrometrische Temperaturregelung ist unbedingt notwendig. Die Messung erfolgt mit Vorteil am festen Probenteil direkt unter oder über der Wachstumsfront (bei pyrometrischer Regelung über die flüssige Oberfläche sind infolge Schlackenbildung Wachstumsbänder schwer auszuschalten). Ein weiterer Punkt, der Beachtung finden muß, sind leicht flüchtige Komponenten der Legierung, die beim tiegellosen Schmelzen schnell verdampfen können. Insofern ist die Elektronenstrahlheizung ungünstig, da sie ein Hochvakuum erfordert. Bei Induktionsheizung kann mit Schutzgas gearbeitet und so die Verdampfungsgeschwindigkeit herabgesetzt werden. Ein Nachteil des Zonenschmelzverfahrens (vgl. Tab. 7.6) ist das Vorhandensein zweier Flüssig-fest-Grenzflächen. Damit zwangsläufig verbunden ist ein Temperaturverlauf mit Maximum in der Mitte der Schmelzzone, der die Konvektion verstärkt (Abschn. 7.1.4.).

Zwei durch tiegelloses Zonenschmelzen erschlossene Werkstoffklassen müssen hier erwähnt werden: die hochschmelzenden Keramik-Keramik- und Keramik-Metall-Eutektika. Da für sie ein passendes Tiegelmaterial nur schwer zu finden ist, bedürfen sie besonderer Verfahren der gerichteten Erstarrung. Rowcliffe et al. (1969) haben eine Vorrichtung zur gerichteten Erstarrung des Al_2O_3-TiO_2-Eutektikums vorgeschlagen: Eine modifizierte Elektronenstrahlheizung ermöglicht eine verhältnismäßig gleichmäßige Wärmeeinwirkung auf die elektrisch schlecht leitende Probe, indem ein Graphitsuszeptor als Hilfselektrode benutzt wird. Für die gerichtete Erstarrung von Keramik-Metall-Eutektika läßt sich auch eine Hochfrequenzinduktionsheizung (1 bis

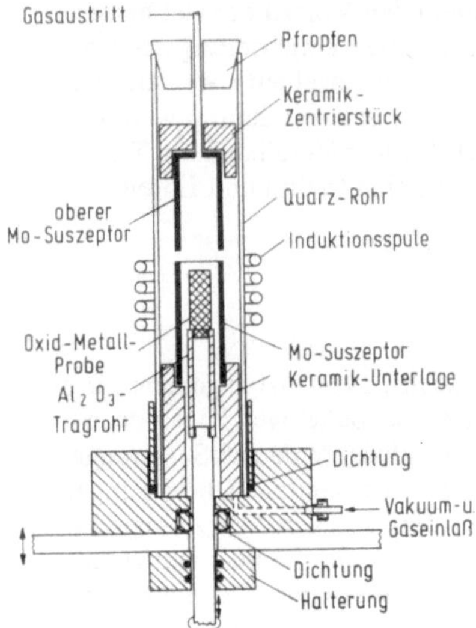

Bild 7.18. Apparatur zur gerichteten Erstarrung von Keramik-Metall-Eutektika, nach Chapman und Gerdes (1972)

50 MHz) verwenden (Bild 7.18). Zunächst wird die Probe in einem Metallsuszeptor vorgeheizt und gesintert, wodurch gleichzeitig ihre elektrische Leitfähigkeit steigt. Anschließend wird der Suszeptor entfernt und die Probe direkt angekoppelt. Bei sehr hohen Temperaturen kann die Abstrahlleistung der Probe so stark ansteigen, daß die äußere Haut nicht aufschmilzt; dies ergibt ein Schmelzen im eigenen Tiegel. Da die Wärmeleitfähigkeit keramischer Werkstoffe kleiner ist als die der Metalle, läßt sich eine ebene Erstarrungsfront nur schwer einstellen. Eine indirekte Induktionsheizung ist in Bild 7.19 gezeigt. In Fällen, wo die eutektischen Temperaturen nicht zu hoch sind, läßt sich die flüssige Zone durch die metallische Heizwicklung selbst stabilisieren (Bild 7.20).

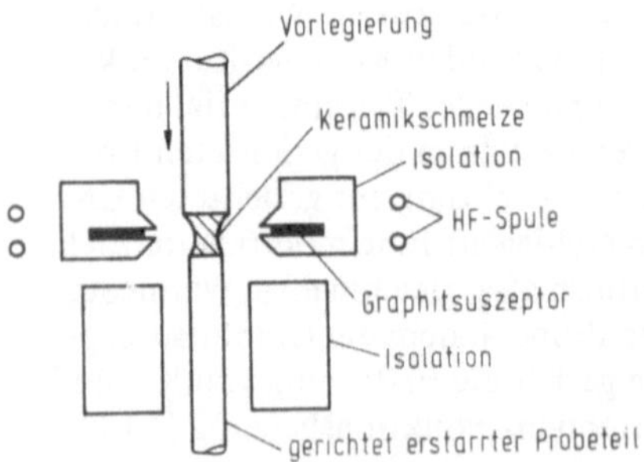

Bild 7.19. Beispiel für tiegelloses Zonenschmelzen von ZrO_2-Y_2O_3-Eutektika mit indirekter Induktionsheizung, nach Hulse u. Batt (1971 und 1973)

7.2.3. Czochralski-Verfahren

Diese Methode ist auch für die gerichtete Erstarrung eutektischer Legierungen geeignet, obwohl sie bisher nur vereinzelt in der Literatur beschrieben wurde (Hopkins und Kraft, 1968; Myers und Hopkins, 1970). Der Nachteil ist vor allem darin zu suchen, daß der Temperaturgradient durch die Strahlungskühlung der Probe begrenzt ist. Weiter ist das Verfahren gegen Konvektion sehr anfällig, weil die kälteste Stelle, die Wachstumsfront, oben liegt (Bild 7.11). Daher sind für diese Methoden der Kristallzüchtung auch zahlreiche Verbesserungsvorschläge gemacht worden (Tiller, 1968; Whiffin und Brice, 1971).

Ciszek (1972) schlägt eine Kombination von tiegellosem Zonenschmelzen und Czochralski-Verfahren vor: Ein Block der Ausgangslegierung mit großem Durchmesser (ca. 100 mm) wird mit Elektronenstrahlen an einem Ende aufgeschmolzen. Der Block wirkt als Tiegel, weshalb aus der Schmelze ein Kristall großer Länge und großen Durchmessers nach oben gezogen werden kann. Die Vorteile des Verfahrens gegenüber Czochralski sind:

- tiegelloses Schmelzen,
- schnelleres Wachstum,
- gleichmäßige Zusammensetzung,

und gegenüber dem tiegellosen Zonenschmelzen:

- größere Ziehgeschwindigkeit,
- größere Stabilität der Schmelzzone und daher größere Durchmesser.

Das Czochralski-Verfahren kann auch für die Herstellung verschiedener Profile eingesetzt werden. Chalmers et al. (1972) haben eine sehr interessante

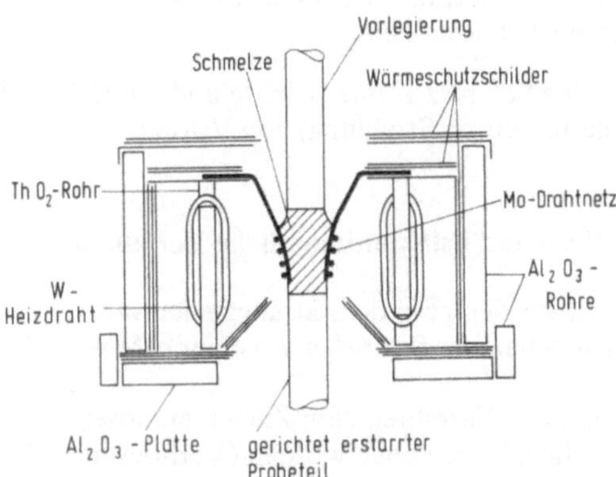

Bild 7.20. Versuchsanordnung zur gerichteten Kristallisation keramischer Eutektika, wobei die Heizwicklung die Schmelze stabilisiert, nach Hulse u. Batt (1971)

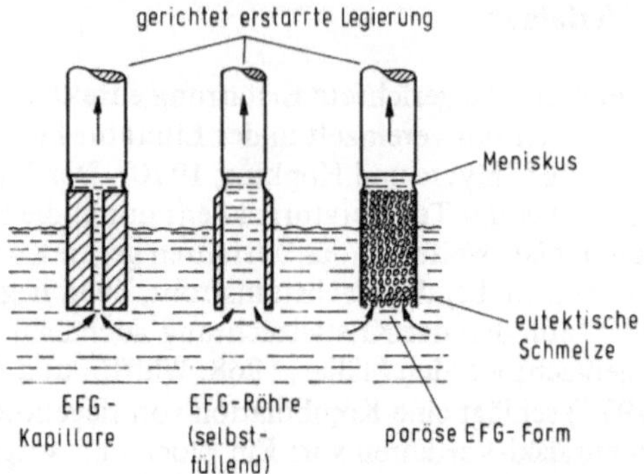

Bild 7.21. Gerichtete Erstarrung unter Ausnutzung der Kapillarkräfte in einem Spalt („edge-defined film-fed growth: EFG") nach Cocks et al. (1973)

Variante ersonnen („edge defined film fed growth", EFG), die unter Ausnützung der Kapillarkraft eines dünnen Spaltes das Herausziehen flacher, runder und auch sehr komplexer (mit Löchern versehener) Formen gestattet, Bild 7.21. Ursprünglich ist diese Methode zur Züchtung von Al_2O_3-Einkristallen entwickelt worden. Cocks et al. (1973) geben eine Reihe von Beispielen zur Erstarrung oxidischer (Al_2O_3-UO_2, Al_2O_3-ZrO_2, Al_2O_3-MgO·Al_2O_3, CaF_2-LiF), sowie auch metallischer (Cu-$ZrCu_3$) Eutektika und van den Boomgaard et al. (1974) über Legierungen auf der Basis $BaTiO_3$-$CoFe_2O_4$. Von der Form, aus der der Komposit gezogen wird, müssen vor allem zwei Forderungen erfüllt werden:

- Der Formwerkstoff muß gegenüber der Schmelze inert sein (hochschmelzende Metalle wie Mo oder W für Keramik-Eutektika).
- Die Form muß von der Schmelze benetzt werden, damit die Schmelze in den Bohrungen hochsteigen kann.

Darüberhinaus ist eine Schmelz kleiner Dichte und ein Kristall hoher Transparenz (hoher Wärmefluß durch Strahlung) von Vorteil.

7.2.4. Kontinuierliche und halbkontinuierliche Verfahren

In diesem Abschnitt werden zwei dem Stranggießen verwandte Prozesse vorgestellt: Das Herausziehen der Schmelze aus einer offenen Kokille und das ESU-Verfahren.

Kontinuierliche Verfahren zum Ziehen endloser Profile aus dem Tiegelboden sind mehrfach beschrieben worden (Verhoeven und Homer, 1970; Lawson und Kerr, 1971; Sahm und Philips, 1971; Perry et al., 1973), Bild 7.22. Der kritische Parameter ist die Erhaltung einer ebenen sowie örtlich stationären Wachstumsfront. Eine solche wird durch kleine Durchmesser und durch eine Hilfsheizung um die Austrittsdüse herum erreicht. Bei kleinen Probenquerschnitten lassen sich sehr hohe Temperaturgradienten verwirklichen, wenn die Probe zusätzlich direkt mit einem Kühlmittel in Kontakt gebracht wird, wie das Ausführungsbeispiel in Bild 7.22 zeigt. Um ein gleichmäßiges Ablösen des erstarrten Probenteils von der Kokille zu gewährleisten, muß diese leicht konisch (nach unten offen) ausgebildet sein. Außerdem ist ein Wandmaterial von Vorteil, das von der Schmelze nur wenig benetzt wird. Diese Methode ermöglicht auch, Konvektion bewußt zur Verwirklichung hoher Temperaturgradienten auszunutzen (Verhoeven und Homer, 1970; vgl. Abschn. 7.1.4.).

Seit einiger Zeit hat sich das (ESU) Elektroschlackeumschmelzverfahren zum Umschmelzen legierter Stähle durchgesetzt. Das Prinzip des ESU-Verfahrens ist folgendes (Schlatter, 1972): Das umzuschmelzende Material stellt eine Elektrode dar und ist mit dem erstarrenden Metallstück durch eine

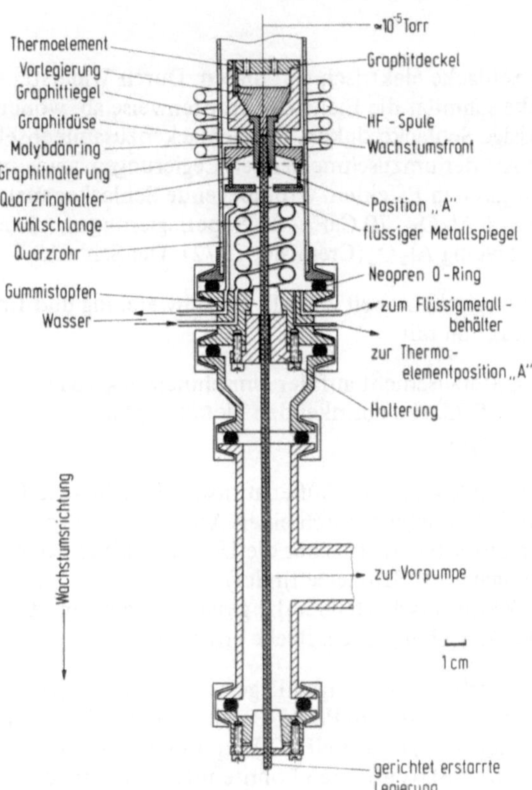

Bild 7.22. Stranggußähnliches Verfahren zur Herstellung kontinuierlicher Profile von Cu-Basis-Eutektika (Sahm und Phillips, 1971)

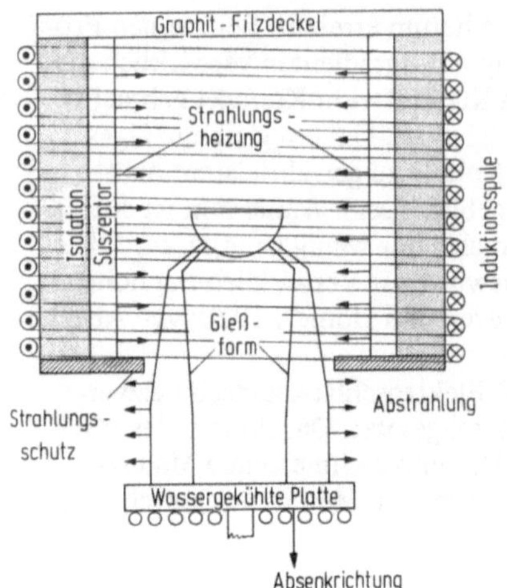

Bild 7.23. Prinzip des gerichteten Präzisionsgusses mit absenkbarer Gußform, nach Erickson et al. (1974)

flüssige, leitende Schlacke elektrisch verbunden. Durch Widerstandserwärmung der Schlacke schmilzt die Elektrode tropfenweise ab, wobei die Tropfen durch die flüssige Schlacke sinken. Die Schlackenzusammensetzung richtet sich nach der Art der umzuschmelzenden Legierungen sowie nach den geforderten metallurgischen Effekten. Grundlegende Schlackenanalysen sind für Stahl: 30 Gew.-% Al_2O_3, 70 CaF_2, für Superlegierungen: etwa 70 Gew.-% CaF_2, 30 CaO mit wenig Al_2O_3 (Cremisio, 1972). Die Schlacke

- läßt eine metallurgische Arbeit zu, z.B. Entschwefelung und Entphosphorung, durch Reaktion mit
  - der flüssigen Metallschicht auf der Umschmelzelektrode;
  - den durch die Schlacke absinkenden Metalltropfen;
  - dem Metallsumpf;
- wirkt als Schutzhülle gegen die Außenatmosphäre (für viele Fälle muß jedoch ein zusätzlicher Schutz durch einen Argonstrom vorgesehen werden, da ein Teil des Luftsauerstoffes über die Umschmelzelektrode und durch die Schlacke Zugang zur Schmelze findet);
- bewirkt einen Wärmeausgleich über die gesamte Erstarrungsfront, so daß eine verhältnismäßig ebene Grenzfläche entsteht.

Mit eutektischen Legierungen liegen bisher nur wenige Erfahrungen vor. So ist beispielsweise mit dem Pb-Sn-Eutektikum (Schlackenanalyse 90 Gew.-% $ZnCl_2$, 10 Gew.-% NaCl bzw NH_4Cl) experimentiert worden (Johnson und Hellawell, 1972). Das ESU-Verfahren könnte interessant werden, wenn es darum geht, große Wanddicken gerichtet erstarrter Eutektika sowie auch nichteutektischer Legierungen zu erschmelzen. Kühlt man die Elektrode, so kann man die Wachstumsgeschwindigkeit stark verkleinern und den Temperaturgradienten durch höheren Stromfluß vergrößern (vgl. Bild 7.9b). Auf diese Weise konnten Basaran et al. (1974) sehr hohe G/v-Quotienten erzielen. Neben ESU wären auch andere Umschmelzverfahren geeignet, gerichtete eutektische Legierungen in größerem Maßstab herzustellen. Eine Übersicht über die derzeitigen Methoden ist von Cremisio (1972) geliefert worden.

7.2.5. Präzisionsguß

Der Präzisions- oder Feinguß ist ein Verfahren, das überall dort Anwendung findet, wo geringe Maßtoleranzen komplizierter Gußstücke gefordert werden. Als einziges herkömmliches Produktionsverfahren ist dieses bisher in größerem Maßstab zur gerichteten Erstarrung eutektischer Verbundwerkstoffe, insbesondere zur versuchsweisen Herstellung von Gasturbinenschaufeln, angewandt worden (Bild 7.23 und 7.24). Das Prinzip des gerichteten Präzisionsgußes wird heute bereits für die Produktion gerichtet erstarrter konventioneller Superlegierungen angewandt (VerSnyder und Shank, 1970; Cole und Cremisio, 1972). Das Verfahren, wie es für Eutektika verwendet wird, ist im wesentlichen eine normale gerichtete Erstarrung (Abschn. 7.2.1.) mit komplexer Form (Graham, 1973). Es stellt infolge der langen Haltezeiten an den Formwerkstoff viel höhere Anforderungen als der konventionelle Feinguß. Die besonderen Problemkreise beim Präzisionsguß für gerichtete Eutektika, an deren Lösung zur Zeit gearbeitet wird, sind:

Bild 7.24. Gerichteter Präzisionsguß einer Turbinenschaufel aus einer eutektischen Co-Cr-C-Legierung, nach Thompson und Lemkey (1974)

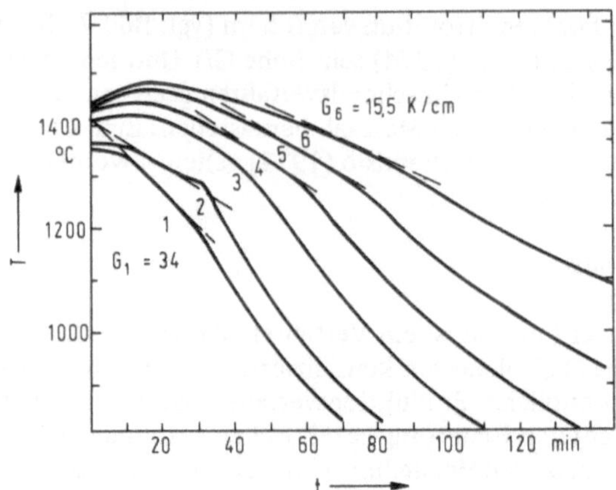

Bild 7.25. Temperaturverlauf in einer Präzisionsgußform während der gerichteten Erstarrung einer eutektischen Schmelze als Funktion des Ortes, nach Staub und Sahm (1971). Zur Lage der Meßstellen vgl. Bild 7.5

- Kontrolle des Erstarrungsprozesses bei stark veränderlichen Querschnitten;
- Verträglichkeit der Schmelze mit dem Formstoff und dem Kernmaterial (für Hohlprofile) über längere Zeiten;
- wirtschaftliche Fertigung.

Die Kontrolle des Erstarrungsprozesses wird durch eine Relativbewegung von Gußform und Heizmantel bewerkstelligt. Der Wärmefluß ist anfangs in Richtung der kalten Bodenplatte gerichtet, wird im weiteren Verlauf des Prozesses jedoch in zunehmendem Maße durch die seitliche Abstrahlung der Formwand bestimmt (vgl. Bild 7.23). Eine scharfe Trennung von Heiz- und Kühlraum wird durch die Strahlschutzplatte erreicht. Sie gestattet beispielsweise, höhere Absenk- und damit Erstarrungsgeschwindigkeiten (HRS = high rate solidification) als bei der älteren Version, der sog. PD-Technik (PD = power down), möglich war (Erickson et al., 1974).

Der Erstarrungsprozeß muß eine mikroskopisch ebene Wachstumsfront (Abschn. 7.1.3.) gewährleisten sowie die Bildung neuer Keime während der Erstarrung vermeiden. Die Einhaltung entsprechender G/v-Quotienten, die für jedes System empirisch ermittelt werden müssen (Tab. 7.3), ist besonders wichtig, wenn in der Nähe des kritischen G/v-Wertes gearbeitet wird. Dies ist meistens der Fall, weil die höchstmögliche Geschwindigkeit erwünscht ist, einerseits um eine hohe Festigkeit zu erzielen (Abschn. 8.1.1.), andererseits um zu hohen Produktionsgeschwindigkeiten und zu weniger Reaktionen mit den Tiegelwerkstoffen zu führen. Hierzu muß in Eichversuchen der Temperaturverlauf ermittelt werden, wobei sich Kurven der in Bild 7.25 gezeigten Art ergeben. Hieraus erkennt man, daß für ein konstantes G/v eine dynamische Geschwindigkeitskontrolle notwendig ist.

Auf den Verlauf und die Ausbildung der Isothermen muß besonderes Gewicht gelegt werden: bei leicht konkaver Ausbildung (vom Festkörper aus gesehen, Bild 7.2b) können bei Querschnittsvergrößerung Zwickel entstehen, die potentielle, von der Formwand ausgehende, Keimzentren darstellen und so die Kontinuität des gerichteten Gefüges unterbrechen. Diese Überlegungen sind auch dort wichtig, wo nicht genau eutektische Legierungen (Legierungen mit Erstarrungsintervall*)) vorliegen. Hohe Temperaturgradienten helfen dies vermeiden, und somit erscheinen Methoden zukunfsträchtig, die mit Kühlung durch Metallschmelzen arbeiten (Erickson et al., 1974), also den Vorbildern der bereits erwähnten Labormethoden folgen (Sahm und Lorenz, 1972). In Bild 7.26 ist eine für die Produktion vorgesehene Apparatur dargestellt (vgl. auch Blasko, 1973).

Eine Tendenz zur Keimbildung wird auch bei längeren Erstarrungszeiten durch vermehrte Reaktion der Schmelze mit der Formwand bzw. dem Kernstoff begünstigt (Lund und Hockin, 1972). Bezüglich Verträglichkeit von Formstoff und Schmelze kann von den Erfahrungen mit dem Präzisionsguß von Superlegierungen viel übernommen werden. Die bisher für Co-Basis-Legierungen ($Co\text{-}Cr_7C_3$; Staub et al., 1972) verwendeten Formwerkstoffe waren auf Al_2O_3-Grundlage (einschließlich Mullit) aufgebaut, während für Ni-Basis-Legierungen ($Ni_3Al\text{-}Ni_3Nb$; Graham, 1973) SiO_2-gebundenes ZrO_2 besser geeignet scheint. Als Kernwerkstoff hat sich in ersten Versuchen SiO_2 bewährt. Die wesentlichen Forderungen sind kompatible thermische Ausdehnung sowie geringe Reaktivität mit der Schmelze (Lund und Hockin, 1972; Graham, 1973).

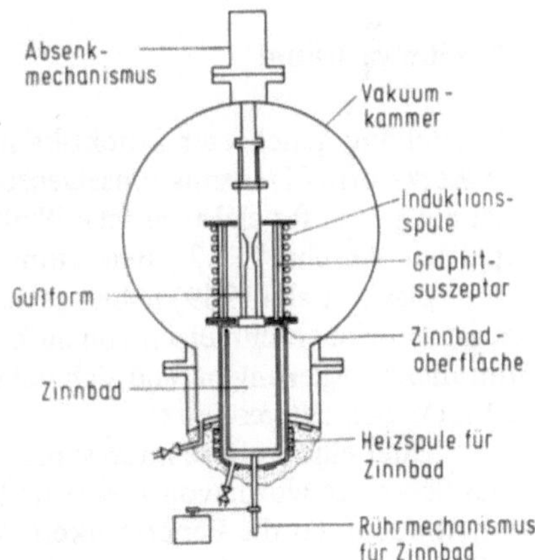

Bild 7.26. Präzisionsgußverfahren mit flüssiger Metallkühlung nach Erickson et al. (1974)

*) Das von der Herstellung gerichtet erstarrter Superlegierungen bekannte Problem der Fleckenbildung „Freckling" (VerSnyder und Shank, 1970) sollte bei eutektischen Legierungen infolge der fehlenden Dendriten nicht auftreten.

Die wirtschaftliche Herstellbarkeit eutektischer, gerichtet erstarrter Präzisionsgußteile ist noch nicht erwiesen. Sie hängt u.a. davon ab, ob eine noch besser zu beherrschende Einzelgußstückherstellung auch auf die simultane Herstellung mehrerer Gußteile, in den sog. Trauben zusammengefaßt, anwendbar ist. Auch muß bei größeren Gußteilen, z.B. bei Schaufeln stationärer Gasturbinen, im Gegensatz zu den kleineren Flugturbinenschaufeln, ein möglicher Größeneffekt beachtet werden.

Der nächste Schritt zum total kontrollierten Gieß- und Erstarrungsprozeß ist die Herstellung einkristalliner Gußstücke. Hierzu bedient man sich bei gerichtet erstarrten Superlegierungen der aus der Einkristallzucht bekannten Umlenkmethoden (VerSnyder und Shank, 1970; Staub et al., 1972). Für Eutektika sind diese Methoden nicht ohne weiteres zu übernehmen, denn es gelingt nur selten, bei gleichen Anordnungen eutektische Einkristalle herzustellen (Sahm und Biller, 1971).

7.2.6. Lokale gerichtete Erstarrung

In konventionellen Gußstücken gibt es viele Stellen, die lokal gerichtet erstarrt sind. Solche Gefüge sollte man bewußt auf ihre Verwendung prüfen (Oberflächenschichten, die in Schweiß- oder Lötprozessen auftreten,bzw. Schichten, die durch Schweißen, Flammenspritzen, Schmelztauchen usw. aufgebracht werden können). So wurdez.B. von Kolesnichenko und Polotai (1970) vorgeschlagen, Bremsscheiben an der Oberfläche mit einer dünnen Schicht gerichtet erstarrter eutektischer Legierungen zu versehen, um den Verschleiß zu mindern (vgl. Abschn. 8.6.).

7.2.7. Filmwachstum

Die Herstellung gerichteter Eutektika in Filmform könnte besonders für optische Werkstoffe (Transmissionseigenschaften, Perfektion des Gefüges, vgl. Abschnitt 8.4.). und für elektronische Werkstoffe (Kaltkathoden, Abschn. 8.2.4., Feldplatten, Abschn. 8.5.2.) Bedeutung erlangen.

Davis et al. (1969) haben gerichtete InSb-Sb-Eutektika durch Elektronenstrahl-Zonenschmelzen von aufgedampften Filmen erzeugt. Die ca. 1,5μm dicke Legierung befand sich dabei auf einer Glasplatte und war durch eine In_2O_3-Schicht geschützt.

Über eine weitere interessante Herstellungsart eines Kristallfilmes aus der Schmelze wurde von Albers und van Hoof (1973) berichtet. Ihre Ziehmethode nutzt die Benetzbarkeit zwischen Schmelze und einem entsprechenden sich erweiternden Drahtbügel aus. Bei Herausziehen des Bügels aus der Schmelze entsteht ein dünner Film. Die Methode hat Filme aus Cd-Zn-Eutektikum geliefert mit einem Lamellenabstand, der durch die Beziehung $\lambda^4 v = K$ bestimmt wird (vgl. Abschn. 5.1.2.), woraus folgt, daß hier eine geringere Steuermöglichkeit für die λ-Einstellung vorliegt als bei normalem eutektischen Wachstum ($\lambda^2 v = K$). Die Phasen fallen insgesamt etwas gröber aus, weisen jedoch eine sehr hohe Gefügeperfektion auf (vgl. auch Abschn. 5.2.5.).

Infolge des Grenzflächeneinflusses erhält man bei Filmen, deren Dicke $< 50 \mu m$ ist, zumindest für nicht-facettiert wachsende Legierungen Lamellen, die senkrecht auf der Filmoberfläche stehen (van Suchtelen, 1971; Racek, 1973). Diesen Effekt kann man ausnützen, um perfekte lamellare Gefüge mit definierter Lamellenrichtung herzustellen. Wie van Suchtelen (1971) gezeigt hat, kann man sich zur Herstellung möglichst einkristalliner Komposite der in Bild 7.27 gezeigten Methode bedienen, die es zusätzlich erlaubt, eine definierte Kristallorientierung herzustellen, die von der Ziehrichtung unabhängig ist. Ein weiterer Vorteil der Methode besteht in der Möglichkeit, große Flächen faseriger Eutektika mit den Faserachsen nahezu senkrecht auf die Filmoberfläche herzustellen (wichtig für Kaltkathoden, Filter, Feldplatten, bzw. für optische Werkstoffe).

Schließlich sei noch auf eine Abart der EFG-Methode hingewiesen (Wenzl, 1973; Sahm und Nicoll, 1974). Wichtigster Bestandteil des experimentellen Aufbaus ist ein auf der Schmelzoberfläche schwimmender Deckel mit Spalt, der die Schmelze nicht benetzt (Bild 7.28). Durch den Spalt lassen sich Bleche von ca. $50 \mu m$ bis zu mehreren mm Dicke ziehen, vgl. Stepanov, 1959

7.2.8. Gerichtete Festkörperumwandlung

Wie in Abschn. 5.3, angedeutet wurde, bestehen zahlreiche weitere Möglichkeiten zur Herstellung eines gerichteten Gefüges über Reaktionen im Festkörper, wie z.B. durch diskontinuierliche Ausscheidung oder eutektoide Um-

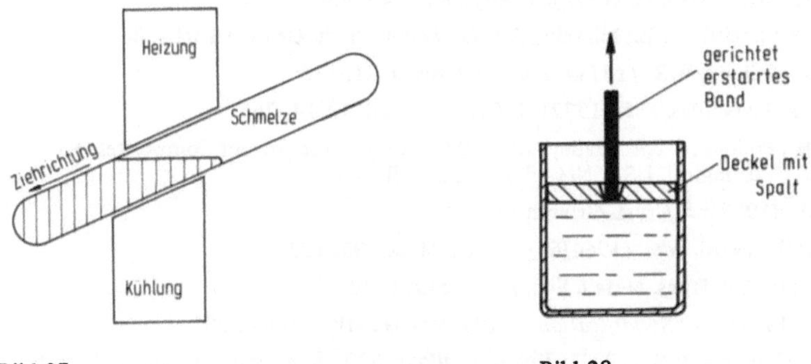

Bild 27

Bild 28

Bild 7.27. Vorrichtung zur Erstarrung monokristalliner eutektischer Filme, wobei die Erstarrungsfront zur Erstarrungsrichtung einen Winkel $\leq 90°$ einnehmen kann (van Suchtelen, 1971)

Bild 7.28. Vorrichtung zum Ziehen dünner Bleche, nach Sahm und Nicoll (1974) wandlung. Die Unterschiede zu der eutektischen Umwandlung sind dort ebenfalls dargelegt worden.

Eine gerichtete Festkörperumwandlung kann in einer ähnlichen Apparatur erfolgen, wie sie für die gerichtete eutektische Erstarrung verwendet wird (Bolling und Richman, 1970). Wesentliche Parameter sind wiederum Wachstumsgeschwindigkeit und Temperaturgradient, wobei die Wachstumsfront hier jedoch beträchtlich unterhalb der Gleichgewichtstemperatur der entsprechenden Umwandlung liegt. Wie in Abschn. 5.3. ausgeführt, ist diese Art von Umwandlung dadurch begrenzt, daß minimale Phasenabstände (etwa 0,1 μm) nicht unterschritten werden können und die maximalen Umwandlungsgeschwindigkeiten relativ klein sind. Man kann auch von einem abgeschreckten metastabilen Gefüge ausgehen und die gerichtete Umwandlung im heißen Teil der Probe erzwingen („up transformation", Livingston, 1973). Wie in Abschn. 4.3. bzw. 5.3. beschrieben wird, bietet diese Methode zahlreiche Vorteile.

7. 3. Literatur

Albers, W.; van Hoof, L. (1973): J. Cryst. Growth **18**, 147

Basaran, M.; Kattamis, T.Z.; Flemings, M.C. (1974): MIT, unveröffentlicht

Berthou, P.; Gruzleski, J.E. (1971): J. Cryst. Growth **10**, 285

Blasko, M.J. (1973): Metal Progress, März, S. 42

Bolling, G.F.; Richman, R.H. (1970): Met. Trans. **1**, 2095

Bolling, G.F. (1971): in *"Solidification"*, ASM, Metals Park, Ohio, S. 341

Carruthers, J.R. (1968): J. Cryst. Growth **2**, 1

Carruthers, J.R.; Grasso, M. (1972): J. Appl. Phys. **43**, 436

Chalmers, B.; LaBelle, H.E.; Mlavsky, A.I. (1972): J. Cryst. Growth **13/14**. 84

Chang, C.E.; Wilcox, W.R. (1974): J. Cryst. Growth **21**, 135

Chapman, A.T.; Gerdes, R.J. (1972): J. Cryst. Growth **13/14**, 765

Cocks, F.H.; Pollock, J.T.A.; Bailey, J.S. (1973): Conf. Proc. In-situ-Composites, Nat. Acad. Sci., Washington, USA, NMAB-308, Bd. 1, S. 141

Ciszek, T.F. (1972): J. Cryst. Growth **12**, 281

Cole, G.S.; Winegard, W.C. (1964/65): J. Inst. Metals **93**, 153

Cole, G.S. (1967): Trans. Metall. Soc. AIME **239**, 1288

Cole, G.S. (1971): in *"Solidification"*, ASM, Metals Park, Ohio, S. 201

Cole, G.S.; Cremisio, R.S. (1972): *The Superalloys*, (C.T. Sims und W.C. Hagel, Hsgb.) Wiley & Sons, N.Y., S. 479

Cremisio, R.S. (1972): in *The Superalloys*, (C.T. Sims und W.C. Hagel, Hsgb.), Wiley & Sons, N.Y., S. 373

Davis, N.M.; Clawson, A.R.; Wieder, H.H. (1969): Appl. Phys. Lett. **15**, 213

El Gammal, M. (1973): in Impact of Composite Materials on Aerospace Vehicles and Propulsion Systems, AGARD-Konf. Bericht: CP-112, S. 3-1

Erickson, J.S.; Sullivan, C.P.; VerSnyder, F.L. (1974): in *High Temperatur Materials in Gas Turbines,* (P.R. Sahm und M.O. Speidel, Hsgb.), Elsevier, Amsterdam, S. 315

Flemings, M.C. (1974): *Solidification Processing,* Mc-Graw Hill, New York

Graham, L.D. (1973): Proc. Conf. In-Situ Composites, Nat. Acad. Sci., Washington, USA , NMAB-308, Bd. 1, S. 107

Hellawell, A, (1974): AGARD- Conf.Proc. No. 156 Directionally Solidified In-Situ Composites, Washington, USA, S. 57

Hopkins, R.H.; Kraft, R.W. (1968): Trans. Met. Soc. AIME **242**, 1627

Hulse, C.O.; Batt, J.A. (1971): Techn. Rep. Contr. No. 0014-69-C-0073 (Proj. No. NR 0.32-516/9-11-68)

Hulse, C.O.; Batt, J.A. (1973): Proc. Conf. In-Situ Composites, Nat. Acad. Sci., Washington, USA, NMAB-308, Bd. I, S. 129

Hurle, D.T.J. (1972): J. Cryst. Growth **13/14**, 39

Jaffrey, D.; Chadwick, G.A. (1970): Met. Trans. **1**, 3389

Johnson, A.D.J.; Hellawell, A. (1972): Met. Trans. **3**, 1016

Johnston, W.C.; Tiller, W.A. (1961): Trans. Metall. Soc. AIME **221**, 331

Johnston, W.C.; Tiller, W.A. (1962): Trans. Metall. Soc. AIME **224**, 214

Kolesnichenko, L.F.; Polotai, V.V. (1970): Poroshkovaya Metallurgiya No. 7 (91), 62

Kraft, R.W.; Albright, D.L. (1961): Trans. Met. Soc. AIME **221**, 95

Kristallisation (1970): VEB Deutscher Verlag für Grundstoffindustrie, Leipzig

Kurz, W.; Lux, B. (1972): Z. Metallkde **63**, 509

Laudise, R. A. (1970): *The Growth of Single Crystals,* Prentice-Hall, Eaglewood Cliffs, USA

Lawson, W.H.S.; Kerr, H.W. (1971): Met. Trans. **2**, 2853

Lemkey, F.D. (1973): Eutectic Superalloys Strengthened by δ- Ni_3Cb Lamellae and γ-Ni_3Al-Precipitates, NASA Rep. CR-2278

Livingston, J.D.; Cline, H.E.; Koch, E.F.; Russel, R.R. (1970): Acta Met. **18**, 399

Livingston, J.D. (1973): Scripta Met. **7**, 361

Lund, C.H.; Hockin, J. (1972): in *The Superalloys* (C.T. Sims und W.C. Hagel, Hsgb.) Wiley & Sons, New York, S. 403

Miller, J.F.; Austin, A.E. (1971): J. Less. Common Met. **25**, 317

Miller, J.F.; Austin, A.E. (1973): J. Cryst. Growth **18**, 7

Müller, A.; Wilhelm, M. (1964): Z. Naturforschg. **19a**, 254

Müller, A.; Wilhelm, M. (1965): Z. Naturforschg. **20a**, 1190

Myers, E.H.; Hopkins, R.H. (1970): J. Cryst. Growth **7**, 231

Perry, A.J.; Nicoll, A.R.; Phillips, K.; Sahm, P.R. (1973): J. Mater. Sci. **8**, 1340

Pfann, W.G. (1958): *Zone Melting,* J. Wiley & Sons, New York

Racek, R. (1973): Modes de croissance et structures d' eutectiques à propriétés supraconductrices, Disseration, Université de Nancy 1, Frankreich

Rowcliffe, D.J.; Warren, W.J.; Elliot, A.G.; Rothwell, W.S. (1969): J. Mater. Sci. **4**, 902

Sahm, P.R.; Biller, M. (1971): Brown Boveri Forschungszentrum, Baden, Schweiz, unveröffentlichte Arbeiten

Sahm, P.R.; Phillips, K. (1971): Schweizer Patent Nr. 543 327

Sahm, P.R.; Lorenz, M. (1972): Mater. Sci. 7, 793

Sahm, P.R.; Nicoll, A.R. (1974): Brown Boveri Zentrales Forschungslaboratorium, Heidelberg, wird veröffentlicht

Schildknecht, H. (1964): *Zonenschmelzen*, Verlag Chemie, Weinheim

Schlatter, R. (1972): Met. Eng. Quart., Febr.-Heft

Schulz-DuBois, E.O. (1972): J. Cryst. Growth 12, 81

Sharp, R.M.; Hellawell, A. (1971): J. Cryst. Growth 11, 253

Sharp, R.M.; Hellawell, A. (1972): J. Cryst. Growth 12, 261

Smartt, H.B. (1971): Met. Trans. 2, 2717

Staub, F.; Sahm, P.R. (1971): Gebr. Sulzer, Winterthur, Schweiz, und Brown Boveri, Baden, Schweiz, unveröffentlichte Arbeiten

Staub, F.; Braun, W.; Geiger, T. (1972): Sulzer Techn. Rundsch., Forschungsheft, S. 3

Stepanov, A.V. (1959): Sov. Phys.-Techn. Phys. 4, 349

Stewart, M.J.; Weinberg, F. (1972): J. Cryst. Growth 12, 217 und 228

Szekely, J.; Themelis, N.J. (1971): *Rate Phenomena in Process Metallurgy*, Wiley, New York

Thompson, E.R. (1973): Diskussionsbemerkung in Proc. Conf. In-Situ Composites, Nat. Acad. Sci., Washington, USA, NMAB-308, Bd. 1, S. 116

Thompson, E.R.; George, F.D.; Breinan, E.M.(1973): Proc. Conf. In-Situ Composites, Nat. Acad. Sci., Washington, USA, NMAB-308, Bd. 2, S. 71

Thompson, E.R.; Lemkey, F.D. (1974): in *Composite Materials*, Bd. 4 (Hsgb. K.G. Kreider) Academic Press, New York

Tiller, W.A. (1968): J. Cryst. Growth 2, 69

Utech, H.P.; Flemings, M.C. (1967): J. Appl. Phys. 37, 2021

Van den Boomgaard, J.; Terrel, D.R.; Born, R.A.J.; Giller, H.F.J.I. (1974): Philips Forschungslaboratorium, Eindhoven, Holland, M.S. 8493

Vandenbulcke, L.; Vuillard, G.; (1972): J. Cryst. Growth 12, 137

van Suchtelen, J. (1971): "Growth of Eutectics with Imposed Lamellar Orientation" Philips Research Laboratories, Eindhoven, Holland, M.S. 7003

Verhoeven, J.D.; Homer, R.H. (1970): Met. Trans. 1, 3437

VerSnyder, F.L.; Shank, M.E. (1970): Mater. Sci. Eng. 6, 213

Wenzl, H. (1973): KFA Jülich, persönliche Mitteilung

Whiffin, P.A.C.; Brice, J.C. (1971): J. Cryst. Growth 10, 91

Wuenscher, H.F. (1972): Astronautics and Aeronautics, 42

8. Eigenschaften und Anwendungen

Die charakteristischen Eigenschaften der Eutektika lassen sich auf wenige allgemeine Parameter zurückführen (Bever et al., 1970; Sahm, 1971 a), indem man unterscheidet zwischen:

- Volumeneffekten,
- geometrischen Effekten (Größe und Form),
- Grenzflächeneffekten,
- Austauscheffekten.

Nach van Suchtelen (1972) läßt sich eine sehr einfache, übersichtliche Einteilung nach

- Summeneigenschaften und
- Produkteigenschaften

vornehmen (vgl. auch Albers, 1973), wobei erstere aus der Addition und letztere aus einer Wechselwirkung der Eigenschaften der beteiligten Komponenten entstehen. Eine Zusammenstellung interessant erscheinender Kombinationen ist in Tabelle 8.1 wiedergegeben.

Von den „künstlichen" Kompositwerkstoffen her ist bekannt, daß die Volumen- und geometrischen Effekte von großer Bedeutung für die mechanischen Eigenschaften sind. Wie Bild 8.1 zeigt, lassen sich in der Anordnung der Phasen relativ zur Spannungsachse zwei Grenzfälle unterscheiden (die Wechselwirkung zwischen den Phasen bleibt vorläufig unberücksichtigt):

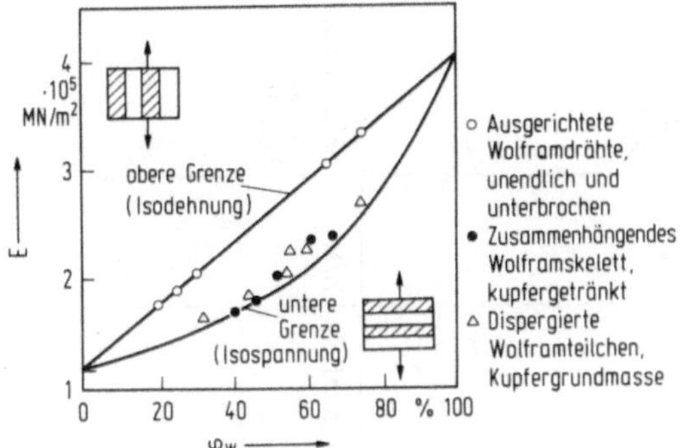

Bild 8.1. Beispiel für Kompositeigenschaften im Cu-W-System, nach McG. Tegart (1971)

Tabelle 8.1. Eigenschaftsmatrix für Verbundwerkstoffe, nach van Suchtelen (1972)

	↓ y \ → x		1 mechanisch $K/\Delta\ell$	2 magnetisch H/M	3 elektrisch E/P, I	4 Licht u. Korpuskularstrahlung Licht- o. Teilchenfluß	5 thermisch T, (grad) T/Wärmestrom	6 chemisch (grad) C, (grad) μ
1	mechanisch	$K/\Delta\ell$	Elastizität (M, P, T)	1 Magnetostriktion 2 Magnetoviskosität (Suspensionen)	1 Elektrostriktion 2 Kirkendall-Effekt 3 Elektroviskosität (Suspensionen) 4 indirekt: thermische Ausdehnung		Wärmeausdehnung	osmotischer Druck
2	magnetisch	H/M	1 Piezomagnetismus 2 $\mu(\Delta\ell)$ bes. bei $T \approx T_C$	χ ($\Delta\ell$, T, Lichtstrom)	1 Supraleiter $I \approx I_C$ 2 galvan. Abscheidung auf FM Lagen 3 direkte Bildung des magnetischen Feldes	fotomagnetischer Effekt	{+H} ferromagnetisches Material bei $T \approx T_C$	Abhängigkeit T_C von C(FM)
3	elektrisch	E/P, I	1 Piezoelektrizität 2 Piezowiderstand	1 {+i} Magnetowiderstand 2 {+i} Hall Effekt 3 Resonanz-Effekt 4 Spannungsinduktion	ϵ, ρ ($\Delta\ell$, M, T, Lichtstrom) {+H} Hall Effekt	1 Fotoleitung 2 Fotoemission 3 {+H} PEM-Effekt 4 Ionisation	1 thermoelektrische Effekte {+E} Ferroelektrizität bei $T \approx T_C$ 3 {+i} ρ (T)	Abhängigkeit T_C von C (FE) chem. Potential (grad C)

4	optisch u. partikel-bestimmt	Licht- oder Teilchen-strom	spannungsinduzierte Doppelbrechung, Reibungslumineszenz	[1] Farady Effekt [2] magneto-optischer Kerr Effekt [3] Abweichung geladener Teilchen	[1] Elektrolumineszenz [2] Laserverb. [3] n (E) [4] Kerr Effekt [5] Absorption durch galv. Abscheid. [6] kalte Elektronenemission	n ($\Delta\ell$, M, P, T, E) Fluoreszenz, Szintillation Aktivierung von Farbzentren	Thermolumineszenz	Chemolumineszenz
5	thermisch	T,(grad)T, Wärme-strom	[1] Wärmetönung einer druckinduzierten Phasenumwandlung [2] Piezowiderstand + Joule'sche Erwärmung	[1] adiabat. Entmagnetisierung [2] {+i} grad T NE Effekt [3] {+E} Magneto-Widerstands-Effekt + Joule'sche Erwärmung	[1] Dämpfungswiderstand [2] Peltier Effekt [3] {+H} grad T NE Effekt	Absorption	Wärmeleitung	Reaktionswärme
6	chemisch (grad)μ	(grad)C (grad)μ	druckinduzierte Phasenumwandlung		[1] Elektrodiffusion [2] galv. Abscheidung	licht- oder teilchenstimulierte Reaktionen (fotoempfindl. Schichten)	[1] Soret Effekt · (grad T) [2] Phasenumwandlung (T) [3] Änderung des chem. Gleichgewichtes (T)	Korrosionserscheinungen

In der Tabelle sind die physikalischen Eigenschaften oder Werkstoffphänomene unterteilt nach den Eingangsparametern (senkrechte Spalten) und den Ausgangsparametern (waagrechte Reihen)

{+i}, etc.: Symbole in Klammern bedeuten, daß sie als zweiter Eingangsparameter erforderlich sind (z.B. I und H beim Hall-Effekt)

C = chemische Zusammensetzung
E = elektrisches Feld
H = magnetisches Feld
I = elektrischer Strom
K = (mechanische) Kraft
$\Delta\ell$ = Dehnung

M = magnetische Polarisation
n = Brechungsindex
P = dielektrische Polarisation
T = Temperatur
ϵ = dielektrische Konstante
χ = magnetische Suszeptibilität
κ = Wärmeleitung

μ = chemisches Potential
ρ = elektrischer Widerstand
FM = ferromagnetisch
FE = ferroelektrisch
NE = Nernst-Ettinghausen

- Verbundeigenschaften E_v bei Phasenrichtung parallel zur Spannungsachse (Isodehnung im Fall mechanischer Beanspruchung)

$$E_v = E_1 \varphi_1 + E_2 \varphi_2 ;$$

- Verbundeigenschaften E_v bei Phasenrichtung senkrecht zur Spannungsachse (Isospannung)

$$1/E_v = \varphi_1 / E_1 + \varphi_2 / E_2 .$$

Sofern es keine Wechselwirkungen gibt, hat der reale Verbund seine Eigenschaften irgendwo zwischen diesen beiden Grenzen, Bild 8.1. Dieses Verhalten wurde von Mitoff (1968) eingehend diskutiert.

Die Produkteigenschaften, durch Wechselwirkungen bzw. synergetische Effekte bedingt, sind vielfältiger und, soweit praktisch möglich, in Tabelle 8.1 zusammengestellt. Diese Eigenschaften leiten sich aus folgender Betrachtung ab (van Suchtelen, 1972): Die Veränderung eines Parameters X in der Phase 1 zieht einen Y-Effekt nach sich, der durch die enge Kopplung der beiden Phasen in der Phase 2 einen Z-Effekt bewirkt:

$$dZ/dX = K_1 K_2 \frac{dZ}{dY} \cdot \frac{dY}{dX}$$

K_1 und K_2 beschreiben den Wirkungsgrad der Kopplung verursacht durch Volumenanteil, Grenzflächeneffekte etc.

Das Gebiet der Produkteigenschaften ist vom rein phänomenologischen Standpunkt her eine Fundgrube für neue Effekte. Diese Art der theoretischen Betrachtung kann dem Experimentator manche Anregung bieten. Eine weitere Arbeit von Bever und Duwez (1972) befaßt sich mit Eigenschaftsgradienten in systematischer Weise.

8.1. Hochtemperaturwerkstoffe

Wie in der Einleitung des Buches bzw. in Kap. 5 gezeigt wurde, ist das Interesse an eutektischen Legierungen seit der Jahrhundertwende immer wieder aufgetaucht. Seit Mitte der 50iger Jahre jedoch (Hillert, 1957; Tiller, 1958; Scheil, 1959) nahm das Verständnis der Wachstumsphänomene schnell zu und bereits wenig später wurde ein erstes Patent zur Herstellung gerichteter eutektischer Komposite angemeldet (Kraft, 1960). Bald wurde klar, daß sich diese Werkstoffe wie Verbundwerkstoffe verhalten und ihre Eigenschaften bis nahe an den Schmelzpunkt beibehalten (Lemkey et al., 1965). Nachdem verschiedene Ni- und Co-Basis-Eutektika, durch Monokarbidwhisker bzw. durch Lamellen hochfester intermetallischer Phasen verstärkt, entdeckt wurden (Thompson und Lemkey, 1969; Lemkey und Thompson, 1971; Bibring et al., 1971), war eine neue Klasse von potentiellen Hochtemperaturwerkstoffen entstanden.

Diese Legierungen wiesen ähnliche und z.T. bessere Eigenschaften als die bekannten Superlegierungen auf (vgl. z.B. Sahm, 1972; Kurz und Lux, 1972) und wurden daher als „eutektische Superlegierungen" bezeichnet (Thompson und George, 1970).

Hochtemperaturanwendungen

Superlegierungen finden ihre wichtigste Anwendung in der Gasturbine (Sims und Hagel, 1972; Sahm und Speidel, 1974). Die hochwarmfesten Legierungen werden in der Turbine verlangt, da dort maximale Temperaturen, Drücke und Gasgeschwindigkeiten herrschen (vgl. Tab. 8.9). Die Statorschaufeln der ersten Reihe lenken den Gasstrom um und sind den höchsten Temperaturen ausgesetzt, jedoch bei verhältnismäßig kleinen Spannungen (typisch zwischen 15 und 50 MN/m²). Rotorschaufeln der ersten Reihe nehmen etwas tiefere Temperaturen an, sind aber dafür höheren Zugspannungen (im höchstbeanspruchten Schaufelbereich typisch zwischen 100 und 200 MN/m²) ausgesetzt, Bild 8.2.

Da die Spannung durch die rotierende Masse der Schaufel erzeugt wird, nimmt die mechanische Beanspruchung mit zunehmendem Abstand vom Schaufelfuß ab*). Auch die Temperatur der Schaufel ist eine Variable infolge der Kühlung durch die Turbinenscheibe bzw. durch das Gehäuse. Die Lebensdauer des Werkstoffes ist daher eine Funktion des Abstandes vom Schaufelfuß und erreicht für konventionelle moderne Legierungen (z.B. René 120) ein Minimum etwa in Schaufelmitte (Erklärung der Kurven für die eutektische Legierung in Bild 8.2., s. weiter unten).

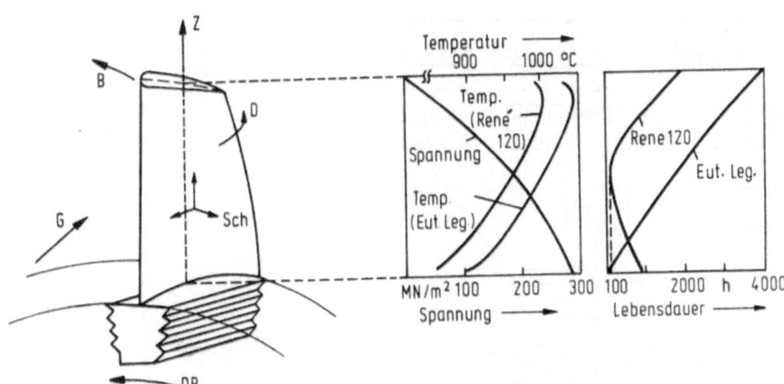

Bild 8.2. Beanspruchungsarten einer Gasturbinenschaufel, schematisch (B: Biegemoment; G: Gas; D: Drehmoment; Sch: Schwingungen; DR: Drehrichtung; Z: Zentrifugalbeschleunigung) und Vergleich der Beanspruchung einer konventionellen (Réne 120) und einer eutektischen Superlegierung (CoTaC), nach Jahnke et al. (1973)

---

*) Die Spannung ist auch eine Funktion der Dichte des Werkstoffes, ein Umstand, der bei Werkstoffvergleichen beachtet werden muß.

Maximale Werkstofftemperaturen von 950 - 1000°C sind typisch im gegenwärtigen Flugzeugbau. Neuerdings setzt man die Gasturbine in zunehmendem Maße auch in anderen Transportmitteln (Schiffe, Lokomotiven und Lastwagen) ein und konzipiert neue stationäre Systeme zur Spitzenstromerzeugung bzw. für mobile investitionsarme Antriebszwecke. Stationäre Gasturbinen unterscheiden sich von den Flugzeugturbinen durch wesentlich größere Schaufelabmessungen und längere geforderte Lebensdauer, weshalb man dort niedrigere Temperaturen findet. Allen zu entwickelnden Aggregaten gemeinsam ist die Forderung nach höherem Wirkungsgrad und größerer Wirtschaftlichkeit. Dies führt, wie Bild 8.3 zeigt, zu höherer Beanspruchung des Werkstoffes (Spannung und Temperatur). Um die Forderungen zu erfüllen, werden zwei Wege verfolgt:

- Kühlung des Werkstoffes,
- Entwicklung neuer festerer Werkstoffe.

Die Entwicklung besser gekühlter Schaufeln hat nur solange einen Sinn, als die Gastemperatur nicht allzuweit über den maximal zulässigen Werkstofftemperaturen liegt (aus Gründen der Sicherheit, der Kühlluftmenge, des Wirkungsgrades, der Gefügeinstabilität durch Temperaturgradienten usw.). Die heutigen Gastemperaturen erreichen bei Flugzeugturbinen größenordnungsmäßig den Schmelzpunkt der Legierungen (1200 - 1300°C), weswegen eine weitere Werkstoffentwicklung unabdingbar ist. Die letzten Jahre haben bei

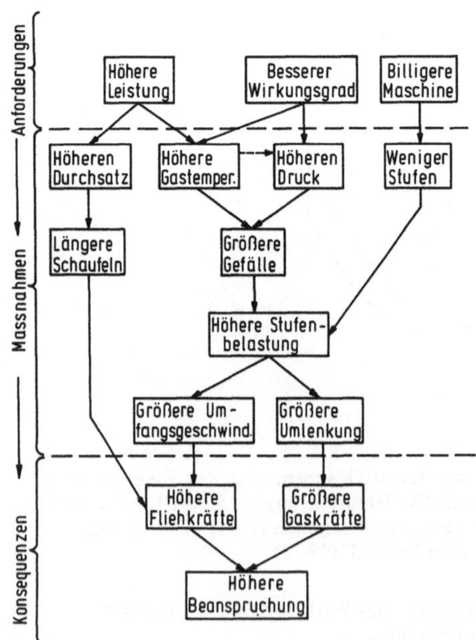

Bild 8.3. Zusammenhänge zwischen technischen und wirtschaftlichen Forderungen an zukünftige Gasturbinen, nach Iten (1973)

den Superlegierungen keinen wesentlichen Fortschritt gebracht, und der Einsatz keramischer Werkstoffe ist erst in fernerer Zukunft denkbar. Somit scheint zur Zeit das Nächstliegende zu sein, die Superlegierungen durch eutektische Legierungen in den hochbeanspruchten Zonen der Turbine zu ersetzen. Nach Bild 8.2 kann man für eutektische Superlegierungen (hier eine Legierung der Co-TaC-Klasse; Jahnke et al., 1973a) einen Temperaturgewinn von ca. 50°C voraussagen. Dies verschiebt den Punkt minimaler Lebensdauer bei gleicher Belastung von Schaufelmitte zum Fuß. Dementsprechend wird der Ort maximaler Kühlung von der Schaufelmitte bei René 120 zum Schaufelfuß für die eutektische Superlegierung verschoben. Das bedeutet gleichzeitig, daß auch neue Konstruktionsmaßnahmen ergriffen werden müssen. Thompson u. George (1970) kommen für Werkstoffe auf der Basis von Ni_3Al-Ni_3Nb zu ähnlichen Schlußfolgerungen, was den möglichen Temperaturgewinn angeht, und leiten davon eine Schubverstärkung von 3,5 - 12% je nach Flugbedingungen ab.

Ein Vergleich der gegenwärtigen eutektischen Hochtemperaturwerkstoffe kann anhand der Tabelle 8.2 und der Bilder 8.14 und 8.34 angestellt werden. Man erkennt die hohe Stabilität eutektischer Werkstoffe, die trotz einfacherer Zusammensetzung und teilweise tieferer Schmelzpunkte die Superlegierungen bei hohen Temperaturen bezüglich Zug- und Kriechfestigkeit meist übertreffen. Die Kriechfestigkeit des Ni_3Al-Ni_3Nb-Eutektikums ist beispielsweise bei 0,85 T_s (K) immer noch beachtlich, während moderne Superlegierungen nur etwa bis 0,7 T_s einsetzbar sind.

Neben der hohen Zug- und Kriechfestigkeit über den gesamten Temperaturbereich (Abschn. 8.1.1. und 8.1.5.*)) muß ein guter Turbinenwerkstoff eine Reihe anderer, oft schwer miteinander vereinbarer Forderungen erfüllen (vgl. auch Cockcroft und Cowley, 1974):

- Hochtemperaturkorrosionsfestigkeit infolge des stark oxidierenden Gasstroms (stark unterstöchiometrische Verbrennung zur Kühlung der Turbine und infolge der Anwesenheit von Schwefel und Vanadium aus dem Treibstoff sowie NaCl aus der Luft, besonders in Meeresnähe (Abschn. 8.1.7.);
- Thermoschockfestigkeit, die wegen der hohen Aufheiz- und Abkühlgeschwindigkeiten gefordert wird (Abschn. 8.1.3.);
- Schlagfestigkeit gegen möglichen Aufschlag von Festkörpern wie z.B. Bruchstücke anderer Turbinenteile (Abschn. 8.1.2.);
- Wechselfestigkeit für hoch- und niederfrequente Spannungsänderungen (Abschn. 8.1.3. und 8.1.4.);
- Scherfestigkeit sowie genügende Duktilität bei mittleren Temperaturen, die im Schaufelfuß mit seinem äußerst komplizierten dreiachsigen Spannungsfeld gebraucht werden (eventuell zellenförmige Erstarrung von Vorteil; Kap. 5. und 7.);

*) Die Superplastizität ist eine Eigenschaft, die eng mit dem Kriechen zusammenhängt, weshalb im Abschn. 8.1.6.auf sie kurz eingegangen wird.

Tabelle 8.2. Raumtemperatureigenschaften der wichtigsten eutektischen Hochtemperaturlegierungen, nach Thompson und Lemkey (1974)

	System A-B	Vol B %	Schmelzpunkt °C	Dichte g/cm³	E-Modul GN/m²	Bruchfestigkeit MN/m²	Bruchdehnung %
a)	Ni_3Al-Ni_3Nb	44	1280	8.44	242	1240	0,8
		32	1280 Bereich	–	–	1230	2,0
	Ni,Al-Ni_3Nb	≃ 32	1270 - 1280	8,5	–	1130	29
	Ni-Ni_3Al-Ni_3Nb	–	1270	–	–	1140	2,3
	Ni_3Al-Ni_3Ta	≃ 65	~ 1360	10,8	–	930	< 1
	Ni-Ni_3Al-Ni_3Ta	–	~ 1360	–	–	1060	5
b)	Co-TaC	16	1402	9,1	222	1035	11,8
	Co, Cr-TaC	≃ 9	1360 Bereich	9,0	210	1035-1160	16-20
	Ni,Co,Cr,Al-TaC	≃ 9	–	8,8	–	1650	≃ 5
c)	Co,Cr-$(Cr,Co)_7C_3$	30	1330 Bereich	8,0	296	1280	1,5
	Co,Cr,Al-$(Cr,Co)_7C_3$	28	1295 Bereich	7,8	283	1730-2011	2,5-1,0
	Co,Cr-$(Cr,Co)_{23}C_6$	≃ 40	~ 1340 Bereich	7,91	≃ 276	1200	0,96
	Co,Cr,Ni-$(Cr,Co,Ni)_7C_3$	≃ 28	~ 1310 Bereich	–	–	1700	2,0
	Ni_3Al-Mo	26	1306	8,18	138	1120	21
	NiAl-Cr	34	1455 - 1450	6,4	182	1240	< 1

$Ni,Cr-(Cr,Ni)_7C_3$	30	1305 Bereich	–	200-290	685- 960	2-11
$Ni_3Al-Ni_3Ti-Ni_2TiAl$	–	–	–	–	–	–
$Ni_3Al-Ni_7Zr_2$	42	1192	–	–	–	–
Ni-NiBe	38-40	1157	–	215	918	9,0
$Ni-Ni_3Nb$	26	1270	8,8	–	745	12,4
Ni-Cr	23	1345	8,0	–	718	29,8
Ni-NiMo	50	1315	9,5	–	1250	< 1
$Ni-Ni_3Ti$	29	~ 1300	8,2	–	650	< < 1
Ni-W	6	1500	–	–	830	45
Ni-TiC	5,5	1307	–	–	–	–
Ni-HfC	15-28	1260	–	–	–	–
Ni-NbC	11	1328	8,8	–	890	9,5
Ni-TaC	≃ 10	–	–	–	–	–
Ni,Cr-NbC	11	1320 Bereich	–	–	–	–
Co-CoAl	35	1400	–	172	500-585	≃ 6
Co-CoBe	23	1120	–	–	–	–
$Co-Co_2Nb$	39	1235	–	–	–	–
$Co-Co_2Ta$	35	1276	–	–	–	–
$Co-Co_7W_6$	23	1480	–	–	750	< 1
Co-TiC	16	1360	–	–	–	–
Co-HfC	15	–	–	–	–	–
Co-VC	20	–	–	–	–	–
Co-NbC	12	1365	8,8	–	1030	2
Co,Cr-NbC	12	1340 Bereich	–	–	1280	< 2

- Gefügestabilität bei langen Zeiten und hohen Temperaturgradienten (bis 1000 K/cm), infolge Schaufelkühlung (Kap. 6.);
- wirtschaftliche Herstellbarkeit mit reproduzierbaren Eigenschaften (Kap. 7.).

Die drei wichtigsten Legierungsgruppen, die diese Palette von Forderungen zu erfüllen versprechen, sind (vgl. Tab. 8.2.):

a) Ni (Al, Cr)-Ni_3Nb*) mit Ausscheidungen von Ni_3Al in den Ni-Lamellen (Thompson und Lemkey, 1973 sowie 1974; Lemkey und Thompson, 1973; Gell und Barkalow, 1973),
b) Co (Ni, Cr, Al)-TaC bzw. Ni/Ni_3Al-TaC (Bibring et al., 1971; Walter und Cline, 1973; Buchanan und Tarshis, 1973; Henry, 1973).
c) Co, Cr-$(Cr, Co)_7Cr_3$ mit weiteren Legierungszusätzen wie Al, Ni (Thompson und Lemkey, 1974; Sahm, 1974).

Jede Legierungsgruppe weist ihre Vor- und Nachteile auf. Es scheint klar zu sein, daß die Klassen a) und b) der Tabelle 8.2 wegen ihrer hohen Festigkeit insbesondere für Flugtriebwerke in Frage kommen, während die Klasse c) aufgrund ihrer Korrosionsfestigkeit für stationäre Gasturbinen interessant ist.

Bei den heute üblichen Forderungen nach komplexen Formen mit relativ scharfen Übergängen im Querschnitt, mit extrem dünnen Kanten und komplizierten Kühlkanälen (Bild 7.24) ist die Herstellbarkeit des Gußstückes ebenfalls ein wesentlicher Faktor für die Beurteilung der Legierung (Abschn. 7.1.). Um die Werkstoffe mit ihren spezifisch besten Eigenschaften zu verwenden, wird es vielleicht nötig sein, mehrere Werkstoffe in einem Teil aneinanderzufügen (Jahnke, 1973). Somit kommt als weiterer Problemkreis die Fügetechnik hinzu.

Man sieht, daß die Entwicklung geeigneter hochwarmfester Legierungen sehr komplex ist. Im folgenden werden daher die wichtigsten Eigenschaften diskutiert.

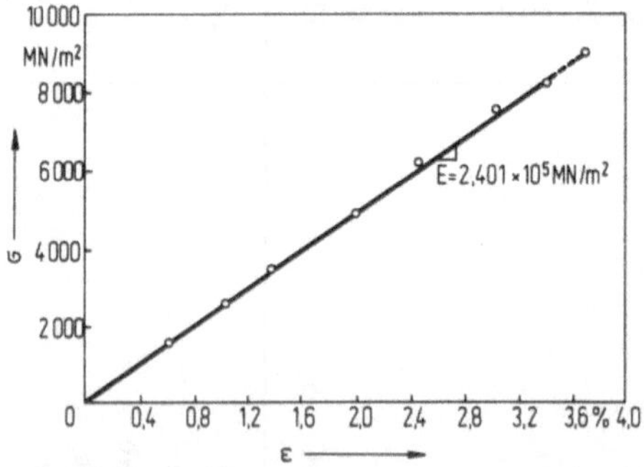

Bild 8.4. Spannungs-Dehnungs-Diagramm von aus dem Cu-Cr-Eutektikum herausgelösten Cr-Whiskern, nach Salkind et al. (1970)

*) Anstelle von Nb kann unter Umständen auch Ta von Interesse sein (Hubert et al., 1971).

8.1.1. Festigkeit

Für hochfeste Verbundwerkstoffe benötigt man immer eine Phase mit hohem Modul und hoher Festigkeit. In eutektischen Verbundwerkstoffen kann eine der Phasen aus Whiskern bestehen. Da es sich hierbei um versetzungsfreie Einkristalle handelt (einen guten Überblick über das Gebiet der Whisker liefert Levitt, 1970), fehlt jegliche plastische Verformung, und der Kristall kann bis zu seiner theoretischen Festigkeit beansprucht werden. Die In-situ-Herstellung der Whisker liefert die Garantie dafür, daß in einem Eutektikum ein viel höherer Prozentsatz dieser Kristalle höchste Festigkeit besitzt als in einem künstlichen Komposit. Die Fasern liegen oft dann als Whisker vor, wenn die Löslichkeit des Matrixelementes in der Faser klein ist. Ein Zugversuch an einem isolierten Cr-Whisker (durch Herauslösen aus der Grundmasse eines Cu-Cr-Eutektikums erhalten) ist in Bild 8.4 gezeigt, Salkind et al. (1970). Das Verformungsverhalten ist rein elastisch bis ca. 3,5% Dehnung, und der Bruch wird durch Trennung der Bindungen eingeleitet. Lamellen sind wahrscheinlich nicht als Whisker aufzufassen, und man wird daher ein grundsätzlich anderes Bruchverhalten erwarten. Die Forderung nach Whiskern ist allerdings nicht unbedingte Voraussetzung. Verstärkungseffekte sind auch mit hochfesten, nicht-whiskerartigen Phasen erreichbar, solange ihre Festigkeiten die der Grundmasse genügend überschreiten.

Eutektische Verbundwerkstoffe unterscheiden sich von den sogenannten künstlichen Kompositen in drei wesentlichen Punkten:

- Phasengröße,
- Bindungsverhältnisse an den α-β-Grenzflächen,
- chemische Zusammensetzung (nahe dem thermodynamischen Gleichgewicht).

Die Phasengröße und die Bindungsverhältnisse an den Grenzflächen führen dazu, daß Wechselwirkungen zwischen den Versetzungen und den Gefügebestandteilen auftreten. Hierdurch stehen die In-situ-Komposite bezüglich ihrer mechanischen Eigenschaften zwischen den künstlichen Verbundwerkstoffen und den ausscheidungs- bzw. dispersionsgehärteten Legierungen. Über das mechanische Verhalten künstlicher Verbundwerkstoffe sind in den letzten Jahren zahlreiche Übersichtsarbeiten erschienen (z.B. Kelly, 1966; Aveston et al., 1971; Cooper, 1971), über eutektische Komposite jedoch erst vereinzelte (Bibring, 1973; Thompson und Lemkey, 1974).

Ausgehend vom einfachen Spannungs-Dehnungs-Diagramm, Bild 8.5., lassen sich bei einem zweiphasigen Verbundwerkstoff mehr oder weniger ausgeprägt vier Verformungsbereiche unterscheiden:

	Phase 1:	Phase 2:
I.	elastisch	elastisch
II.	plastisch	elastisch
III.	plastisch	plastisch
IV.	Bruch	Bruch

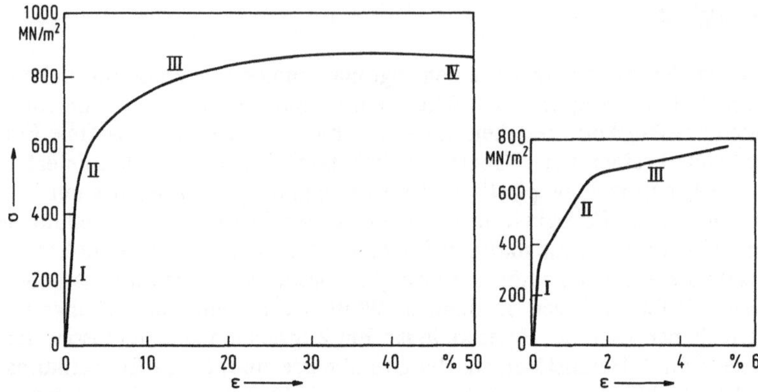

Bild 8.5. Die vier Bereiche des Spannungs-Dehnungs-Verhaltens im Ni-W-System,nach Garmong und Williams (1973)

Grundsätzlich.sind alle vier Bereiche in jedem Kompositwerkstoff anzutreffen, jedoch hängt es von der Art der vertretenen Phasen ab, wie ausgeprägt jeder Bereich ist.

Mischungsregel

Mit Hilfe der Mischungsregel lassen sich sehr einfach einige grundlegende Parameter einführen, die bei der weiteren Diskussion der Verbundwerkstoffe nützlich sein werden. Der elastische Bereich I im Spannungs-Dehnungs-Diagramm wird vom Hookschen Gesetz beschrieben: $\sigma = E \cdot \epsilon$. Der E-Modul eines Verbundwerkstoffes läßt sich meistens annähernd nach der Mischungsregel berechnen. Hierzu muß man jedoch den Belastungsfall genauer definieren. Allgemein wird angenommen, daß er innerhalb der beiden Grenzbedingungen: gleichbleibender Spannung und gleichbleibender Dehnung liegt. Dementsprechend lassen sich für Bereich 1 folgende Gleichungen ableiten:

$$\sigma_V = \sigma_1\varphi_1 + \sigma_2\varphi_2 = E_1\epsilon_1\varphi_1 + E_2\epsilon_2\varphi_2 .$$

Für den Fall gleichbleibender Dehnung, wo $\epsilon_V = \epsilon_1 = \epsilon_2$ ist, gilt

$$E_V = E_1\varphi_1 + E_2\varphi_2, \qquad (8.1)$$

und für den Fall gleichbleibender Spannung, wo $\sigma_V = \sigma_1 = \sigma_2$,

$$1/E_V = \varphi_1/E_1 + \varphi_2/E_2 \text{ bzw. } E_V = E_1E_2/(E_1\varphi_2 + E_2\varphi_1). \qquad (8.2)$$

Realistische Fälle sind: bei Isodehnung faser- oder lamellenverstärkte Gefüge, die parallel zur Längsrichtung beansprucht werden und bei Isospannung ideale

Dispersion, bei der ein durch das System aufgezwungener dreichachsiger Spannungszustand vorliegt. Ein experimenteller Nachweis von (8.1) ist am Modellsystem Cu-Grundmasse/W-Faser in Bild 8.1. wiedergegeben.

Die beste Übereinstimmung mit der Wirklichkeit ist in Bereich I zu erwarten, da die Mischungsregel strenggenommen nur dort gilt. Sie gilt insbesondere unter der Voraussetzung gleicher Poissonzahl der beteiligten Phasen sowie des Verhältnisses Faserlänge zu -durchmesser L/D gegen ∞. In der Theorie der künstlichen Verbundwerkstoffe spielt dieses Längen- zu Durchmesserverhältnis der verstärkenden Phase eine wichtige Rolle. Der Idealfall ist genügend gut verwirklicht, wenn L/D größer als 50 ist (Kelly, 1966). Diese Bedingung kann bei eutektischen Werkstoffen stets vorausgesetzt werden (L/D meist größer als 1000). Eine Verkleinerung des L/D-Verhältnisses verschlechtert die mechanischen Eigenschaften und kann beispielsweise infolge einer Gefügeinstabilität auftreten (Kap. 6).

Die Mischungsregel ist auch für die Bereiche II und III der Spannungs-Dehnungskurve, Bild 8.5, anwendbar. Für Bereich II gilt dann:

$$E_V = E_2\varphi_2 + (d\sigma_1/d\epsilon_1)(1-\varphi_2) \,, \tag{8.3}$$

und für Bereich III

$$E_V = (d\sigma_2/d\epsilon_2)\varphi_2 + (d\sigma_1/d\epsilon_1)(1-\varphi_2). \tag{8.4.}$$

Man erkennt aus den obigen Gleichungen, daß die Erklärung der Abweichungen von der Mischungsregel nur mit Hilfe der differentiellen „E-Moduln", d.h. der Härtung durch plastische Verformung, $(d\sigma_i/d\epsilon_i)$ erfolgen kann.

Die Bruchfestigkeit, Bereich IV (Bild 8.5), läßt sich ebenfalls mit der Mischungsregel phänomenologisch beschreiben. Bild 8.6 zeigt die zu erwartende Bruchfestigkeit eines eutektischen Werkstoffes bei Verwendung der Werte der reinen Komponenten als Funktion ihres Volumenanteils. Hierzu ist zu bemerken, daß die Veränderung des Volumenanteils der Phasen bei Eutektika nur sehr bedingt möglich ist (vgl. Abschn. 5.2.). Bei Gültigkeit der in Bild 8.6

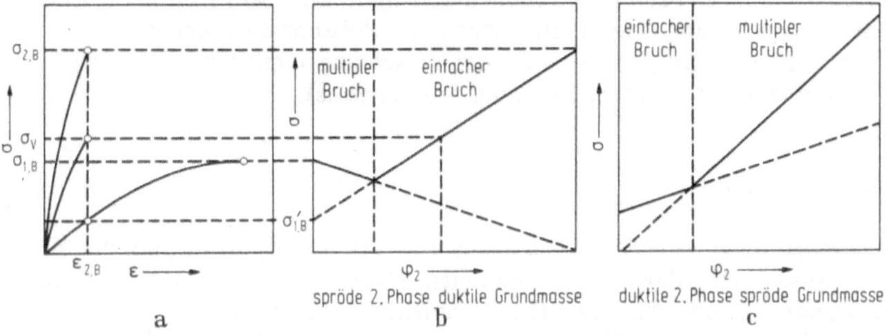

Bild 8.6. Zur Ableitung der Bruchfestigkeit eines Verbundwerkstoffes

vorausgesetzten Parameter bricht der Verbund nach Erreichen der Bruchdehnung der Faser $\epsilon_{2,B}$, wenn $\sigma_{2,B} \gg \sigma_{1,B}$. Sind nicht genügend Fasern vorhanden, so liegt eine „Faserschwächung" vor, und die Verbundfestigkeit ist kleiner als die der einphasigen Matrix (Bild 8.6b). $\sigma'_{1,B}$ ist die der Bruchdehnung der Faser entsprechende Matrixfestigkeit und muß demnach bei Verbundsystemen erst subtrahiert werden. Daraus ableitbar ist dann die Gleichung

$$\sigma_{2,B}\,\varphi_2 \gtrless (\sigma_{1,B} - \sigma'_{1,B})\,(1 - \varphi_2),$$

die die Bedingungen für fasergeschwächte (<) bzw. -verstärkte Systeme (>) angibt. Ob eine Schwächung oder eine Verstärkung vorliegt, läßt sich schnell am Bruchgefüge erkennen: Bei gleichmäßiger, feiner Zerkleinerung der Fasern über die ganze Prüflänge der Proben (multipler Bruch – vgl. Cline, 1967), liegt ein geschwächtes, bei glattem Bruch ohne Faserzerkleinerung ein verstärktes System vor. Die Verbundfestigkeit wäre danach gegeben durch

$$\sigma_V = \sigma_2\varphi_2 + (\sigma_1 - \sigma'_1)\,(1 - \varphi_2) \tag{8.5}$$

anstatt durch die einfache Mischungsregel (8.1).

Wie weiter oben betont, sind die Gleichungen der Mischungsregel der Theorie der künstlich faserverstärkten Komposite entlehnt. Sie setzt voraus, daß keine Wechselwirkung der beteiligten Phasen vorliegt, was infolge der großen Abmessungen der Phasen sowie der oft schwachen Bindungsverhältnisse an den Grenzflächen der künstlichen Komposite gerechtfertigt ist. Demgegenüber beeinflussen sich die eutektischen Phasen ganz beträchtlich, in erster Linie an der α-β-Grenzfläche (Abschn. 3.4.). Daher darf die Mischungsregel für Eutektika nur als eine grobe Annäherung an die Wirklichkeit aufgefaßt werden. Dies wird mit einigen Werten in Tabelle 8.3 unterstrichen. Sie gibt Beispiele des Typs „duktile Grundmasse – spröde 2. Phase", deren Eigenschaften auch für die individuellen Phasen recht gut bekannt sind. Errechnet man die Bruchfestigkeit mit der Mischungsregel (8.5), so erkennt man, daß die berechneten Verbundeigenschaften sowohl positive als auch negative Abweichungen von den gemessenen Werten zeigen. Diese Abweichungen sind auf verschiedene Effekte zurückzuführen. Es sind dies im wesentlichen:

- Restspannungen (durch unterschiedliche thermische Ausdehnung der Phasen),
- Spannungszustand (durch unterschiedliche Poissonzahlen der Phasen),
- Wechselwirkungen (insbesondere der Versetzungen mit Grenzflächen),
- Gefügefehler (statistische Natur des Sprödbruchs).

Restspannungen

Die mechanische Verträglichkeit hängt mit der unterschiedlichen thermischen Ausdehnung der Phasen zusammen. Nach dem Abkühlen ist entweder die Grundmasse oder die Faser (bzw. Lamelle) vorkomprimiert, es sei denn, daß mindestens eine der Phasen die Verspannung durch Kriechen kompensieren kann.

Tabelle 8.3. Beobachtete und gemessene Bruchfestigkeiten einiger eutektischer Legierungen bei Raumtemperatur

System Matrix	2. Phase	Typ	Volumenanteil der 2. Phase %	Bruchfestigkeit Matrix MN/m²	2. Phase MN/m²	σ_g gemessene Bruchfestigkeit d. Verbundes MN/m²	σ_b berechnete*) Bruchfestigkeit MN/m²	Differenz $\sigma_g - \sigma_b$ MN/m²	Literatur
Al	Al_3Ni	f	11	70	340	320	100	+ 220	Salkind et al. (1966a)
Al	Al_2Cu	ι	46	110	570	180	320	- 140	Crossman et al. (1969)
Co, Cr	$Cr_{6,1}Co_{0,9}C_3$	f	30	390	3100**)	1450	1200	+ 250	Thompson et al. (1970a)
Ag	Cu	ι	26	60	80	205	65	+ 140	Cline u. Stein (1969)

*) nach der Mischungsregel

**) Annahme von 1% Bruchdehnung

Bild 8.7. Schema der Restspannungen bei Raumtemperatur von Grundmasse (1) und 2. Phase (2) nach Abkühlen von Erstarrungstemperatur, wobei Ausdehnungskoeffizient $\alpha_1 > \alpha_2$

Bild 8.7 schematisiert die auftretenden Phänomene für den Normalfall einer Metallmatrix mit eingelagerter hochfester 2. Phase, die meistens beträchtlich kleinere Ausdehnungskoeffizienten aufweist, Tabelle 8.4. Die Grundmasse ist in einem solchen Fall um den Betrag $\sigma_{1,R}$ vorgespannt und die Faser um $\sigma_{2,R}$ vorkomprimiert. Das Temperaturverhalten wird durch die Ausgleichstemperatur T_a bestimmt, oberhalb derer die Spannungsdifferenz durch Kriechen der weicheren Phasen kompensiert werden kann (Koss und Copley, 1971). Bei Wechselbeanspruchung können sich die $\Delta\alpha$-Werte ungünstig auswirken, z.B. Thermoschockverhalten, Wechselbeanspruchungen bei höheren Temperaturen usw. (Breinan et al., 1973; Sahm, 1974).

Unter der Annahme, daß die Verspannung nur den elastischen Bereich der festeren Phase betrifft, kann die folgende Formel zur Schätzung der thermischen Spannungen verwendet werden (Koss und Copley, 1971):

$$\sigma_{Sv} = (\varphi_1 + \varphi_2 E_2/E_1) \cdot \{\sigma_{S1} \pm [\varphi_2 E_1 E_2/(\varphi_1 E_1 + \varphi_2 E_2)]\, \Delta\alpha\Delta T\} \quad (8.6)$$

wobei σ_{Sv} die Proportionalitätsgrenze des Verbundes darstellt. Der Differenzbetrag der Streckgrenze ergibt sich zu

$$\Delta\sigma_{Sv} = 2\varphi_2 E_2\, \Delta\alpha\Delta T,$$

ein Wert, der bei Annäherung an die Relaxationstemperatur T_a gegen 0 konvergiert (vgl. hierzu auch Hoffman, 1970). Experimentell kann man diese Temperatur durch Dilatometermessungen erfassen, wobei nach einer Änderung der ϵ-T-Steigung gesucht wird (Koss und Copley, 1971).

Spannungszustand

Mit kleiner werdender charakteristischer Abmessung λ spielt der Spannungszustand in Verbundwerkstoffen eine zunehmende Rolle. Durch die Grenzflächenkopplung wird, selbst bei einachsiger Beanspruchung, ein mehrachsiger Spannungzustand geschaffen. Dies läßt sich aus den Kompatibilitätsbedingungen an den Grenzflächen ableiten, d.h. die Verformung an der Phasengrenze ist in beiden Phasen die gleiche, solange es sich um den 1. Verformungsbereich (elastisch – elastisch) handelt. Die hierdurch hervorgerufenen Inkompatibilitätsspannungen können sonst inaktive Gleitebenen (mit kleinem Schmidfaktor) aktivieren, indem die effektive Schubspannung dort den kritischen Wert übersteigt (Chou und Hirth, 1970).

Weiterhin treten in einem Verbundwerkstoff Querspannungen auf, wenn die Poissonzahl ν der beiden Phasen verschieden ist. Die Querspannung ist proportional $\Delta\nu$, und die Längsspannung proportional $(\Delta\nu)^2$ (Lilholt und Kelly, 1969). Die Differenz $\Delta\nu$ ist für Metalle im Bereich I meist sehr klein (typisch 0,05), während sie für den zweiten Verformungsbereich (elastisch-plastisch) maximal wird (typisch 0,2). Somit wird der Beitrag zur Längsspannung vor allem im Verformungsbereich II zu beachten sein. Die Rechnungen von Lilholt und Kelly zeigten jedoch für Cu-W-Komposite, daß hierdurch allein die beobachtete große Verfestigungsrate $(d\sigma/d\epsilon)$ nicht erklärt werden kann. Erst durch Annahme einer elasto-plastischen Verformung der Matrix konnten sie die theoretisch ermittelten Werte den experimentellen Beobachtungen anpassen. Durch Vergleich der berechneten und experimentell gefundenen Werte an in Cu eingebetteten W-Fasern von 10-20 μm Durchmesser kommen Lilholt und Kelly zum Schluß, daß die Kupfermatrix sich in einem kleinen Bereich von 2-3μm um die Fasern herum elastisch verhalten kann. In eutektischen Verbundwerkstoffen stellt diese Länge aber die charakteristische Matrixdimension dar.

Tabelle 8.4. Thermische Ausdehnungskoeffizienten α verschiedener Hochtemperaturphasen, nach Thompson u. Lemkey (1974)

Werkstoff	Temperaturbereich °C	$\alpha(10^{-6}/K)$
Ni-u. Co. Legierungen	20-1100	16-19
$Ni_3(Al, Nb)$	20-1000	11,3
Ni_3Nb	20-1000	$\simeq$ 9,7
Ni_3Ta	20-1000	$\simeq$ 11
TaC	20-1000	6,6
NbC	20-1000	7,1
TiC	20-1000	7,7
Cr_7C_3	20- 800	10,1

Neumann und Haasen (1971) konnten demgegenüber zeigen, daß bei Annahme eines Systems von parallelen Versetzungen, die gegen die Fasern auflaufen, die Versuchsergebnisse von Lilholt und Kelly zwanglos interpretiert werden können.

Wechselwirkung

Eine Erhöhung der Festigkeit kann in Legierungen durch Wechselwirkungen zwischen Teilchen und Versetzungen erzielt werden. Hierbei ist es notwendig, zwischen drei Phänomenen zu unterscheiden:

- Entstehung der Versetzungen an Quellen,
- Bewegung der Versetzungen durch den Kristall,
- Blockierung der Versetzungen an Gitterinhomogenitäten.

Nimmt man an, daß die Versetzungsquelle sich im Zentrum der „weichen" eutektischen Phase befindet und aktiviert ist (Li und Chou, 1970; Chou und Pande, 1972), dann hängt die Elastizitätsgrenze vom Widerstand τ_0 ab, den die Versetzungen bei ihrer Bewegung durch das Gitter erfahren (Peierlskräfte, Mischkristallhärtung), und vom kritischen Widerstand τ_c, den sie überwinden müssen, um Inhomogenitäten zu passieren (Bild 8.8).

Die gegen die Inhomogenität angelegte Spannung ist gleich $n \cdot \tau$ (n = Anzahl der Versetzungen in der Gleitebene). Man kann nachweisen (Li u. Chou, 1970; Hirth, 1972), daß $n \sim \sqrt{\ell}$, wobei ℓ die Länge des aufgestauten Versetzungsbandes ist. Durch Gleichsetzen von ℓ mit dem mittleren Korndurchmesser für eine polykristalline Legierung bzw. mit der Dicke der plastisch verformbaren Matrix λ' erhält man $n \sim \sqrt{\lambda'}$. Durch Einsetzen von $\tau_c = n\tau$ und durch Hinzufügen von τ_0 erhält man eine Gleichung von der Form

$$\tau = \tau_0 + \frac{K}{\sqrt{\lambda'}} \quad . \qquad (8.7)$$

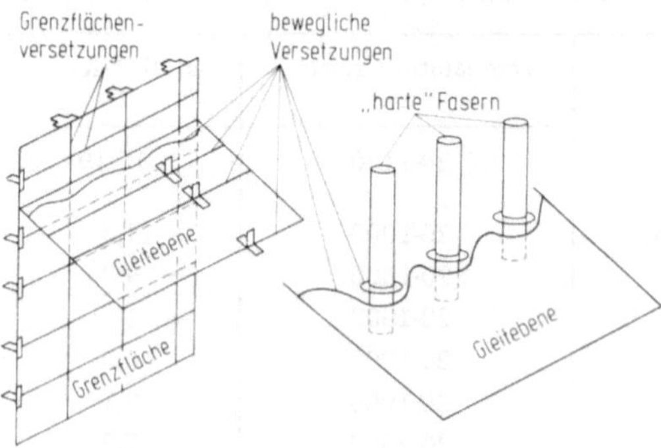

Bild 8.8. Wechselwirkung von Versetzungen mit Lamellen- und Fasergrenzflächen

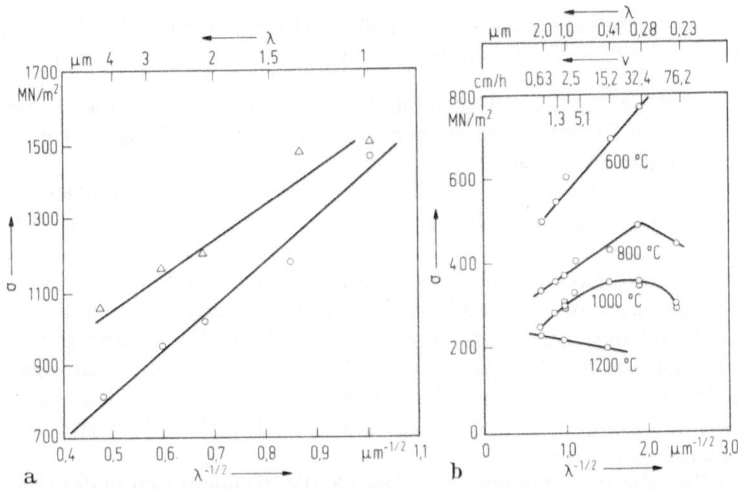

Bild 8.9. Hochtemperaturfestigkeit verschiedener Eutektika als Funktion des Phasenabstandes; a) Ni_3Al-Ni_3Nb nach Thompson et al. (1973), b) NiAl-Cr nach Walter und Cline (1970)

Da τ die effektive Schubspannung ist, muß man zur Berechnung der Zugspannung σ setzen: $\sigma = M \cdot \tau$, wobei M den Taylor-Orientierungsfaktor bezeichnet (Taylor, 1938). (8.7) ist die in der Literatur wohlbekannte Hall-Petch-Beziehung (vgl. Armstrong, 1970), die besagt, daß die Festigkeit eines Grenzflächen enthaltenden Kristalles mit $\lambda^{-0,5}$ zunimmt.

Wie in Abschn. 5.1.2. gezeigt worden ist, können je nach Erstarrungsgeschwindigkeit Eutektika verschiedener Faser- oder Lamellenabmessungen erschmolzen werden, ohne daß der Volumenanteil der verstärkenden Phase geändert wird. In Bild 8.9a wird diese Abhängigkeit gezeigt – und zwar als Funktion der Dicke der duktilen γ'-Phase des lamellaren Ni_3Al-Ni_3Nb-Eutektikums (Thompson et al., 1973). Man erkennt, daß die Hall-Petch-Beziehung bei diesem Eutektikum auch für die Bruchspannung gilt (diese Legierung zeigt wenig plastische Verformung) und selbst bei erhöhten Temperaturen im Zugversuch deutlich erkennbar ist. Falls mit abnehmendem λ (zunehmende Geschwindigkeit) ein zellenförmiges Gefüge auftritt, wird bei hohen Temperaturen die Festigkeit verringert (Bild 8.9b).

Nach Bild 8.8 kann eine Behinderung der Versetzungsbewegung an den Lamellen- oder Fasergrenzflächen erfolgen. Bei den relativ weiten Abständen der Fasern bei normaler Erstarrungsgeschwindigkeit ist es wahrscheinlich, daß sich die Versetzungen entsprechend einem Orowan-Mechanismus fortpflanzen und infolge der Abstände nur wenig zur Festigkeitssteigerung beitragen. Bei faserigen Eutektika, die bei hohen Erstarrungsgeschwindigkeiten erstarrt werden, kann dieser Mechanismus jedoch einen wesentlichen Teil der Verformungsverfestigung ausmachen.

In einem lamellaren Gefüge (Bild 8.10) sind mehrere Mechanismen möglich, die die freie Versetzungsbewegung behindern (Cline u. Lee, 1970):

- Bei inkohärenter Grenzfläche (Bild 8.10a, b) ist eine Spannung $\tau_C$notwendig, um diese Grenze zu überqueren oder um eine neue Versetzung in der anderen Phase zu bilden.
- Bei unterschiedlichen Gleitmoduln wirkt auf die sich der Grenzfläche nähernde Versetzung eine Spiegelkraft $\tau(\Delta G)$. Diese Kraft läßt sich qualitativ folgendermaßen beschreiben: Greift die von der Versetzung verursachte Kristalldeformation in eine andere Phase über, dann ist die elastische Verformungsenergie im härteren Kristall bei gleicher Verformung größer, da die elastischen Konstanten größer sind. Daher wird eine Versetzung im weicheren Kristall von der Phasengrenze abgestoßen, während sie im härteren Medium angezogen wird. Dieser Mechanismus spielt jedoch nur dann eine entscheidende Rolle, wenn der Unterschied im Gleitmodul relativ groß ist (Cline u. Stein, 1969).
- Bei teilkohärenten Phasengrenzen (Bild 8.10c, d) bildet sich in der Grenze ein Versetzungsnetzwerk aus (Kap. 3.). Mit diesen Grenzflächenversetzungen treten die aktiven Versetzungen des Gitters auf zweierlei Art in Wechselwirkung $\tau(\Delta b)$:

  – vor dem Eintritt in die Grenzfläche mit deren Spannungsfeld, dessen Reichweite ungefähr mit dem Abstand der Versetzungen in der Phasengrenze übereinstimmt.

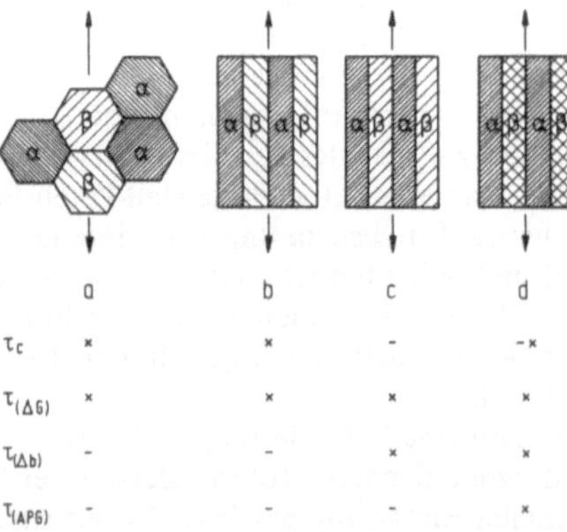

Bild 8.10. Wechselwirkung von Versetzungen mit Grenzflächen in eutektischen Kompositen (teilweise nach Cline u. Lee, 1970):a) Polykristall zweier Metalle, z.B. verformtes Eutektikum, b) gerichtetes lamellares Eutektikum mit inkohärenter und c) mit teilkohärenter Phasengrenze, d) gerichtetes lamellares Eutektikum mit geordneter Phase

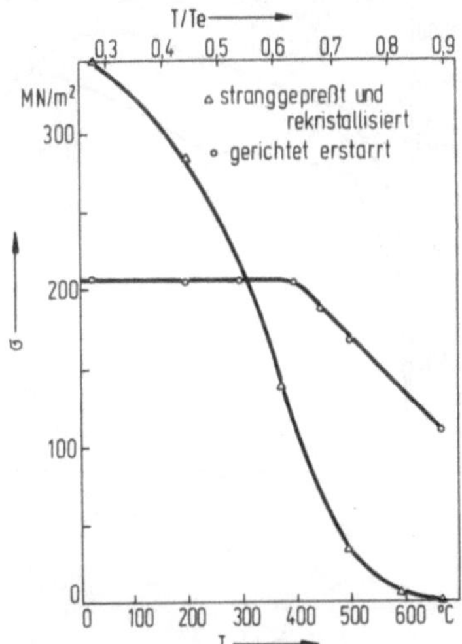

Bild 8.11. Temperaturabhängigkeit der Festigkeit gerichteter Lamellen und isotroper Körner im System Ag-Cu, nach Cline und Lee (1970)

– beim Austritt aus der Grenzfläche durch den Energieverbrauch bei der Relaxation des gestörten Versetzungsnetzwerkes.

Für den Fall teilkohärenter Grenzflächen erhält man für die Steigung K der Hall-Petch-Gleichung (8.7) eine Beziehung (Chou u. Pande, 1972):

$$K = \sqrt{8\,\Delta \mathbf{b} A \tau_C} \tag{8.8}$$

mit $\tau_C \simeq G/30$ und $A = G\mathbf{b}/\pi(1-\nu)$ für Stufenversetzungen und $A = G\mathbf{b}/2\pi$ für Schraubenversetzungen.

- Besitzt eine Phase eine geordnete Kristallstruktur (Bild 8.10d), muß Energie zur Schaffung der Antiphasengrenze aufgebracht werden; dies führt zu einem Spannungsbeitrag τ(APG).

Thompson et al. (1973) haben versucht, über die kritische Spannung zur Zwillingsbildung in der Ni_3Nb-Phase eine Hall-Petch-Steigung zu berechnen und finden mit den Messungen eine gute Übereinstimmung.

Wie Bild 8.11 zeigt, verhält sich das Ag-Cu-Eutektikum in der polykristallinen Form sehr verschieden vom gerichtet erstarrten (vgl. Bild 8.10a und c): Bei Raumtemperatur folgen beide Gefüge einer Hall-Petch-Beziehung, jedoch ist die Steigung K des polykristallinen Gefüges deutlich größer als die des gerichteten. Cline und Lee (1970) schließen daraus, daß im Fall des gerichteten Eutektikums mit semikohärenten Grenzflächen die Versetzungen leichter über die Phasengrenze wandern können als beim Polykristall mit inkohärenten Phasengrenzen. Bei hohen Temperaturen kehren sich die Verhältnisse um, und der Mechanismus des Korngrenzengleitens (Abschn. 8.1.6.) schwächt das polykristalline Material ganz wesentlich (Bild 8.11 und 8.9b).

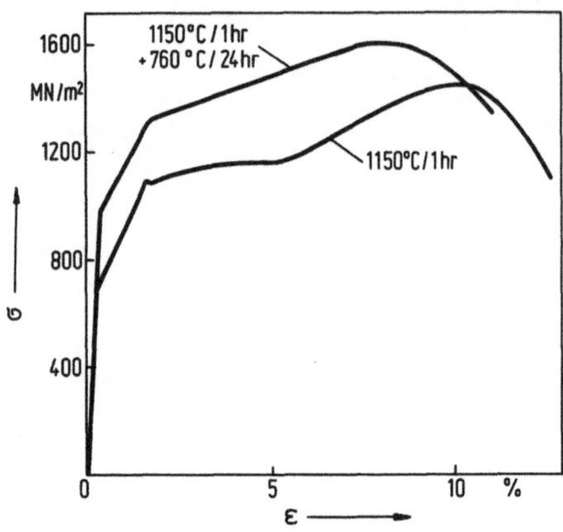

Bild 8.12. Erstarrte und wärmebehandelte eutektische Co-TaC-Basislegierunge, nach Bibring et al. (1971)

Wie Bild 8.12 zeigt, kann man durch Ausscheidungshärtung die Festigkeit des Komposites nochmals deutlich steigern (Bibring et al., 1971; Rhodes und Garmong, 1972; Garmong und Williams, 1973; vgl. auch Tab. 6.1). Dieser Punkt spielt für die Entwicklung praktisch brauchbarer Legierungen eine große Rolle, und man kann auf einen großen Erfahrungsschatz, vor allem bei Superlegierungen, zurückgreifen.

Gefügefehler

Die wichtigsten Gefügefehler sind bereits in Bild 7.1 zusammengefaßt worden. Sie alle nehmen Einfluß auf die mechanischen Eigenschaften der Eutektika:

Wachstumsbänder stellen grobe Fehler dar, d.h. Unterbrechungen der verstärkenden Phase über den ganzen Querschnitt. Mangelnde Gefügeorientierung ist eine weitere Fehlerquelle. Theoretisch ist dieses Phänomen bei den künstlich faserverstärkten Verbundwerkstoffen abgehandelt worden (Kelly, 1966). Der zu erwartende Unterschied ist besonders einfach bei lamellaren Eutektika zu zeigen. Aus (8.1) und (8.2) kann der E-Modul bei Winkeln zwischen Phasenachse und Beanspruchungsrichtung von 0°und 90° berechnet werden:

$$E_{0°} = E_1\varphi_1 + E_2\varphi_2 \qquad (\epsilon = \text{konstant})$$

$$E_{90°} = \frac{E_1\,E_2}{\varphi_1 E_1 + \varphi_2 E_2} \qquad (\sigma = \text{konstant})$$

Der Effekt der Winkelabhängigkeit ist in vielen Eutektika beobachtet worden und für die Faserverstärkung in Bild 8.13 illustriert (Thompson et al., 1970a).

Eine weitere Fehlerquelle sind eutektische Zellengrenzen, insbesondere dort, wo die Orientierung der verstärkenden Phase von der Mittelachse abweicht. Sie üben eine ähnliche Wirkung aus wie die beim Polykristall erwähnte

Korngrenzengleitung (Bild 8.11). Dies wurde auch durch die Versuche am NiAl-Cr-Eutektikum von Walter und Cline (1970) bewiesen, die einen Zellengrenzengleiteffekt oberhalb etwa 600°C demonstrierten; bei dieser Temperatur tritt eine Umkehrung der Steigung der Hall-Petch-Geraden ein (vgl. Bild 8.9b). Ähnliche Wirkungen sind auch bei einfachen Weit- oder Kleinwinkelkorngrenzen in Eutektika zu erwarten (vgl. auch die Ergebnisse von Gell und Barkalow am $\gamma/\gamma'-\delta$-Eutektikum, 1973). Es sind allerdings auch Anwendungen vorstellbar, wo der höhere Widerstand gegen Scherbeanspruchung bzw. die größere Isotropie eines Zellengefüges wünschenswert sein könnten (z.B. im mehrachsig beanspruchten Turbinenschaufelfuß).

Weniger offensichtliche, aber dafür umso einschneidendere Wirkung üben mikroskopische Wachstumsdefekte auf die Festigkeit aus. Dies sind beispielsweise Faser- bzw. Lamellenenden, Verzweigungen, ungleichmäßige Ausbildung der Phasenoberfläche, Phasengrenzeninstabilitäten (Bild 6.4, 6.6 und 6.8). Diese Defekte sind am schwersten zu kontrollieren (Kap. 5. und 6.) und sind daher für die Existenz eines Streubereiches der Eigenschaften verantwortlich. Hier sei besonders an die ungleichmäßige Ausbildung der Cr_7Cr_3-Fasern des Co-Cr_7C_3-Eutektikums erinnert (Thompson et al., 1970a).

Eine Gefügevergröberung durch Wärmebehandlung kann auch zu verfrühten Brucherscheinungen der spröden Phase führen. Dies wurde von Pattnaik und Lawley (1973) am Al-$CuAl_2$-Eutektikum mittels akustischer Messungen nachgewiesen.

Mittlere Festigkeitswerte als Funktion der Temperatur sind für eine Reihe warmfester eutektischer Legierungen in den Bildern 8.14a und b wiedergegeben (Thompson und Lemkey, 1974). Man erkennt, daß einige Eutektika über den gesamten Temperaturbereich Festigkeiten aufweisen, die den besten Superlegierungen nahekommen oder diese übertreffen. Die Bruchfestigkeit ist aber weniger charakteristisch für das Hochtemperaturverhalten eines Werkstoffes (vgl. die wesentlich besseren Zeitstandfestigkeiten dieser Legierungen in Bild 8.34).

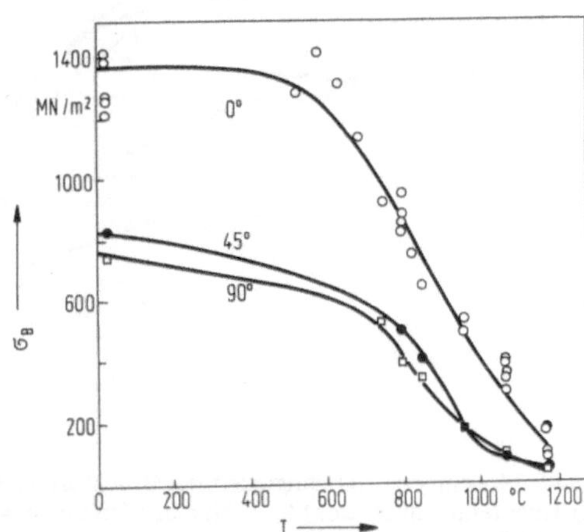

Bild 8.13. Orientierungsabhängigkeit der Zugfestigkeit als Funktion der Temperatur im System Co-Cr_7C_3, nach Thompson et al. (1970a)

8.1.2. Brucharbeit

Die Brucharbeit ist definiert als die spezifische, auf die Einheitsfläche bezogene Energie, die zur Trennung eines Stoffes aufzuwenden ist. Diese Energie stellt die Summe der Anteile zur Einleitung und zur Ausbreitung des Risses dar. Sie wird meist durch Integration der σ-ϵ-Kurve erhalten und hängt auch bei Eutektika, außer vom Gefüge, von der Probengeometrie, Beanspruchungsart, Verformungsgeschwindigkeit (Sierakowski und Lemkey, 1973) und von der Temperatur ab (Tetelman u. McEvily, 1967). Diese Kenngröße ist sehr wichtig, da hochfeste Legierungen meist relativ spröde brechen. Die Sprödigkeit des Bruches, d.h. die Abwesenheit einer deutlichen plastischen Verformbarkeit ist un-

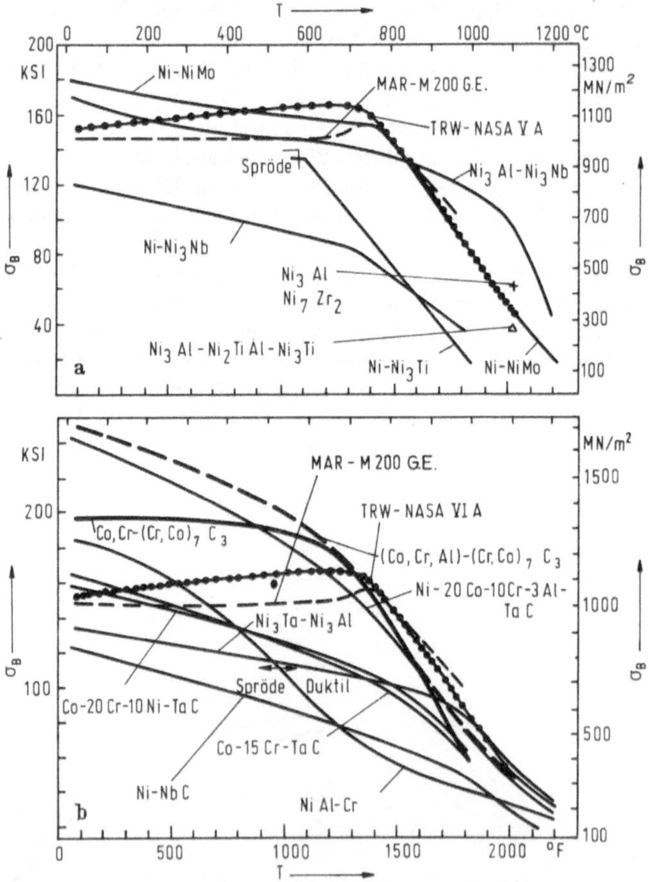

Bild 8.14. Temperaturabhängigkeit der Bruchfestigkeit a) lamellarer, b) faserverstärkter Hochtemperatureutektika nach einer Zusammenstellung von Thompson und Lemkey (1974)

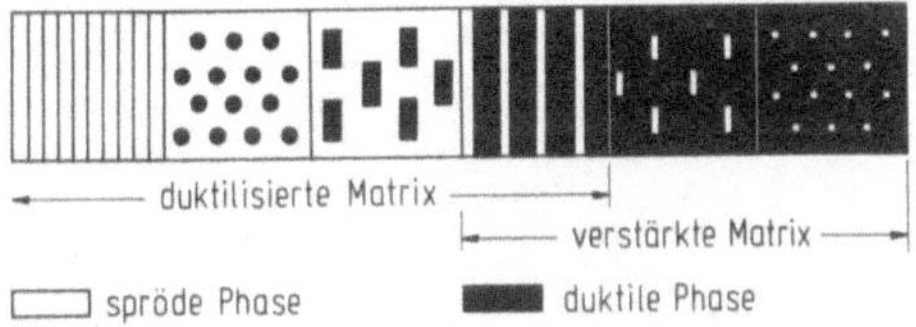

Bild 8.15. Mögliche Phasenkombinationen spröd-duktil

günstig, da sie die Sicherheit des Bauteiles herabsetzt. Bei genügend hoher Temperatur werden alle Werkstoffe duktil, weshalb in diesem Zusammenhang nur auf die Raumtemperatursprödigkeit und deren Verminderung durch das Kompositprinzip näher eingegangen wird, d.h. es wird ausschließlich der Einfluß des Gefüges näher besprochen.

Das Problem der Sprödigkeit tritt bei Verbundwerkstoffen meist dann auf, wenn zumindest eine der Phasen spröde ist. Wie Bild 8.15 zeigt, kann die Anordnung dieser Phasen im Verbund sehr verschieden sein: als spröde Matrix mit eingelagerten duktilen Fasern oder Lamellen oder als spröde Faser in einer duktilen Matrix (Faserverbundwerkstoff). Im letzteren Fall ist die Sprödigkeit allgemein nur dann ein Problem, wenn das Volumen der spröden Phase größer als 30% ist (eine zähe Matrix vorausgesetzt). Das ausgesprochen duktile Verhalten der Ni,Co-MC-Legierungen*) mit ca. 10 Vol.% spröder Fasern ist ein gutes Beispiel (Bibring, 1973; Thompson und Lemkey, 1974). Bild 8.12 zeigt, daß die Bruchdehnung solcher Faserverbundstoffe im Zugversuch 10% übersteigen kann. Die Kombination zweier spröder Phasen kann auch eine erhöhte Brucharbeit bringen, obwohl man in diesem Fall nicht mehr von Duktilisierung spricht.

Das Gebiet Bruchausbreitung in eutektischen Verbundwerkstoffen ist noch wenig bearbeitet, und es muß daher vielfach auf Phänomene, die an sogenannten künstlichen Kompositen gefunden wurden, verwiesen werden. Es wird jedoch nochmals ausdrücklich festgestellt, daß die eutektischen Verbundwerkstoffe sich von den künstlichen im Verhalten stark unterscheiden können. Die Anwendung bruchmechanischer Konzepte ist zur Zeit nur beschränkt möglich, da Wechselwirkungen zwischen den Phasen überwiegen und das Milieu mikroskopisch sehr heterogen ist. Wie Garmong und Rhodes (1972) feststellten, ist dies jedoch bei in Bruchausbreitungsrichtung kontinuierlicher spröder Phase sinnvoll.

Der Zerstörung eines Werkstoffes gehen verschiedene Phänomene voraus, die die Rißbildung einleiten. Anschließend muß der Riß sich durch das Material ausbreiten, wobei dieses Rißwachstum von verschiedenen Spannungsrelaxationsprozessen an der Rißspitze gebremst werden kann.Der Bruchausbreitung wirken folgende Phänomene entgegen:

---

*) Man beachte aber, daß eine hohe Bruchdehnung im Zugversuch nicht heißen muß, daß der Werkstoff auch eine hohe Kriechdehnung aufweist. Im Fall der Co-TaC-Legierungen kann letztere bis auf 1% sinken.

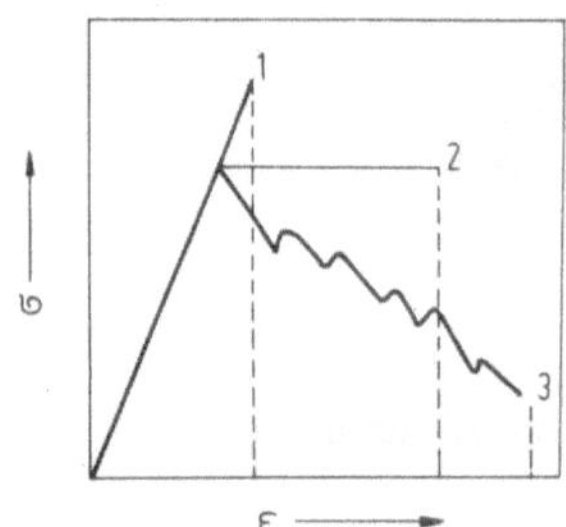

Bild 8.16. Möglichkeiten zur Erhöhung der Brucharbeit von Kompositen (schematisch)

- Schaffung zweier Rißoberflächen,
- plastische Verformung der beiden Phasen,
- Dekohäsion an der Grenzfläche,
- Herausziehen einer Phase aus der Matrix (pull out)*)

Bei In-situ-Kompositen gibt es prinzipiell drei verschiedene Arten, die Bruchenergie zu vergrößern (Zambelli u. Kurz, 1973a):

- Verzögerung der Rißkeimbildung in der spröden Phase (rein elastischer Bruch, Kurve 1 in Bild 8.16),
- plastische Verformung der duktilen Phase an der Rißspitze und/oder quasiplastische Verformung der spröden Phase (z.B. Zwillingsbildung), Kurve 2 in Bild 8.16,
- Unterbrechung des Rißwachstums an schwachen α-β-Grenzflächen (Delamination), Ablenkung der Ausbreitungsrichtung und neue Keimbildung, Kurve 3 in Bild 8.16.

Rißeinleitung

Der Rißbeginn ist mit großer Wahrscheinlichkeit in der spröden Phase zu finden, wobei häufig angenommen wird, daß die duktile Phase durch die Anhäufung der Versetzungen an der Grenzfläche maßgeblich daran beteiligt ist. Die spröden Fasern brechen oft entweder senkrecht zur Faserachse oder parallel zu den bevorzugten Gleitebenen der duktilen Matrix ((010)- bzw. {351} -Ebenen in der Al_3Ni-Faser; Laufer und Jubb, 1973; vgl. auch Bibring, 1973). In Bild 8.17 ist dieser Mechanismus klar gezeigt. Die Verifizierung der Hall-Petch-Beziehung an vielen eutektischen Legierungen bestätigt diese Vermutung in indirekter Weise: Je größer die Länge einer möglichen Versetzungsanhäufung innerhalb einer Gleitebene ist, um so kleiner wird die zur Ausbildung eines Rißkeimes notwendige Verformung und daher Last (Abschn. 8.1.1.). Wie Bild 8.9 zeigt, kann man unter Umständen die Elastizitätsgrenze gewisser Eutektika durch Verkleinerung der Lamellenbreite auf das Doppelte anheben,

*) Dieses Phänomen, das bei künstlichen Verbundwerkstoffen sehr häufig zu beobachten ist (Cooper, 1971), kommt bei Eutektika infolge der guten Grenzflächenbindung nur in seltenen Fällen vor.

wodurch die rein elastische Bruchenergie vervierfacht wird. Weiterhin wird die Elastizitätsgrenze durch Ausscheidungen (Bild 8.12) oder Ordnungsumwandlungen (Kim u. Stoloff, 1972) in der duktilen Matrix hinaufgesetzt, da die Beweglichkeit der Versetzungen verringert wird.

Bei fehlerbehafteten Gefügen, wie sie in der Wirklichkeit stets vorkommen, bricht die spröde Phase leicht an schwachen Stellen durch Überlastung (Zweben und Rosen, 1970; Argon, 1972). Pattnaik und Lawley (1973) haben dieses Phänomen am Al-Al_2Cu-System mit akustischen Messungen verfolgt. Durch Erzeugung sehr regelmäßiger Gefüge kann man diesem Phänomen jedoch entgegenwirken. Wie in Kap. 6. gezeigt wurde, muß aber bedacht werden, daß selbst ursprünglich sehr regelmäßige Gefüge nach zyklischen Temperaturänderungen Gefügeunregelmäßigkeiten aufweisen, wodurch die Brucharbeit vermindert werden kann. Auch innere Spannungen aufgrund verschiedener thermischer Ausdehnungskoeffizienten der Phasen spielen eine Rolle (Koss und Copley, 1971), ebenso wie die Mehrachsigkeit des Spannungszustandes.

Plastische Verformung der Phasen

Besitzt eine der Phasen eine relativ große plastische Verformbarkeit, so kann der Riß gestoppt werden. Bild 8.18 zeigt die Rißspitze in einem solchen (nicht-eutektischen) Komposit. Der Riß hört plötzlich im plastischen Material auf, läuft jedoch infolge der hohen Dehnung in der spröden Phase weiter. In einer gewissen Entfernung vor der Rißspitze sind die Spannungen so klein, daß selbst die spröden Fasern nicht mehr brechen (Cooper und Kelly, 1967). Ein ähnliches Bruchphänomen wurde von Wilcox et al. (1972) am Al-Al_2Cu-Eutektikum beobachtet und dürfte auch der Grund für eine starke Erhöhung der Schlagzähigkeit in Co-Cr_7C_3-Legierungen durch Ni sein (Sahm und Nicoll,

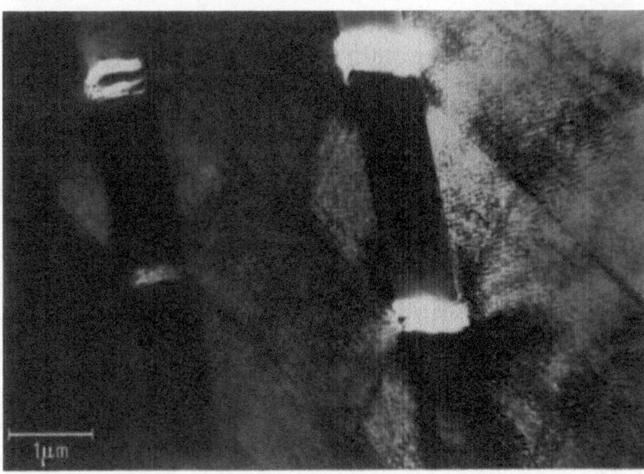

Bild 8.17. Brucheinleitung in TaC-Fasern durch Versetzungsanhäufung in einer Ni-TaC-Basislegierung, nach Bibring et al. (1971)

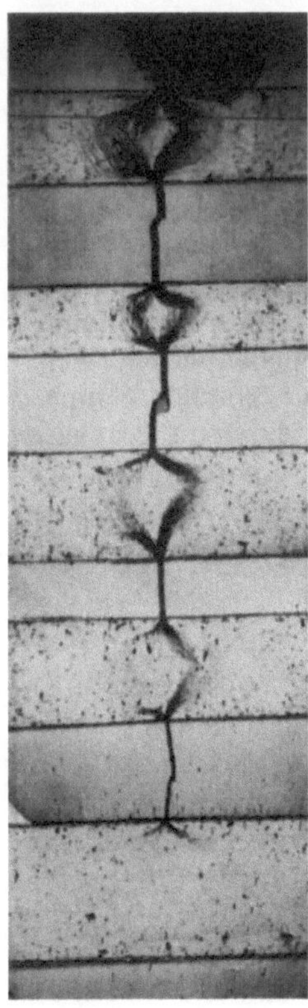

Bild 8.18. Rissausbreitung in einem Verbundwerkstoff bestehend aus duktiler Grundmasse (Cu) und spröder Faser (W), nach Cooper und Kelley (1967)

1975). Sehr aufschlußreich sind in dieser Beziehung auch die Bruchuntersuchungen von Laufer et al. (1972, 1973) am Al_3Ni-Al-Eutektikum unter dem Elektronenmikroskop. Sie stellten mikroskopisch stark inhomogene Verformung fest (Lastübertragung zwischen Fasern) und beobachteten erste Versetzungsbewegungen an Gleitebenen mit kleinen effektiven Schubspannungen (Spannungszustand).

Bei spröder Matrix, in welche hochfeste duktile Fasern eingelagert sind, z.B. Eutektika mit keramischer Matrix und Fasern hochschmelzender Metalle (Claussen und Petzow, 1973), breiten sich Risse in der in Bild 8.19 gezeigten Form aus. Die Fasern können das Rißwachstum bremsen. Bei diesen Systemen tritt meist multipler Bruch auf, was man aufgrund der relativen Festigkeiten und Bruchdehnungen der beiden Phasen voraussagen kann (Cooper, 1971; Bild 8.6). Die Rißausbreitung in solchen Kompositen (Keramik-W-Fasern, Kunststoff-Stahlfasern) wurde von Antolovich (1969) und Tardiff (1973) behandelt. Hiernach tragen zur Behinderung der Bruchausbreitung folgende Eigenschaften bei:

- hohe Festigkeit und starke Verformungsverfestigung ($\frac{\partial \sigma}{\partial \epsilon}$) der Fasern;

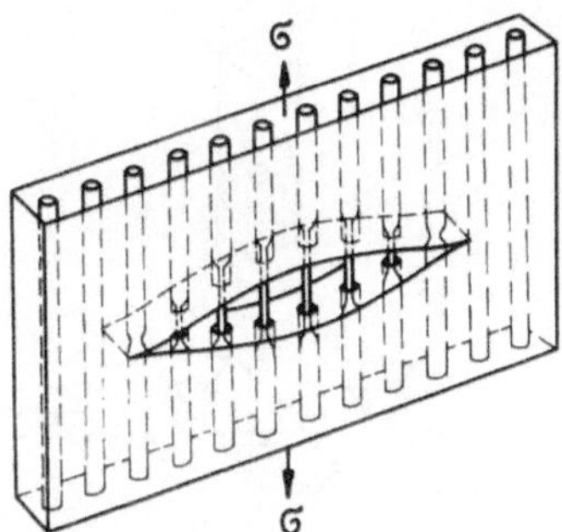

Bild 8.19. Rissausbreitung in einem Verbund mit spröder Grundmasse und duktiler Faser nach Tardiff (1973)

- Grenzflächenfestigkeit erfüllt folgende Bedingung (damit bei der Rißaufweitung in der Faser eine größere Dehnung aufgenommen werden kann, Bild 8.19):

$$\left(\frac{\nu}{1-\nu}\right)\ \sigma_{E,2} < \sigma_G < \left(\frac{\nu}{1-\nu}\right) \sigma_{B,2},$$

wobei $\sigma_{E,2}$ die Elastizitätsgrenze der Faser, $\sigma_{B,2}$ die Zugfestigkeit der Faser und σ_G die Grenzflächenfestigkeit bei Zugbeanspruchung ist;

- spröde Phase mit quasiplastischer Verformung, z.B. durch Zwillingsbildung (Hoover und Hertzberg, 1971; Thompson u. Lemkey, 1974);

- günstige Orientierung der Phasen relativ zur Beanspruchungsrichtung (George et al., 1968; Thompson, 1971; Dupex, 1973). Wie Bild 8.20 zeigt, steigt die

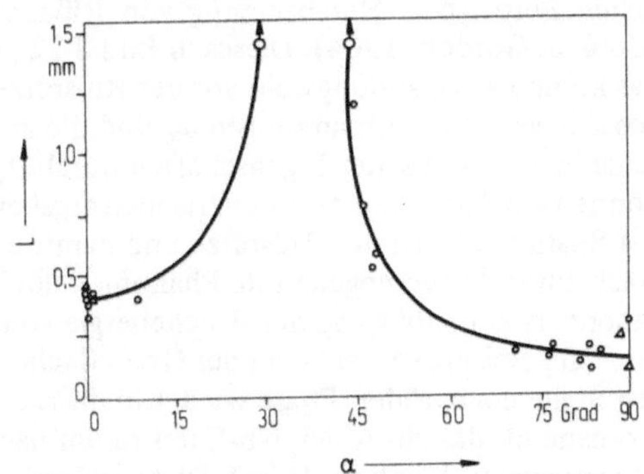

Bild 8.20. Maximale Kraftaufnahme des Kerbschlaghammers, L (in mm der Anzeigeskala) als Funktion des Winkels zwischen Faserachsen und Schlagrichtung; Al-Al_3 Ni-Eutektikum, gekerbte Charpy-Proben, nach Salkind und George (1968)

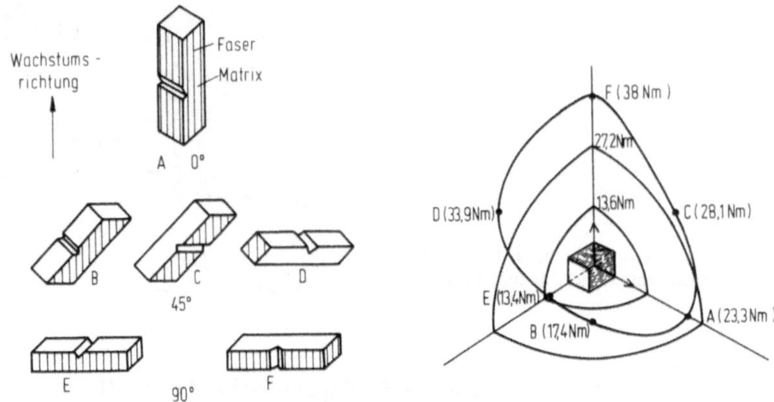

Bild 8.21. Bruchzähigkeit gerichtet erstarrter Al-Al_3Ni-Eutektika als Funktion der Faserorientierung, nach Salkind und George (1968)

Verformbarkeit bei Annäherung an 45° stark an. Dies läßt sich aufgrund der erhöhten effektiven Schubspannung in der duktilen Phase und der stark verlängerten Gleitdistanz der Versetzungen in der duktilen Phase erklären. In Bild 8.21 ist die Richtungsabhängigkeit der Kerbschlagzähigkeit für das Al-Al_3Ni gezeigt (Salkind u. George, 1968).

Delamination

Grenzflächen schwacher Bindung (hoher Energie) liefern einen wesentlichen Beitrag zur Herabsetzung von Rißausbreitungsgeschwindigkeiten (Cook u. Gordon, 1964). Dieses in Bild 8.22 gezeigte Phänomen wird durch das komplexe Spannungsfeld vor der Rißspitze hervorgerufen. Die in der Rißachse liegenden Zugspannungen σ_x und die an der Grenzfläche infolge unterschiedlicher elastischer Eigenschaften durch σ_y auftretenden Scherspannungen können ein Aufreißen der Grenzflächen ergeben. Dies führt zu einer Relaxation der Spannungen an der Rißspitze und damit eventuell zum Aufhören des Rißwachstums. Dieses sogenannte Phänomen der Delamination eignet sich daher besonders zur Erhöhung der Bruchenergie von Spröd-spröd-Kompositen. Oft läuft der Riß eine Strecke an der Grenzfläche entlang, um bei einer geschwächten Stelle der spröden Phase wieder in diese einzudringen. Bild 8.23 zeigt den Vorgang für das Ni_3Al-Ni_3Nb-Eutektikum nach einem Ermüdungsversuch (Thompson u. Lemkey, 1974). Diese Delamination dürfte auch einer der Gründe für die relativ hohe Kerbschlagzähigkeit dieser Legierung sein, die sich bei Raumtemperatur gut mit den modernen Superlegierungen vergleichen läßt und diese bei höheren Temperaturen bei weitem übertrifft. In Bild 8.24 sind an verschiedenen Proben gemessene Schlagzähigkeiten als Funktion der Temperatur zusammengefaßt.

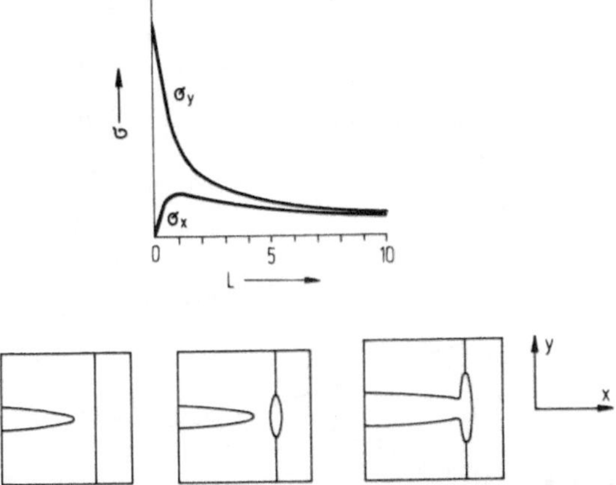

Bild 8.22. Spannungen vor einem Riss als Funktion der Entfernung L (Vielfaches des Rissgrundradius), die zu Delamination von Grenzflächen führen können

Zur Entwicklung hochfester, aber zäher Legierungen müssen alle Möglichkeiten (Bild 8.16) ausgenutzt werden. Wesentliches dazu trägt die Diskontinuität der spröden Phase sowie eine hohe Duktilität der Matrix bei. So konnten Zambelli u. Kurz (1973b) eine hohe Duktilität an einer sonst spröden Legierung erhalten (50 Vol.% spröde $AuPb_2$-Dendriten in einer superplastischen Matrix aus dem Pb-$AuPb_3$-Eutektikum). Duplexstrukturen wie ternäre Eutek-

Bild 8.23. Delamination und Zwillingsbildung nach Wechselbeanspruchung im Ni_3Al-Ni_3Nb-Eutektikum, nach Thompson und Lemkey (1974)

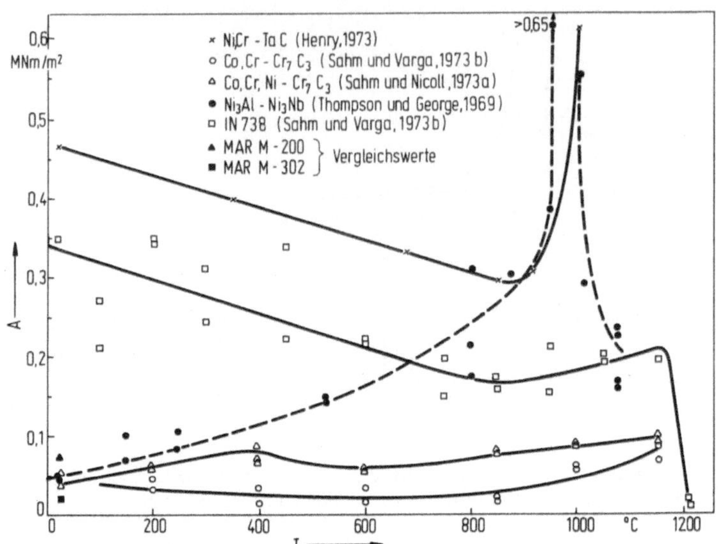

Bild 8.24. Kerbschlagzähigkeiten mehrerer eutektischer Superlegierungen sowie einiger konventioneller Superlegierungen als Funktion der Temperatur

tika bieten ganz allgemein zahlreiche Möglichkeiten zur Optimierung des Bruchverhaltens spröder Werkstoffe (Morley, 1971; Kraft und Thompson, 1973).

8.1.3. Wechselfestigkeit

Das Gebiet der Wechselfestigkeit ist umfassend und für Turbinenschaufeln von großer Wichtigkeit. Die Wechselfestigkeit beschreibt das Verhalten gegenüber einer wechselnden mechanischen Beanspruchung, wobei als Parameter die Art der Kraftaufgabe (positiv = Zug, negativ = Druck) die Maximalwerte dieser Kraft, Zahl der Zyklen, Art der Zyklen usw. zählen. Es wird gern unterschieden zwischen

- Ermüdung durch von außen angelegte Spannungen (Wechselfestigkeit im klassischen Sinne) und
- thermischer Ermüdung, die sich bei zyklischer Temperaturänderung durch unterschiedliche Ausdehnung bestimmter Bereiche des Werkstückes und -stoffes ergeben. Hierbei unterscheidet man zwischen einer
  - durch Temperaturgradienten hervorgerufenen (makroskopischen) und
  - durch die Differenz im Ausdehnungskoeffizienten verschiedener Phasen bedingten (mikroskopischen) thermischen Ermüdung.

Mechanische Wechselfestigkeit

Für hohe Wechselfestigkeiten werden folgende allgemeine Forderungen gestellt (Bibring, 1973; Thompson und Lemkey, 1974):

- hohe Streckgrenze,
- Unterbindung der Rißkeimbildung,
- Behinderung der Rißausbreitung.

Die Ermüdung durch von außen angelegte Spannungswechsel wird mit der Wöhler-Kurve charakterisiert, in der die Abhängigkeit der Ermüdungsfestigkeit von der Zahl der durchlaufenen Zyklen aufgetragen ist. Dabei stellt σ_W den maximalen Spannungsausschlag, sei es als Druck- oder Zugkomponente, dar. Eine Beurteilungszahl ist σ_W (III)/σ_B, die die Wechselfestigkeit zur Bruchfestigkeit in Beziehung setzt. Diese Werte liegen zwischen 0.2 und 0.7, je nachdem, ob es sich um sprödere (und daher meist festere) oder um duktilere Materialtypen handelt, Tab. 8.5. Bild 8.25 illustriert drei Bereiche der Wöhler-Kurve mit verschiedenen Steigungen. Diese Kurven sind an verschiedenen eutektischen Legierungen gewonnen worden und zeigen alle ähnlichen Verlauf. Beim Wechselbruchverhalten unterscheidet man den hochbeanspruchten – oligozyklischen Fall (Bereich I, Probe bricht unterhalb 10^4 Zyklen) und den niederbeanspruchten – hochzyklischen Fall (Bereich III, Probe bricht oberhalb 10^6 Zyklen). Nach bisher angestellten Untersuchungen, Tabelle 8.5, lassen sich folgende allgemeine Schlüsse ziehen (Bibring, 1973):

- Die duktile Grundmasse bestimmt maßgeblich das Bruchverhalten;
- die spröde Phase wirkt als hauptsächlicher Spannungsüberträger;

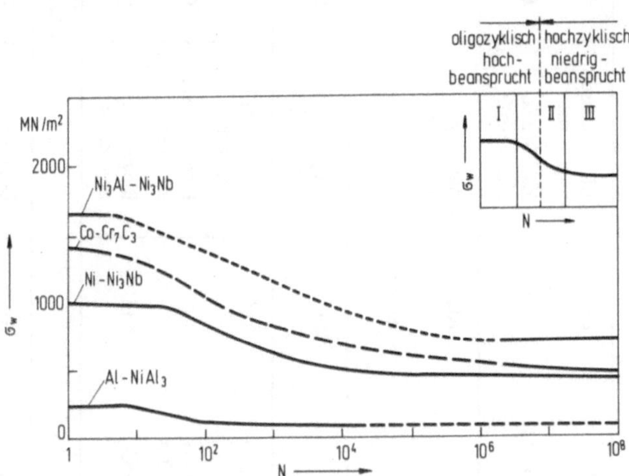

Bild 8.25. Angenäherte Wöhlerkurven mehrerer eutektischer Legierungen (vgl. Tab. 8.5) bei Raumtemperatur

Tabelle 8.5a. Wechselfestigkeiten einiger eutektischer Verbundwerkstoffe bei Raumtemperatur

Eutektikum Grundmasse	Eutektikum 2. Phase	Meßmethode	σ_W (III)/σ_B	σ_B MN/m^2	Besondere Beobachtungen	Literatur
Faserige Eutektika						
Co, Cr	Cr_7C_3	Biegewechsel ungekerbt	0,34	1400		Sahm u. Lorenz, 1972
Co, Cr, Al	Cr_7C_3	Zug-Druck ungekerbt	0,36	1730		Thompson, 1973
Al	Al_3Ni	Zug-Zug ungekerbt	~ 0,30	250	Delamination	Hoover u. Hertzberg, 1968
Al	Al_3Ni	Zug-Zug ungekerbt	0,20	320	Faserknicken (hohes σ_W)	May u. Chadwick, 1973
Ni	Cr	Zug-Zug ungekerbt	0,70	830		Kossowsky, 1970a
Co, 15 Cr	TaC	Biegewechsel ungekerbt	0,52	1150		Bibring, 1973
Ni 20 Co, 10Cr, 3 Al	TaC	Biegewechsel ungekerbt	0,3	1480		Bibring, 1973
Co, 20Cr, 10Ni	NbC	Biegewechsel ungekerbt	0,6	1090		Bibring, 1973
Lamellare Eutektika						
Ni_3Al	Ni_3Nb	Druck-Zug ungekerbt	0,55	165	Zwillingsbildung im Ni_3Nb, Delamination	Thompson et al., 1970b
Ni	Ni_3Nb	Druck-Zug gekerbt	0,55	100	Zwillingsbildung im Ni_3Nb, Delamination	Hoover u. Hertzberg, 1971

Fe	Fe_2B	Zug-Zug	0,32	1200		DeSilva u. Chadwick, 1970

Tabelle 8.5b. Wechselfestigkeiten einiger eutektischer Legierungen bei erhöhten Temperaturen (vgl. Tab. 8.4a)

Eutektikum Grundmasse	2. Phase	Meßmethode	T °C	$\sigma_W(III)/\sigma_B$	σ_B MN/m²	Besondere Beobachtungen	Literatur
			Faserige Eutektika				
Ni	Cr	Zug-Zug	760	0,82	380		Kossowsky, 1970
Co, 15 Cr	TaC	Zug-Zug	800	0,59	680		Bibring, 1973
Co, 20 Cr, 10Ni	NbC	Zug-Zug	800	0,7	700		Bibring, 1973
Ni, 20 Co, 10 Cr, 3Al	TaC	Zug-Zug	800	0,67	900		Bibring, 1973
			Lamellare Eutektika				
Ni_3Al	Ni_3Nb	Biegewechsel	871	0,5	860		Thompson, 1971
Fe	Fe_2B	Zug-Zug	500	0,54	896		DeSilva u. Chadwick, 1970
Al	Al_3Ni	Zug-Zug	300 450	0,25 —	120 85	Faserknicken (hohes σ_W)	May u. Chadwick, 1973

- die α-β-Grenzfläche kann den Riß ablenken (Bild 8.23);
- bei oligozyklischer Beanspruchung (hohe Kraftaufnahme) ist die Geschwindigkeit des Vorganges bestimmt durch die verstärkende Phase, die bereits weit vor dem Rißgrund bricht;
- bei hochzyklischer Beanspruchung (geringe Kraftaufnahme) verläuft die Bruchfortpflanzung meist entlang kristallographischer Ebenen und die spröde Phase bricht erst in unmittelbarer Nachbarschaft mit dem aus der Matrix kommenden Riß. Im letzteren Fall ist die Geschwindigkeit des Vorganges durch die Matrix bestimmt.

Die verstärkende Phase wirkt stets erhöhend auf σ_W(III). Jedoch trifft diese Beobachtung nicht immer auf das Verhältnis σ_W(III)/σ_B zu, obwohl auch hier u.U. sehr hohe Werte beobachtet werden (Tabelle 8.5). Höhere absolute σ_W(III)-Werte werden durch eine hochelastische 2. Phase und eine starke Bindung zwischen ihr und der Grundmasse hervorgerufen, hohe σ_W(III)/σ_B-Werte vor allem dort, wo die 2. Phase zusätzliche energieabsorbierende Mechanismen anbietet. So wird z.B. im System Ni_3Al-Ni_3Nb eine Delamination an der Phasengrenze sowie eine Zwillingsbildung in der verstärkenden δ-Phase beobachtet, Bild 8.23. Im System Fe-Fe_2B haben deSilva und Chadwick (1970) einen Anstieg von σ_W(III)/σ_B = 0,32 bei Raumtemperatur auf 0,54 bei 500°C gemessen und dies damit erklärt, daß die 2. Phase bei der höheren Temperatur duktil wird und demnach die Rißfortpflanzungsgeschwindigkeit herabsetzt. Diese Beobachtung trifft, wie der Vergleich der Meßwerte in Tabelle 8.5a und 8.5b zeigt, auf praktisch alle Eutektika zu. Oft liegen die σ_W(III)/σ_B-Werte jedoch um 0,6 und übertreffen damit die der hochfesten gegossenen Superlegierungen um einen Faktor 2. McEvily et al. (1973) stellten einen Vergleich zwischen dem Ermüdungsverhalten eines Eutektikums (Al-Al_3Ni) und einem Al-B-Verbundwerkstoff an und fanden einen großen Unterschied im anfänglichen Verformungsverhalten (hauptsächlich bedingt durch unterschiedliche Dimensionen der Gefügebestandteile und der Grenzflächen).

Thermische Ermüdung

Bei thermischer Ermüdung muß zwischen einer temperaturgradientbedingten zeit- und formabhängigen thermischen Ermüdung und einer phasenbedingten, von Zeit und Form unabhängigen, thermischen Ermüdung unterschieden werden.

Die erste Art der Ermüdung ist bei Turbinenschaufelwerkstoffen durch die unterschiedlichen Wandstärken und hohen Wärmeübergangszahlen an den Ein- und Austrittskanten besonders groß (Bild 8.26) und führt zu Verformung des Teiles. Die in konventionellen Gußlegierungen oft beobachtete Rißbildung ist allgemein bei gerichtet erstarrten Superlegierungen stark unterdrückt. Dies gilt auch, wie Garmong und Rhodes (1973) feststellten, für die Eutektika Al-Al_3Ni und Al-Al_2Cu. Diese Autoren stellten an Keilproben fest, daß langsame Zyklen schädlicher sind als rasche und empfehlen zur Verbesserung der Eigenschaften vor allem, die Matrixverformung zu verhindern. Man kann annehmen, daß sich die hohe Wechselfestigkeit vieler Eutektika bei Beanspruchung in Längsrichtung günstig auf das temperaturgradientbedingte Ermüdungsverhalten auswirkt. Das verhindert jedoch nicht die Ausbildung von Längsrissen (Thompson und Lemkey, 1974; Sahm, 1974). In diesem Zusammenhang sei auf eine umfassende Arbeit von Glenny (1974) verwiesen, die sich mit der thermischen Ermüdung von Superlegierungen befaßt.

Bei der zweiten Ermüdungsart, die natürlich nicht von der ersten zu trennen ist, werden Spannungen durch die Differenz der thermischen Ausdehnungskoeffizienten der Phasen im Komposit erzeugt (Hoffmann, 1970). Dieser Mechanismus ist besonders dann zu beachten, wenn diese Differenz groß wird. Wie aus Tabelle 8.4 hervorgeht, beträgt der Ausdehnungskoeffizient von TaC nahezu 1/3 desjenigen der Matrix, und es wird daher verständlich, daß das thermische Ermüdungsverhalten dieser Legierungen gewisse Probleme bringen kann (Breinan et al., 1973).

Eine Berechnung der nach Abkühlung eines Ni-NbC-Eutektikums von 1100°C auf Raumtemperatur in der Matrix verbleibenden Zugspannung ergibt (Thompson und Lemkey, 1974):

$$\sigma_1 = \frac{\varphi_2 E_1 E_2 \Delta\alpha\Delta T}{\varphi_1 E_1 + \varphi_2 E_2} = 310\ \mathrm{MN/m^2} \quad (\simeq 31\ \mathrm{kp/mm^2}).$$

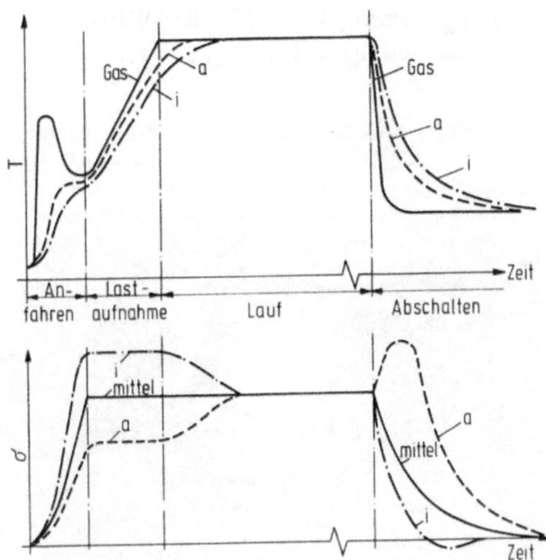

Bild 8.26. Temperatur-Beanspruchungsverlauf einer ungekühlten Rotorschaufel; a) außenliegende Partien (Einlauf- und Auslaufkante), i) innen (Schaufelmitte); nach Endres (1974)

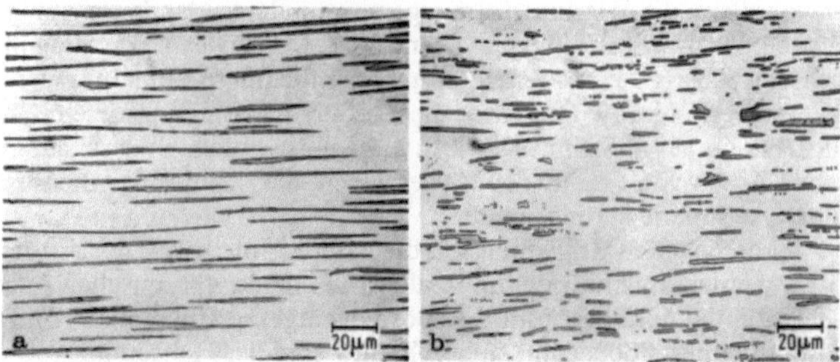

Bild 8.27. Co,Cr-NbC-Eutektikum a) vor und b) nach 1500 Zyklen zwischen 400 und 1120°C, nach Lemkey und Thompson (1974)

Durch eine solche Zugspannung kann zumindest lokales Fließen (vgl. auch (8.6)) der Matrix einsetzen, was zu vorzeitiger Ermüdung führt. Bild 8.27 (Lemkey und Thompson, 1974) zeigt die Wirkung von 1500 Zyklen zwischen 400 und 1120°C auf eine Legierung der Zusammensetzung Co, Cr(15)-NbC. Hier überlagert sich dem Effekt der unterschiedlichen Ausdehnung die allotrope Umwandlung des Kobalts (die man durch Ni-Zusätze unterdrücken kann, vgl. auch Perry et al., 1973a).

Das Problem der thermischen Ermüdung wird noch komplexer, wenn man die Gefügestabilitätsbetrachtungen von Kap. 6. einbezieht. Einerseits führt das laterale Wachstum der Fasern zu unregelmäßigen Formen (Bild 6.2 und 6.4) und dieses wiederum zu Spannungsspitzen. Zum anderen kann die hohe Versetzungsdichte um die Fasern (Bild 8.28) die Diffusion und damit das Wachstum der Fasern beschleunigen (Bibring, 1973).

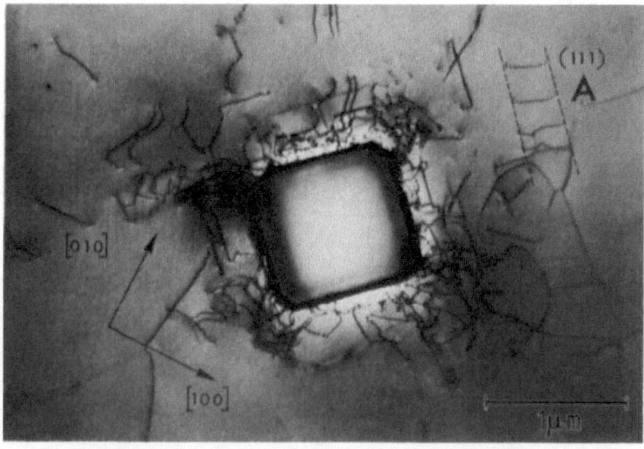

Bild 8.28. Versetzungsnetz um TaC-Faser in Ni,Co,Cr-Grundmasse nach Wasserabschreckung von 1100°C, nach Bibring (1973)

8.1.4. Dämpfungsverhalten

Dämpfungsfähige Werkstoffe werden nicht nur bei der Entwicklung ermüdungsfester Materialien, sondern auch bei der Lärmbekämpfung und Vibrationsunterdrückung gewünscht. Besonders augenfällige Beispiele sind wiederum die Schaufeln in Gas- und Dampfturbinen, Rotoren usw. Dabei ist zu bemerken, daß der Anteil der spezifischen Materialdämpfung an der Gesamtdämpfung meistens geringer ist als der durch konstruktive Maßnahmen erreichbare. Es läßt sich jedoch durch Einbau gut dämpfender Stücke an kritischen Stellen die Dämpfung merklich verstärken.

Die Kerbwirkung dämpfender Einschlüsse verringert die Ermüdungsfestigkeit bei Gußeisen. Dies trifft jedoch bei gerichtet erstarrten Eutektika nicht zu, so daß auch über die Dämpfung eine Erhöhung der Wechselfestigkeit zu erwarten ist, besonders wenn es sich um frei schwingende Teile handelt. Der Vorteil gerichteter Verbundwerkstoffe liegt in der Möglichkeit, eventuell hohe Festigkeit und hohen E-Modul mit relativ hoher Dämpfungsfähigkeit kombinieren zu können.

Das Dämpfungsverhalten von Werkstoffen ist neben den charakteristischen Materialeigenschaften eine Funtkion der angelegten Spannung, der äußeren Form des Werkstückes und der Temperatur (vgl. Lazan und Goodman, 1961). Dämpfungsfähigkeit bedeutet die Umwandlung von Vibrationsenergie in Wärme und wird normalerweise über das logarithmische Dekrement der Schwingungsamplituden A gemessen: $\delta = \ln (A_n/A_{n+1})$,wobei über einzelne Methoden der Messung noch weitgehende Uneinigkeit herrscht. Man definiert einen dimensionslosen Parameter, die spezifische Dämpfungskapazität, die man zu dem Dekrement wie folgt in Beziehung setzt:

$$\mathrm{SDC} = (\delta\tau^2/G)(\pi\epsilon/2) = 2\delta/\epsilon G, \tag{8.9}$$

mit SDC als spezifischer Dämpfungsenergie/Gesamtenergie pro Zyklus und ϵ als Scherdehnung. Der sog. Dämpfungsindex SDC wird nun, eingedenk seiner Spannungsabhängigkeit, als diejenige Zahl definiert, die bei 10% der Streckgrenze ($\sigma_{0,2}$) des fraglichen Werkstoffes gilt. In Bild 8.29 sind entsprechend wichtige Werkstoffklassen zusammengestellt. Ausgesprochene Zweiphasenlegierungen sind dabei nicht mehr vertreten als einphasige Legierungen. Die spezifischen Beiträge, die ein eutektisches Gefüge zum Dämpfungsverhalten leisten kann, sind:

- Verspannung der beiden Phasen durch verschiedene thermische Ausdehnungskoeffizienten (Tabelle 8.4, Bild 8.7);
- Energieverlust in der Phasengrenzfläche (schwache Bindung wirkt begünstigend, weil Scherreibung auftritt);
- Korngrenzengleiten in polykristallinen eutektischen Legierungen.

Ein Beispiel für letzteren Effekt ist von Baudelet (1971) im Pb-Sn-Eutektikum nachgewiesen worden, Bild 8.30. Eine Dämpfungsspitze tritt bei etwa 40°C auf. Baudelet führt dieses Verhalten auf reversibles

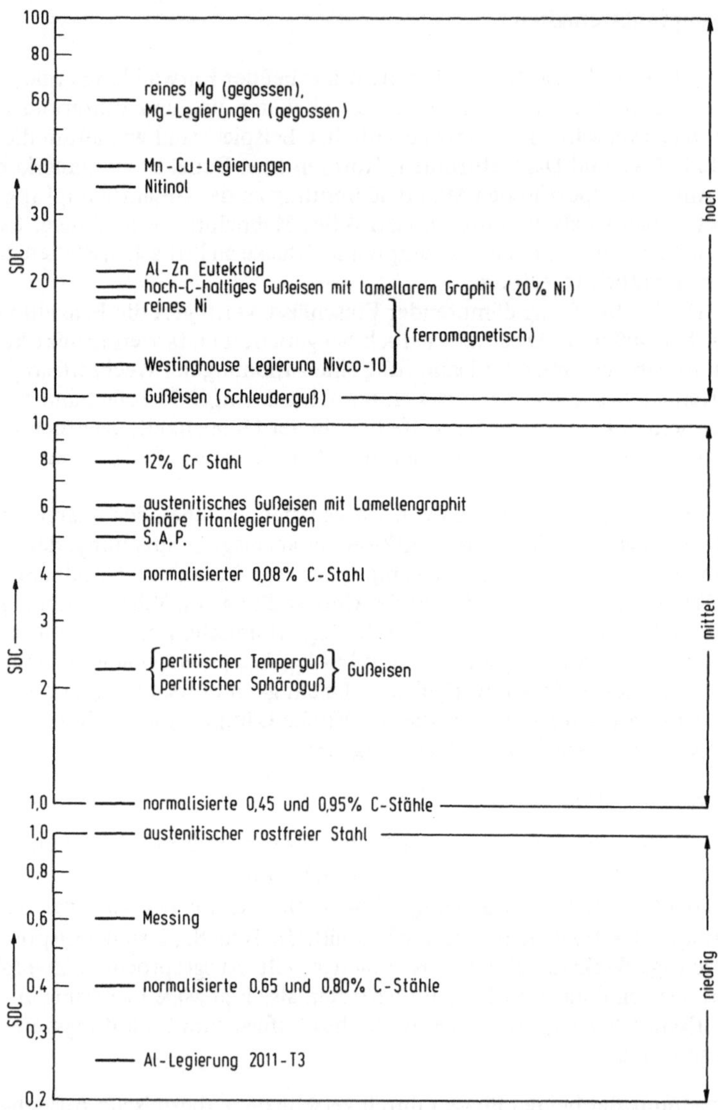

Bild 8.29. Zusammenstellung der Dämpfungsindices verschiedener Legierungen einschl. eutektischer und anderer In-situ-Verbundwerkstoffe, nach James (1969)

superplastisches Korngrenzengleiten zurück. Dieser Effekt kann gleichzeitig als ein Nachweis für das Korngrenzengleiten als die bestimmende Reaktion in dem betreffenden Temperaturbereich aufgefaßt werden (vgl. Abschn. 8.1.6).

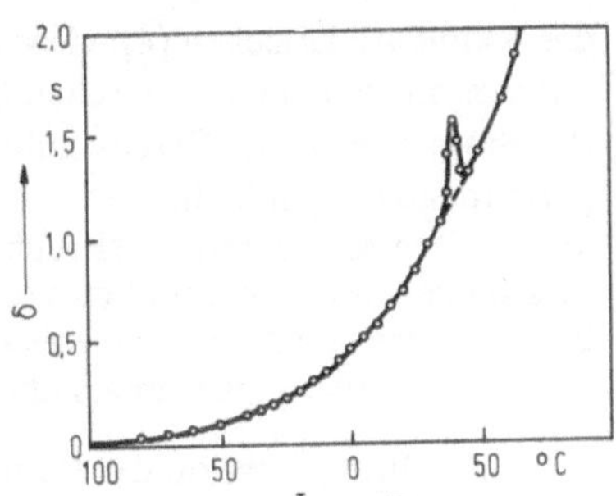

Bild 8.30. Dämpfungsspitze einer eutektischen Pb-Sn-Legierung bei 40°C, 0,7 Hertz (ohne Vorspannung), nach Baudelet (1971)

Ähnliche Beobachtungen wurden von Nuttal (1971) in eutektoiden Al-Zn-Legierungen gemacht.

8.1.5. Zeitstandfestigkeit

In diesem Abschnitt wird das Hochtemperaturkriechen, d.h. die zeitabhängige plastische Verformung eines Werkstoffes bei Temperaturen von $T > 0,5\ T_s$ (K) unter konstanter Last behandelt. Im Gegensatz zu tiefen Temperaturen wird bei hohen Temperaturen durch die stark zunehmende Leerstellenkonzentration und Diffusionsgeschwindigkeit zusätzlich zum Gleiten ein Klettern der Versetzungen möglich (Weertman, 1957). Hierdurch können Versetzungen verschwinden oder entstehen, mit anderen Versetzungen polygonisieren oder sich aus der ursprünglichen Gleitebene herausbewegen (Bird et al., 1969; Hornbogen und Bäro, 1973; Ilschner, 1973).

An eutektischen Verbundwerkstoffen sind bislang wenige systematische Untersuchungen zum Kriechverhalten bekannt geworden. Man kann jedoch feststellen, daß dabei die verstärkende Phase des Komposites die wesentliche Rolle spielt. Thompson et al. (1970a) haben beispielsweise im Co, Cr-Cr_7C_3-Eutektikum zeigen können, daß die Aktivierungsenergie des Kriechens Q (8.10) etwa der Aktivierungsenergie der Selbstdiffusion der Karbidkomponenten entspricht. Hieraus kann man schließen, daß der geschwindigkeitsbestimmende Schritt das Kriechen des Karbides ist. Die kleinen Phasenabmessungen bzw. die hohe Konzentration von Grenzflächen und die geometrische Anordnung der Phasen (Thompson und Lemkey, 1974; Bibring, 1973) sind jedoch ebenfalls eigenschaftsbestimmend. Allgemein kann für gerichtet erstarrte Eutektika folgendes festgestellt werden:

- Das primäre Kriechen ist durch die Spannungsumlagerung zwischen den Phasen und durch die Bildung einer Substruktur gekennzeichnet. Wie auch bei den meisten anderen Legierungen ist eine Verlangsamung der Kriechgeschwindigkeit $\dot{\epsilon}$ mit der Zeit zu beobachten;

- das sekundäre Kriechen ($\dot{\epsilon}_s$ = konst.) bedingt bei guter Kohäsion der Phasen mit verschiedenen mechanischen Eigenschaften eine gleichförmige Dehnung (De Silva, 1968). Die Geschwindigkeit ($\dot{\epsilon}_s$) ist relativ zu anderen Hochtemperaturlegierungen klein;
- im tertiären Kriechbereich (Bruch) treten große Unterschiede zwischen den verschiedenen Proben, und dies selbst bei Proben aus einer Schmelze, auf. Beginn sowie Ausdehnung dieses Bereiches scheinen unter anderem eng mit den Gefügefehlern zusammenzuhängen.

Zur Interpretation der Resultate wird normalerweise der stationäre (sekundäre) Bereich herangezogen. Um die stationären Kriechgeschwindigkeiten $\dot{\epsilon}_s$ zu beschreiben, verwendet man häufig die Gleichung

$$\dot{\epsilon}_s = K_1 \cdot \sigma^n \cdot \exp(-Q/RT) \qquad (8.10)$$

Tabelle 8.6. Kriechmechanismen, nach Bird et al. (1969)

Mechanismus	Diffusion	K_2 (8.11)	n
Nabarro	Volumendiffusion durch Fehlstellenaustausch	$7(b/d)^2$	1
Coble	Korengrenzendiffusion durch Fehlstellenaustausch	$50(b/d)^3$	1
Weertmann Klettern (kfz)	Volumendiffusion durch Fehlstellenaustausch	$2{,}5 \times 10^6$	4,2-5,5 ansteigend mit Gb/γ
Weertmann Klettern (krz)	Volumendiffusion durch Fehlstellenaustausch	$\simeq 2{,}5 \times 10^6$ veränderl.	$\simeq$ 4,5 aber variabel $4{,}0 < n < 7$
Weertmann Klettern (hex)	Volumendiffusion durch Fehlstellenaustausch	$\sim 2{,}5 \times 10^6$	$3{,}0 < n < 5{,}5$
Weertmann viskoses Gleiten in Mischkristall	Chemische Interdiffusion	3	$3{,}0 \leq n \leq 3{,}5$
Dispersionshärtung	Volumendiffusion durch Fehlstellenaustausch	$< 2{,}5 \times 10^6$ *)	$6{,}0 \leq n \leq 8{,}0$
Superplastisches Kriechen	Korngrenzendiffusion durch Fehlstellenaustausch	$\simeq 100(b/d)^2$	2
Harper-Dorn in Al-Ein- und Polykristallen	Volumendiffusion durch Fehlstellenaustausch	$1{,}35 \times 10^{-11}$	1

*) abnehmend mit mittlerer Entfernung der Teilchen und zunehmender Teilchenhöhe

Hierbei sind K_1 eine strukturabhängige Konstante, n der Spannungsexponent (Tabelle 8.6) und Q die Aktivierungsenergie des Kriechens (entspricht der der Selbstdiffusion bei reinen Metallen).

Ein besserer Einblick in die ablaufenden Phänomene läßt sich gewinnen, wenn man die Ergebnisse mit folgender Gleichung ausdrückt (Bird et al. 1969):

$$\dot{\epsilon}_s = K_2(T)\ \frac{DGb}{kT} \left(\frac{\sigma}{G}\right)^n . \tag{8.11}$$

Hierin ist die gefügebestimmte Konstante K_2 temperaturabhängig. (D ist der Selbst- oder Interdiffusionskoeffizient, G der Schermodul und **b** der Burgers-vektor.) Durch Hinzufügen eines Faktors (Gb/γ) kann man auch der Stapelfehlerenergie γ Rechnung tragen. Der Spannungsexponent n in (8.10) ist mit dem in (8.11) identisch. Nach Bild 8.31 (Henriques und Kurz, 1974) erhält man bei logarithmischem Auftragen der dimensionslosen Zahlen ($\dot{\epsilon}_s kT/DG\mathbf{b}$) und ($\sigma/G$) verschiedene Geraden, deren Lage von $K_2(T)$ und deren Steigung von n bestimmt ist. Man erkennt, daß der dominierende Kriechmechanismus nicht nur von der

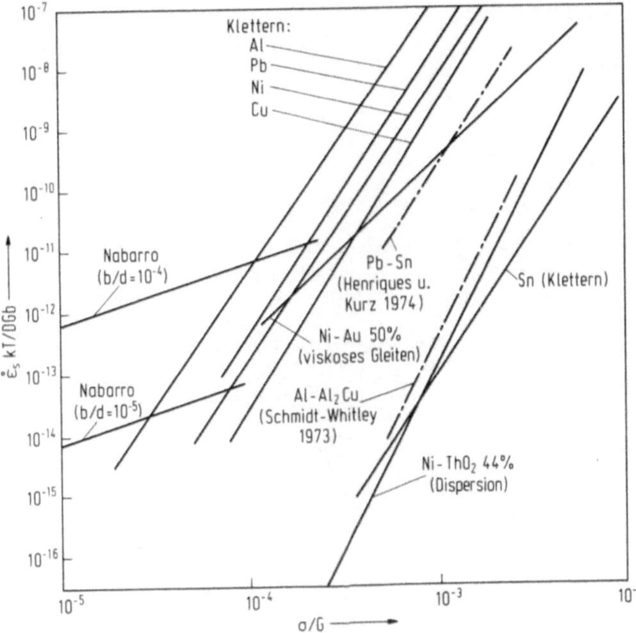

Bild 8.31. Normalisierte sekundäre Kriechgeschwindigkeit verschiedener Eutektika und Metalle als Funktion von σ/G

relativen Temperatur, sondern auch von der relativen Spannung abhängt. Bei den üblichen technischen Hochtemperaturanwendungen ist das Verhältnis $\sigma/G \simeq 10^{-3}$.

Die Konstante K_2 in (8.11) ist für reine Metalle mit vergleichbarem Gefüge und Spannungsbereich (σ/G) im wesentlichen von der Kristallstruktur abhängig und zeigt für reine Metalle des gleichen Gitters gleiche Werte. Zudem hängt K_2 vom Kriechmechanismus ab (Tab. 8.6). In mehrphasigen Legierungen ist K_2 eine stark vom Gefüge abhängige Größe (Bird et al., 1969; Ansell, 1970). Für gerichtete Eutektika kann man diese Gefügeabhängigkeit allgemein in folgender Form darstellen

$$K_2 = K_3 \cdot \lambda^{\kappa},$$

wobei κ die Steigung der Funktion $\lg \dot{\epsilon}_s = f(\lg \lambda)$ darstellt (Bild 8.32). Da κ positiv ist, verringert sich die sekundäre Kriechgeschwindigkeit mit abnehmendem λ. Am Al-Al_2Cu-Eutektikum (Schmidt-Whitley, 1973) und am Pb-Sn-Eutektikum (Henriques und Kurz, 1974) ist $\kappa \simeq 1{,}5$. Die stark unterschiedlichen κ-Werte in Bild 8.32 für das Al-Al_3Ni-System (0,5 und 6) sind zur Zeit nicht erklärbar, könnten jedoch zumindest teilweise auf das Gefüge zurückge-

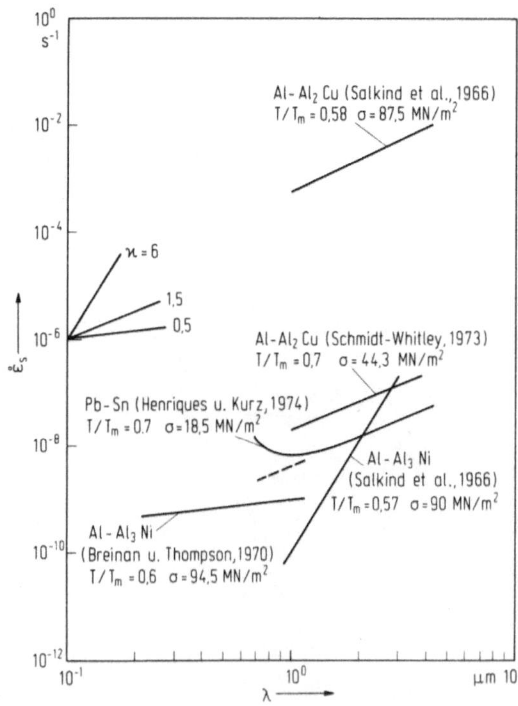

Bild 8.32. $\dot{\epsilon}_s$ als Funktion des Lamellenabstandes λ verschiedener Eutektika, nach Henriques und Kurz (1974)

führt werden (starke Unterschiede in der Erstarrungsgeschwindigkeit; Salkind et al.: 1 bis 10 cm/h; Breinan und Thompson: 10 bis 100 cm/h). Weiterhin bemerkt man, daß unter vergleichbaren Bedingungen (σ und T kompensieren sich ungefähr), das Al-Al_2Cu-Eutektikum zwar nach den gleichen Mechanismen zu kriechen scheint, aber die absolute Kriechgeschwindigkeit und damit K_3 sich um mehr als vier Größenordnungen unterscheiden.

Eine umfassende Erklärung dieser Ergebnisse steht noch aus, jedoch kann man einige Hypothesen aufstellen (Henriques und Kurz, 1974): Nimmt man an, daß sich Eutektika ähnlich wie dispersionsgehärtete Legierungen verhalten und die charakteristische Dimension des Versetzungsnetzwerkes proportional λ ist, sollte man für κ einen Wert von 2 erwarten. In diesem Fall erhält man für n in (8.11) Werte von 7 bis 8 (Robinson, 1969).

Nimmt man dagegen an, daß durch die Wechselwirkung der Versetzungen mit den Grenzflächen in gerichteten Eutektika eine innere Spannung (backstress) σ_i nach der Hall-Petch-Beziehung (8.7)

$$\sigma_i \simeq C\lambda^{-0,5}$$

aufgebaut wird, die die lokal herrschende Spannung verringert, erhält man für (8.11)

$$\dot{\epsilon}_s = K_4 \left(\frac{\sigma - C\lambda^{-0,5}}{G}\right)^n \cdot \frac{DGb}{kT}$$

Die Größe C ist unter anderem eine Funktion des Gleitmoduls. Hieraus erhält man

$$\kappa = \frac{n}{2\left(\frac{\sigma}{C}\lambda^{0,5} - 1\right)}$$

und kann die dimensionslose Beziehung

$$\frac{\kappa}{n} = \frac{1}{2\left(\frac{\sigma}{C}\lambda^{0,5} - 1\right)}$$

ableiten. Für einen Werkstoff hängt κ also vom reziproken Lamellenabstand ab. (κ ist umso größer je größer n ist). Hierdurch ließe sich erklären, warum die κ-Werte des Al-Al_3Ni-Eutektikums bei sehr hohen Wachstumsgeschwindigkeiten kleiner werden: Bei zellenartigem Gefüge wird die den Versetzungen zur Verfügung stehende Gleitdistanz größer als λ.

Der Spannungsexponent n hängt hauptsächlich vom Verformungsmechanismus und daher von T/T_s und σ/G ab. Für die meisten Metalle und Legierungen ist $3 < n < 8$, während im Bereich der superplastischen Verformung (kleine σ/G-Werte, kleine Korngröße) $1 < n < 3$ (Bild 8.31). In gewissen Fällen, die noch nicht erklärbar sind, findet man auch extrem hohe Werte von n = 15 bis 22 für manche Eutektika (Tab.8.7)und n bis zu 40 für dispersionsgehärtete Legierungen. In perfekten Gefügen, in denen das Versetzungsnetzwerk geringe Dichte besitzt, erwartet man, daß n etwas größer als bei Metallen ist (n = 7 bis 8, vgl. Tab. 8.7). In realen eutektischen Gefügen existieren jedoch durch Gefügefehler hervorgerufene lokale Spannungsspitzen, die die mittlere

Spannung von $\sigma/G \simeq 10^{-3}$ um einen Faktor 10 und mehr übertreffen können. In diesen Bereichen gilt dann die in (8.11) gegebene Beziehung nicht mehr, sondern

$$\dot{\epsilon}_s \simeq K_s \cdot (\sinh \sigma)^n.$$

Tabelle 8.7. Kriechverhalten gerichtet erstarrter eutektischer Legierungen

Legierungen	T_e K	λ μm	n	Q_c $\frac{kcal}{Mol}$	q_c $\frac{kcal}{Mol\,K}$	Literatur
$Al\text{-}Al_2Cu$	821	2,5	6	52	0,063	Schmidt-Whitley, 1973
$Al\text{-}Al_2Cu$	821	$\simeq$ 2,5	$\simeq$ 8	–	–	Salkind et al., 1966b
$Al\text{-}Al_3Ni$	913	$\simeq$ 1,8	$\simeq$ 18	–	–	Salkind et al., 1966b
$Al\text{-}Al_3Ni$	913	0,35	$\simeq$ 3	–	–	Breinan und Thompson, 1971
Ni-Cr	1618	$\simeq$ 10	7	80	0,049	Kossowsky, 1970b
$Ni\text{-}Ni_3Ti$	1577	–	–	100	0,063	Sheffler et al., 1969
$Ni\text{-}Ni_3Nb$	1543	$\simeq$ 8,5	$\simeq$ 21	–	–	Gangloff und Hertzberg, 1973
$Ni_3Al\text{-}Ni_3Ta$	1633	–	$\simeq$ 16	–	–	Hubert et al., 1973
$Ni_3Al\text{-}Ni_3Nb$	1553	–	4-8	~150	0,097	Thompson et al, 1973
$Ti\text{-}Ti_5Si_3$	1603	–	$\simeq$ 5	~119	0,074	Crossman u. Yue, 1971
$Ag_3Mg\text{-}AgMg$	1032	1,4	3-14	79	0,077	Kim und Stoloff, 1973
COTAC-3	~ 1633	–	–	130	0,079	Bibring, 1973
$\gamma/\gamma'\text{-}\delta$	~ 1533	1-6	7-8	150	0,096	Lemkey u. Thompson, 1973
Pb-Sn	456	$\simeq$ 1,5	3-5	~ 24	0,052	Henriques u. Kurz, 1974

Dies führt zu großen n-Werten.

Aus Tabelle 8.7 ist noch zu entnehmen, daß die auf die Schmelztemperatur bezogene Aktivierungsenergie q_s für alle Eutektika ähnliche Werte annimmt, wobei q_s für rein metallische Systeme kleiner wird als bei Legierungen, die intermetallische Phasen enthalten.

Während die theoretischen Zusammenhänge für die Legierungsentwicklung von großer Wichtigkeit sind, interessieren den Konstrukteur vor allem folgende Angaben*):

- Zeit, Spannung und Temperatur bis zu 1% Dehnung,
- Zeit, Spannung und Temperatur bis zum Bruch,
- Bruchdehnung,
- Art und Ausdehnung des tertiären Kriechens.

Eine übliche Darstellung der Kriechfestigkeit von Co,Cr-Cr_7C_3-Legierungen gibt Bild 8.33. Bemerkenswert ist die starke Beeinträchtigung der Kriechfestigkeit durch Gefügefehler, z.B. Wachstumsbänder. In Bild 8.34 sind heute bekannte Kriechfestigkeiten gerichtet erstarrter Eutektika in einer Larson-Miller-Darstellung aufgetragen (Thompson und Lemkey, 1974). Obwohl der Wert einer Zusammenstellung so verschiedener Legierungen nach Larson-Miller sehr fraglich ist, geben die Bilder doch einen groben Vergleich des bekannten Versuchsmaterials. Man erkennt die deutliche Überlegenheit der Eutektika gegenüber den besten Superlegierungen (vgl. Bild 8.14).

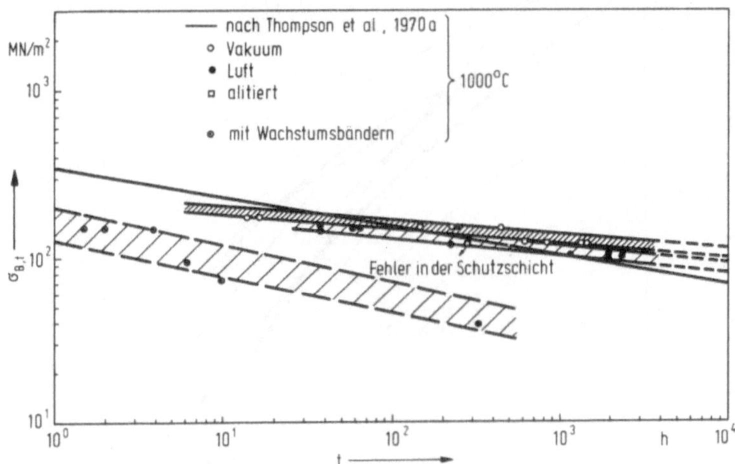

Bild 8.33. Kriechfestigkeit von Co-Cr_7C_3 Legierungen unter verschiedenen Versuchsbedingungen und mit verschiedener Perfektion des Gefüges

*) Für eine Verknüpfung der theoretischen und technologischen Phänomene des Kriechens s. Ilschner (1971).

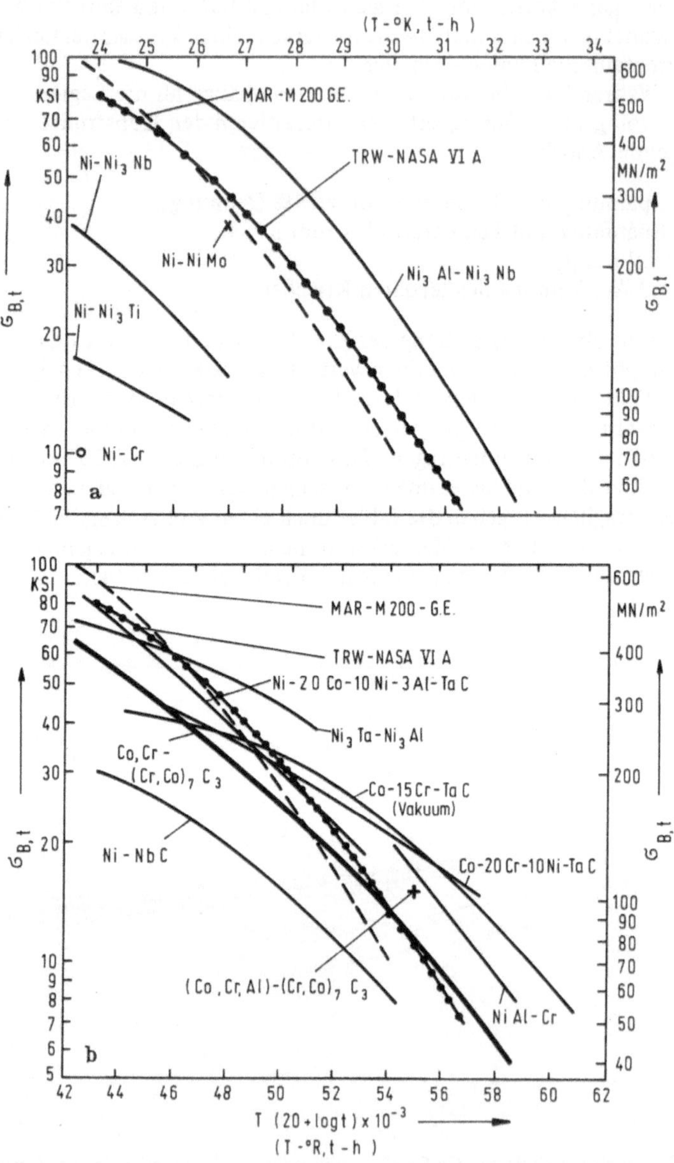

Bild 8.34. Larson-Miller Parameter Kriechdaten a) lamellarer, b) faserverstärkter Eutektika, nach einer Zusammenstellung von Thompson und Lemkey (1974)

8.1.6. Superplastizität

Superplastizität ist oft in eutektischen Legierungen anzutreffen, aber nicht ausschließlich an Eutektika gebunden. Es gibt mehrere Formen sehr guter plastischer Verformbarkeit, z.B. die Umwandlungsplastizität. Unter Superplastizität soll hier jedoch nur die sog. Mikrokornplastizität (Weiss, 1969) verstanden werden, weil sie allein auch auf eutektische Legierungen anwendbar ist. Ein Werkstoff ist dann superplastisch, wenn er im freien Zugversuch extrem hohe Dehnungen erträgt, weil eine besonders hohe Geschwindigkeitsabhängigkeit der Fließspannung das Einschnüren verhindert (Stüwe, 1970). Eine erfolgreiche Erklärung dieses Phänomens muß folgende experimentelle Beobachtungen berücksichtigen:

- Hohe einschnürungsfreie Dehnungen,
- linearen Zusammenhang zwischen Fließspannung σ und einem potenzierten Wert der Verformungsgeschwindigkeit $\dot{\epsilon}$ nach der Beziehung (vgl. (8.10) und (8.11) bzw. Tab. 8.6):

$$\sigma = K \cdot \dot{\epsilon}^m , \qquad (8.12)$$

- Korngröße unterhalb etwa 10μm und Kornform isotrop (während des Verformungsvorganges darf keine Rekristallisation auftreten),
- Versuchstemperatur oberhalb 0,5 T_S.

Insbesondere drei Mechanismen werden in Erwägung gezogen, um die beobachtete Dehnungsgeschwindigkeitsabhängigkeit zu erklären (Johnson, 1970):

- Nabarro-Herring-Kriechen durch Leerstellentransport im Kristall,
- Coble-Jones-Ausdruck für Korngrenzenkriechen durch Leerstellentransport,
- Korngrenzengleiten.

Der Exponent in (8.12) ist jeweils größer als 0,3.

Eutektika (Tabelle 8.8) werden erst im Zustand isotroper Korngröße und Kornform, also nicht in gerichteter Form, superplastisch. Hergestellt werden solche Gefüge daher entweder durch eine an die Erstarrung angeschlossene Verformung oder auf pulvermetallurgischem Wege. Lee (1969) hat am Mg-Al-Eutektikum gezeigt, daß das Korngrenzengleiten, insbesondere im Bereich der höchsten m-Werte, reaktionsbestimmend ist (Bild 8.35). Von Watts et al. (1971) ist mit Al-Al_2Cu nachgewiesen worden, daß sich das Gefüge während der Verformung verändern kann und für eine Dehnungsverfestigung verantwortlich ist.

Korngrenzengleiten steht der Forderung nach guter Zeitstandfestigkeit entgegen (vgl. Abschn. 8.1.5.), weswegen für mechanische Anwendungen bei erhöhten Temperaturen als Nachbehandlungsschritt eine Kornvergröberung nötig ist. Sie kann durch Rekristallisation erreicht werden. Hier können Legierungszusätze mithelfen, worüber von Johnson et al. (1972) sowie von Davies et al. (1970) bei Al-Zn berichtet wurde.

Tabelle 8.8. Eutektische superplastische Legierungen

Eutektikum	maximale Werte von m	maximale Werte von ε %	Temperatur bereich °C	Literatur
Cd-Zn	–	400	20	Davies et al. (1970)
Sn-Pb	0,6	700	20	Davies et al. (1970)
Sn-Bi	0,2	–	20	Davies et al. (1970)
Zn-4,9% Al	0,5	300	200-360	Davies et al. (1970)
Zn-22% Al	0,7	1500	200-300	Davies et al. (1970)
Mg-Al	0,8	2100	350-400	Davies et al. (1970)
Al-Cu	0,9	500	440-520	Davies et al. (1970)
Co-10% Al	0,47	850	1200	Davies et al. (1970)
Bi-In	0,76	400	20	Dasarathy (1971)
Bi-Sn-Pb	> 0,1	–	20	Guthrie et al. (1972)

Möglichkeiten der Anwendung der Superplastizität bestehen z.B. bei

- ziehwerkzeuglosem Drahtziehen (Weiss u. Kot, 1969),
- Ersatz komplexer,geschweißter oder gelöteter Bauteile durch superplastisch geformte bzw. tiefgezogene (Hundy, 1969).

Die geforderten langsamen Verformungsgeschwindigkeiten stellen den kritischen wirtschaftlichen Faktor dar. Andererseits können zur Metallformung ungewöhnliche Techniken (aus den Verarbeitungsverfahren für Polymere kommend wie z.B. Flaschenblasen oder Vakuumformen) eingesetzt werden. Eine weitere Anwendung der Superplastizität liegt in der Möglichkeit, dämpfende Werkstoffe zu entwickeln (vgl. Abschn. 8.1.4.).

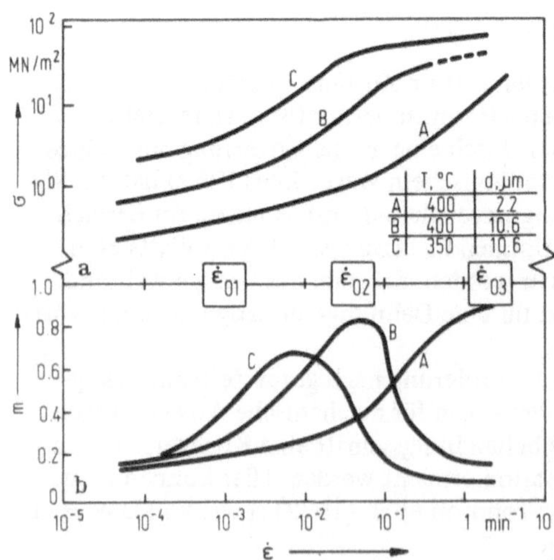

Bild 8.35. Abhängigkeit des Exponenten $m = \partial \ln \sigma / \partial \ln \dot{\varepsilon}$ sowie der Spannung σ von der Dehnungsgeschwindigkeit im superplastischen Mg-Al-Eutektikum bei verschiedenen Temperaturen und Korngrößen d nach Lee (1969)

8.1.7. Chemische Oberflächenstabilität

Im Zusammenhang mit den Hochtemperaturanwendungen wird in diesem Abschnitt hauptsächlich auf die Hochtemperaturbeständigkeit eutektischer Legierungen in korrosiven Abgasen (d.h. deren Korrosions- bzw. Oxydationsfestigkeit) eingegangen.

Die chemische Oberflächenstabilität wird bestimmt durch die Grenzflächen zwischen Verbundwerkstoff und umgebendem Medium, wobei grundsätzlich zwei Fälle unterschieden werden können. Es besteht an der Oberfläche

- eine leitende Verbindung der verschiedenen Phasen des Verbundwerkstoffes durch einen Elektrolyten (elektrochemische Korrosion),
- keine leitende Verbindung zwischen den Phasen („Trockenkorrosion").

Während im ersten Fall eine Wechselwirkung zwischen den Phasen angenommen werden kann, z.B. durch Lokalelementbildung, liegt im zweiten Fall in erster Näherung eine korrosive Abtragung zweier (oder mehrerer) unabhängiger Phasen vor, wobei jedoch die Oxidschicht durch beide Phasen bestimmt wird. Für beide Fälle ist der Grundvorgang die Redoxreaktion

$$M \underset{\text{Reduktion}}{\overset{\text{Oxydation}}{\rightleftharpoons}} M^{n+} + n \cdot e \quad ,$$

wobei einmal wechselwirkende, zum anderen unabhängige Korrosion der Phasen M_1 und M_2 zu erwarten ist.

Eutektische Superlegierungen müssen unter extremen Bedingungen (Tab. 8.9) korrosionsfest sein; diese sind jedoch für Flugtriebwerke und stationäre Gasturbinen verschieden. Oft ist die stationäre Turbine einem stärkeren Korrosionsangriff ausgesetzt als das Flugtriebwerk; das letztere muß dafür

Tabelle 8.9. Umgebung moderner Gasturbinenschaufeln, nach Stringer u. Whittle (1974)

		stationäre Gasturbine	Flugtriebwerk	
max. Temp.:	Gas	≃ 900°C	≃ 1250°C	
	Material	≃ 750°C	≃ 950°C	
Standzeiten		> 30 000 h	1000-8000 h	
Zahl der An- und Abstellzyklen		> 2000	≃ 2000	
typische Abgaszusammensetzung (Molenbruch)			0,15-0,20	O_2
			0,73	N_2
			0,03-0,05	$CO_2 + H_2O$
			$1 \cdot 10^{-4}$	SO_2
			0,01-5 ppm	NaCl

höheren Temperaturen standhalten. In der Gasturbine kann allgemein im Bereich flüssiger eutektischer Salzmischungen ($550 < T < 900°C$) mit elektrochemischer Korrosion und bei $T > 900°C$ infolge von Salzverdampfung mit reiner Trockenkorrosion gerechnet werden.

Elektrochemische Korrosion

Orte verschiedenen Potentials an derselben Werkstoffoberfläche leiten elektrochemische Vorgänge ein. Der notwendige Stromtransport erfolgt bei hohen Temperaturen hauptsächlich durch Salzschmelzen und leitende Oxidschichten. In diesem Fall bilden die Phasen eines Eutektikums Kathode und Anode eines galvanischen Elementes. Dies sei kurz am Beispiel eines Komposits mit den Phasen M_1 und M_2 (Bild 8.36) erläutert. Setzt man voraus, daß die Oxydationspotentiale beider Metalle im Grenzstrombereich I_G der galvanischen Sauerstoffkorrosion liegen (I_G ist durch die O_2-Diffusion bestimmt), so stellt sich wegen der leitenden Verbindung der Kompositphasen ein gemeinsames Potential $U_{M_{1,2}}$ ein, und es wird:

$$J_{M_1}(\text{ges}) = -J_{M_2}(\text{ges}).$$

Hierdurch wird die Korrosion der edleren Phase M_2 verringert und die der unedleren M_1 erhöht, weil nun:

$$J_1^+ > J_{1,2}^+ > J_2^+ .$$

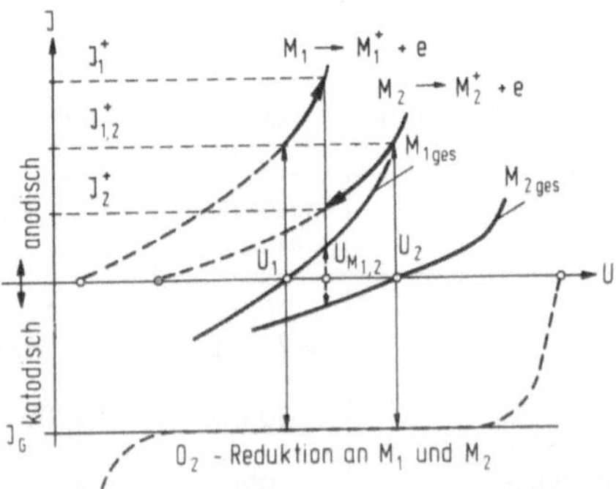

Bild 8.36. Stromdichte - Potential-Kurven für Redoxvorgänge: Galvanische Sauerstoffkorrosion zweier Metalle nach Lajain (1971). Die Korrosionspotentialkurven der Metalle M_1 und M_2 werden durch die vorhandenen Sauerstoffpotentialkurven auf die Gesamtpotentialkurven $M_{1\,ges}$ und $M_{2\,ges}$ reduziert. Durch die leitende Verbindung M_1-M_2 ergibt sich bei dem gemeinsamen Potential U_{M_1} eine verstärkte Korrosion für M_1 (bei I_1) und eine abgeschwächte für M_2 (bei I_2)[2]

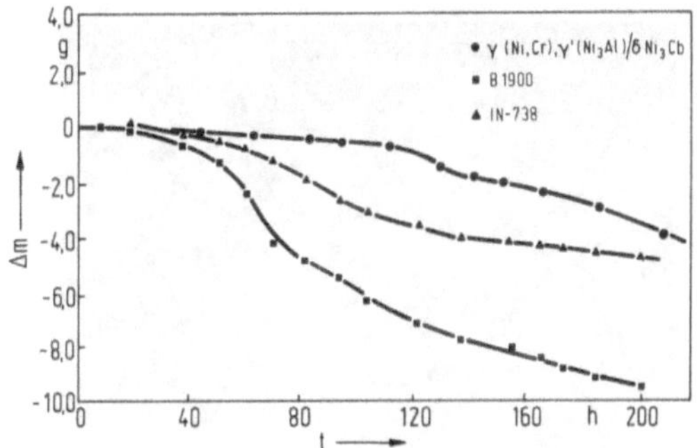

Bild 8.37. Zyklischer Sulfidationstest an Hochtemperaturlegierungen in rotierender Turbine bei 0,3 Mach; Zyklus: 3 min bei 955°C, nach Aufheizen auf 1220°C: 2 min halten, dann auf 315° C abkühlen; Brennstoff JP-5R mit Zumischung von 3,5 ppm synth. Seewasser; nach Lemkey (1973b)

Auf diese Weise läßt sich voraussagen, welche Korrosionswechselwirkungen in mehrphasigen Legierungen auftreten. Leider ist auf diesem Gebiet noch keine systematische Arbeit geleistet worden. Zum Beispiel müßte der Phasenabstand der Eutektika λ mit der korrosiven Abtragung in Beziehung gebracht werden. Ausgangspunkt hierzu könnten die beim elektrolytischen Ätzen gewonnenen Erfahrungen sein (vgl. Abschn. 8.2.4. bzw. Fontana, 1970).

Die Deutung von Versuchsergebnissen über das elektrochemische Gleichgewicht ist meist schwierig, weil es neben thermodynamischen auch kinetische Parameter sind (z.B. hervorgerufen durch Passivierungsschichten), die den realen Ablauf der Korrosion bestimmen.

Wie eingangs bemerkt, ist in einem Temperaturbereich zwischen 600 und 900°C bei Anwesenheit von NaCl und S und auch von V im Gas mit elektrochemischer Salzkorrosion zu rechnen. Konventionelle Superlegierungen werden dagegen besonders gut durch Cr_2O_3-Schichten geschützt (Goward, 1970). Somit ist ein gewisser Cr-Gehalt unbedingt notwendig. Bei eutektischen Legierungen kommt natürlich die Bedingung hinzu, daß das Eutektikum erhalten bleiben muß. Z.B. war es nicht möglich, in Ni_3Al-Ni_3Ta- bzw. Ni_3Al-Ni_3Nb-Eutektika mehr als $\sim$ 1% Cr zuzulegieren, während das γ/γ'-δ-Eutektikum (Ni/Ni_3Al-Ni_3Nb) mehrere Prozent Cr aufnehmen kann. Hierdurch erhält dieses System eine gute Korrosionsfestigkeit bei Anwesenheit von Salz und Schwefel im Gas (Bild 8.37; das γ/γ'-δ-Eutektikum nimmt im Vergleich zu den Superlegierungen bei diesem Test einen hervorragenden Platz ein). Unter diesen Korrosionsbedingungen sind die hochchromhaltigen Co,Ni-Cr_xC_y-Legierungen besonders stabil. Versuche an solchen Legierungen in S- und NaCl-haltigem Gas bzw. in flüssigen Elektrolyten (eutektische $CaSO_4$-$MgSO_4$-

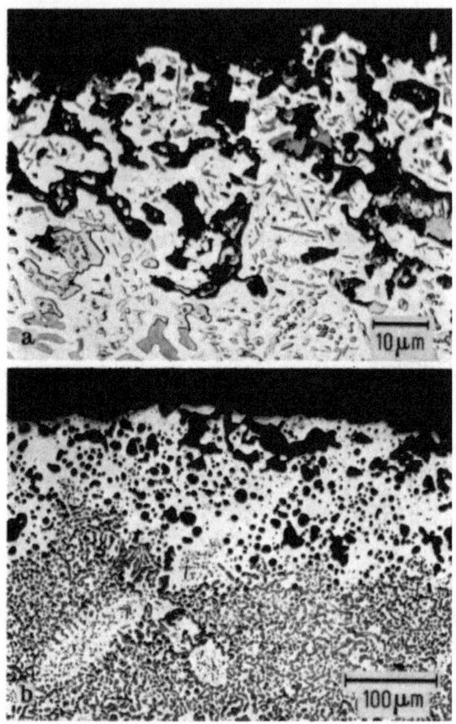

Bild 8.38. Co-Cr_7C_3 korrodiert:a) im Heissgasstrom bei 950°C während 300 h (Felix, 1972), b) in $CaSO_4$-$MgSO_4$-NaCl-Schmelze bei 1000°C während 120 h (Mix und Sahm, 1974)

Na_2SO_4-NaCl-Mischungen) zeigten eine selektive Karbidkorrosion (Bild 8.38), obwohl das Karbid elektrochemisch edler ist als die Grundmasse und dementsprechend langsamer abgetragen werden sollte (Mix und Sahm, 1974). Weiter beobachtet man, daß in allen Fällen die äußerste Schicht völlig entkarbidisiert, während in der darauf folgenden Schicht ein jedes Karbidteilchen eine dünne Oxidschicht aufweist (Fritscher et al., 1973; Hildebrandt und Demny, 1974).

Trockenkorrosion

Die in der Hochtemperaturkorrosion übliche, dh. im wesentlichen ohne Elektrolyten wirkende Trockenkorrosion, läßt sich zur Zeit etwas besser überblicken (Goward, 1970; Stringer und Whittle, 1974). Die Bildung von Deckschichten begünstigt die Korrosionsbeständigkeit, weil die Reaktion, diffusionsbestimmt, durch die entstehende Schicht verlangsamt wird. In dem Fall gilt das Tammansche (parabolische) Verzundergesetz

$$z = K_1 t^{1/2} \tag{8.13}$$

(z ist die Schichtdicke). Allgemein kann definiert werden:

$$z = K_2 t^n.$$

Bei n = 1 liegt lineares Verhalten vor. Die Korrosionsschicht ist dann entweder porös oder verschwindet ganz durch Verdampfen oder Abplatzen.

Die Hochtemperaturkorrosion wird im wesentlichen bestimmt durch (Wasielewski und Rapp, 1972):

- Reaktionen, die
  - eine Passivierungs- oder Diffusions-Sperrschicht ausbilden oder
  - zu innerer Oxydation führen (dies kann z.B. durch die Kerbwirkung der Einschlüsse die Ermüdungsfestigkeit erniedrigen, andererseits aber auch die Haftfestigkeit der Schicht erhöhen);
- Reaktionen, die die Haltbarkeit der Deckschicht beeinflussen,
  - Abplatzen der Schutzschicht aufgrund von Volumenänderungen, vor allem bei thermischen Zyklen (bei verschiedenen thermischen Ausdehnungskoeffizienten von Legierung und Schicht) oder
  - Verdampfen der Oxidschicht (bei Temperaturen über 950°C im Fall von Cr_2O_3).

In beiden Fällen verarmt das Grundmaterial mit der Zeit an schichtbildenden Elementen, und die Korrosionsgeschwindigkeit nimmt zu. Normalerweise wird das Korrosionsverhalten der Superlegierungen von den schützenden Eigenschaften der Schicht und von deren Neigung zum Abplatzen bestimmt: Für einen guten Schutz werden, ähnlich wie bei konventionellen Superlegierungen, auch bei gerichteten Eutektika Cr_2O_3- und Al_2O_3-Schichten verlangt, die entweder durch Legieren des Werkstoffes mit Cr und Al oder durch Aufbringen entsprechender Schutzschichten (z.B. NiAl) im Betrieb entstehen. In Bild 8.39 sind mehrere Oxydationskurven eutektischer Superlegierungen zusammengestellt, die praktisch alle dem parabolischen Gesetz folgen. (Bild 8.37 zeigt demgegenüber abnehmendes Probengewicht, da das Oxid durch die Temperaturwechselbeanspruchung abplatzt). Aus Bild 8.39 erkennt man die Überlegenheit der Cr- und Al-haltigen Legierungen. Dies geht noch deutlicher aus Bild 8.40 hervor, in dem die „parabolische Konstante K" der Oxide als Funktion der reziproken Temperatur für verschiedene Legierungen zusammengestellt ist*). Aufgrund von Bild 8.40 kann man folgende Schlüsse ziehen:

- An ruhender Luft schützt Al_2O_3 gegen Oxydation am besten (kleiner Dampfdruck des Oxids, kleine Diffusionsgeschwindigkeit);
- Für die Bildung der Al_2O_3-Schicht sind hohe Al-Gehalte im Matrixmetall erforderlich (s. unterste Kurve mit 25 Gew.-% Al).

*) K von Bild 8.40 ist $(K_1)^2$ von (8.13) mit z in g/cm^2.

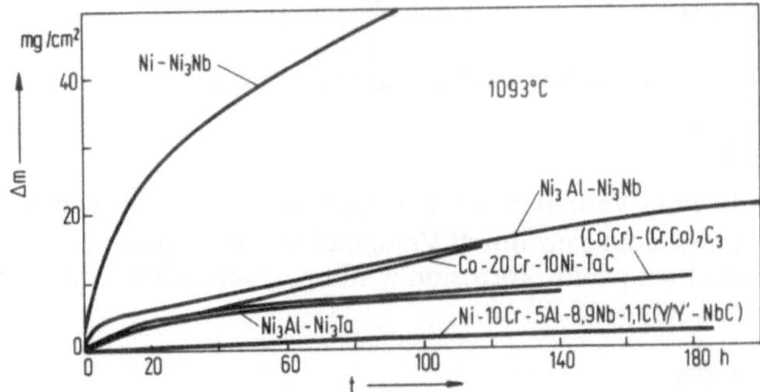

Bild 8.39. Gewichtszunahme Δm als Funktion der Zeit verschiedener eutektischer Superlegierungen an ruhender Luft bei 1093°C, nach Thompson und Lemkey (1974)

Sehr hohe Al-Gehalte sind jedoch meist in Legierungen nicht realisierbar. Es ist daher günstig, daß Cr den zur Al_2O_3-Bildung nötigen Al-Gehalt stark herabsetzt (Bild 8.41a für Ni-Basis-Legierungen und Bild 8.41b für Co-Basis-Legierungen). Somit wird verständlich, daß Legierungen bei entsprechender Kombination der Al- und Cr-Gehalte, trotz absolut niedriger Konzentrationen, gutes Oxydationsverhalten zeigen.

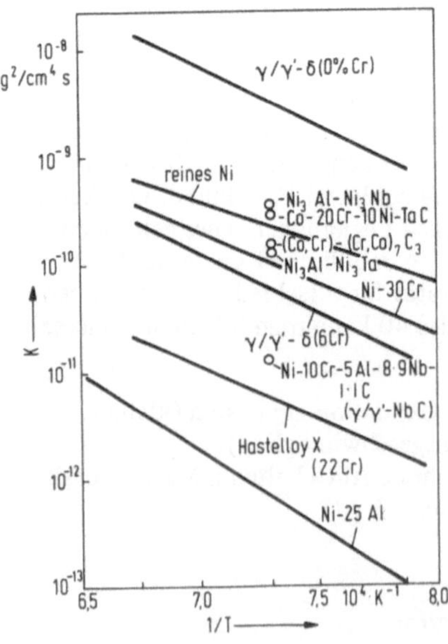

Bild 8.40. Parabolische Konstante (0-200 h) als Funktion der reziproken Temperatur für verschiedene Hochtemperaturlegierungen. Linien nach Giggins und Pettit (1971) und Lemkey (1973b), Punkte berechnet nach Bild 8.39

Durch Abplatzen der Schicht wird die Korrosionsgeschwindigkeit stark erhöht, und dies kann schließlich zur vollkommenen Zerstörung der Legierung führen. Diesbezüglich scheinen sich Al_2O_3-Schichten gegenüber Cr_2O_3-Schichten ungünstiger zu verhalten. Die Haftfestigkeit der Schicht kann jedoch durch die Zugabe sauerstoffaffiner Elemente, z.B. seltene Erden, erhöht werden (Tien und Pettit, 1972). Dieses Phänomen, das schon lange für die Entwicklung von Heizleiterlegierungen ausgenützt wird (Hessenbruch, 1950), wurde Ende der 60iger Jahre „neu" entdeckt.

Es wurde aber auch gezeigt, daß Y-Zugabe zu polykristallinen Superlegierungen die Kriechfestigkeit beeinträchtigt (Goward, 1970). Bei gerichtet erstarrten Superlegierungen (besonders Einkristalle), scheinen diese Elemente jedoch keinen nachteiligen Einfluß auszuüben. Somit ist zu erwarten, daß gerichtet erstarrte Eutektika ebenfalls einen gewissen Y-Gehalt tolerieren werden. Fritscher et al. (1973) konnten an Co-Cr_7C_3-Legierungen zeigen, daß gerichtet erstarrte Legierungen besseres Oxydationsverhalten zeigen als gegossene und daß besonders Y-Schichten einen wirkungsvollen Oxydationsschutz bieten. Diese Feststellungen sind umso wichtiger als zu erwarten ist, daß sich mehrphasige Legierungen in vielen Fällen schlechter verhalten werden als die Phasen allein (Stringer, 1974), vor allem dann, wenn beide Phasen stark verschiedene Oxide (mit unterschiedlicher Wachstumsgeschwindigkeit) bilden, denn das schnellwachsende Oxid kann das langsamwachsende zum Abheben zwingen. Weiter ist die große Zahl von α-β-Phasengrenzen eines Verbundwerkstoffes ungünstig, da die Diffusionsgeschwindigkeit erhöht wird (dies um so mehr, je höher die Grenzflächenenergie ist). In jedem Fall dürften die Phasenform und der Phasenabstand eine große Rolle im Verhalten spielen. Stringer (1974) weist auf eine weitere wichtige Beobachtung hin, daß nämlich das Oxydationsverhalten zweiphasiger Werkstoffe selbst nach anfänglicher Stabilisierung nach

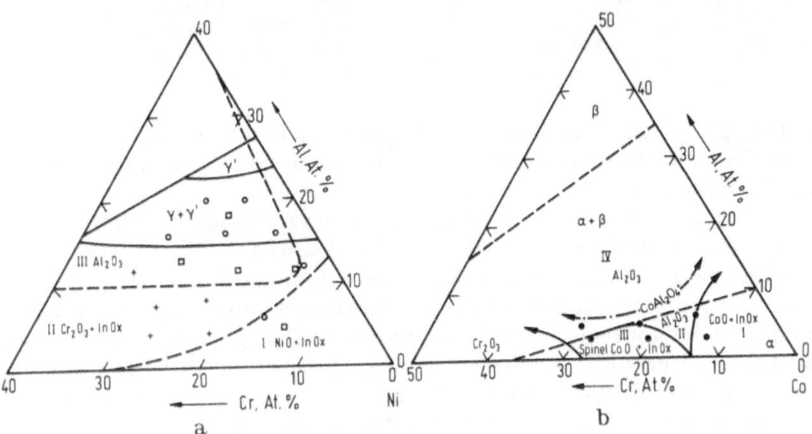

Bild 8.41. Oxidbildung im ternären System, a) Ni-Cr-Al, b) Co-Cr-Al (Wallwork und Hed, 1971)

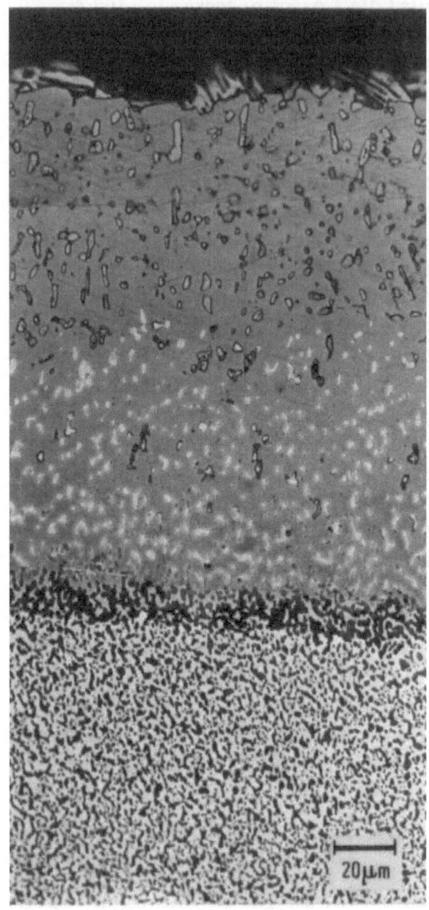

Bild 8.42. Co-Cr_7C_3-Eutektikum mit Al-Schutzschicht oxydiert in Luft bei 1000° C während 120 h; Sahm, 1974

relativ langen Zeiten instabil werden kann (verursacht durch die Heterogenität der Oxidschicht). Daher sind Versuche nur dann sinnvoll, wenn sie verhältnismäßig lange Zeiten überstreichen.

In jedem Fall ist die Entwicklung komplexer Schutzlegierungen (Fe-Co-Ni-Cr-Al-Y), die als Folie auf den Grundwerkstoff aufgebracht werden und daher bezüglich Korrosionsfestigkeit, Duktilität und Ausdehnung optimiert werden können, von großem Interesse. Dies ist umso wichtiger, als die Sprödigkeit der konventionellen CoAl- oder NiAl-Schutzschichten die Wechselfestigkeit der Werkstoffe verringern kann. Das Beispiel einer solchen sogenannten Alitierschicht ist in Bild 8.42 gezeigt. Es konnte nachgewiesen werden, daß die Kriechfestigkeiten alitierter Proben aus eutektischen Co-Cr_7C_3-Legierungen so gut wie Vakuumwerte sind (Bild 8.33). Auch Ni_3Al-Ni_3Nb- und Co-TaC-Legierungen wurden erfolgreich beschichtet und zeigten hernach wesentlich bessere Standzeiten (Thompson und Lemkey, 1974).

8.2. Werkstoffe für die Elektrotechnik

Die elektrische Leitung spielt bei der Energieübertragung die überragende Rolle. Erstes Gebot für den Ingenieur ist stets, den bestmöglichen Leiter einzusetzen, um Verluste gering zu halten. Größtes Interesse auf lange Sicht gilt daher den Supraleitern. Normal- und Supraleiter finden Anwendung im Elektromaschinenbau, bei der Überlandstromübertragung usw. Neben den normal- und supraleitenden Werkstoffen interessieren auch Halbleiter; sie finden in elektronischen Bauelementen Verwendung. Die Aufgabenstellung für eine Legierungsentwicklung der drei Werkstoffgruppen unterscheidet sich demnach wie folgt:

- bei Halbleitereutektika sucht man möglichst reine Phasen zu kombinieren, wovon mindestens eine halbleitend ist (Summen- sowie Produkteigenschaften, s. Abschn. 8.5.);
- bei Normalleitern wird gute elektrische Leitfähigkeit bei hoher mechanischer Festigkeit verlangt;
- bei Supraleitern sucht man eine Legierung mit möglichst hoher Sprungtemperatur und einer hohen kritischen Feldstärke.

Ein Gebiet, das insbesondere eutektischen Legierungen vorbehalten bleiben könnte, ist die Kaltelektronenemission (Abschn. 8.2.4.). Weitere komplexe elektrische Eigenschaften werden in Abschn. 8.5. diskutiert.

8.2.1. Halbleiter

Das Forschungsgebiet Eutektika mit Halbleiterphasen*) ist noch weitgehend unausgeschöpft, obwohl die erste kommerzielle Verwertung aus dieser Klasse gerichteter Eutektika hervorgegangen ist (Feldplatte, Abschn. 8.5.2.). Bei der Kontaktierung von Halbleiterbauelementen aus Si, Ge und GaAs mit gut leitenden Metallen wie Cu, Ag und Au treten Eutektika auf (Missik et al., 1969), ein Gebiet, dem bisher auch wenig Aufmerksamkeit geschenkt worden ist. Reine Halbleiter-Kombinationen (vgl. Tab. 1.2) sind synthetisiert worden, um viele p-n-Übergänge auf engem Raum zu konzentrieren (Albers und Verberkt, 1970).

Im folgenden wird eine kurze Betrachtung zur Voraussagbarkeit der elektrischen Leitfähigkeit dieser Eutektika-Klasse angestellt. Dies geschieht vor allem in Bezug auf die in Abschn. 8.5. zu besprechenden synergetischen Effekte. Tabelle 8.10 enthält bisher untersuchte Systeme von Metall-Halbleiter-Eutektika. Wie der Vergleich der berechneten mit den gemessenen Widerstandswerten zeigt, ist die Mischungsregel in erster Näherung anwendbar. Bei Messung quer zur Lamellen- oder Faserrichtung wird im Ohmschen Gesetz

*) Vgl. hierzu die Methode der Kompositherstellung nach Cline in Abschn. 5.3.4.

Tabelle 8.10. Elektrische Eigenschaften von Halbleiter-Eutektika

Eutektisches System		Vol.-%	Typ		Elektrischer Widerstand (Ω cm)				Widerstandsverhältnis		Literatur
					Phasen		Verbund gemessen				
Grundmasse	2. Phase	2. Phase	elektrisch	morphologisch	ρ_1	ρ_2	$\rho\perp$	$\rho\parallel$	$\rho\perp/\rho\parallel$ gemessen	$\rho\perp/\rho\parallel$ berechnet aus ρ_1 u. ρ_2	
InSb	Sb	35	Hl-Hm	f	10^{-2}	$4{,}4 \cdot 10^{-5}$	$3{,}3 \cdot 10^{-3}$	$3 \cdot 10^{-4}$	$1{,}1 \cdot 10^{1}$	$5{,}1 \cdot 10^{1}$	Liebmann u. Miller, (1963)
InSb	NiSb	1,8	Hl-M	f	10^{-2}	$1{,}3 \cdot 10^{-5}$	–	–	–	–	Wagini u. Weiss (1965)
Si	$CrSi_2$	28	Hl-M	f	100 (n-Typ)	$4 \cdot 10^{-4}$	10	10^{-3}	10^{4}	$2 \cdot 10^{4}$	Levinson (1972)
Cd_3As_2	NiAs	–	Hl-M	f	0,4*)	–	$2{,}5 \cdot 10^{-5}$	–	–	–	Elliott u. Hiscocks (1969a)

*) Mittelwert aus drei Kristallrichtungen

Hl = Halbleiter,
M = Metall,
Hm = Halbmetall,
f = faserig

Konstanz des Stromes vorausgesetzt, und es gilt daher für den elektrischen Widerstand des Verbundes:

$$\rho_\perp = \rho_1 (1 - \varphi_2) + \rho_2 \varphi_2, \tag{8.14}$$

und bei sehr großen Unterschieden zwischen ρ_1 und ρ_2 ($\rho_1/\rho_2 >>$ bzw. $<< 1$) gilt als Näherung resp. (Levinson, 1972)

$$\rho_\perp \simeq \rho_1 (1 - \varphi_2) \text{ bzw.}$$
$$\simeq \rho_2 \varphi_2.$$

Bei Messung parallel zur Erstarrungsrichtung kann für beide Phasen nicht mehr Konstanz des Stromes vorausgesetzt werden (Kirchhoff'sches Gesetz), und es kommt die Reuss-Schätzung zur Anwendung:

$$1/\rho_\parallel = [(1 - \varphi_2)/\rho_1] + \varphi_2/\rho_2. \tag{8.15}$$

Sinngemäß ist wiederum eine Vereinfachung von (8.15) möglich:

$$\simeq \varphi_2/\rho_2 \text{ bzw.}$$
$$1/\rho_\parallel \simeq (1 - \varphi_2)/\rho_1$$

Diese Vereinfachungen sind nur bei eutektischen Legierungen angebracht, in denen sich die Widerstände der beiden Phasen um mehrere Größenordnungen unterscheiden. In dem Fall erhält man für die Widerstandsanisotropie:

$$\rho_\perp/\rho_\parallel = \rho_1 (1 - \varphi_2) \varphi_2/\rho_2 ,$$

wobei vorausgesetzt wird, daß die Grundmasse ein Halbleiter mit hohem Widerstand ist,und die 2. Phase ein Normalleiter (vgl. Tab. 8.10). Vergleiche der gemessenen und errechneten Werte für das $\rho_\perp/\rho_\parallel$-Verhältnis deuten an, daß die Übereinstimmung verhältnismäßig gut ist. Die bestehenden Abweichungen sind jedoch aufgrund mehrerer Faktoren zu erwarten, z.B.:

- Gegenseitige Löslichkeit der Phasen und Dotierungseffekte;
- Grenzflächeneffekte (z.B. Elektronenstreuung).

8.2.2. Normalleiter

Bei normalleitenden eutektischen Legierungen trachtet man nach einem Optimum zwischen guter elektrischer Leitfähigkeit und hoher mechanischer Festigkeit. Anwendungen solcher Leiter-Eutektika in größerem Maßstab kämen bei niedrigen Temperaturen in Frage, wo die elektrische Leitfähigkeit sehr stark ansteigt. Bekanntlich erreicht Aluminium unterhalb etwa 40 K die Leitfähigkeit des Kupfers und wäre als billigerer Werkstoff besonders willkommen.

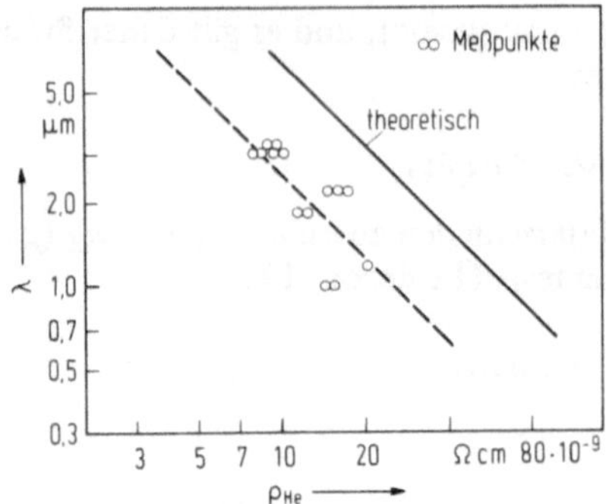

Bild 8.43. Charakteristischer Phasenabstand und elektrischer Widerstand bei 4,2 K im Al-Al_3Ni-Eutektikum, verglichen mit der berechneten mittleren freien Weglänge der Elektronen, nach Maier (1969)

Es zeigt sich jedoch, daß bei reiner Grundmasse und den großen freien Weglängen der Elektronen die Phasengrenzen bereits stark streuen. Dies konnte von Maier (1969) direkt nachgewiesen werden (Bild 8.43). In die gleiche Richtung deuten die Messungen von Simoneau und Bégin (1973), die bei fallender Temperatur ein scharfes Widerstandsmaximum bei der eutektischen Zusammensetzung beobachten (Bild 8.44). Sie machen die Elektronenstreuung am Gefüge des gerichteten Eutektikums dafür verantwortlich (eine indirekte Methode zur Bestimmung der Morphologie der 2. Phase).

Für Raumtemperaturanwendungen sind Cu-Legierungen von Interesse, Tabelle 8.11. Es werden Kombinationen gesucht, deren verstärkende Phase in der Kupfergrundmasse möglichst geringe Löslichkeit aufweist. Diese Zielvorstellung ist schwierig zu verwirklichen. Die Tabelle läßt erkennen, daß sich

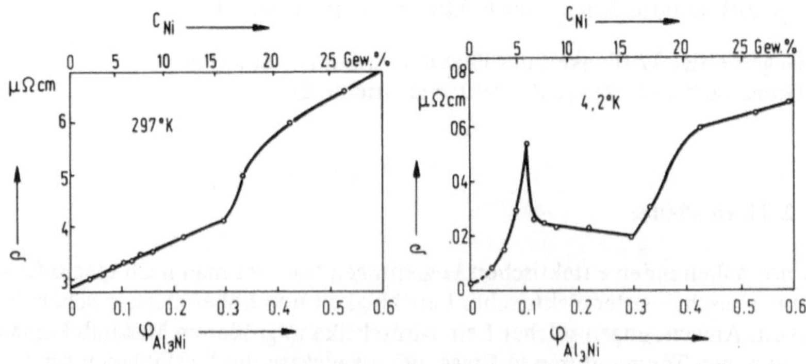

Bild 8.44. Elektrischer Widerstand von Al-Al_3Ni-Legierungen bei 297 und 4,2 K als Funktion des Al_3Ni-Volumenanteils, nach Simoneau und Bégin (1973)

die Eigenschaften der untersuchten eutektischen Legierungen von intern oxydiertem oder dispersionsgehärtetem Kupfer nicht unterscheiden. Jedoch ist anzunehmen, daß bei weiterer Suche in Mehrstoffsystemen geeignetere Kombinationen, wenn auch wahrscheinlich nicht billigere, gefunden werden können. Zum Beispiel läßt sich das System Cu-Cr_5Zr im eutektischen Bereich mit Cu-Primärdendriten immer noch gerichtet erstarren, bei gleichzeitiger Verbesserung der elektrischen Leitfähigkeit (Perry, 1973a).

8.2.3. Supraleiter

Supraleitung in Eutektika ist von verschiedenen Wissenschaftlern untersucht worden, um die Grundlagen dieses Phänomens in Verbundwerkstoffen zu

Tabelle 8.11. Normalleitende eutektische Ag-, Cu- und Al-Basislegierungen

System Matrix	2. Phase	Vol. % 2. Phase	Typ	elektr. Widerstand (300 K) Ω cm	Streckgrenze (S) Bruchfestigkeit (B) kg/mm²	Literatur
Reinkupfer		gegossen		$1{,}56 \cdot 10^{-6}$	2 (B)	
		„hart"		$1{,}70 \cdot 10^{-6}$	30-40 (B)	
Cu	Cu_2O	5,1	f (k)	$1{,}7 \cdot 10^{-6}$*)	18 (B)*)	Swisher et al., 1969
Cu	B	6,9	f (u)	$1{,}8 \cdot 10^{-6}$	10,41 (S)	Perry et al., 1973b
Cu	Cu_5Zr	42	l	$4{,}2 \cdot 10^{-6}$	80 (B)	Perry, 1973a
Cu	CuZrSi	8,5	b	$2{,}85 \cdot 10^{-6}$	30 (B)	Perry, 1973b
Cu	Cu_2Hf	46,9	l	$4 \cdot 10^{-6}$	75 (B)	Perry, 1973c
Cu	CuZrGe	–	b	$2{,}9 \cdot 10^{-6}$	36 (B)	Perry u. Nicoll, 1973
Reinaluminium		weich einkristallin		$2{,}78 \cdot 10^{-6}$	1,5-2,5 (B)	
		„hart"		$2{,}70 \cdot 10^{-6}$	11-15 (B)	
Al	Al_3Ni	11	f(-l)	$3{,}1 \cdot 10^{-6}$	30 (B)	Maier, 1969
Al	Al_4Ca	17,8	l(-f)	$4{,}2 \cdot 10^{-6}$	18 (B)	Maier, 1969
Al	Al_4La	10,5	b	$3{,}3 \cdot 10^{-6}$	14 (S)	Maier, 1969

f = faserig; l = lamellar; b = bandförmig; k = kugelig; u = unregelmäßig

*) nach 50%iger Verformung und zerbrochenen Cu_2O-Fasern

studieren. Bekanntlich sind die supraleitenden Eigenschaften stark gefügeabhängig (Livingston und Schadler, 1964). Von den beiden Grundeffekten der Supraleitung,

- der widerstandslosen Stromleitung, die unterhalb der Übergangstemperatur T_c einsetzt (Kammerlingh-Onnes) und
- der Abstoßung von Magnetfeldern unterhalb T_c sowie unterhalb eines kritischen Stromes I_c bzw. Feldes H_c (Meissner-Ochsenfeld-Effekt, idealer Diamagnetismus),

ist es besonders der letztere, der großes Interesse für eine potentielle Anwendung findet. So haben sich frühzeitig Arbeiten mit der Möglichkeit befaßt, Typ I (Schwachstrom- und Schwachfeldsupraleiter) in Typ II (Starkstrom- und Starkfeldsupraleiter) zu überführen, indem man hoffte, daß einerseits das Legieren der eutektischen Phasen (d.h. die Löslichkeit der anderen Komponente), andererseits eine verstärkte Fluxoidverankerung durch die zahlreichen Phasengrenzen, in diese Richtung wirken würden. Ohne die erwünschte Wirkung immer zu beobachten ist jedoch überall dort, wo im eutektischen

Tabelle 8.12. Eutektische Verbundwerkstoffe mit supraleitenden Eigenschaften

System Matrix	System 2. Phase	Typ	Elektrische Eigenschaft Matrix	Elektrische Eigenschaft 2. Phase	Beobachtungen und untersuchte Effekte	Literatur
Sn	Zn	ι	S	N	$T_c = T_c(\lambda) \downarrow$: Proximity Effekt	Lutes u. Clayton, 1966
Cd	Sn	ι	N	S	Proximity Effekt	Dobrosavljevic et al., 1970
Cu	Pb	f	N	S	$H_c = H_c(\xi) \downarrow$: Proximity Effekt	Livingston, 1968
Pb	Cd	ι	S	N	Oberflächensupraleitung $H_{c_3} > H_{c_2}$	Goodfellow u. Rhodes, 1970
In	In_2Bi	ι	S	N		
Bi_2Tl	Bi	u	S	N		
Hg	Tl	*)	S	N		
Nb	Th	f	S	S	Typ I → II Übergang	Cline et al., 1963
Pb	Bi		S	N		Levy et al., 1966
Sb	Sb_2Tl_7		N	S		
In	Sn		S	S		
Pb	$AuPb_2$	ι	S	S		
Pb	Sn	ι	S	S		Yue et al., 1973

*) bei Raumtemperatur flüssig

S = Supraleiter, N = Normalleiter, ι = lamellar, f = faserig, u = unregelmäßig

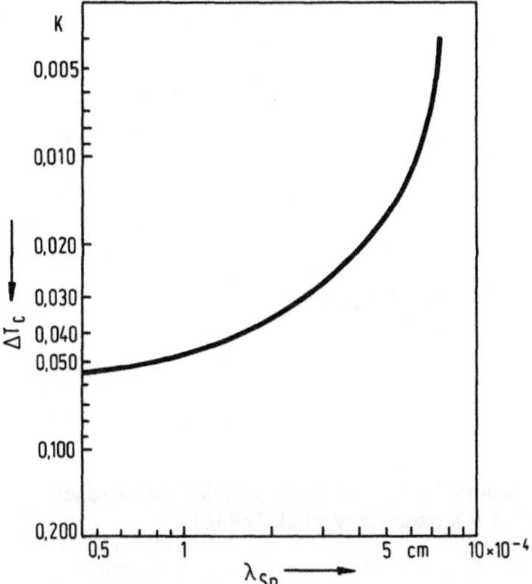

Bild 8.45. Abhängigkeit der Übergangstemperatur T_c von der Sn-Lamellendicke im Sn-Zn-Eutektikum,nach Lutes und Clayton (1966), ΔT_c ist die Differenz aus beobachteter und angenommener (3,72 K) Übergangstemperatur

Verbund supraleitende Phasen an normalleitende angrenzen, der Proximity-Effekt aufgetreten. Dieser Effekt bewirkt sowohl eine Verringerung der supraleitenden Eigenschaften im Supraleiter, als auch eine supraleitende Einstrahlung im Normalleiter (Livingston, 1967). Aus Tabelle 8.12 erkennt man, daß bisher vor allem niedrigschmelzende und, von den Ausgangssubstanzen her, Typ I Supraleiter untersucht wurden. Besondere Aufmerksamkeit wurden den Wechselwirkungen der beteiligten Phasen gewidmet, d.h. dem Einfluß der Grenzflächen.

Proximity-Effekt

Im System Sn-Zn (Lutes und Clayton, 1966) ergab sich eine eindeutige Abhängigkeit der Übergangstemperatur vom Lamellenabstand, wobei T_c mit kleineren λ-Werten abnimmt, Bild 8.45. Oberhalb etwa 5μm ist die Wirkung des Proximity-Effektes jedoch aufgehoben. Diese obere Grenze ist durch die Kohärenzlänge gegeben. Ähnliche Beobachtungen ergaben sich für das monotektische Cu-Pb-System (Livingston, 1968; Tabelle 8.12), wo gezeigt wird, daß wiederum der Proximity-Effekt die kritische Feldstärke herabmindert. Diese Ergebnisse decken sich mit denen, die an künstlichen Verbundwerkstoffen, insbesondere an in Cu eingelagerten Nb-Drähten (Strauss und Rose, 1968) erhalten worden sind.

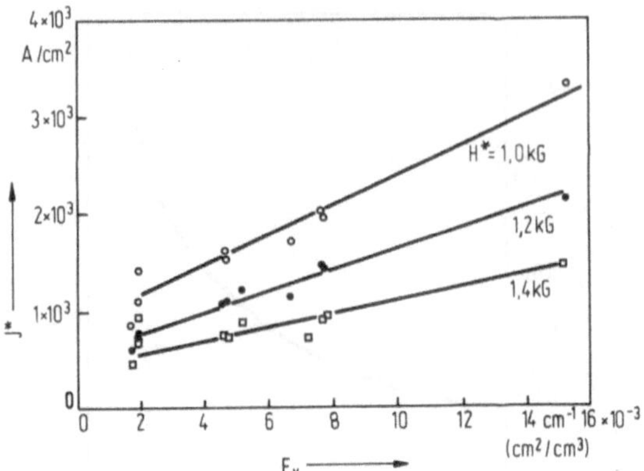

Bild 8.46. Kritische Stromstärke J* als Funktion der spezifischen Phasengrenzfläche F_V bei In-Sn-Eutektika (2,5 K), nach Levy et al. (1966)

Typ I-II-Übergänge

In weiteren Fällen wurden Übergänge vom Typ I- zum Typ II-Verhalten beobachtet. Insbesondere wurde gezeigt, daß eine zunehmende spezifische Grenzfläche die kritische Stromstärke (und damit das kritische Feld) erhöht, Bild 8.46. Der Effekt wird auf die Bildung und das Festhalten eines Fluxiodgitters (in Typ II-Supraleitern stets vorhanden) zurückgeführt (Campbell et al., 1968). Die Fluxoidstäbe werden von den Grenzflächen umso wirksamer festgehalten je stärker sich die angrenzenden Phasen elektronisch unterscheiden, so z.B. im Fall der beiden Eutektika, deren eine Phase normalleitend ist (Pb-Bi und Sb-Sb_2Tl; Tabelle 8.12).

Mit diesen Beispielen wurde gezeigt, daß die mittlere Entfernung ℓ zwischen den Pinning-Zentren dem Verhältnis von Volumenanteil der 2. Phase und der spezifischen Grenzfläche F_V (cm^2/cm^3) proportional ist (Levy et al., 1966):

$$\ell = (3 - 2\varphi_2)/F_V.$$

Damit ist eine Verbindung zur Erstarrungsgeschwindigkeit des eutektischen Verbundes hergestellt. Es liegt nahe, an eine faserdurchwirkte eutektische Struktur zu denken, deren Lamellen- bzw. Faserabstand λ den gewünschten Abmessungen einer Vortexstruktur angeglichen ist, daß also

$$\lambda = (2\phi_0/eB)^{1/2}$$

den Vortexabstand zweier nächster Nachbarn beschreibt, wo ϕ_0 = hc/2e (1 magnetisches Quant = 1 Flußlinie). Die Möglichkeit einer solchen Angleichung ist von Peterman (1970) in einem mit Pb_3Na-dispersionsgehärteten Blei demonstriert worden, wo $\bar{\lambda}/2 = (1{,}16\phi_0/B)\ 0{,}5$ betrug ($\bar{\lambda}$ = mittlerer Abstand zwischen Dispersionsteilchen). Die größten Effekte sind bei In-situ-Verbundwerkstoffen, die aus der festen Phase ausgeschieden werden, zu erwarten (Abschn. 5.3.).

Im Zusammenhang mit Typ I-II-Übergängen ist auch die Grenzflächensupraleitung zu berücksichtigen: H_c kann unter bestimmten Bedingungen in Verbundwerkstoffen noch weiter hinaufgesetzt werden, wobei nach der Theorie gilt $H_{c3} = 1{,}695\ H_{c2}$. Gemessene Werte (Goodfellow und Rhodes, 1970) übertreffen dieses Verhältnis mit $H_{c3}/H_{c2} = 2{,}02$ (Bild 8.47).

Anwendung

Von den Ergebnissen theoretischer und experimenteller Modellstudien ist für die Anwendung eutektischer Verbundwerkstoffe als Supraleiter vorläufig nur ein gedämpfter Optimismus angebracht, da sehr feine Abmessungen verlangt werden und andererseits zur Unterdrückung des Proximity-Effektes eine nichtleitende Grundmasse notwendig ist. Die nichtleitende Grundmasse ist wiederum im supraleitenden Hochfeld nicht erwünscht, weil eine gute Wärmeabführung gefordert wird, falls während des Betriebes der supraleitende in den normalleitenden Zustand örtlich umklappt. Der ideale Supraleiter hätte demnach zwischen Faser und Grundmasse eine Isolatorschicht, dick genug, um den Proximity-Effekt zu unterbinden, und genügend dünn, um eine wirksame Wärmeableitung zu gewährleisten. Ein solches Idealsystem würde gleichzeitig auch für Wechselstromsupraleitung in Frage kommen. Allen In-situ-Kompositen gemein ist der Nachteil, daß die supraleitende Phase nicht in der entsprechenden Konfiguration, wie sie für einen stabilen, verlustarmen Leiter gewünscht wird, hergestellt werden kann (leicht verdrillte, sich gegenseitig nicht berührende Fasern; Livingston, 1973a);

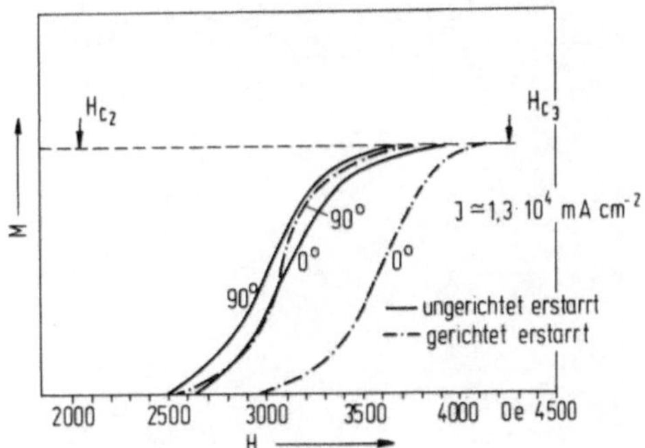

Bild 8.47. Magnetisierungskurven sowie Übergangstemperaturbereiche im Bi-Tl-Eutektikum (vgl. Tabelle 8.12), nach Goodfellow und Rhodes (1970)

8.2.4. Elektronenemission

Primäre Elektronenemission kann durch zwei Mechanismen hervorgerufen werden:

- Thermische Elektronenemission oder
- Kaltemission im Hochspannungsfeld.

Während die thermische Emission von der Austrittsarbeit und von der Temperatur abhängt:

$$J = A\, T^2 \exp\left[-\phi/kt\right],$$

wo ϕ die Austrittsarbeit bezeichnet, ist die Feldemission in erster Linie vom elektrischen Feld abhängig:

$$J = K_1\, E^2 \exp\left[-K_2/E\right]. \quad (8.16)$$

E, das elektrische Feld, ist von geometrischen Faktoren der emittierenden Oberfläche, insbesondere vom Faserdurchmesser abhängig. Eutektika mit W-Fasern sind diesbezüglich besonders interessant (Faserdichte $\simeq 10^7\,cm^{-2}$). Nach Tiefätzen der Grundmasse, z.B. des Ni in Ni-W (Cline, 1970) oder der Oxide Al_2O_3, MgO usw. der Oxid-W-Eutektika (Chapman et al., 1972), bleiben die regelmäßig angeordneten W-Spitzen übrig, die in Parallelschaltung Elektronen emittieren (Bild 8.48). Auftretende Schwierigkeiten, z.B. in Ni-W-Eutektika (Cline, 1970), waren auf ungleichmäßige Feldverteilung durch unregelmäßiges Gefüge zurückzuführen (Aufschmelzen der Fasern). Das Gefüge dieses Eutektikums kann jedoch durch besondere Sorgfalt in der Herstellung stark verbessert werden (Kurz und

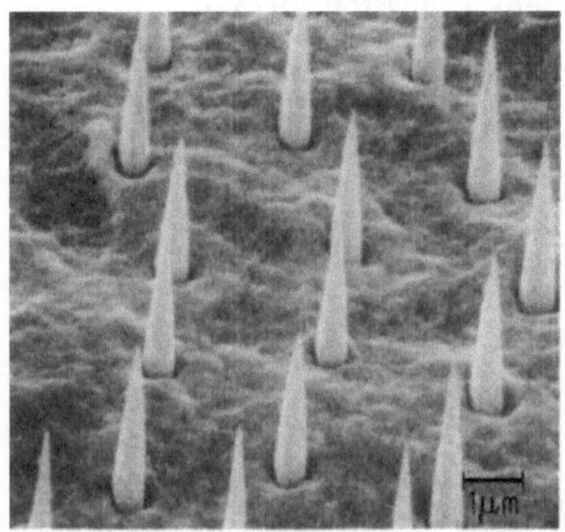

Bild 8.48. UO_2-W-Eutektikum mit tief geätzter UO_2-Grundmasse und herausragenden W-Faserspitzen, nach Chapman et al. (1972)

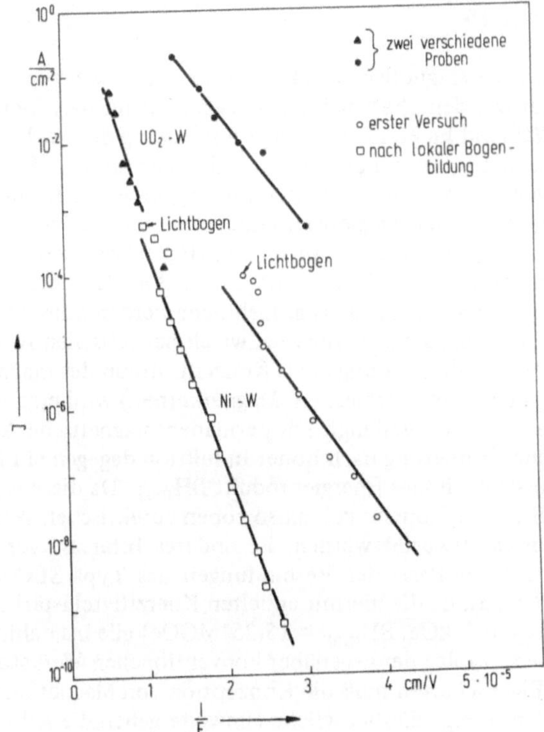

Bild 8.49. Stromdichten mehrerer eutektischer Emissionskathoden als Funktion der angelegten Potentiale, nach Cline (1970) sowie Chapman et al. (1972)

Lux, 1971). Einige gemessene Stromdichten sind in Bild 8.49 zusammengefaßt. Sie zeigen, daß Stromdichten von 0,5 A/cm² bereits erreicht wurden. Interessante Anwendungen, die sich daraus ergeben, liegen auf den Gebieten der Schaltelemente und der Informationsübertragung.

Das Herausätzen der W-Spitzen aus der keramischen Grundmasse stellt ein besonderes Problem dar. Chapman et al. (1972) benutzten konz. H_3PO_4 zur Herausätzung der ZrO_2-Grundmasse bei 175 - 210°C (viele Stunden), eine Mischung mehrerer Säuren für UO_2 (vgl. Bild 8.48) und hochprozentige HCl für die Ätzung des Nd_2O_3/CeO_2-Mo-Eutektikums (sehr kurzzeitig). Umgekehrt haben Chapman et al. zum Herauslösen der W-Fasern 100 ml H_2O, 5 g NaOH, 15 g $K_3Fe(CN)_6$ benutzt.

Ein weiteres für die Anwendung zu lösendes Problem ist die Kontaktierung der leitenden Fasern im Fall einer nichtleitenden Matrix. Hierüber findet man in einer Veröffentlichung von Albers (1972) interessante Hinweise.

8.3. Magnetwerkstoffe

Anhand der üblichen Magnetisierungskurve lassen sich zwei typische Verhaltensweisen unterscheiden: die weichmagnetische und die hart-(permanent-) magnetische. Während im ersten Fall nach Entfernung des Feldes möglichst geringer Restmagnetismus vorhanden sein soll, ist im anderen Fall ein starker bleibender Magnetismus (hohe Koerzitivkraft H_c) erwünchst. Der Unterschied zwischen beiden Arten der Magnetisierbarkeit läßt sich an den unterschiedlichen Koerzitivkräften und Flächen unter den Hystereseschleifen erkennen. Diese Fläche entspricht einer Energie, die jedesmal bei Durchfahren der Kurve (z.B. in Wechselstromanwendungen) aufgebracht werden muß. Dementsprechend stellt diese einen Energieverlust bei weichmagnetischen Anwendungen dar. Insbesondere bei Anwendungen als Konzentratoren des magnetischen Flusses (z.B. in Transformatorblechen, Magnetkernen) wird eine hohe Induktion bei geringem H_c-Wert verlangt. Für permanentmagnetische Anwendungen ist bei gleicher Forderung nach hoher Induktion dagegen ein hoher H_c-Wert gefragt sowie ein hohes Energieprodukt BH_{max}. Da diese Eigenschaften gefügeempfindlich sind, können von anisotropen eutektischen Werkstoffen interessante Effekte erwartet werden. Besonderes Interesse verdienen die Dauermagnete auf der Basis der Verbindungen des Typs $SECo_5$ (SE= leichte seltene Erden), da die hiermit erzielten Koerzitivfeldstärken und Energieprodukte (H_c = 6-9 kOe, BH_{max} = 15-25 MGOe) alle bis dahin gekannten Werte übersteigen. Infolge der gegenüber konventionellen Werkstoffen sehr verschiedenen Eigenschaften muß die Konzeption von Magnet und Gerät neu überdacht werden. Einige diesbezügliche Hinweise geben die Arbeiten von Richter (1971) und Iden et al. (1971).

8.3.1. Permanentmagnete

Zur Entmagnetisierung eines Permanentmagneten müssen Blochwände gebildet und verschoben werden. Bei sehr kleinen Abmessungen des Ferromagneten ist die Existenz von Blochwänden energetisch ungünstig. Bei großen Probenabmessungen kann dies jedoch einen Energiegewinn bringen. Man erhält dann bei Magnetisierung 0 einen kritischen Teilchendurchmesser d_c, unterhalb dessen mit Einbereichsteilchen gerechnet werden kann. In Bild 8.50 sind die wesentlichen Entmagnetisierungsmechanismen den typischen Legierungen gegenübergestellt. Es ergeben sich hieraus zwei große Werkstoffklassen: Magnete basierend auf Formanisotropie (z.B. Alnico) und Kristallanisotropie (z.B. Co_5Sm, Strnat und Ray, 1970; Hofer, 1971; Nesbitt und Wernick, 1973).

Wesentliche Kennzahlen für einen Permanentmagneten (d.h. für seine Koerzitivfeldstärke) sind die kritische Teilchengröße d_c, die Blochwanddicke δ und die Blochwandenergie E_B. Diese drei Größen hängen mit der Sättigungsmagnetisierung M_s, der Austauschkonstanten A und der Anisotropiekonstanten K über folgende Gleichungen zusammen:
Für Co_5Sm betragen diese Größen (Livingston und McConnel, 1972): d_c = 1,6μm, δ = 5,1 nm (51 Å), E_B = 85 erg/cm^2 (0,085 J/m^2). Bei Kobalt

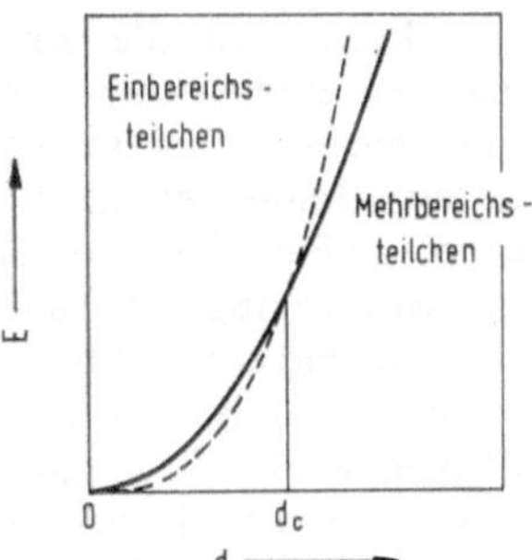

Bild 8.50 Kristallenergie E als Funktion des Kristalldurchmessers d bei verschiedenen magnetischen Zuständen (Ein- und Mehrbereichsteilchen) verglichen mit Entmagnetisierungsmechanismen

	Einbereichsteilchen		Mehrbereichsteilchen
Bestimmender Mechanismus der Entmagnetisierung	Umklappen der Spins	heterogene Keimbildung der Blockwände	Bewegung der Blockwände
typische kommerzielle Magnete	Alnico	Co_5Sm	
Eutektika	Au-Co	Sm_2Co_{17}-Co	

$$d_c = 1{,}4\ E_B/M_s^2,$$

$$\delta = \pi\,(A/K)^{1/2},$$

$$E_B = 4\,(A/K)^{1/2}.$$

sind d_c und δ in derselben Größenordnung (15 bis 30 nm), Livingston, 1973b. Wie Bild 8.51 zeigt, liegen die Maximalwerte der Koerzitivfeldstärke für die Metalle kleiner Kristallanisotropie (Fe, Co) bei d = d_c. Darunter nimmt die Koerzitivfeldstärke in Übereinstimmung mit der Theorie ab. Bei den Verbindungen hoher Kristallanisotropie (YCo_5) wird der Abfall wahrscheinlich auch durch andere Mechanismen verursacht, z.B. durch erhöhte Dichte der Gitterfehler beim Mahlen.

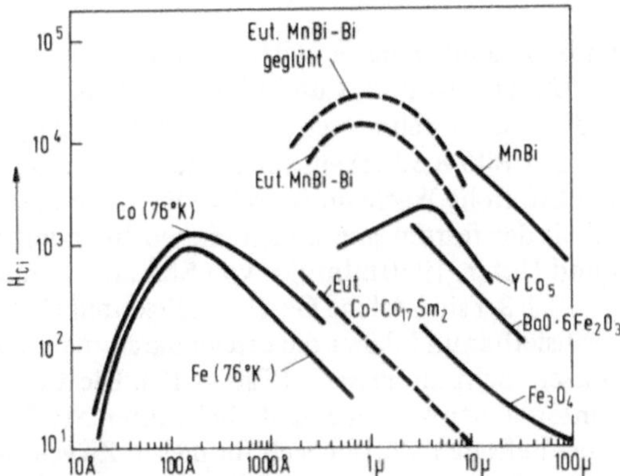

Bild 8.51. Koerzitivfeldstärke als Funktion des Teilchenradius für verschiedene Legierungen (- strichliert: gerichtet erstarrte Eutektika, - durchgezogen: Feinteilchenmagnete nach Luborsky, 1961)

Mit zunehmender Kristallanisotropie nimmt d_c zu, so daß die Phasenabmessungen eutektischer oder eutektoider Gefüge in die Größenordnung von Einbereichsteilchen gelangen. Dies scheint im MnBi-Bi-Eutektikum der Fall zu sein (Boulbes et al., 1973), in dem die MnBi-Phase mit hoher Kristallanisotropie in Faserform vorliegt. Wie Bild 8.51 zeigt, ist eine gute Faserausrichtung sehr wichtig: Mit abnehmendem Faserradius nimmt die Koerzitivfeldstärke zu und erreicht bei ca. $1 \mu m$ ein Maximum. Der H_c-Abfall bei kleineren Werten kann mit der beginnenden Zellenbildung bei der Erstarrung und daher zunehmenden Krümmung der MnBi-Fasern erklärt werden. Allgemein kann man zu Bild 8.51 noch feststellen, daß sich die Werte der faserigen Eutektika zwanglos in die Werte der konventionellen Magnetwerkstoffe einfügen. Dies ist bei reiner Formanisotropie auch zu erwarten, da das Koerzitivfeld nach der Beziehung

$$H_{ci} = K_1 + K_2/d$$

mit abnehmenden Teilchendurchmesser d zunimmt. Diese Beziehung wird in Bild 8.51 relativ gut befolgt. Da für Eutektika aus dem Wachstumsgesetz (5.17) folgt, daß

$$d^2 v = K_3,$$

erhält man für die Abhängigkeit der Koerzitivfeldstärke von der Wachstumsgeschwindigkeit eines Eutektikums im Bereich $d > d_c$ (Glardon und Kurz, 1973)

$$H_{ci} = K_1 + K_4 \sqrt{v}. \qquad (8.17)$$

Diese Beziehung wird erstaunlich gut von den Fe- und Co-faserhaltigen Eutektika befolgt (Bild 8.52). Das MnBi-Bi-Eutektikum dürfte dieselbe Beziehung aufweisen, solange der Faserdurchmesser deutlich größer als d_c ist.

Aus (8.17) und Bild 8.52 erkennt man, daß zur Ausnützung der Formanisotropie (z.B. bei Co) hohe Wachstumsgeschwindigkeiten notwendig sind, um die nötige Feinheit der ferromagnetischen Phasen zu erzielen (Livingston, 1970 sowie Sahm und Hofer, 1970). Infolge von Stabilitäts- und Wärmeabfuhrproblemen (Abschn. 7.1.3.) sind solche Geschwindigkeiten ($\gg 1$ cm/s) normalerweise nicht realisierbar, und daher die erreichbaren maximalen Koerzitivfeldstärken praktisch nicht interessant (Tab. 8.13). Die Co_5SE- bzw. $Co_{17}SE_2$-Phasen, unter denen sich die heute bekannten Stoffe mit maximaler Kristallanisotropie befinden, dürften sich für diesen Zweck besser eignen als MnBi. Weiter ist die Blochwandenergie E_B dieser Phasen sehr groß, was eine verstärkte Wechselwirkung der Blochwände mit Gefügehomogenitäten erwarten läßt.

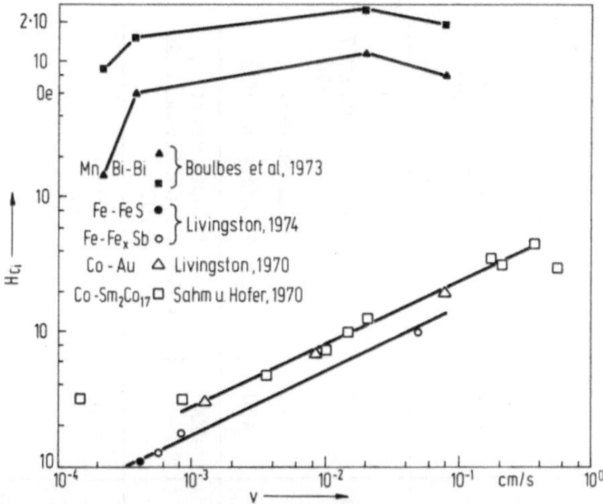

Bild 8.52. Koerzitivfeldstärke als Funktion der Wachstumsgeschwindigkeit für faserige Eutektika (Maßstab für H_{ci}: $10^1 - 10^4$)

Folgende Bedingungen müssen an eine zu entwickelnde eutektische Legierung gestellt werden:

- Wachstum der ferromagnetischen Phase in Richtung der Achse leichter Magnetisierbarkeit (c-Achse in hexagonalen Kristallen) und
- Volumenanteil der ferromagnetischen Phase möglichst nahe an 100%, da dadurch das Energieprodukt BH_{max} bestimmt wird.

Die Wachstumsrichtung hängt oft von der Zusammensetzung und von den Erstarrungsbedingungen ab und kann nicht vorausgesagt werden. Boulbes et al. (1973) haben gezeigt, daß die hexagonale MnBi-Phase in der gewünschten Richtung wächst. In Fällen, wo die ferromagnetische Phase einen Curiepunkt oberhalb der eutektischen Temperatur besitzt, kann eine Ausrichtung der Phase durch Anlegen eines Magnetfeldes erzwungen werden (Sahm, 1969 und 1971b; Livingston, 1970).

Große Volumenanteile können in faserigen Eutektika kaum verwirklicht werden, da solche mit φ größer als 30 Vol.-% selten auftreten (vgl. Abschn. 5.2.1.). Nur in besonderen Fällen (wie z.B. beim Co-CoAl-System, Bild 1.2) kann durch Festkörperabscheidung ein deutlich über 50% liegendes Volumen erzeugt werden. Aus den genannten Gründen erscheint es günstiger, nach anderen Lösungen zur Erhöhung der Koerzitivkraft in Eutektika zu suchen. Sie könnte z.B. in der Behinderung der Blochwandbewegung durch die Grenzfläche der eutektischen Fasern bestehen, ähnlich wie dies in den gegossenen Co-Fe-Cu-Ce-Legierungen (Nesbitt und Wernick, 1973) der Fall ist.

Tabelle 8.13. Beispiele gerichtet erstarrter Eutektika mit ferromagnetischen Phasen

Eutektisches System Matrix	2. Phase	Magnetischer Typ	Eutektischer Typ 2. Phase	Volumenanteil 2. Phase	Eutektische Temperatur °C	B_r G	H_c(max) Oe	H_{ci}(max) Oe	Literatur
Y_2Co_{17}	Co	fm-fm	f	0,19	1330	1840	19	–	Galasso, 1967
Sm_2Co_{17}	Co	fm-fm	f	0,19	1325	–	490	–	Sahm u. Hofer, 1970, Glardon u. Kurz, 1973
FeCoB	FeCo	fm-fm	f	–	–	–	∿ 100	–	Galasso, 1967
Fe_xSb	Fe	fm-fm	f	0,15	1002	2570	18	– 100	Galasso et al., 1967, Livingston, 1974
CoSb	Co	fm-fm	f	0,38	1095	–	19	–	Galasso, 1967
Au	Co	pm-fm	f	0,20	996	2800	450	925	Livingston, 1970
Bi	MnBi	dm-fm	f	0,04	262	– –	4000 –	– 24000	Noothoven et al., 1968, Boulbes et.al., 1973
Sb	MnSb	dm-fm	f	0,29	510	–	10	–	Jackson et. al., 1968
Bi	Co	dm-fm	(d-f)	0,10	271,2	–	40	–	Sahm, 1971b
FeS	Fe	afm-fm	f	0,09	988	140	–	12	Albright et al., 1967

f = faserig, d = dendritisch, fm = ferromagnetisch, pm = paramagnetisch, dm = diamagnetisch, afm = antiferromagnetisch

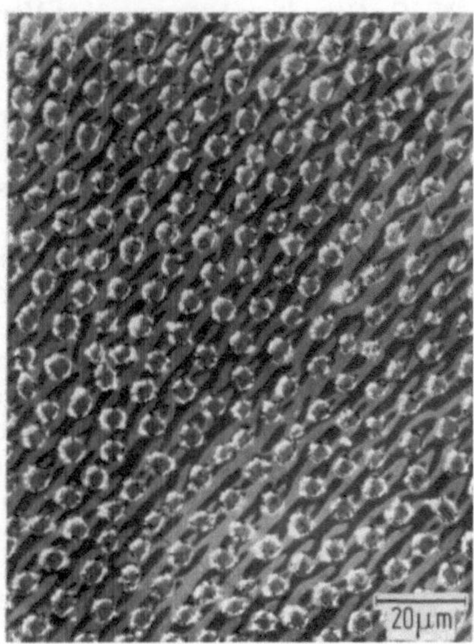

Bild 8.53. Sm_2Co_{17}-Co-Eutektikum mit Co-Fasern und magnetischen Domänen, nach Glardon und Kurz (1973)

(Bild 8.53). Auch hier läßt sich nachweisen, daß die Koerzitivfeldstärke einem (8.17) analogen Gesetz folgt. Kann man in der ferromagnetischen Phase zusätzlich Ausscheidungen erzeugen, so ließe sich die „magnetische Härte" nochmals steigern. Analogien zwischen den globalen Mechanismen der mechanischen und magnetischen Härtung dürften in Zukunft zum besseren Verständnis des Vorganges beitragen (Haasen, 1972) sowie auch eine Intensivierung der Arbeiten mit dem Durchstrahlungselektronenmikroskop (Riley und Jones, 1973).

8.3.2. Weichmagnete

Die üblichen weichmagnetischen Werkstoffe auf Fe-Si- u. Fe-Ni-Grundlage (Transformatorbleche, Schaltermagnetwicklungen) sowie die keramischen Ferrite auf Fe_3O_4-Basis (elektronische Bauelemente), die in der Reihenfolge ihrer Aufzählung für steigende Frequenzen eingesetzt werden, haben geringe mechanische Festigkeiten, insbesondere bei höheren Temperaturen. Daher hat man sich bemüht, die Festigkeit (Streckgrenze, Kriechverhalten usw.) durch Zusatz nichtmagnetischer härtender Phasen zu erhöhen. Es wurde mit künstlichen Fasern gearbeitet, etwa W oder B (Colling, 1968 sowie Pavlovic et al., 1968) oder mit Ausscheidungen und Dispersoiden, z.B. ThO_2 (Tower et al., 1968). Besonders letztere zeigen jedoch wieder eine starke Temperaturabhängigkeit der mechanischen Eigenschaften, sodaß Versuche mit eutektischen Werkstoffen gerechtfertigt erschienen (Colling und Kossowsky, 1971). Trotz der interessanten Aussichten sind nur wenige Arbeiten in der Literatur bekannt geworden, die sich insbesondere mit den Permalloy-Legierungen auf

Fe, Ni, Co-Grundlage befassen. Ihre Verfestigung kann nahezu nach Wunsch mit Monokarbidfasern (NbC oder TaC) erfolgen (Batt und Thompson, 1972). Als allgemeines Ergebnis der bisherigen Forschungen läßt sich feststellen, daß das magnetische Verhalten dieser Legierungen einfach als Verdünnungseffekt der unmagnetischen, verstärkenden Fasern aufzufassen ist, solange Beeinflussung der weichmagnetischen Grundmasse durch gelöste Legierungselemente vernachlässigt werden kann.

Eine interessante Nebenerscheinung weichmagnetischer Ni-, Fe-, Co-Basislegierungen ist der geringe Ausdehnungskoeffizient α, der durch Wechselwirkung mit den magnetostriktiven Eigenschaften zustandekommt (Invarlegierungen). Es existieren Fälle im Maschinenbau, wo Werkstoffe mit kleinsten α-Werten über größere Temperaturbereiche verlangt werden. Unglücklicherweise sind weichmagnetische Werkstoffe auch mechanisch weich. Durch Einbau verstärkender Karbide mit kleinem α (Tabelle 8.4) konnten mechanisch feste eutektische Invarlegierungen erzeugt werden (Sahm und Kuhn, 1973).

8.4. Optische Werkstoffe

Seitdem es möglich ist, mittels Laser kohärentes Licht zu produzieren, hat die Optik in den Gebieten Information (Speicherung, Übertragung und „Display") und Werkstoffbearbeitung eine zunehmende Bedeutung gewonnen. Bei vielen dieser Anwendungen stellt sich das Problem der genauen Steuerung des Lichtstrahles. Es sind digitale Methoden in Entwicklung, deren Grundelemente aus einem doppeltbrechenden Prisma und einem Polarisationsschalter bestehen, so daß durch Verdrehung der Polarisationsebene um 90° zwei genau definierte Punkte von der Lichtbahn angesteuert werden können. Um die Polarisationsebene zu drehen, bedient man sich magneto- oder elektrooptischer Effekte. Eutektische Verbundwerkstoffe könnten in solchen und ähnlichen Anwendungen interessant werden. Voraussetzung ist eine hohe Regelmäßigkeit des Gefüges, die besonders dann wichtig wird, wenn die Wellenlängen des Lichtes in die Größenordnung des Phasenabstandes gelangt.

Da für viele optische Anwendungen dünne Schichten von Vorteil sind und deren Herstellung direkt aus der Schmelze Gefüge hoher Perfektion erzeugt, sind geeignete Methoden des Filmwachstums (Abschn. 7.2.7.) hierbei besonders wichtig.

Das Verhältnis der Wellenlänge des Lichtes (λ_L) zum mittleren Phasenabstand des Eutektikums (λ_E) ist bestimmend für die zu erwartenden Effekte. Da die minimalen λ_E-Werte zwischen 0,1 und 1μm liegen, werden unter optischen Eigenschaften solche verstanden, die im Zusammenhang mit elektromagnetischen Wellen, vom sichtbaren Licht über die infrarote Strahlung bis zu den Mikrowellen, stehen.

Ist $\lambda_L >> \lambda_E$, dann beobachtet man Formdoppelbrechung stets dort, wo der Lichtstrahl senkrecht auf die eutektischen Lamellen bzw. parallel zu den eutektischen Faserachsen einfällt (Sievers, 1973; Albers, 1973).

Tabelle 8.14: Eutektika mit Polarisationseigenschaften elektromagnetischer Wellen oberhalb 8μm

System Matrix	2. Phase	Vol.-% 2. Phase	Typ	Polarisaitionsvermögen	Literatur
InSb	NiSb	1,8	f	0,99 (> 12μm)	Paul et al. (1964)
InSb	CrSb	0,6	f	0,10 (8μm) - 0,58 (24μm)	Paul et al. (1964)
InSb	FeSb	0,7	f	0,75 (8μm) - 0,96 (24μm)	Paul et al. (1964)
InSb	MnSb	6,5	f	viel schlechter als oben	Paul et al. (1964)
InSb	Sb	35	f-ι		Davis et al. (1969)

Ein weiterer Effekt, der bei $\lambda_L > \lambda_E$ zu beobachten ist, ist die *Polarisation* elektromagnetischer Wellen in Transmission oder Reflektion. Wie Paul et al. (1964) und Davis et al., (1969) zeigten, können oberhalb der Absorptionskante des InSb, InSb-Basis-Eutektika als Infrarotpolarisatoren benutzt werden, Tabelle 8.14. Ihre Wirkung beruht darauf, daß bei Drehung der

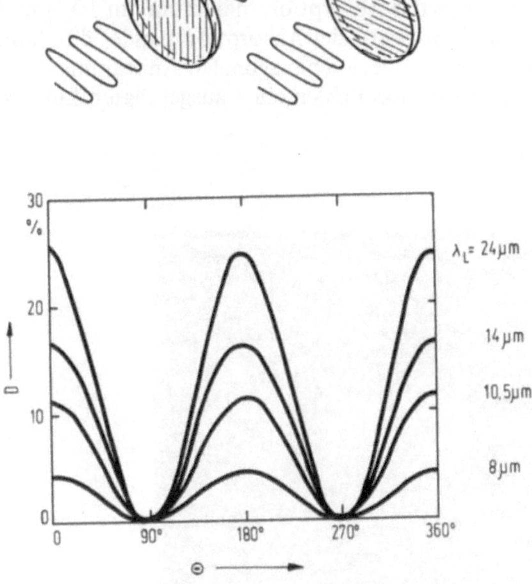

Bild 8.54. Durchlässigkeit D einer eutektischen InSb-NiSb-Platte (71 μm dick) als Funktion des Drehwinkels Θ zwischen der Polarisationsfläche für mehrere Wellenlängen λ_L, nach Paul et al. (1964)

Faserachsen im Eutektikum parallel zum Schwingungsvektor des zu polarisierenden Lichtes dieser durch die metallischen Nadeln ausgelöscht wird (Bild 8.54). Von den bisher für diesen Zweck untersuchten Kompositen ist InSb-NiSb das beste Material. Das liegt an dem günstigen Zusammentreffen der geometrischen Forderungen für einen Ultrarot-Dipol: Der Durchmesser der parallel angeordneten absorbierenden (= metallischen) Stäbchen muß $< 1 \mu m$ sein, ihre Länge soll mehrere μm betragen, und der Volumenanteil darf nicht zu hoch sein. Die in Tabelle 8.14 aufgeführten Eutektika sind nicht die einzigen, die als Polarisatoren in Frage kommen. Hier ließen sich für einen größeren Bereich von Wellenlängen weitere passende Werkstoffe finden, z.B. auch ionische Eutektika für das sichtbare Licht. So ist von Fisher (1973) ein Eutektikum zwischen einem Metall und seinem Salz (Mn-$MnCl_2$) mit sehr regelmäßigen Fasern erstarrt worden (vgl. Tabelle im Anhang, Nr. 233). Bei nicht-transparenten Stoffen kann eine Polarisation auch durch Reflektion erzielt werden, wie dies Albers (1973) für sichtbares Licht am Co_2Si-Co-Eutektoid mit $\lambda_E \simeq 0{,}1 \mu m$ beschrieb.

Verringert man die Wellenlänge der Strahlung, so daß $\lambda_L \simeq \lambda_E$ wird, so erhält man *Beugungserscheinungen.* Bild 8.55 zeigt Beugungsfiguren eines lamellaren Eutektikums, die durch Reflektion entstehen und eine rasche Bestimmung des mittleren Lamellenabstandes zulassen (Buffat, 1974; s. auch Abschn. 5.2.5.). Auf diese Weise bestimmte Sievers (1973) in Transmission den Faserabstand des NaCl-NaF-Eutektikums. In Bild 8.56 ist das Transmissionsspektrum des NaCl-NaF-Eutektikums wiedergegeben. Sievers (1973) konnte nachweisen, daß das Absorptionsmaximum um $10{,}5 \mu m$ durch die Bragg-Reflektion und die Breite des Absorptionsbandes durch die Abweichung des realen Gefüges von der idealen hexagonalen Anordnung verursacht wird. Hierdurch kann man auch das Fehlen einer ausgeprägten Linienstruktur deuten.

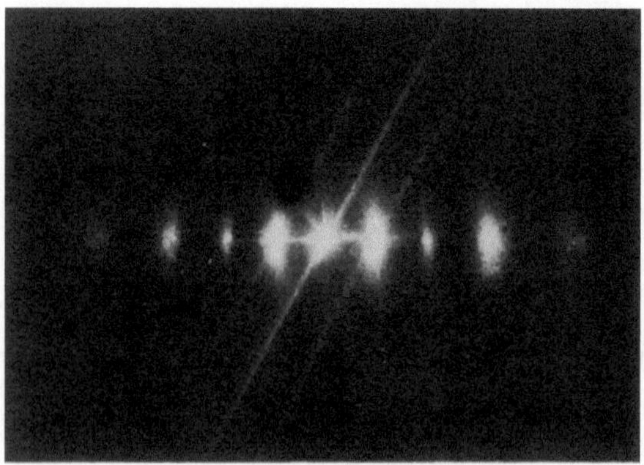

Bild 8.55. Beugung von monochromatischem Licht ($\lambda_L = 0{,}633\ \mu m$) an einem geätzten Querschliff eines Al-Al_2Cu-Eutektikums ($\lambda_E = 4{,}2\ \mu m$)

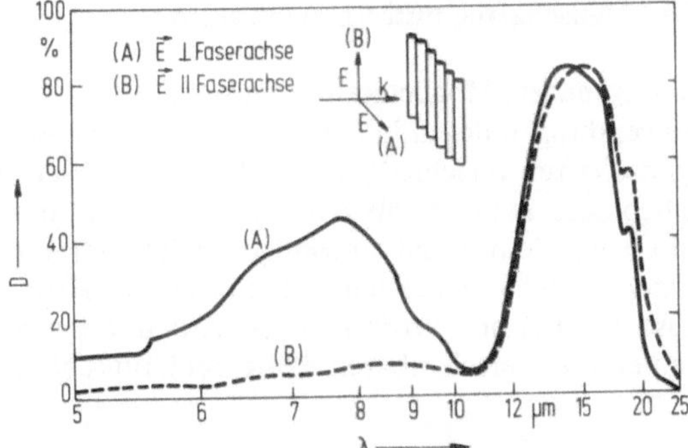

Bild 8.56. Transmissionsspektrum eines Längsschliffes des NaCl-NaF-Eutektikums mit Phasenabstand λ = 4,5 µm und Schichtdicke = 0,5 mm bei Raumtemperatur; (a) Polarisationsebene ⊥ zur Faserachse, (b) Polarisationsebene ∥ zur Faserachse (Sievers, 1973)

Bei Ausbreitung einer Welle ($\lambda_L \simeq \lambda_E$) senkrecht zu den Lamellen eines Eutektikums sollte bei bestimmten Frequenzen Auslöschung („verbotene Bänder") erfolgen (Brekhovskikh, 1960). Hiermit verbunden ist ein frequenzabhängiger Brechungsindex, der Anwendungen für Prismenwerkstoffe finden könnte (Sievers, 1973). Unter diesen Bedingungen sagen Bloembergen und Sievers (1970) interessante *nicht-lineare optische Eigenschaften* voraus: Durch eine periodische Lamellenstruktur zweier piezoelektrischer Kristalle kann man eine wirksame Energieumwandlung aus einer Frequenz in eine andere erwarten, selbst wenn jeder Kristall für sich gesehen dies nicht ermöglicht. Weiterhin erscheint eine Kopplung zwischen Photonen und akustischen Wellen möglich, wodurch eine direkte Umwandlung elektromagnetischer in hochfrequente eleastische Wellen (> 25 GHz) gelänge.

Proix et al. (1973) fanden bei Reflektionsmessungen im Infrarotbereich des LiF-NaF-Eutektikums Maxima, die weder dem LiF noch dem NaF allein zugeschrieben werden können. Als Ursache wird eine Wechselwirkung mit den Grenzflächen angenommen. Hier liegt ein Gebiet vor, das zum Studium von Grenzflächenzuständen dienen könnte (Sievers, 1973).

Unter Ausnutzung feiner runder Fasern ist schließlich auch eine Bildübertragung nach dem Prinzip der *Faseroptik* denkbar. Dazu ist Voraussetzung, daß ein System mit faseriger Morphologie möglichst hohen Volumenanteils vorliegt, wobei die Fasern einen höheren Brechungsindex als die Grundmasse besitzen müßten (Galasso, 1967). Das bisher bestgeeignete System ist NaCl-NaF mit 23 Vol.-% NaF-Fasern (Batt et al., 1969). Infolge des umgekehrten Brechungsindex-Verhältnisses leitet jedoch die Matrix das Licht. Es ist schwer zu glauben, daß eutektische Bildübertragungssysteme die konventionelle Glasfaseroptik übertreffen werden, es sei denn, es handelt sich um sehr spezifische Anwendungsfälle, z.B. hohe Temperatur, ätzende chemische Umgebung usw.

8.5. Synergetische Eigenschaften und Anwendungen

Noch weitgehend ungenutzte Möglichkeiten für neue Effekte physikalisch-elektronischer Anwendungen liegen in den komplexen Wechselwirkungen zwischen den Eigenschaften verschiedener eutektischer Phasen verborgen, vor allem wahrscheinlich auch bei mehr als zweiphasigen Strukturen. Hier seien einige Möglichkeiten angedeutet und an wenigen Beispielen illustriert. Bereits Tabelle 8.1 hat einen Einblick in die zahlreichen Eigenschaftskombinationen gewährt. Die Klasse der thermoelektrischen, galvano- und thermomagnetischen Effekte kann in einer gut überschaubaren Weise bei Grimsehl (1954) nachgelesen werden.

8.5.1. Thermoelektrische Effekte

Thermoelektrische Werkstoffe interessieren bei der Suche nach neuen Systemen der Energieumwandlung. Die kritischen Eigenschaften sind Seebeck-Ko-

Tabelle 8.15. Wärmeleitfähigkeit und Seebeck-Koeffizienten im InSb-Sb-Eutektikum, nach Liebmann und Miller (1963) bei Raumtemperatur, sowie Seebeck-Koeffizienten im Bi-Ag-Eutektikum, nach Digges und Tauber (1973) bei 96 K und im Cr Si_2-Si Eutektikum, nach Levinson (1973)

Werkstoff	Durchschnittlicher Faserdurchmesser cm	Wärmeleitfähigkeit κ W/K cm parallel	senkrecht zur Faserachse	Seebeck-Koeffizient Q μV/K parallel	senkrecht zur Faserachse
InSb-Sb	$4{,}3 \cdot 10^{-4}$ Fasern mit	0,1113	0,0822	- 18	- 71
	$8{,}5 \cdot 10^{-4}$ dreieckigem	0,1235	0,0940	- 12	- 53
	$2{,}8 \cdot 10^{-3}$ Querschnitt	0,1430	0,1059	- 8,2	- 28
InSb	undotiert	0,162		- 325	
Sb		0,189		+ 35	
Bi-Ag	unregelmäßige Ag-Platten	–		- 42	- 60
Bi	Einkristall	–		- 55 bis	- 68*)
$CrSi_2$-Si	ca. $6 \cdot 10^{-4}$: facettierte Fasern	1,30	0,82	420	-1000 bis -1200
		(20 bis 100°C)		(120 bis 380°K)	
$CrSi_2$		0,11**)		+ mehrere 100**)	
Si		1,5		- 2200	

*) je nach Kristallorientierung
**) aus den Verbundwerkstoffmessungen bestimmt

effizient Q, elektrischer Widerstand ρ und Wärmeleitfähigkeit κ, die in einem Wirkungsfaktor („figure of merit") Z zusammengefaßt werden:

$$Z = Q^2 / \rho\kappa.$$

Bei der Entwicklung neuer thermoelektrischer Werkstoffe wird versucht, jede dieser drei Eigenschaften so zu beeinflussen, daß Z ansteigt.

Nur wenige eutektische Verbundwerkstoffe wurden bisher im Hinblick auf thermoelektrische Anwendungen durchforscht. Messungen im InSb-Sb-Eutektikum haben gezeigt (Liebmann und Miller, 1963), daß Wärmeleitung und elektrischer Widerstand bis zu einem gewissen Grade „entkoppelbar" sind. Es wurde beobachtet (Tab. 8.15), daß die Wärmeleitung des Verbundes, im Gegensatz zum elektrischen Widerstand kleiner war als die der beiden Komponenten, also eine typische Produkteigenschaft darstellt. Dieses Phänomen wird von den Autoren als eine Folge der Phononen-Streuung an den Grenzflächen zwischen Grundmasse und Faser erklärt. Wie die Tabelle zeigt, wird κ auch senkrecht zu den Faserachsen sowie mit geringeren Faserdurchmessern kleiner. Die für Bi-Ag-Eutektikum angegebenen Werte zeigen keine außerordentlichen Effekte, wobei jedoch Magnetfelder das Verhältnis $Q/Q_{Bi\text{-}Ag}$ sehr stark beeinflussen (Digges und Tauber, 1973). Die wenig ausgeprägten Bi-Ag-Kompositeigenschaften werden der schlecht ausgebildeten Struktur der Ag-Platten zugeschoben.

8.5.2. Galvanomagnetische Effekte

Der zu diskutierende galvanomagnetische Effekt hat im Zusammenhang mit eutektischen Gefügen Eingang in die Elektronik gefunden und stellt eine Kombination des Hall- und Thompson-Effektes dar (Grimsehl, 1954). Der Hall-Effekt besagt, daß bei Anlegen eines magnetischen Feldes an einen stromführenden Halbleiter die Elektronen von ihrer geraden Bahn abgelenkt werden (Bild 8.57). Wird eine starke Abhängigkeit des elektrischen Widerstandes vom

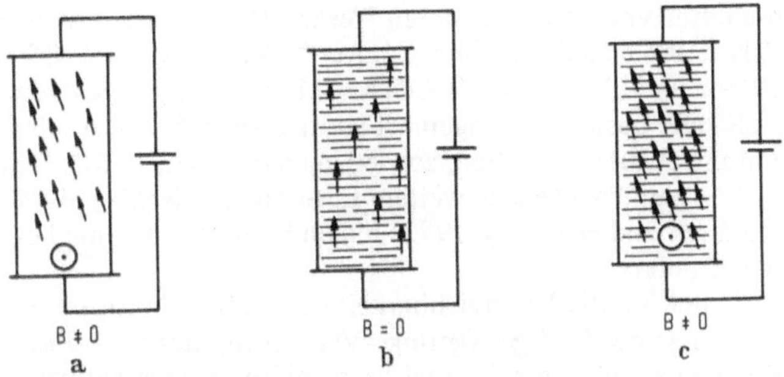

Bild 8.57. Prinzip des verstärkten Magnetowiderstandseffektes im InSb-NiSb-Eutektikum, nach Wagini und Weiss (1965)

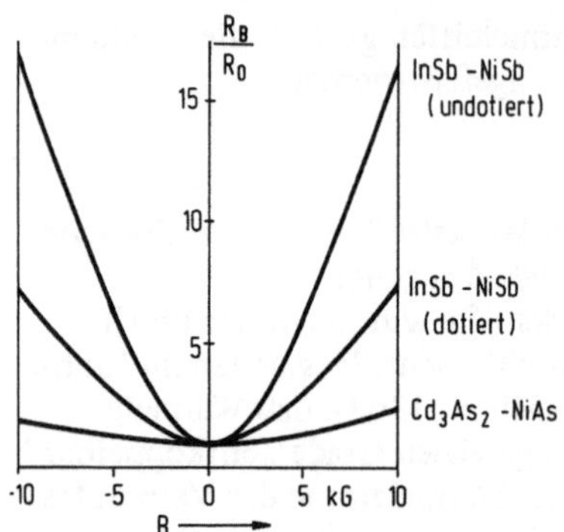

Bild 8.58. Relative Widerstandsänderung R_B/R_O als Funktion des Magnetfeldes B von InSb-NiSb, nach Weiss (1971), sowie Cd_3As_2-NiAs, nach Elliot und Hiscocks (1969)

Magnetfeld gewünscht, läßt sie sich durch Einlagerung metallisch leitender Nadeln in den Halbleiter erreichen. Das Hallfeld wird hierdurch kurzgeschlossen und die Elektronen verbringen eine „lange Zeit" in den metallisch leitenden Gefügebestandteilen, bevor sie weiterfließen. Dadurch vergrößert sich der Widerstand weiter. Der bisher am besten bekannte Komposit-Magnetowiderstand (Feldplatte genannt) ist das InSb-NiSb-Eutektikum (Weiss, 1971), dessen Grundmasse einen Halbleiter darstellt mit metallisch leitenden NiSb-Einschlüssen. Der elektrische Widerstand für eine reine Halbleitergrundmasse mit Magnetfeld B (ρ_1), eines eutektischen Verbundwerkstoffes ohne (ρ_2) und mit Magnetfeld (ρ_3) ergibt sich wie folgt (vgl. Bild 8.57 a, b, c):

$$\rho_1 = \frac{B}{\operatorname{tg}\alpha\,\mu\,e}, \quad \rho_2 = \frac{1}{\mu\,n\,e}, \quad \rho_3 = \frac{(1+\operatorname{tg}^2\alpha)B}{\operatorname{tg}\alpha\,\mu\,e},$$

worin α den Hallwinkel, μ die Elektronenbeweglichkeit und e die Einheitsladung darstellen.

Auf diese Weise lassen sich bis zu zehnmal höhere Widerstandsabhängigkeiten verwirklichen, als sie ohne die metallisch leitenden Bezirke möglich wären (Bild 8.58). Bisher konnte InSb-NiSb bezüglich seiner Magnetowiderstandseigenschaften von keinem anderen Werkstoff übertroffen werden, obwohl beispielsweise Versuche mit dem Cd_3As_2-NiAs-Eutektikum (Elliott und Hiscocks, 1969 a und b), in dem die Cd_3As_2-Matrix höhere Elektronenbeweglichkeit als InSb besitzt, durchgeführt wurden (Bild 8.58). Auch die Systeme InSb-MnSb (Paul et al., 1964, sowie Umehara et al., 1973), InSb-FeSb (Paul et al., 1964), und zahlreiche weitere Eutektika, Si-$NbSi_2$, Si-$TaSi_2$, Ge-$TiGe_2$ (Helbren und Hiscocks, 1973) haben bisher noch keine besseren Eigenschaften geliefert.

Der Grund für die Unerreichbarkeit der InSb-NiSb-Eigenschaften muß in der Idealität des Gefüges (geringe Vernetzung der NiSb-Fasern), dem günstigen Volumenanteil sowie der praktisch vollkommenen Unlöslichkeit der Phasen ineinander gesucht werden. Andererseits kann die starke Feldabhängigkeit des elektrischen Widerstandes nicht voll ausgenutzt werden, weil hohe Temperaturempfindlichkeit damit einhergeht. Diese kann durch Dotierung mit Te verringert werden, wobei aber R_B/R_o sinkt (vgl. Bild 8.58).

Anwendung des Hall-Effektes in Eutektika: Feldplatte

Der Magnetowiderstand auf Basis des InSb-NiSb-Eutektikums hat unter dem Namen „Feldplatte" bereits jetzt eine Fülle von Anwendungen bzw. Anwendungsmöglichkeiten auf dem Gebiet kontaktloser Schalter gefunden. Gegenüber konventionellen Schaltern haben Feldplatten folgende Vorteile (Weiss, 1971):

- keine beweglichen Teile und daher
  - unbegrenzte Lebensdauer,
  - Betätigung ohne Prellen,
  - geräuschlose Funktionsweise;
- Hochfrequenzanwendung;
- unbegrenzte Auflösung, d.h. kontinuierliche Ausregelung entlang der R_B/R_O-B-Kennlinie (Bild 8.58).

Die Feldplatte ist ein kleines elektronisches Bauelement, das aus gerichtet erstarrten Proben herausgeätzt wird (Bild 8.59) und allgemein Verwendung findet als (Hieronymus und Lippmann, 1968; Steidle und von Borcke, 1971):

- kontaktlose Positions- und Weggeber,
- elektrisch und magnetisch gesteuerte Widerstände,
- Meßwertgeber für magnetische und elektrische Größen,
- Multiplikatoren und Modulatoren für kleine Gleichströme und -spannungen,
- Abfragelemente für magnetische Informationen.

Das Prinzip der kontaktlosen Positions- und Weggeber besteht darin, die Feldplatte in einem Magnetspalt zu bewegen, um den elektrischen Widerstand und somit die Spannung zu variieren und hierdurch eine Transistorstufe anzusteuern. Die früher für diese Aufgaben eingesetzten Hallgeneratoren werden jetzt oft vorteilhaft durch die Feldplatte abgelöst (Siemens Datenbuch, 1972): Hierzu zählen z.B. Endlagenschalter, Druckknopftaster, digitale

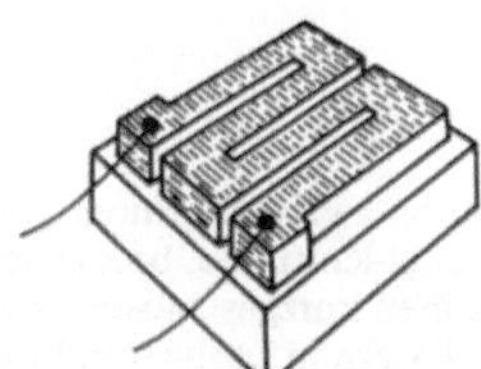

Bild 8.59. Feldplatte

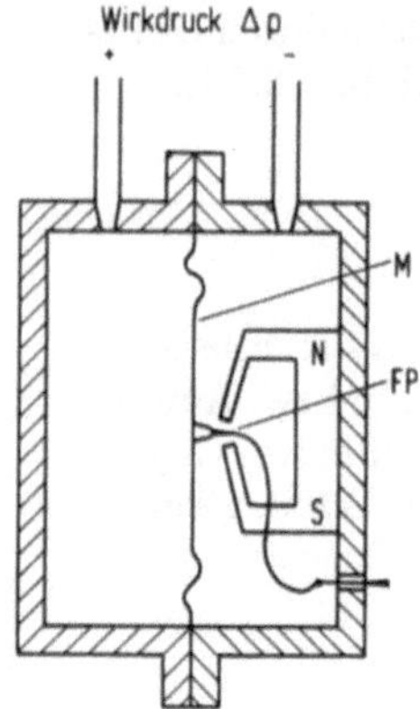

Bild 8.60. Anordnung einer Feldplatte (FP) zur Wirkdruckmessung (M Membran); nach Eberhardt und Oehler (1968)

und analoge Weg- und Winkelgeber. Mit ihrer Hilfe konstruiert man Beschleunigungsmesser, Höhen- oder Luftdruck- und Flüssigkeitsdurchflußmeßgeräte, Wasserniveauschalter (z.B. in Waschmaschinen serienmäßig eingebaut). Ein Beispiel für einen Druckumformer bzw. Wirkdruckmesser ist in Bild 8.60 gezeigt. Der kontaktlose, also bürstenlose Gleichstrommotor geht ebenfalls auf die Weggeberfähigkeit der Feldplatte zurück. Kontaktlose Potentiometer sind denkbar. Eine interessante Anwendung stellen Schreibmaschinentasten dar, die ähnlich dem in Bild 8.60 gezeigten Prinzip arbeiten (Finsterhölzl,

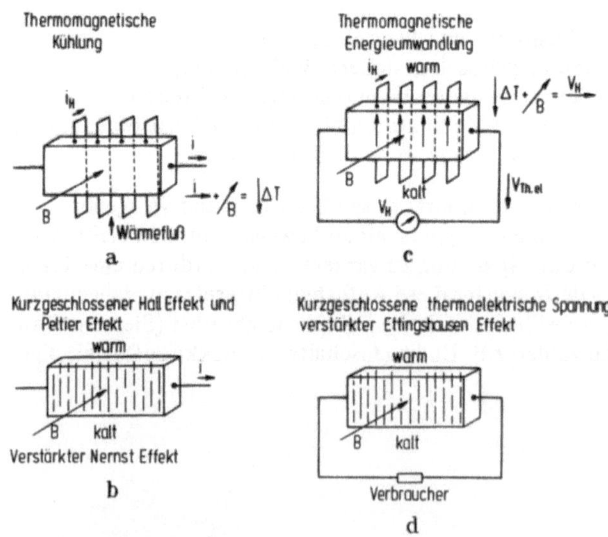

Bild 8.61. Illustration zweier thermomagnetischer Effekte nach Weiss (1971); a) außen kurzgeschlossene Hall-Kontakte, b) kurzschließende eingebettete NiSb-Fasern in InSb-Grundmasse, c) außen kurzgeschlossener einphasiger Halbleiter, d) eingebettete kurzschließende NiSb-Fasern in InSb-Grundmasse

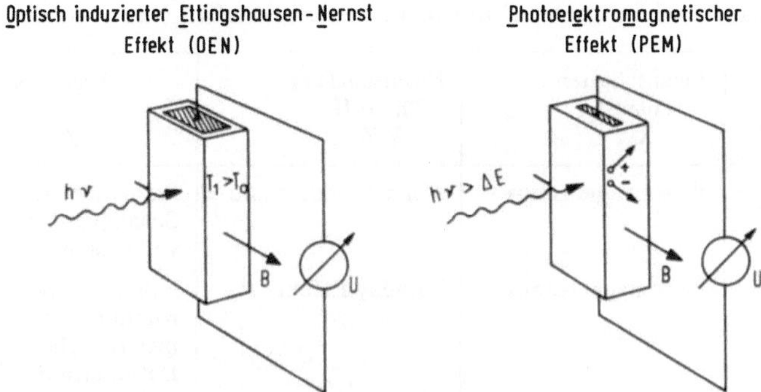

Bild 8.62. Prinzip eines Infrarotdetektors auf der Basis der sog. OEN- und PEM-Effekte nach Paul (1968)

1973). Kontaktlose Unterbrecher für Motorzündungen werden gebaut (Gfrerer, 1973) und Bahnmotorenbremsen gesteuert (Weiss, 1971).

8.5.3. Thermomagnetische Effekte

Es sind eine größere Anzahl thermomagnetischer Effekte denkbar (Grimsehl, 1954). Einige sind für das InSb-NiSb-Eutektikum in Bild 8.61 illustriert (Weiss, 1971). Besonders interessant ist der optisch induzierte Ettingshausen-Nernst-Effekt (OEN), der zur Konstruktion eines Infrarotdetektors geführt hat, wobei hier die Wärme vom absorbierten Licht geliefert wird, Bild 8.62. Sie gelten bevorzugt für Wellenlängen oberhalb 5μm (Paul, 1968) und sind als Wärmestrahlungsmeßgeräte bei niedrigen Temperaturen (0 bis 200°C) sowie für die zeitliche und örtliche Abtastung der Strahlungsfelder von Infrarotlasern (CO_2, λ = 10,6μm; H_xCN, λ = 126 bis 337μm) geeignet. Messungen der Gesamtstrahlung von Wechselstromlichtbögen wurden ebenfalls durchgeführt (Motschmann, 1974). Von Goldsmid und Sydney (1971) sowie von Goldsmid et al. (1972) wird berichtet, daß das Cd_3As_2-NiAs-Eutektikum als Wärmedetektor unter bestimmten Bedingungen eine Empfindlichkeitssteigerung liefern könnte.

8.5.4. Weitere Beispiele synergetischer Effekte

Nach Tab. 8.1 sind zahlreiche Werkstoffe mit anderen synergetischen Effekten denkbar, wenn die entsprechenden eutektischen Systeme synthetisiert werden können (Tab. 8.16). Es seien hier nur zwei veröffentlichte Beispiele aufgezählt:

Tabelle 8.16. Produkteigenschaften von Verbundwerkstoffen (van Suchtelen, 1972)

X-Y-Z (vgl. Tab. 8.1)	Eigenschaften Phase I X-Y	Eigenschaften Phase II Y-Z	Ergebnis X-Z
123	Piezomagnetismus	Magnetowiderstand	Piezowiderstand, Schallquanten-widerstand
124	Piezomagnetismus	Faraday-Effekt	Polarisations-rotation durch mechanische Deformation
134	Piezoelektrizität	Elektrolumineszenz	Piezolumineszenz
134	Piezoelektrizität	Kerr-Effekt	Polarisations-rotation durch mechanische Deformation
213	Magnetostriktion	Piezoelektrizität	magnetoelek-trischer Effekt
213	Magnetostriktion	Piezowiderstand	Magnetowiderstand: Spin-Wellen-Wechsel-wirkung
253	Nernst-Ettings-hausen-Effekt	Seebeck-Effekt	quasi Hall-Effekt
214	Magnetostriktion	spannungsinduzierte Doppelbrechung	magn. induzierte Doppelbrechung
312	Elektrostriktion	Piezomagnetismus	elektromagn. Effekt
313	Elektrostriktion	Piezowiderstand	Kopplung zw. ρ und E (negativer Diff.-Wider-stand, quasi Gunn-Effekt)
343	Elektrolumineszenz	Photoleitfähigkeit	
314	Elektrostriktion	spannungsinduzier-te Doppelbrechung	elektr. induzierte Doppelbrechung, Licht-Modulation
421	photomagnetischer Effekt	Magnetostriktion	Photostriktion
431	Photoleitfähigkeit	Elektrostriktion	
434	Photoleitfähigkeit	Elektrolumineszenz	Wellenlängen-Wandler (IR-sichtbar, etc.)
443	Szintillation	Photoleitfähigkeit	strahleninduzierte Leitfähigkeit (Detek-toren)
444	Szintillation	Fluoreszenz	Strahlen-Detek-toren
444	Fluoreszenz		2-Stufen Fluoreszenz

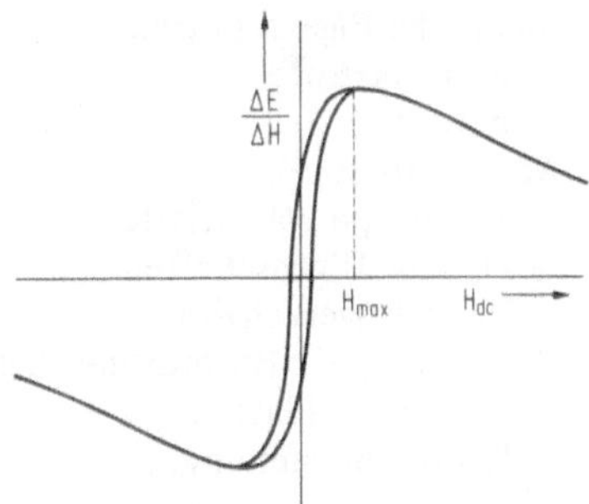

Bild 8.63. Magnetostriktiv-piezoelektrische Verknüpfung im eutektischen System $(CoFe_2O_4)_{0,47}(Co_2TiO_4)_{0,53}$-$BaTiO_3$ nach van Run et al. (1974)

So berichten van Suchtelen (1972) und Albers (1973) über eine Verknüpfung von magnetostriktiven und piezoelektrischen Eigenschaften. Im $BaTiO_3$-$CoFe_2O_4$-Eutektikum sind die Phasen resp. ferro-elektrisch-elektrostriktiv und ferromagnetisch-magnetostriktiv. Wie van den Boomgaard et al. (1974) und van Run et al. (1974) zeigen konnten, ist der elektromagnetische Effekt am größten in $BaTiO_3$-$(Co\,Fe_2O_4)_{0,47}$ $(Co_2TiO_4)_{0,53}$ mit 1,5 Gew.% TiO_2 bei einem stationären Magnetfeld von 700 Oe. Die auf eine Magnetfeldänderung bezogene Spannungsänderung (Bild 8.63)$\Delta E/\Delta H = 4{,}9 \cdot 10^{-2}$ V/cm Oe. Die dimensionslose Größe $\alpha = \Delta P/\Delta H$(P ist die dielektrische Polarisation) nimmt für diese Legierung bei Raumtemperatur einen Wert von $\alpha = 0{,}10$ an und liegt somit um einen Faktor 100 höher als der entsprechende Wert des besten bisher bekannten Werkstoffes Cr_2O_3 ($\alpha = 8 \cdot 10^{-4}$).

Eine Konversion von Röntgenstrahlung in sichtbares Licht (Zweistufenfluoreszenz) ist im NaCl-PbS-Eutektikum beobachtet worden. Sekundärelektronen werden im NaCl und besonders gut im PbS gebildet. Sie liefern Lichtquanten, die in der szintillisierenden Grundmasse, hier NaCl, ausgelöst werden. Die Lichtausbeute wird bei Anwesenheit der PbS-Phase stark erhöht. Eine noch höhere Ausbeute zeigt ein (nicht-eutektischer) Anthracen-$PbCl_2$-Komposit (Albers und van Hoof, 1974).

8.6. Andere potentielle Anwendungen

Wie Tab. 8.16 beweist, stellt die in Tab. 8.1 wiedergegebene Matrix ein Denkschema für interessante Werkstoffkombinationen dar. Bever et al. (1970) geben eine andere Klassifikation der Eigenschaften in Matrixform, woraus sich ebenfalls eine Reihe von Anwendungen ableiten lassen.

In diesem Abschnitt werden mögliche Anwendungen erwähnt, die in den vorausgegangenen Abschnitten entweder wenig oder gar nicht diskutiert worden sind:

- mechanische Eigenschaften
  - Verschleiß

- chemische Eigenschaften
  - Biowerkstoffe
  - Batterien
- Wärmeleitfähigkeit
  - anisotrope Wärmeleiter
- elektrische Eigenschaften
  - Kontaktwerkstoffe
- Möglichkeit der Entfernung einer Phase
  - feinporöse Platten
  - Whiskerherstellung.

Hohe *Verschleißfestigkeit* ist von Verbundwerkstoffen zu erwarten, da man in gerichteter Form harte Phasen in eine duktile Matrix (eventuell hoher Wärmeleitfähigkeit) einbringen kann. Wie Kolesnichenko und Polotai (1970) zeigten, kommt den harten Teilchen die Funktion der Lastaufnahme bei kleinem Reibungskoeffizienten und hohem Abriebwiderstand zu. Die duktile Matrix bewirkt, daß die harten Bestandteile rasch eine günstige Lage einnehmen und dadurch lokale Druckspitzen verhindert werden. Die Ausrichtung der Phasen verringert die Gefahr des Herausreißens der harten verschleißfesten Teilchen. Kolesnichenko und Polotai haben dies an Bremsscheiben aus weichem Stahl untersucht, auf deren Oberfläche durch einen Lichtbogen (Argon-Arc) eine eutektische Fe-B-Legierung gerichtet aufgebracht wurde. Sie stellten bei Ausrichtung der Boride senkrecht zur Reibfläche eine gegenüber globulitischen Boriden ca. 50% kleinere Verschleißgeschwindigkeit fest (vgl. auch Abschn. 7.2.6.).

Die spezifischen *chemischen Eigenschaften* der Komposite könnten, wie Bever et al. (1970) vorschlagen, für die Erzeugung vom lebenden Organismus besser verträglicher Biowerkstoffe (verträgliche Matrix durch Fasern verstärkt bzw. organische oder keramische Eutektika) und auch zur Herstellung von Batterien herangezogen werden.

Anisotrope Wärmeleiter sind vielleicht ein weiteres Anwendungsbeispiel. Wie Kutzer (1971) für ungerichtete Komposite (Cermets) beschreibt, können solche Werkstoffe als erosions- und korrosionsfeste Stellen in hochbeanspruchten Keramikteilen, wie Düsensteine für flüssigen Stahl, eingesetzt werden.

Eutektische Komposite haben mit der Feldplatte eine elegante Lösung zum Problem kontaktloser elektrischer Schalter geliefert. Konventionelle *Kontaktwerkstoffe* müssen eine Reihe widersprüchlicher Eigenschaften in sich vereinen, so daß Eutektika auch hier einen Beitrag liefern könnten, besonders wenn es sich um hohe Leistungen handelt.

Das feine Gefüge ist der Grund für zwei weitere potentiell interessante Anwendungsgebiete. Durch Herauslösen der Fasern eines Eutektikums kann man z.B. *Mikroporenmembranen* herstellen, die in Medizin, Lebensmittel- und Getränkeindustrie sowie bei Kontrolle von Wasser und Luftverschmutzung Anwendungen finden könnten (Cline, 1973). Desorbo und Cline (1970) stellten aus dem quasibinären NiAl-Cr-Eutektikum durch elektrolytisches Herauslösen der Cr-Fasern Platten mit 10^9 Poren/cm^2 her, wobei jede Pore einen Durchmesser von 0,5μm und eine Länge von 20μm aufwies (zur Herstellung größerer Membranen s. Abschn. 7.2.7.). Salkind und Lemkey schlugen schon 1967 vor, solche Filter durch Ausblasen gerichtet erstarrter monotektischer Legierungen über dem Schmelzpunkt der Faserphase herzustellen. Die Vorteile dieser Membranen gegenüber den bestehenden Glas- und Keramikmembranen sind: hohe Festigkeit, hoher Schmelzpunkt, große elektrische Leitfähigkeit, hohe Porendichte und sehr gleichmäßige Porengröße.

Durch Änderung der Ätzlösung kann man anstelle der Fasern die Matrix herauslösen und auf diese Weise *Whisker* herstellen. Infolge der leichten Verletzbarkeit der Whisker muß besonders auf eine gute Lösungsmöglichkeit der Matrix geachtet werden. Fisher (1973) konnte zeigen, daß man im Mn-$MnCl_2$-Eutektikum sehr regelmäßige Metallfasern kleinen Volumenanteils erhalten kann. Da die Matrix in dem Fall wasserlöslich ist, bereitet ihre Entfernung keine Schwierigkeiten.

Schließlich sei noch erwähnt, daß die Kenntnis der eutektischen Erstarrung zusammen mit Methoden der gerichteten Erstarrung ein besseres Verständnis und damit verbesserte Eigenschaften von ungerichtet erstarrenden Legierungen wie Schnellarbeitsstählen (Kraft, 1971; Barkalow et al., 1972) oder Lötlegierungen ermöglichen.

8.7. Literatur

Albers, W.; Verberkt, J. (1970): J. Mater, Sci 5, 24

Albers, W. (1972): "Oriented Eutectic Crystallization" in *Preparative Methods in Solid State Chemistry*, Academic Press, New York, S. 367

Albers, W. (1973): Proc. Conf. In-Situ Composites, Nat. Acad. Sci., Washington, USA, NMAB-308, Bd. 3, S. 1

Albers, W.; van Hoof, L.A.H. (1974): Philips Forschungslaboratorium, Eindhoven, Holland, Bericht Nr. MS 8228

Albright, D.L.; Conrad, G.P.; Kraft, R.W. (1967): J. Appl. Phys. 38, 2919

Ansell, G.S. (1970): in *Physical Metallurgy*, (R.W. Cahn, Hsgb.) S. 1083, North Holland, Amsterdam

Antolovich, S.D. (1969): Metal Sci. J. 3, 45

Argon, A.S. (1972): " Fracture of Composites" in *Treatise on Materials Science and Technology*, (H. Herman, Hsgb.) Bd. 1, Academic Press, New York

Armstrong, R.W. (1970): Met. Trans. 1, 1169

Aveston, J.; Cooper, G.A.; Kelly, A. (1971): The Properties of Fiber Composites, Conf. Proc. NPL, IPC Science and Technology, Press Ltd., London

Barkalow, R.H.; Kraft , R.W.; Goldstein, J.I. (1972): Met. Trans. 3, 919

Batt, J.A.; Douglas, F.C.; Galasso, F.S. (1969): Amer. Ceram. Soc. Bull. 48, 622

Batt, J.A.; Thompson, E.R. (1972): J. Appl. Phys. 43, 1295

Baudelet, B. (1971): Compt. Rend. Acad. Sci. 272, 1844

Bever, M.B.; Duwez, P.E.; Tiller, W.A. (1970): Mater. Sci. Eng. 6, 149

Bever, M.B.; Duwez, P.E. (1972): Mater. Sci. Eng. **10**, 1

Bibring, H.; Trottier, J.P.; Rabinovitch, M.; Seibel, G. (1971): Mém. Sci. Rév. Mét. **68**, 23

Bibring, H. (1973): Proc. Conf. In-Situ Composties, Nat. Acad. Sci., Washington, USA, NMAB-308, Bd. 2, S. 1

Bird, J.E.; Mukherjee, A.K.; Dorn, J.E. (1969): in *Quantitative Relation between Properties and Microstructure*, (D.G. Brandon, A. Rosen, Hsgb.) Israel University Press, Jerusalem, S. 255

Bloemenbergen, N.; Sievers, A.J. (1970): Appl. Phys. Lett. **17**, 483

Boulbes, J.C.; Kraft, R.W.; Notis, M.R.; Graham, C.D. (1973): Proc. Conf. In-Situ Composites, Nat. Acad. Sci., Washington, USA, NMAB-308, Bd. 3, S. 61

Breinan, E.M.; Thompson, E.R. (1970): The Creep and Solidification Behavier of Al-Al_3Ni; Contract No. 0014-67-C-0478, NR 031-720/Final Report

Breinan, E.M.; Thompson, E.R.; Tice, W.K. (1972): Met. Trans. **3**,211

Breinen, E.M.; Thompson, E.R.; Lemkey, F.D. (1973): Proc. Conf. In-Situ Composites, Nat. Acad. Sci., Washington, USA, NMAB-308, Bd. 2, S. 201

Brekhovskikh, L.M. (1960): *Waves in Layered Media* (engl. Übers.), Academic Press, New York

Buchanan, E.R.; Tarshis, L.A. (1973): Met. Trans. **4**, 1895

Buffat, Ph. (1974): Ecole Polytechnique Fédérale de Lausanne

Campbell, A.M.; Evetts, J.E.; Dew-Hughes, D. (1968): Phil. Mag. **18**, 313

Chapman, A.T.; Benzel, J.F.; Cochran, J.K.; Feeney, R.K.; Hooper, J.W.; Norgard, J.D. (1972): Melt-Grown Oxide - Metal Composites, Bericht Nr. 4 (ARPA Order No. 1637), Georgia Inst. Technol. Atlanta, Ga., USA

Chou, T.W.; Hirth, J.P. (1970): J. Comp. Mater, **4**, 102

Chou, Y.T.; Pande, C.S. (1972): Met. Trans. **3**, 591

Claussen, N.; Petzow, G. (1973): Max Planck Institut für Metallforschung, Stuttgart, unveröffentlicht

Cline, H.E.; Rose, R.M.; Wulff, J. (1963): J. Appl. Phys. **34**, 1771

Cline, H.E. (1967): Trans. Met. Soc. AIME **239**, 1906

Cline, H.E.; Alden, T.H. (1967): Trans. Met. Soc. AIME **239**, 710

Cline, H.E.; Stein, D.F. (1969): Trans. Met. Soc. AIME **245**, 841

Cline, H.E. (1970): J. Appl. Phys. **41**, 76

Cline, H.E.; Lee, D. (1970): Acta. Met. **18**, 315

Cline, H.E. (1973): General Electric Research Lab., Schenectady, USA, persönliche Mitteilung

Cockcroft, M.G.; Cowley, P.H. (1974): "Component Design with Directionally Solidified Composites", AGARD-Conf. Proc. Directionally Solidified In-Situ-Composites, Washington, D.C., USA, S. 157

Colling, D.A. (1968): J. Appl. Phys. **39**, 606

Colling, D.A.; Kossowsky, R. (1971): Met. Trans. **2**, 1523

Cook, J.; Gordon, J.E. (1964): Proc. Roy. Soc. Lond. **A 282**, 508

Cooper, G.A.; Kelly, A. (1967): J. Mech. Phys. Sol. **15**, 279

Cooper, G.A. (1971): Rev. Phys. Techn. **2**, 49

Crossman, F.W.; Yue, A.J.; Vidoz, A.E. (1969): Trans. Met. Soc. AIME **245**, 397

Crossman, F.W.; Yue, A.J. (1971): Met. Trans. **2**, 1545

Dasarathy, C. (1971): Z. Metallkde. **62**, 612

Davis, N.M.; Clawson, A.R.; Wieder, H.H. (1969): Appl. Phys. Lett. **15**, 213

Davies, G.J.; Edington, J.W.; Cutler, C.P.; Padmanabhan, K.A. (1970): J. Mater. Sci. **5**, 1091

DeSilva, A.R.T. (1968): J. Mech. Phys. Sol. **16**, 169

DeSilva, A.R.T.; Chadwick, G.A. (1970): Met. Sci. J. **4**, 63

Desorbo, W.; Cline, H.E. (1970): J. Appl. Phys. **41**, 2099

Digges, T.G.; Tauber, R.N. (1973): Met. Trans. **4**, 1169

Dobrosavljevic, L.; Petipas-Dupuis, C.; Racek, R. (1970): Phys. Stat. Sol. 38, 159

Dupeux, M.; (1973): Dissertation, Univ. Grenoble, Frankreich

Eberhardt, U.; Oehler, W. (1968): Siemens-Bauteile-Informationen 6, 172

Elliott, C.T.; Hiscocks, S.E.R. (1969a): Brit. J. Appl. Phys. D **2**, 1083

Elliott, C.T.; Hiscocks, S.E.R. (1969b): Brit. J. Appl. Phys. D **2**, 1073

Endres, W. (1974): in *High Temperature Materials in Gas Turbines* (Hsgb. P.R. Sahm und M.O. Speidel) Elsevier, Amsterdam, S. 1

Felix, P. (1972): Gebr. Sulzer, Winterthur, Schweiz, unveröffentlicht

Finsterhölzl, R.; Fa. (1973): "Contactlose Bauelemente", Ravensburg

Fisher, D.J. (1973): Ecole Polyechnique Fédérale de Lausanne, unveröffentlicht

Fontana, M.G. (1970): Met. Trans. **1**, 3251

Fritscher, K.; Gedanitz, H.; Wirth, G. (1973): Deutsche Forschungs- und Versuchsanstalt für Luft- und Raumfahrt, Porz-Wahn, Bericht Nr. 012-72/19

Fritscher, K. (1973): Deutsche Forschungs- und Versuchsanstalt für Luft- und Raumfahrt, Porz-Wahn, unveröffentlicht

Galasso, F.S. (1967): J. Metals **19**, Nr. 6, 17

Galasso, F.S.; Douglas, F.C.; Darby, W.; Batt, J.A. (1967): J. Appl. Phys. **38**, 3241

Galasso, F.S.; Douglas, F.C.; Batt, J.A. (1970): J. Metals **2/3**, Nr. 6,3

Gangloff, R.P.; Hertzberg, R.W. (1973): Proc. Conf. In-Situ Composites, Nat. Acad. Sci, Washington, USA, NMAB-308, Bd. 2, S. 83

Garmong, G.; Rhodes, C.G. (1972): Met. Trans. **3**, 533

Garmong, G.; Rhodes, C.G. (1973): Proc. Conf. In-Situ Composites, Nat. Acad. Sci., Washington, USA, NMAB-308, Bd. 1, S. 251

Garmong, G.; Willimas, J.C. (1973): Proc. Conf. In-Situ Composites, Nat. Acad. Sci., Washington, USA, NMAB-308, Bd. 2, S. 149

Gell, M.; Barkalow, R.H. (1973): Proc. 3rd Int. Conf. Strength of Metals and Alloys, Cambridge, England, Vol. 1, Inst. of Metals, London

George, F.D.; Ford, J.A.; Salkind, M.J. (1968): *Metal Matrix Composites,* ASTM Special Techn. Publ. No. 438

Gfrerer M. (1973): Montanistische Hochschule, Leoben, unveröffentlicht

Giggins, G.S.; Pettit, F.S. (1971): J. Electrochem. Soc., S. 1782

Glardon, R.; Kurz, W. (1973): Ecole Polytechnique Fédérale de Lausanne, unveröffentlicht

Glenny, R.J.E. (1974): in *High Temperature Materials in Gas Turbines,* (Hsgb. P.R. Sahm und M.O. Speidel) Elsevier, Amsterdam S. 257

Goldsmid, H.J.; Sydney (1971): J. Phys. D: Appl. Phys. 4, 869

Goldsmid, H.J.; Savvides, N.; Uher, C. (1972): J. Phys. D: Appl. Phys. 5, 1352

Goodfellow, G.E.; Rhodes, R.G. (1970): J. Phys. D3, 1830

Goward, G.W. (1970): J. Metals, Oct., 31

Grimsehl (1954): *Lehrbuch der Physik,* Bd. IV, S. 623, Teubner, Leipzig

Guthrie, A.M.S.; Newbury, D.E.; Hazzledine, P.M. (1972): Scripta Met. 6, 841

Haasen, P. (1972): Mater. Sci. Eng. 9, 191

Helbren, N.I.; Hiscocks, S.E.R. (1973): J. Mater. Sci. 8, 1744

Henriques, P.; Kurz, W. (1974): Tagungsbericht Symposium: "Verbundwerkstoffe", Deutsche Ges. Metallkde., Konstanz

Henry, H.F. (1973): General Electric Schenectady, N.Y., Research Report: 73 CRD 084

Hertzberg, R.W.; Lemkey, F.D.; Ford, J.A. (1965): Trans. Met. Soc. AIME 233, 342

Hessenbruch, W. (1950): *Metalle und Legierungen für hohe Temperaturen,* Springer, Berlin

Hieronymus, H.; Lippmann, H.J. (1968): Siemens Zeitschrift 4, 62

Hildebrandt, U.; Demny, J. (1974): Brown Boveri Zentrales Forschungslaboratorium, Heidelberg, unveröffentlicht

Hillert, M. (1957): Jernkon. Ann. 141, 757

Hirth, J.P. (1972): Met. Trans. 3, 3047

Hofer, F. (1971): Schweiz. Archiv 37, 2

Hoffman, C.A. (1970): Effects of Thermal Loading on Composites with Constituents of Differing Thermal Expansion, NASA Technical Note NASA-TDN-D-5926

Hoover, W.R.; Hertzberg, R.W. (1968): Trans. ASM 61, 769

Hoover, W.R.; Hertzberg, R.W. (1971): Met. Trans. 2, 1289

Hornbogen, E.; Bäro, G. (1973): Arch. Eisenhüttenw. 44, 61

Hubert, J.C.; Kurz, W.; Lux, B. (1971): "Etude des Systèmes Eutectiques à Base de Nickel Renforcé par des Composés Intermétalliques: Etude Exploratoire des Systemes Ni_3Al-Ni_3Ta et NiAl-NiAlNb", DRME Contract No. 69/537

Hubert, J.C.; Mollard, F.R.; Lux, B. (1973): Proc. Conf. In-Situ Composites, Nat. Acad. Sci. Washington, USA, NMAB-308, Bd. 2, S. 323

Hundy, B.B. (1969): *Plasticity and Superplasticity,* Inst. Metallurgists Rev. Course, Series 2, Nr. 3, S. 73

Iden, D.J.; Ehrenfried, C.E., Garrett, H.J. (1971): AIP Proc. 17th Conf. Magnetism and Magn. Materials, Chicago

Ilschner, B. (1971): Z. Werkstofftechnik 2, 123

Ilschner, B. (1973): *Hochtemperatur-Plastizität,* Springer, Berlin

Iten, O. (1973): Gebr. Sulzer, Winterthur, Schweiz

Jackson, M.R.; Tauber, R.N.; Kraft, W.R. (1968): J. Appl. Phys. 39, 4452

Jahnke, L.P.; Brands, H.J.; Oxx, G.D. (1973): in Impact of Composite Materials on Aerspace Vehicles and Propulsion Systems, AGARD Konf. Berich Nr. CP-112, S. 19-1

James, D.W. (1969): Mater. Sci. Eng. 4, 1

Johnson, R.H. (1970): Metallurg. Rev. 16 (Rev.Nr. 146) 115

Johnson, W.; Al-Naib, T.Y.M.; Duncan, J.L. (1972): J. Inst. Metals 100, 45

Kelly, A.; Davies, G.J. (1965): Met. Rev. 10, 37, 1

Kelly, A. (1966): *Strong Solids,* Clarendon Press, Oxford

Kim, Y.G.; Stoloff, N.S. (1972): Met. Trans. 3, 1391

Kim, Y.G.; Stoloff, N.S. (1973): Proc. 3rd Int. Conf. Strength of Metals and Alloys, Cambridge, England, Vol. 1, S. 286, Inst. Met., London

Kolesnichenko, L.F.; Polotai, V.V. (1970): Poroshkovaya Metallurgiya 91, No. 7, S. 62 (engl. Übersetzung Consultants Bureau New York 1970)

Koss, D.A.; Copley, S.M. (1971): Met. Trans. 2, 1557

Kossowsky, R. (1970a): ARPA Contract No. DAHC 15-67-C-0176

Kossowsky, R. (1970b): Met. Trans. 1, 1909

Kraft, R.W. (1960): US Patent Nr. 312 9 952

Kraft, R.W. (1971): in *Solidification,* ASM, Metals Park, Ohio, S. 275

Kraft, E.H.; Thompson, E.R. (1973): Proc. Conf. In-Situ Composites, Nat. Acad. Sci., USA, NMAB-308, Bd. 2, S. 261

Kurz, W.; Lux, B. (1971): Met. Trans. 2, 239

Kurz, W.; Lux, B. (1972): Z. Werkstofftechn. 3, 184

Kutzer, H.J. (1971): Klepzig Fachber. 79, 182

Lajain, H. (1971): Tagungsbericht, Seewasserkorrosion und Korrosionsschutz (Hsgb. G. Mix) Fachhochschule Kiel, S. 1

Laufer, E.E.; Jubb, J.T.; Geiss, R. (1972): Direct Observation of the Failure of a Fibre Reinforced Composite, Dep. Energy, Mines and Resources, Ottawa, Canada; Int. Rep. PM-M-72-4

Laufer, E.E.; Jubb. J.T. (1973): Tensile Failure of Directionally Solidified Al-Al_3Ni-Eutectic, Dep. Energy, Mines and Resources, Ottawa, Canada, Int. Rep. PM-M-73-13

Lazan, B.J.; Goodman, L.E. (1961): *Shock and Vibration Handbook,* Bd. 2, Kap. 36, McGraw Hill, New York

Lee, D. (1969): Acta Met. 17, 1057

Lemkey, F.D.; Hertzberg, R.W.; Ford, J.A. (1965): Trans Met. Soc. AIME 233, 334

Lemkey, F.D.; Thompson, E.R. (1971): Met. Trans. 2, 1537

Lemkey, F.D. (1973a): Dissertation, Universität Oxford

Lemkey, F.D. (1973b): Eutectic Superalloys Strengthened by δ, Ni_3Cb-Lamellae and γ, Ni_3Al Precipitates, NASA, CR-2278, Washington, D.C.

Lemkey, F.D.; Thompson, E.R. (1973): Proc. 3rd Int. Conf. Strength of Metals and Alloys, Cambridge, England, Vol. 1, S. 271, Inst. of Metals, London

Lemkey, F.D.; Thompson, E.R. (1974): United Aircraft Research Lab., East Hartford, USA, Publikation in Vorbereitung

Levinson, L.M. (1973): Proc. Conf. In-Situ Composites, Nat. Acad. Sci., Washington, USA, NMAB-308, Bd. 3, S. 97

Levitt, A.P. (Hsgb.) (1970): *Whisker Technology,* Wiley-Interscience, New York

Levy, S.A.; Kim, Y.B.: Kraft, R.W. (1966): J. Appl. Phys. 37, 3659

Li, J.C.M.; Chou, Y.T. (1970): Met. Trans. 1, 1145

Liebmann, W.K.; Miller, E.A. (1963): J. Appl. Phys. **34**, 2653

Lilholt, II.; Kelly, A. (1969): in *Quantitative Relation between Properties and Microstructure* (Hsgb. D.G. Brandon, A. Rosen), Israel University Press, Jerusalem, S. 201

Livingston, J.D.; Schadler, H.W. (1964): Progr. Mater. Sci. 12. 185

Livingston, J.D. (1967): J. Appl. Phys. **38**, 2408

Livingston, J.D. (1968): J. Appl. Phys. **39**, 3836

Livingston, J.D. (1970): J. Appl. Phys. **41**, 197

Livingston, J.D.; Mc Connel, M.D. (1972): J. Appl. Phys. **43**, 4756

Livingston, J.D. (1973 a): Recent Work on High Field Superconductors, General Electric Research Lab., Schenectady, USA, Rep. No. 73 CRD 275

Livingston, J.D. (1973 b): Present Understanding of Coercivity in Co-Rare Earths, AIP Conf. Proc. No. 10, S. 643, American Inst. Phys., New York

Livingston, J.D. (1974): General Electric Research Lab., Schenectady, USA, unveröffentlicht

Luborsky, F.E. (1961): J. Appl. Phys. **32**, 171 S

Lutes, O.S.; Clayton, D.A. (1966): Phys. Rev. **145**, 218

Maier, R.G. (1969): Aluminium **45**, 81

May, G.J.; Chadwick, G.A. (1973): Met. Sci. J. 7, 20

McEvily, A.J.; Ebara, R.; Prewo, K.M. (1973): Proc. 3rd Int. Conf. Strength of Metals and Alloys, Cambridge, Bd. 1, S. 256, Inst. Met., London

McG.Tegart, W.J. (1970): J. Austral. Inst. Metals **15**, 47

Mißik, A.M.; Wjatkina, A.W.; Nowikov, E.N. (1969): (YAK) UDK, 158

Mitoff, S.P. (1968): *Adv. Mater. Res.* (Hsgb. H. Herman) **3**, 305

Mix, G.; Sahm, P.R. (1974): Werkstoffe und Korrosion **25**, 827

Morley, J.G. (1971): Composites, Juni, S. 80

Motschmann, H. (1974): Siemens Forsch.- und Entw.-Ber., **3**, 19

Nesbitt, E.A.; Wernick, J.H. (1973): *Rare Earth Permanent Magnets,* Academic Press, New York

Neumann, P.; Haasen, P. (1971): Phil. Mag. **23**, 285

Noothoven, V.; Goor, J.M.; Zijlstra, H. (1968): J. Appl. Phys. **39**, 5471

Nuttall, K. (1971): J. Inst. Met. **99**, 266

Pattnaik, A.; Lawley, A. (1973): Proc. 3rd Int. Conf. Strength of Metals and Alloys, Bd. 1, S. 250, Inst. of Metals, London

Paul, B.; Weiss, H.; Wilhelm, M. (1964): Sol. State Electron. **7**, 835

Paul, B. (1968): Vortrag, Deutsche Physikalische Gesellschaft, Fachausschuß Halbleiter, Berlin

Pavlovic, M.; Tower, R.J.; Clark, J.J.; Lindberg, R.A. (1968): SAMPE 14th Nat. Symp., Cocoa Beach, Fla., USA

Perry, A.J.; Nicoll, A.R. (1973): J. Mater. Sci. **8**, 883

Perry, A.J. (1973 a): J. Mater. Sci. **8**, 443

Perry, A.J. (1973 b): Mater. Sci. Eng. **11**, 203

Perry, A.J. (1973 c): Mater. Sci. Eng. **13**, 57

Perry, A.J.; Nicoll, A.R.; Sahm, P.R. (1973a): Brown Boveri Forschungszentrum, Baden, Schweiz, unveröffentlicht

Perry, A.J.; Nicoll, A.R.; Philips, K.; Sahm, P.R. (1973b): J. Mater. Sci. **8**, 1340

Petermann, J. (1970): Z. Metallkde. **61**, 724

Piearcey, B.J.; VerSnyder, F.L. (1965): "A New Development in Gas Turbine Materials-The Properties and Characteristies of PWA 664", PWA Report No. 65-007

Piearcey, B.J.; Terkelsen, B.E. (1967): Trans. Met. Soc. AIME **239**, 1143

Proix, F.; Racek, R.; Balkanski, M. (1973): J. Vac. Sci. Technol. **10**, 663

Proulx, D. (1973): Etude du fluage de l'eutectique lamellaire Al-Al_2Cu en compression, Dissertation, Univ. Grenoble, Frankreich

Quinn, R.T.; Kraft, R.W.; Hertzberg, R.W. (1969): Trans. ASM **62**, 38

Rhodes, C.G.; Garmong, G. (1972): Met. Trans. **3**, 1861

Richter, E. (1971): AIP Proc. 17th Conf. Magnetism and Magnetic Materials, Chicago, USA

Riley, A.; Jones, A. (1973): EEE Trans. on Magn. **MAG-9**, 201

Robinson, S.L.; Sherby, O.D. (1969): Acta Met. **17**, 109

Sahm, P.R. (1969): J. Cryst. Growth **6**, 101

Sahm, P.R.; Hofer, F. (1970): Z. Angew. Phys. **30**, 95

Sahm, P.R. (1971a): Bull. Schweiz. Elektrotechn. Ver. **62**, 405

Sahm, P.R. (1971b): J. Cryst. Growth **8**, 109

Sahm, P.R. (1972): Gießereiforschung **24**, 45

Sahm, P.R.; Lorenz, M. (1972): Brown Boveri Forschungszentrum, Baden, Schweiz, unveröffentlicht

Sahm, P.R.; Kuhn, K. (1973): Brown Boveri Forschungszentrum, Baden, Schweiz, unveröffentlicht

Sahm, P.R.; Nicoll, A.R. (1975): Proc. Int. Conf. Comp. Materials, Genf

Sahm, P.R.; Varga, T. (1973): Proc. Conf. In-Situ Composites, Nat. Acad. Sci. Washington, USA, NMAB-308, Bd. 2, S. 239

Sahm, P.R. (1974): in *High Temperature Materials in Gas Turbines* (Hsgb. P.R. Sahm und M.O. Speidel), S. 73, Elsevier, Amsterdam

Sahm, P.R.; Speidel, M.O., Hsgb., (1974): *High Temperature Materials in Gas Turbines*, Elsevier, Amsterdam

Salkind, M.J.; George, F.D.; Lemkey, F.D.; Bayles, B.J.; Ford, J.A. (1966a): Chem. Eng. Progr. **62,3**, 52

Salkind, M.J.; George, F.D.; Lemkey, F.D.; Bayles, B.J. (1966b): Investigation of the Creep Fatigue and Transverse Properties of Al_3 Ni Whisker and $CuAl_2$ Platelet Reinforced Aluminium, Contract No. 65-0384-d/Final-Report

Salkind, M.J.; Lemkey, F.D. (1967): Int. Sci Techn. **52**, 63

Salkind, M.J.: George, F.D. (1968): Trans. Met. Soc. AIME **242**, 1237

Salkind, M.J.; Lemkey, F.D.; George, F.D. (1970): in *Whisker Technology*, S. 343, (Hsgb. A.P. Levitt), Wiley Interscience, New York

Scheil,E. (1959): Gießerei, Techn. wiss. Beih. **24**, 1313

Schmidt-Whitley, R.D. (1973): Z. Metallkde. **64**, 552

Sheffler, K.D.; Hertzberg, R.W.; Kraft, R.W. (1969): Trans ASM **62**, 105

Siemens Datenbuch (1972): S. 564-73 und 606-26

Sierakowski, R.L.; Lemkey, F.D. (1973): Proc. Conf. In-Situ Composites, Nat. Acad. Sci., Washington, USA, NMAB-308, Bd. 2, S. 285

Sievers, A.J. (1973): Proc. Conf. In-Situ Composites, Nat. Acad. Sci., Washington, USA, NMAB-308, Bd. 3, S. 129

Simmons, W.F. (1971): "Description and Engineering Characteristics of Eleven New High-Temperature Alloys", DMIC Memorandum 255.

Simoneau, R.; Bégin, G. (1973): J. Appl. Phys. **44**, 1461

Sims, C.T.; Hagel, W.A., Hsgb., (1972): *The Superalloys,* J. Wiley & Sons, New York

Steidle, H.G.; von Borcke, U. (1971): Siemens-Z. **45**, 607 und 681

Strauss, B.P.; Rose, R.M. (1968): J. Appl. Phys. **39**, 1638

Stringer, J.; Whittle, D.P. (1974): in *High Temperature Materials in Gas Turbines,* (Hsgb. P.R. Sahm und M.O. Speidel), Elsevier, Amsterdam, S. 283

Stringer, J. (1974): "Oxidation, Hot-Corrosion and Protection of Directionally Solidified Eutectic Alloys", AGARD Conf. Proc. Directionally Solidified In-Situ Composites, Washington, D.C., USA

Strnat, K.J.; Ray, A.E. (1970): Z. Metallkde, **61**, 461

Stüwe, H.P. (1970): Z. Metallkde. **61**, 704

Swisher, J.H.; Fuchs, E.O.; Schlabach, T.D. (1969): J. Inst. Metals **97**, 103

Tardiff, G. (1973): Eng. Fract. Mech. **5**, 1

Taylor, G.I. (1938): J. Inst. Metals **62**, 307

Tetelman, A.S.; McEvily, A.J. (1967): *Fracture of Structural Materials,* Wiley, New York

Thompson, E.R. (1967): "The Structure and Properties of the Ni-NiMo Eutectic Prepared by Unidirectional Solidification", Summary of the Twelfth Refractory Composites Working Group Meeting, Techn. Report AFML-TR-67-228, S. 214

Thompson, E.R.; Lemkey, F.D. (1969): Trans. ASM **62**, 140

Thompson, E.R.; George, F.D. (1970): SAE Trans. **78**, 2283

Thompson, E.R.; Koss, D.A.; Chesnutt, J.C. (1970a): Met. Trans. **1**, 2807

Thompson, E.R.; George, F.D.; Kraft, E.H (1970b): United Aircraft Research Laboratories, Rep. N 00019-70-C0052

Thompson, E.R. (1971): J. Compos. Mater. **5**, 235

Thompson, E.R.; George, F.D.; Breinan, E.M. (1973): Proc. Conf. In-Situ Composites, Nat. Acad. Sci., Washington, USA, NMAB-308, Bd. 2, S. 71

Thompson, E.R.; Lemkey, F.D. (1973): Proc. Conf. In-Situ Composites, Nat. Acad. Sci., Washington, USA, NMAB 308, Bd. 2, S. 105

Thompson, E.R.; Lemkey, F.D. (1974): "Directionally Solidified Eutectic Superalloys" in *Composite Materials,* Bd. 4 (Hsgb. K.G. Kreider), Academic Press, New York

Tien, J.K.; Pettit, F.S. (1972): Met. Trans. **3**, 1587

Towner, R.J.; Pavlovic, D.M.; Detert, K.; Bufferd, A.S. (1968): J. Appl. Phys. **39**, 601

Umehara, Y.; Koda, S.; Uchida, S. (1973): J. Jap. Inst. Metals **37**, 964

Van den Boomgaard, J.; Terrell, D.R.; Born, R.A.J.; Giller, H.F.J.I. (1974): Philips Forschungslaboratorium, Eindhoven, Holland, Ber. Nr. M.S. 8493

Van Run, A.M.J.G.; Terrell, D.R.; Scholing, J.H. (1974): Philips Forschungslaboratorium, Eindhoven, Holland, Ber. Nr. M.S. 8496

Van Suchtelen, J. (1972): Philips Res. Rep. 27, 28

Wagini, H., Weiss, H. (1965): Sol. St. Electron 8, 241

Wallwork, G.R.; Hed, A.Z. (1971): Oxidation of Metals 3, 171

Walter, J.L.; Cline, H.E. (1970): Met. Trans. 1, 1221

Walter, J.L.; Cline, H.E. (1973): Met. Trans. 4, 1775

Wasielewski, G.S.; Rapp, R.A. (1972): in *The Superalloys*, S. 287 (Hsgb. C.T. Sims; W.C. Hagel), Wiley, New York

Watts, B.M.; Stowell, M.J.; Cottingham, D.M. (1971): J. Mater. Sci. 6, 228

Weertman, J. (1957): J. Appl. Phys. 28, 1185

Weiss, V. (1969): Metall 23, 1264

Weiss, V.; Kot, R.A.; (1969): Wire Journal, Sept.

Weiss, H. (1971): Met. Trans. 2, 1513

Wilcox, B.A.; Veigel, N.D.; Clauer, A.H. (1972): Met. Trans. 3, 273

Wilcox, B.A.; Clauer, A.H. (1972): Act. Met. 20, 743

Yue, A.S.; Chang, Y.W.; Mathur, M.P. (1973): Proc. Conf. In-Situ Composites, Nat. Acad. Sci., Washington, USA, NMAB-308, Bd. 2. S. 79

Zambelli, G.; Kurz, W. (1973a): Ecole Polytechnique Fédérale de Lausanne, Schweiz, unveröffentlicht

Zambelli, G.; Kurz, W. (1973b): Proc. Conf. In-Situ Composites, Nat. Acad. Sci., Washington, USA, NMAB-308, Bd. 2, S. 135

Zweben, C.; Rosen, B.W. (1970): J. Mech. Phys. Solids 18, 189

9. Ausblick

Obwohl eutektische Werkstoffe seit über 1000 Jahren verwendet werden, ist es erst etwa 100 Jahre her, daß man sich bewußt mit ihnen auseinandersetzt und nur etwas mehr als 10 Jahre, daß das große Potential dieser Werkstoffe in gerichtet erstarrter Form für verschiedene Anwendungsgebiete, wie Maschinenbau, Elektronik, Optik u.a. entdeckt wurde. Ob gerichtet oder ungerichtet erstarrt, das Prinzip der In-situ-Herstellung ist das gleiche. Die Möglichkeiten, Gefüge und damit spezifische Eigenschaften zu züchten, ist jedoch dem gerichteten, anisotropen Werkstoff vorbehalten. Auch sollte man bedenken, daß diese Stoffe hervorragende Modellmaterialien für die Ausbildung auf dem Gebiet der Werkstoffwissenschaften darstellen.

Wie in Kapitel 1 erwähnt, muß die moderne Legierungsentwicklung im werkstoffwissenschaftlichen Sinn ein weites, interdisziplinäres Gebiet überstreichen, wobei Anwendung und Verfahrenstechnologie wie folgt verknüpft sind:

Anwendung – Eigenschaften – Gefüge – Legierungssysteme – Umwandlungskinetik – Verfahren.

Sowohl am Anfang als auch am Ende dieser Kette stehen techno-ökonomische Überlegungen, die letzten Endes darüber entscheiden, ob eine physikalisch „elegante" Lösung auch praktisch einzusetzen ist. Die Faszination der Eutektika liegt darin, daß sie sowohl ein „schönes" als auch ein sehr praktisches Arbeitsgebiet darstellen.

Aus diesen Gründen wird verständlich, daß sich nach mehrjährigen Pionierarbeiten, vor allem der Mitarbeiter der United Aircraft Research Laboratories und derjenigen von Siemens, heute ca. 80 Gruppen in der Welt mit gerichteten Eutektika befassen. Darüber gibt die 1972 abgehaltene Lakeville-Konferenz über In-situ-Komposite ein gutes Bild (Livingston, 1973).

Im Sinne der oben aufgeführten Verkettung wird zusammenfassend versucht, einen Überblick über Stand und Zukunft dieser Werkstoffe zu geben (vgl. hierzu auch Directionally Solidified Composites, 1973, und Directional Solidification, 1973). Zudem muß hervorgehoben werden, daß allgemein noch viel grundlegende Forschung betrieben werden muß, bevor diese Werkstoffklasse überblickt werden kann.

Anwendungen

Das zur Zeit einzige wirtschaftlich verwertete gerichtet erstarrte Eutektikum

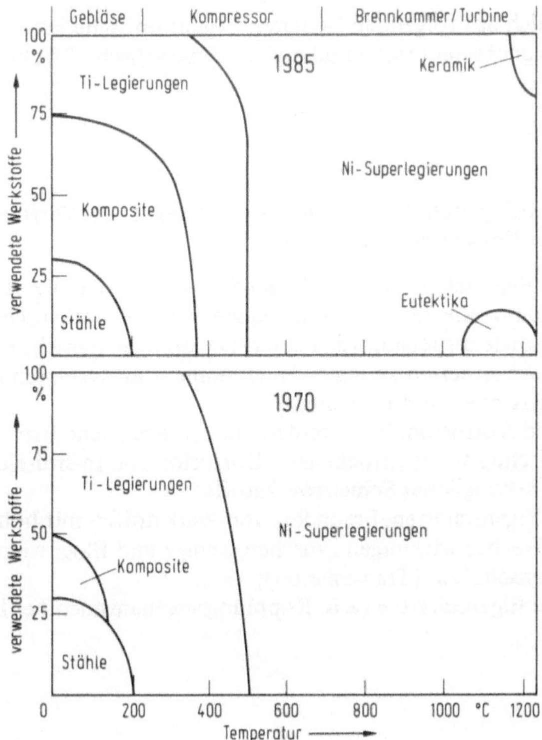

Bild 9.1. Werkstoffe der Gasturbine (1970 und 1985), nach Jahnke (1973)

ist das System InSb-NiSb, das in Form der Feldplatte in verschiedenen Ausführungen auf dem Markt als elektronischer Baustein erhältlich ist (Abschn. 8.5.2.).

Aller Voraussicht nach werden in den nächsten Jahren eutektische Superlegierungen einen Teil der bisher üblichen Werkstoffe im Hochtemperaturbereich der Gasturbinen ersetzen, da sie einen Temperaturgewinn von etwa 50°C versprechen (Bild 9.1). Bei Verwendung eutektischer Superlegierungen muß jedoch der Konstrukteur neue Wege beschreiten. Das liegt unter anderem an der Verlagerung des kritischen Konstruktionsquerschnittes („design point") gegenüber konventionellen Superlegierungen und an der größeren Sprödigkeit (Abschn. 8.1.). Diese neuen Forderungen können dem Konstrukteur wiederum den Weg für eine übernächste Werkstoffgeneration, die noch sprödere Keramik, vorbereiten helfen.

Eine Reihe anderer möglicher Anwendungen sind in Abschn. 8.2. bis 8.6. angegeben. Es fällt auf, daß die sogenannten physikalischen Eigenschaften gegenüber den mechanischen wesentlich weniger Beachtung fanden. Das Gebiet der physikalischen Eigenschaften ist aber für Komposite ein äußerst interessantes Anwendungsgebiet. Die Schwerpunkte zukünftiger Arbeiten werden wahrscheinlich auf folgenden Gebieten liegen: optische Effekte, galvanomagnetische, magnetoelektrische und andere synergetische Effekte, Kaltelektronenemission.

Eigenschaften

Die wesentlichen Eigenschaftsgruppen, die eines vertieften Verständnisses und daher verstärkter Forschung bedürfen, sind:

- Mechanische Eigenschaften: Erstellung besserer Modelle, die die Stellung der In-situ-Komposite zwischen künstlichen Verbundwerkstoffen und ausscheidungs-, sowie dispersionsgehärteten Legierungen berücksichtigen; Intensivierung der Arbeiten an realen Hochtemperatur-Systemen (vor allem über Bruch, Kriechen und Ermüdung);
- Oxidation und Korrosion, insbesondere die systematische Erforschung der elektrochemischen sowie „trockenen" Korrosion von In-situ-Kompositen; Entwicklung verträglicher Schichtwerkstoffe;
- Magnetische Eigenschaften, besonders von Werkstoffen mit hoher Kristallanisotropie (Wechselwirkungen zwischen Gefüge und Blochwänden);
- Optische Eigenschaften (Transmission);
- Synergetische Eigenschaften (z.B. Kopplungsmechanismen bei Produkteigenschaften).

Gefüge

Das Gefüge bestimmt die Eigenschaften und soll daher möglichst gut veränderbar und reproduzierbar sein. Folgende Punkte scheinen für weitere Untersuchungen von großem Interesse:

- Für die Gefügeperfektion verantwortliche Parameter (Kristallographie und Morphologie);
- Gefüge- und Phasengrenzenstabilität (bei langzeitiger Temperatur- bzw. Temperaturgradienteinwirkung, Temperaturwechsel);
- Aufbau und Eigenschaften eutektischer α-β-Phasengrenzen, eutektischer Zellen- sowie Korngrenzen;
- eutektische Einkristalle;
- ternäre und quaternäre Eutektika;
- Gradientgefüge (z.B. für Beanspruchungsgradienten).

Legierungssysteme

Gegenwärtig ist das Auffinden neuer eutektischer Legierungen durch eine ungenügende Kenntnis der Phasendiagramme sehr erschwert. Die Entwicklung besserer und schnellerer Methoden, um eine große Zahl ternärer, quaternärer und, wenn möglich, höherwertiger Phasendiagramme rasch bestimmen zu können, ist daher eine der dringendsten Aufgaben (vgl. Abschn. 2.2.3.), dies umso mehr, als z.B. die Gleichgewichte der bezüglich Oxidationsverhalten interessanten hochfesten Phasen wie Silizide, Nitride, Oxide und Boride wenig bekannt sind.

Umwandlungskinetik

Die Umwandlungskinetik ist für die Herstellung erfolgreich einsetzbarer Werkstoffe ausschlaggebend. Neue Resultate auf folgenden Forschungsgebieten hätten einen direkten Einfluß auf die erzielbaren Eigenschaften:

- Beeinflussung von Kristallographie und Morphologie durch Wachstumsparameter;
- Theoretische und experimentelle Beherrschung der Stabilitätsphänomene an der eutektischen Erstarrungsfront;
- Wirkung von Verunreinigungen auf die Gefügequalität;
- Wachstum peritektischer Komposite;
- Wachstum von Kompositen aus Eutektoiden sowie durch gerichtete Ausscheidung.

Verfahren

Einer technisch möglichen und wirtschaftlichen Herstellmethode kommt sehr große Bedeutung zu. Von einer solchen wird es schließlich abhängen, ob eine, und welche, eutektische Legierung für Gasturbinenschaufeln Verwendung finden wird. Werkstoffe mit speziellen physikalischen Eigenschaften (z.B. optische Werkstoffe, Feldplatte) benötigen wieder andere Herstellmethoden. Folgende Problemkreise bedürfen einer Lösung:

- billigere und flexiblere Herstellung:
  - Präzisionsguß komplexer Formen,
  - kontinuierlicher Guß einfacher Querschnitte;
- Wärmeflußkontrolle für Teile verschiedener Form und Größe;
- Konvektionskontrolle;
- stabile, keramische Werkstoffe (Präzisionsguß hohler Turbinenschaufeln);
- Herstellung eutektischer Einkristalle;
- lokale Ausrichtung durch lokale Wärmeflußkontrolle (z.B. auf Oberflächen);
- Bearbeitung;
- Fügetechnik;
- zerstörungsfreie Werkstoffprüfung;
- Herstellung eutektischer Filme mit perfektem Gefüge.

Literatur

Jahnke, L.P. (1973): J. Metals (April) 15

Livingston, J.D. (1973): Composites 4, 70

Directionally Solidified Composites (1973): Nat. Acad. Sci., Washington, USA, NMAB-Report 301

Directional Solidification (1973): NMAB Ad Hoc Committee in Proc. Conf. In-Situ-Composites, Nat. Acad. Sci., Washington, USA, NMAB-308, Bd. 3, S. 143

Anhang

Zusammenstellung gerichtet erstarrter Eutektika (März 1974)

D.J. Fisher

Die Legierungen sind entsprechend ihrer Randkomponenten (Elemente) alphabetisch geordnet. Folgende Gruppen wurden gebildet:

Binäre metallische Eutektika	1 – 139
Pseudobinäre Eutektika (inklusive Halbleitereutektika)	140 – 176
Monovariante Eutektika	177 – 200
Ternäre metallische Eutektika	201 – 220
Quaternäre Eutektika	221
Binäre, quasibinäre und ternäre Salzeutektika	222 – 238
Keramik – Metall – Eutektika	239 – 256
Keramik – Keramik – Eutektika	257 – 276
Organische Eutektika	277 – 297

Gerichtet umgewandelte Eutekoide sind in Tab. 5.3 zu finden.

Die Spalte "φ_β" gibt Volumenanteile an. Gefügebezeichnung: L = Lamellen, F = Fasern, A = anomales Gefüge, C = in Form der chinesichen Schrift.

Binäre metallische Eutektika

No	System	α	β	T_e(°C)	φ_β(20°C) *=berechnet bei T_e	Gefüge	Literatur
1	Ag-Al	Ag_3Al_2	Al	566	0,4	L	E.C. Ellwood. K.Q. Bagley; J. Inst. Met. **76** (1949) 631 D.J.S. Cooksey, D. Munson, M.P. Wilkinson, A. Hellawell; Phil. Mag. **10** (1966) 745
2	Ag-Bi	Ag	Bi	262	0,97	L (unterbrochen Ag)	H.W. Kerr, W.C. Winegard in; Crystal Growth, Pergamon, Oxford (1967) S. 179 M.R. Taylor, R.S. Fidler, R.W. Smith; J. Crystal Growth **3/4** (1968) 666 T.G. Digges, R.N. Tauber; J. Cryst. Growth **8** (1971) 132 H.W. Kerr, M.H. Lewis; J. Crystal Growth **15** (1972) 117
3	Ag-Ce	Ag	Ag_3Ce	800	0,22	A	V. de L. Davies; J. Inst. Met. **93** (1964/5) 10
4	Ag-Cu	Ag	Cu	779	0,26	L/F	E.C. Ellwood, K.Q. Bagley; J. Inst. Met. **76** (1949) 63 H.E. Cline, D.F. Stein; Trans. AIME **245** (1969) 841
5	Ag-Ge	Ag	Ge	651	0,22	A	V.de L. Davies; J. Inst. Met. **93** (1964/5) 10 W.R. Krummheuer, H. Alexander; Z. Metallkde **62** (1971) 129 und J. Mater. Sci. **9** (1974) 229
6	Ag-Mg	Ag_3Mg	AgMg	759	0,40	L	R.H. Bellows, Y.G. Kim, N.S. Stoloff; Proc. Conf. In-Situ Composites NMAB – 308, Washington (1973) Bd.2, S. 121

7	Ag-Pb	Ag	Pb	304	0,85	L (unterbr.) F + (unterbrochen) L A bei v gross	H.W. Kerr, W.C. Winegard; Can. Met. Quart. 6 (1967) 67 A. Moore, R. Elliot; J. Inst. Met. **96** (1968) 62
8	Ag-Sb	Ag_3Sb	Sb	485	0,28	A	V. de L. Davies; J. Inst. Met. **93** (1964/5) 10
9	Ag-Si	Ag	Si	830	0,10	A	M.G. Day, A. Hellawell; Proc. Roy. Soc. A. **305** (1968) 473
10	Ag-Sn	Ag_3Sn	Sn	221	0,97	A + L	V. de L. Davies; J. Inst. Met. **93** (1964/5) 10 A. Moore, R. Elliot; Solidification of Metals, I.S.I. Pub. 110 (1968) S. 167
11	Al-B	Al	AlB_2	660	–	A	D.J. Fisher; Ecole Polytechn. Fédérale de Lausanne, 1973, unveröffent.
12	Al-Be	Al	Be	645	0,013	F	J.P. Trottier, R. Graf; Comptes-Rendus C **271** (1970) 613
13	Al-Ca	Al	Al_4Ca	616	0,31	L/F	K.N. Street, C.F. St. John, G. Piatti; J. Inst. Met. **95** (1967) 326
14	Al-Ce	Al	Al_4Ce	638	0,12	L/F	ibd.
15a	Al-Co	Al	Al_9Co_2	657	0,02	L (Al_9Co_2)	V. de L. Davies; J. Inst. Met. **93** (1964/5) 10
15b		CoAl	Co	1400	0,65 (0,30 bei T_e)	L + F (Co) oder F (Co)	H.E. Cline; Trans. AIME **239** (1967) 1906 J.C. Hubert, W. Kurz, B. Lux; J. Crystal Growth **18** (1973) 241
16	Al-Cu	Al	$CuAl_2$	548	0,46	L/F	R.W. Kraft, D.L. Albright; Trans. AIME **221** (1961) 95 R.W. Kraft; Trans. AIME **221** (1961) 704 & **224** (1962) 65
			J.G. Davies, A. Hellawell; Phil. Mag. **19** (1969) 1285 L.M. Hogan; J. Aust. Inst. Met. **10** (1965) 78				

No	System	α	β	T_e (°C)	φ_β (20°C) *=berechnet bei T_e	Gefüge	Literatur
17	Al-Fe	Al	Al_3Fe	655	0,03	A	A.J.McLeod, L.M.Hogan, C.McL Adam, D.C. Jenkinson; J. Crystal Growth **19** (1973) 301
18	Al-Ge	Al	Ge	424	0,34	A	A. Hellawell; Trans. AIME **239** (1967) 1049
19	Al-La	Al	Al_4La	641	0,11	L	R.G. Maier, Aluminium **45** (1969) 81
20	Al-Mg	$Al_{12}Mg_{17}$	Mg	437	0,32	L	A.S.Yue; Trans. AIME **224** (1962) 1010
21	Al-Ni	Al	Al_3Ni	640	0,11	F (hexagonal) + L (unterbrochen) von Al_3Ni	F.D.Lemkey, R.W.Hertzberg, J.A.Ford; Trans. AIME **233** (1965) 334 H.B. Smartt, T.H. Courtney; Met. Trans. **2** (1972) 2000
22	Al-Pd	Al	Al_3Pd_2	615	0,31	L/C	R. Kossowsky, W.C. Johnston; Trans. AIME **245** (1969) 1826
23	Al-Sb	Al	AlSb	657	0,01	A	V. de L.Davies; J. Inst. Met. **93** (1964/5) 10 G. Beghi, G. Piatti, K.N. Street; J. Mat. Sci. **6** (1971) 118
24	Al-Si	Al	Si	577	0,12	A + F (Si)	W. Straumanis, N. Brakss; Z.Phys. Chem. **38B** (1937) 140 J.A.E. Bell, W.C. Winegard; J. Inst. Met. **93** (1964/5) 318 M.G. Day, A. Hellawell; Proc. Roy. Soc. **A 305** (1968) 473
25	Al-Sn	Al	Sn	228	0,985	L/F	J.D. Hunt, Oxford University, unveröffent.

26	Al-Th	Al	Al_3Th	632	0,18*	L (spiral-förmig)	R.L. Fullman, D.L. Wood; Acta Met. **2** (1956) 188
27	Al-Y	Al	Al_3Y	640	0,16	L/F	K.N. Street, C.F. St. John, G. Piatti; J. Inst. Met. **95** (1967) 326
28	Al-Zn	Al	Zn	382	0,70 - 0,74	L	D.J.S. Cooksey, D. Munson, M.P; Wilkinson, A. Hellawell; Phil. Mag. **10** (1964) 745
							D.D. Double, P.Truelove, A.Hellawell; J. Crystal Growth **2** (1968) 191
29	Au-Bi	Au_2Bi	Bi	241	0,78	L (unter-brochen)	R.S. Fidler, J.A. Spittle, M.R. Taylor, R.W. Smith; Solidification of Metals, I.S.I. Pub. **110** (1968) 173
30	Au-Co	Au	Co	996	0,20	F	P.R. Sahm; J. Crystal Growth **6** (1969) 101
							J.D.Livingston; J.Appl. Phys. **41** (1970) 197
							P.R. Sahm, H.R. Killias; J. Mater. Sci. **5** (1970) 1027
31	Au-Ge	Au	Ge	356	0,31	A	R.W. Kraft, F.D.Lemkey, D.L.Albright; United Aircraft Res.Lab.Rep.A-110069-5 (1962)
							V.A.Filonenko; Russian J. Phys. Chem. **44** (1970) 1175
32	Au-Pb	$AuPb_3$	Pb	215	0,52	L	S.A.Levy, Y.B.Kim, R.W.Kraft; J.A.P. 37 (1966) 3659
							G. Zambelli, W. Kurz; Proc. Conf. In-Situ Composites, NMAB - 308, Washington (1973) Bd. 2, S. 139
33	Au-Si	Au	Si	370	0,35*	A	V.A. Filonenko; Russian J. Physical Chem. **44** (1970) 648

No	System	α	β	T_e (°C)	φ_β (20°C) *=berechnet bei T_e	Gefüge	Literatur
34	B-Cu	B	Cu	1060	0,93*	C	A.J. Perry, A.R. Nicoll, K. Phillips, P.R. Sahm; J. Mat. Sci. **8** (1973) 1340
35	B-Fe	Fe_2B	Fe	1149	0,55	F (quadratisch)	A.R.T. de Silva, G.A. Chadwick, Univ. of Cambridge, unveröffent. (1968)
36	B-Ni	Ni_2B	Ni	1140	0,35	L	S. Shapiro, J.A.Ford; Trans. AIME **236** (1966) 536
37	B-Ti	TiB	Ti	1670	0,90	A	F.D. Lemkey, B.J.Bayles, M.J.Salkind; Techn. Rep. No. AMRA CR-64-0514, Contract No. D.A.19-020-AMC-00434 (X) Dept. of Army, (1965)
38	Be-Co	BeCo	Co	1120	0,77	L	S.Shapiro, F.D.Lemkey, United Aircraft Res. Lab., East Hartford, Conn./USA, unveröffent.
39	Be-Fe	Be_2Fe	Fe	1165	0,83*	F	G. Heimke; U.S. Patent No. 3, 434.892
40	Be-Ni	BeNi	Ni	1157	0,60 - 0,62	L	F.D.Lemkey, B.J.Bayles, M.J.Salkind; Final Rep. Contract No.DA-19-020 AMC-00434 (X), Dept. of Army (1965)
41	Bi-Cd	Bi	Cd	144	0,43	L und/oder A	W.Straumanis, N.Brakss; Z. Phys.Chem. **38B** (1937) 140 V. de L. Davies; J. Inst. Met. **91** (1963) 127; 93 (1964/5) 10 E.P.Whelan, C.W.Haworth; J. Aust. Inst. Met. **12** (1967) 77 R. Hamar, F. Durand; Mém. Sci. Rev. Mét. **69** (1972) 143, 151
42	Bi-Co	Bi	Co	258	0,10	F	P.R. Sahm, J. Crystal Growth 8 (1971) 109

43	Bi-Cu	Bi	Cu	270	0,0016*	L (unterbrochen)	D.J. Fisher; Ecole Polytechn. Fédérale de Lausanne, 1973, unveröffent.
44	Bi-In	$BiIn_2$	In	72	0,30	L	S.A.Levy, Y.B.Kim, R.W.Kraft; J.A.P. 37 (1966) 3459
45	Bi-Mg	Bi	Bi_2Mg_3	260	0,05*	L (unterbrochen)	R.S. Fidler, M.N. Croker, R.W. Smith; J. Crystal Growth **13/14** (1972) 739
46	Bi-Mn	Bi	BiMn	262	0,04	F (MnBi)	W.M. Yim, E.J. Stofko; J.A.P. 38 (1967) 5211
47	Bi-Pb	Bi	$BiPb_2$	125	0,73	A	H.W. Kerr, W.C. Winegard; Can. Met. Quart. **6** (1967) 67 E.P. Whelan, C.W. Haworth; J. Aust. Inst. Met. **12** (1967) 77
48	Bi-Sn	Bi	Sn	139	0,60*	A	H.W. Kerr, W.C. Winegard; Can. Met. Quart. **8** (1967) 67 E.P. Whelan, C.W. Haworth; J. Aust. Inst. Met. **12** (1967) 77 H.W. Kerr, M.H.Lewis; J. Crystal Growth **15** (1972) 117
49	Bi-Te	Bi_2Te_3	Te	413	0,73	L	H.W. Kerr, W.C. Winegard; Can. Met. Quart. **6** (1967) 67
50	Bi-Tl	Bi	Bi_2Tl	198	0,61*	A	H.W. Kerr, W.C. Winegard, Can. Met. Quart. **6** (1967) 67
51	Bi-Zn	Bi	Zn	255	0,04	L (unterbrochen) + F (Zn)	E.P. Whelan, C.W. Haworth; J. Aust. Inst. Met. **12** (1967) 77 H.W. Kerr, M.H.Lewis; J. Crystal Growth **15** (1972) 117
52	C-Cr	$Cr_{23}C_6$	Cr	1498	0,39	F (Cr)	J. Westbrook; J. Metals **9/10** (1957) 1277
53a	C-Fe	Fe	Fe_3C	1147	0,59	L/F	M.P.Wilkinson, A. Hellawell; BCIRA J. **11** (1963) 439 M. Hillert, H. Steinhauser; Jernkontorets Annaler **144** (1960) 520

No	System	α	β	T_e (°C)	φ_β (20°C) *=berechnet bei T_e	Gefüge	Literatur
53b		Fe	C	1153	0,08	A	K.D.Lakeland; BCIRA J. **12** (1964) 634 M. Hillert, Subba Rao; Solidification of Metals, I.S.I. Pub. **110** (1968) 204 R.J.Brigham, G.R.Purdy, J.S.Kirkaldy; Crystal Growth, Pergamon (1967) 161 B.Lux, W.Kurz; Solidification of Metals, I.S.I. Pub. **110** (1968) 193 I. Minkoff; Solidification of Metals, I.S.I. Pub. 110 (1968) 251
54	C-Mo	Mo_2C	Mo	2200	0,63	L	F.D. Lemkey, United Aircraft Res.Lab., East Hartford, Conn./USA, unveröffent.
55	C-Nb	Nb_2C	Nb	2335	0,69	F (rechteckig)	F.D. Lemkey, M.J. Salkind; Crystal Growth, Pergamon (1967) 171 F.D. Lemkey, M.J. Salkind, Proc. 11th Refractory Composites AFML-TR-66-179 (1966) 1027
56	C-Ni	Ni	C	1318	0,10	A oder Platten	R.J.Brigham, G.R.Purdy, J.S.Kirkaldy; Crystal Growth, Pergamon (1967) 161 D.D. Double, A.Hellawell; Acta Met. **17** (1969) 1071 K.D. Lakeland; BCIRA J. **12** (1964) 634 B.Lux, W.Kurz, M.Grages; Pract. Met. **6** (1969) 464 D.D.Double, A.Hellawell; Acta.Met. **19** (1971) 1303
57	C-Ta	Ta_2C	Ta	2800	0,71	F (Ta_2C rechteckig) + L	F.D. Lemkey, M.J. Salkind; Crystal Growth, Pergamon (1967) 171

58	C-V	V_2C	V	1650	0,66	–	H.H. Jaker, AMES Lab., Iowa State Univ., Ames, Iowa
59	Cd-Cu	Cd	Cd_3Cu	314	0,08	F + L (unterbrochen)	J.P. Trottier, R. Prud'Homme, C.Diot, A. Grenaut; Recherche Aérospatiale **5** (1970) 233
60	Cd-Pb	Cd	Pb	248	0,81	L	J.D. Hunt, J.P. Chilton; J. Inst. Met. **91** (1962/3) 338
							G.A.Chadwick; J.Inst. Met. **91** (1962/3) 298
							G.A.Chadwick; J. Inst. Met. **92** (1963/4) 18
61a	Cd-Sb	Cd	CdSb	290	0,19	A	R.W.Kraft, F.D.Lemkey, D.L.Albright, F.E. George, United Aircraft Res.Lab., Rep. A-110069-5 (1962)
61b		CdSb	Sb	445	0,15*	A	ibd.
62	Cd-Sn	Cd	Sn	177	0,75	L	J.D. Hunt, J.P. Chilton; J. Inst. Met. **91** (1962/3) 338
							J.E. Gruzleski, W.C. Winegard; J. Inst. Met. **96** (1968) 301
							W. Straumanis, N.Brakss; Z. Phys.Chem. **38B** (1937) 140
							P. Berthou, J.E. Gruzleski; J. Crystal Growth **10** (1971) 285
63	Cd-Zn	Cd	Zn	266	0,17	L	W. Straumanis, N.Brakss; Z. Phys. Chem. **30B** (1935) 117
							J.D. Hunt, J.P. Chilton; J. Aust. Inst. Met. **91** (1962/3) 338
							B.J. Shaw; Acta Met. **15** (1967) 1169
							W. Albers, L. Van Hoof; J. Crystal Growth **18** (1973) 147
64	Ce-Cu	$CeCu_6$	Cu	875	0,29	F	B. Höhn, A.J. Perry; J. Inst. Met. **101** (1973) 62

No	System	α	β	T_e(°C)	φ_β (20°C) *=berechnet bei T_e	Gefüge	Literatur
65	Co-Cr	Co	CoCr	1470	0,55	–	R.L. Ashbrook, J.F. Wallace; Trans. AIME **236** (1966) 670
66	Co-Ge	Co	$CoGe_2$	1110	0,33	A	United Aircraft Res. Lab., East Hartford, Conn. unveröffent.
67	Co-Mo	Co	Mo_6Co_7	1340	0,33	L	R.L. Ashbrook, J.F. Wallace; Trans. AIME **236** (1966) 670
68	Co-Nb	Co	Co_2Nb	1235	0,39	L	A. Colling, R. Kossowsky; Met. Trans. **2** (1971) 1523
69	Co-Sb	Co	CoSb	1095	0,62	L	F.S.Galasso; J. Metals **19** (1967) 17
70a	Co-Si	Co	Co_3Si	~ 1200	–	F/L	J.D. Livingston; J. Crystal Growth **24/25** (1974) 94
70b		Co	Co_2Si	< 1200	–	F/L	ibd.
71	Co-Sm	Co	$Co_{17}Sm_2$	1325	0,81	F	P.R. Sahm, F. Hofer; Z. Angew. Physik **30** (1970) 95 R. Glardon, W. Kurz; Ecole Polytech. Fédérale de Lausanne, 1973, unveröffent.
72	Co-Ta	Co	Co_2Ta	1276	0,35	L/F	C.D. Desforges, A. Fourdeux; Metallography **4** (1971) 487
73	Co-Ti	$CoTi_2$	Ti	1135	0,48	L/F	M.K. Thomas, R.E. Trabocco; Proc. Conf. In-Situ-Composites, NMAB-308, Washington (1973) Bd. 1, S. 301
74	Co-W	Co	Co_7W_6	1480	0,23	L	F.D. Lemkey, E.R. Thompson, United Aircraft Res. Lab., East Hartford, Conn./ USA, unveröffent.
75	Co-Y	Co	$Co_{17}Y_2$	1330	0,81	F (Co)	F.S. Galasso; J. Met. **19** (1967) 17
76	Cr-Cu	Cr	Cu	1075	0,98	F (Cr)	R.W. Hertzberg, R.W. Kraft; Trans. AIME **227** (1963) 580

77	Cr-Ni	Cr	Ni	1345	0,77	L/F (Cr)	R. Kossowsky, W.C. Johnston, B.J. Shaw; Trans. AIME **245** (1969) 1219
							E.H. Myers, R.H. Hopkins; J. Crystal Growth **7** (1970) 231
78	Cr-O	Cr	Cr_2O_3	1660	0,81	F	C.O. Hulse, United Aircraft Res. Lab., East Hartford, Conn./USA, unveröffent.
79	Cr-Si	$CrSi_2$	Si	1320	0,72	F ($CrSi_2$)	L.M. Levinson; Proc. Conf. In-Situ-Composites, NMAB-308, Washington (1973) Bd. 1, S. 97
80	Cu-Hf	Cu	Cu_5Hf	988	–	A	A.J. Perry; Mater. Sci. Eng. **13** (1974) 57
81	Cu-La	Cu	Cu_6La	840	0,33	F	B. Höhn, A.J. Perry; J. Inst. Metals **101** (1973) 62
82a	Cu-Mg	$CuMg_2$	Mg	485	0,60	L	F.D. Lemkey, United Aircraft Res. Lab., East Hartford, Conn./USA, unveröffent.
82b		Cu	Cu_2Mg	722	0,67*	F	R.S. Fidler, M.N. Croker, R.W. Smith; J. Crystal Growth **13/14** (1972) 739
83	Cu-O	Cu	Cu_2O	1065	0,10	F (Cu_2O)	L.W. Eastwood; Trans AIME **111** (1934) 181
							N.C. Kothari, L.M. Hogan; J. Aust. Inst. of Metals **15** (1970) 212
84	Cu-P	Cu	Cu_3P	714	–	–	D.N. Williams, J.W. Roberts, R.J. Jaffrey; Met. Prog. (1960) 108
85	Cu-S	Cu	Cu_2S	1067	0,09	F (Cu_2S)	S. Marich, D. Jaffrey; Met. Trans. **2** (1971) 2681
86	Cu-Sb	Cu_2Sb	Sb	526	–	–	R.W. Kraft; Deutsches Patent 1,608.762
87	Cu-Sn	Cu_6Sn_3	Sn	227	0,985	F	G.J. Davies; High Strength Materials, Ed. V. Zackey, Wiley, N.Y. (1965) S. 605
88	Fe-O	Fe	Fe_XO	1371	0,90	F	B.J. Bayles, United Aircraft Res. Lab., East Hartford, Conn./USA, unveröffent.

No	System	α	β	T_e (°C)	φ_β (20°) *=berechnet bei T_e	Gefüge	Literatur
89	Fe-S	Fe	FeS	988	0,91	F (hexagonal Fe)	D.L. Albright, R.W. Kraft; Trans. AIME **236** (1966) 999
							S. Marich, G. Brinson; J. Aust. Inst. Met. **13** (1968) 195
							S. Marich; Met. Trans. **1** (1970) 2953
90	Fe-Sb	Fe	Fe_xSb	1002	0,82	F (hexagonal Fe)	F.S. Galasso, F.C. Douglas, W. Darby, J.A. Batt; J.A.P. **38** (1967) 3241
91	Fe-Ta	Fe_2Ta	FeTa	1650	0,16	L	K. Wetzig; Phys. Stat. Sol. **19** (1967) K. 71; **27** (1968) K. 7
92a	Fe-Ti	FeTi	Ti	1085	0,60	F	M.K. Thomas, R.E. Trabocco; Proc. Conf. In-Situ Composites, NMAB-308, Washington (1973) Bd. 1, S. 301
92b		Fe	Fe_2Ti	1340	0,41*	F	G. Heimke; U.S. Patent 3434892
93	Fe-Zr	Fe	Fe_2Zr	1330	0,36*	F	G. Heimke; U.S. Patent 3434892
94	Gd-Ni	$Ni_{17}Gd_2$	Ni	1290	0,40	F (Ni)	F. Galasso, W. Darby, United Aircraft Res. Lab., East Hartford, Conn./USA
95	Ge-Hf	Ge	$HfGe_2$	–	4 (Gew.%)	A	N.J. Helbren, S.E.R. Hiscocks; J. Mater. Sci. **8** (1973) 1744
96	Ge-Mo	Ge	$MoGe_2$	–	5 (Gew.%)	A	ibd.
97	Ge-Pr	Ge	$PrGe_2$	825	8 (Gew.%)	L (A)	ibd.
98	Ge-Sb	Ge	Sb	590	0,87	L	H.W. Kerr, W.C. Winegard; Can. Met. Quart. **6** (1967) 85
							V.A. Filonenko; Russian J. Phys. Chem. **44** (1970) 648, 1175
99	Ge-Th	Ge	$Th_{0,9}Ge_2$	∿900	15(Gew.%)	F	N.J. Helbren, S.E.R. Hiscocks; J. Mater. Sci. **8** (1973) 1744

100a	Ge-Ti	Ge	$TiGe_2$	–	1,9(Gew.%)	F	ibd.
100b		Ge_3Ti_5	Ti	1410	0,67	F (Ge_3Ti_5)	A.S. Yue, F.W. Crossmann; Met. Trans. **1** (1970) 322
101	Ge-V	Ge	VGe_2	–	2 (Gew%)	L	N.J. Helbren, S.E.R. Hiscocks; J. Mater. Sci. **8** (1973) 1744
102	Ge-Y	Ge	YGe_2	–	10-20 (Gew. %)	L	ibd.
103	Ge-Zr	Ge	$ZrGe_2$	933	1 (Gew.%)	A	ibd.
104a	In-Ni	$InNi_2$	Ni	908	0,25*	F + L (unterbrochen)	J.D. Livingston; Met. Trans. **3** (1972) 3173
104b		$InNi_2$	InNi	916	0,65*	F/L	ibd.
105	In-Sb	InSb	Sb	500	0,35	F (dreieckig Sb)	W.K. Liebmann, E.A. Miller; J.A.P. **34** (1963) 2653
106	In-Sn	βInSb	δSnIn	117	0,75	L/F	R.W. Kraft, F.D. Lemkey, D.L.Albright, F.D. George, United Aircraft Res. Lab., Rep. A11069-5 (1962) S.A. Levy, Y.B. Kim. R.W. Kraft; J.A.P. **37** (1966) 3459
107	Li-Mg	Li	Mg	588	0,47*	F/L	M. Prud'Homme, B. Lavelle, B. Pieraggi, F. Dabosi; J. Crystal Growth **19** (1973) 65
108	Mg-Ni	Mg	Mg_2Ni	507	0,28	L/F	K.H. Eckelmeyer, R.W. Hertzberg; Met. Trans. **3** (1972) 609
109a	Mg-Pb	Mg	Mg_2Pb	466	0,45*	A	R.S. Fidler, M.N. Croker, R.W. Smith; J. Crystal Growth **13/14** (1972) 739
109b		Mg_2Pb	Pb	253	0,88*	A	ibd.
110	Mg-Si	Mg	Mg_2Si	637	0,03	F (facettiert)	A.S. Yue, Lockheed Palo Alto Res. Lab., unveröffent. G. Haour, J.W. Rutter; J. Crystal Growth **22** (1974) 161

No	System	α	β	T_e(°C)	φ_β (20°) *=berechnet bei T_e	Gefüge	Literatur
111a	Mg-Sn	Mg	Mg_2Sn	561	0,24	C	R.W. Kraft; Trans. AIME **227** (1963) 393
111b		Mg_2Sn	Sn	203	0,87*	A	R.S. Fidler, M.N. Croker, R.W. Smith; J. Crystal Growth **13/14** (1972) 739
112a	Mg-Zn	$MgZn_2$	Zn	367	0,76*	L (spiralförmig)	A. Dippenar, H.D.W. Bridgeman, G.A. Chadwick; J.Inst.Met. **99** (1971)137 R.L. Fullman, D.L. Wood; Acta Met. **2** (1954) 188 J.D. Hunt, J.P. Chilton; J. Inst. Met. **94** (1966) 146
112b		Mg_2Zn_{11}	Zn	367	0,5	L/F	J.D. Hunt, J.P. Chilton; J. Inst. Met. **94** (1966) 146 R.R. Jones, R.W. Kraft; Trans AIME **242** (1968) 1891
113	Mn-Sb	MnSb	Sb	570	0,71	F (MnSb)	M.R. Jackson, R.N. Tauber, R.W. Kraft; J.A.P. **39** (1968) 4452
114	Mo-Ni	MoNi	Ni	1315	0,50	L	E.R. Thompson; Proc. Conf. 12th Refract. Composites, Denver, Col. (1966)
115	Mo-Si	Si	$MoSi_2$	1410	5 (Gew.%)	L	N.J. Helbren, S.E.R. Hiscocks; J. Mater. Sci. **8** (1973) 1744
116	Nb-Ni	$NbNi_3$	Ni	1270	0,74	L	R.T. Quinn,R.W. Kraft, R.W. Hertzberg; Trans. Quart. ASM **62** (1969) 38
117	Nb-Si	Si	$NbSi_2$	1405	8 (Gew.%)	L/F	N.J. Helbren, S.E.R. Hiscocks; J. Mater. Sci. **8** (1973) 1744
118	Nb-Th	Nb	Th	1435	0,90	F	H.E. Cline, R.M. Rose, J. Wulff; J.A.P. **34** (1963) 1771

119	Ni-Sb	Ni	Ni_3Sb	1097	0,60	L	F. Galasso, W.D. Darby, United Aircraft Res. Lab., East Hartford, Conn./USA, unveröffent.
120	Ni-Si	Ni	Ni_5Si_2	1152	0,65	L	A.R.T. De Silva, G.A. Chadwick; Univ. of Cambridge (1968)
121	Ni-Sn	Ni	Ni_3Sn	1130	0,62	L	F.S. Galasso; J. Met. **19** (1967) 17
122	Ni-Ta	Ni	Ni_3Ta	1360	0,13	L	G. Beghi, D. Boerman, R. Matera, G. Piatti Tagungsbericht: „Verbundwerkstoffe", DGM, Konstanz 1972, S. 102
123	Ni-Th	Ni	Ni_7Th_2	1300	0,62	L + F (Ni)	M.J. Salkind, F.D. George, F.D. Lemkey, B.J. Bayles; Final Report Contract NO W 65-0384-d (1966)
124a	Ni-Ti	Ni	Ni_3Ti	1287	0,39	L	K.D. Scheffler, R.W. Kraft, R.W. Hertzberg; Trans. AIME **245** (1969) 227
124b		$NiTi_2$	Ti	955	0,30	F	M.K. Thomas, R.E. Trabocco; Proc. Conf. In-Situ Composites, NMAB-308, Washington (1973) Bd. 1, S. 301
125	Ni-U	Ni	Ni_5U	1110	–	–	R.W. Kraft; Deutsches Patent 1,608.762 (1972)
126	Ni-W	Ni	W	1500	0,07	F/L	W. Kurz, B. Lux; Met. Trans. **1** (1970) 329
							H.E. Cline, J.L. Walter, E. Lifshin, R.R. Russel; Met. Trans. **2** (1971) 189
127	Pb-Sb	Pb	Sb	252	0,12	A	V. de L. Davies; J. Inst. Met. **93** (1964/65) 10
128	Pb-Sn	Pb	Sn	183	0,63	L	J.P. Chilton, W.C. Winegard; J. Inst. Met. **89** (1960/61) 162
							W.C. Winegard, S. Matka, B.M. Thall, B. Chalmers; Can. J. Chem. **29** (1951) 320
							R.H. Hopkins, R.W. Kraft; Trans. AIME **242** (1968) 1627

No	System	α	β	T_e (°C)	φ_β (20°C) *=berechnet bei T_e	Gefüge	Literatur
129	Sb-Tl	Sb	Sb_2Tl_7	195	0,88	A	S.A. Levy, Y.B. Kim, R.W. Kraft; J.A.P. 37 (1966) 3459
130	Sb-Zn	Sb	SbZn	505	0,54*	F	R.S. Fidler, M.N. Croker, R.W. Smith; J. Crystal Growth 13/14 (1972) 739
131	Se-Sn	Se_2Sn	SnSe	–	–	L	W. Albers, J. Verberkt; J. Mat. Sci. 5 (1970) 24
132	Si-Ta	Si	$TaSi_2$	1405	6 (Gew.%)	F	N.J. Helbren, S.E.R. Hiscocks; J.Mater. Sci. 8 (1973) 1744
133	Si-Ti	Si_3Ti_5	Ti	1330	0,76	F (hexagonal)	M. Prud Homme, B. Lavelle, B. Pieraggi, F.Dabosi; J.Cryst.Growth 18 (1973) 273
134a	Si-V	Si	VSi_2	1385	5 (Gew.%)	A	N.J. Helbren, S.E.R. Hiscocks; J. Mater. Sci. 8 (1973) 1744
134b		SiV_3	V	1840	0,75	F/L	M.J.Salkind, F.D.George, F.D.Lemkey, B.J. Bayles; Final Rep. Contr. NO.W. 65-0384-d (1966)
135	Si-W	Si	WSi_2	1400	5 (Gew.%)	–	N.J.Helbren, S.E.R.Hiscocks; J. Mater. Sci. 8 (1973) 1744
136	Sn-Tl	Sn	Tl	170	–	–	H.W. Kerr, W.C. Winegard; Can. Met. Quart. 6 (1967) 85
137	Sn-Zn	Sn	Zn	198	0,09	L (unterbrochen) + F (Zn)	W. Straumanis, N. Brakss; Z. Phys. Chem. 38B (1937) 140 J.D. Hunt, J.P. Chilton; J. Inst. Met. 91 (1962/63) 338 W.A. Tiller, R. Mrdjenovich; J.A.P. 34 (1963) 3639
				D. Jaffrey, G.A. Chadwick; Phil. Mag. 18 (1968) 573			P.J. Taylor, H.W. Kerr, W.C. Winegard; Can. Met. Quart. 3 (1964) 235

138	Th-Ti	Th	Ti	1190	0,25	F	M.J.Salkind, F.D.George, F.D.Lemkey, B.J.Bayles; Final Rep. Contract NO W 65-0384-d (1966)
139	Ti-Zn	$TiZn_{15}$	Zn	418	0,04	F	S.Goto, K.Esashi, S.Koda, S.Morozumi; J. Japan. Inst. Metals 37 (1973) 466 S. Goto, S. Koda, S. Morozumi, J.Japan. Inst. Metals 37 (1973) 1108

Pseudobinäre Eutektika

No	System	a	β	T_e	φ_β (20°C)	Gefüge	Literatur
140	Al-Cr-Ni	NiAl	Cr	1450-1455	0,33	F (Cr)	F.D. Lemkey, W. Tice; United Aircraft Res. Lab., East Hartford, Conn./USA, unveröffent. E.R. Stover; WADC TDR60-184, Part VII, Bd. II
141	Al-Mg-Si	Al	Mg_2Si	–	0,12	A	E.R. Thompson, United Aircraft Res. Lab., East Hartford, Conn./USA, unveröffent.
142a	Al-Mo-Ni	NiAl	Mo	–	0,11	F	E.R. Thompson, W. Tice, United Aircraft Res. Lab., East Hartford, Conn./USA, unveröffent. J.L. Walter, H.E. Cline; Met. Trans. 4 (1973) 33
142b		Ni_3Al	Mo	1306	0,26	F	E.R. Thompson, F.D. Lemkey; in „Composite Materials" Bd. 4 (Hsgb. K.G. Kreider), Academic Press, New York, 1974

No	System	α	β	T_e	φ_β (20°C)	Gefüge	Literatur
143	Al-Nb-Ni	Ni_3Al	Ni_3Nb	1280	0,44 (÷0,32)	L	E.R.Thompson, F.D. Lemkey; A.S.M. Trans. Quart. **62** (1969) 140
144	Al-Ni-Ta	Ni_3Al	Ni_3Ta	1360	0,65	F (Ni_3Al)	J.C.Hubert, W. Kurz, B. Lux; J. Cryst. Growth **13/14** (1972) 757
145	Al-Ni-Zr	Ni_3Al	Ni_7Zr_2	1193	0,42	L	E.R. Thompson, F.D. Lemkey; A.S.M. Trans. Quart. **62** (1969) 140
146	As-Cd-Ni	As_2Cd_3	NiAs	703	–	F	S.E.R. Hiscocks; J. Mat. Sci. **4** (1969) 773
147	As-Cr-Ga	GaAs	CrAs	–	–	F/L	A. Müller, M. Wilhelm; Z. Naturforschung **21A** (1966) 555 V.B.Reib, T.Renner; Z.Naturforschung **21A** (1966) 546
148	As-Cr-In	InAs	CrAs	937	< 0,02	F	A. Müller, M. Wilhelm; J. Phys. Chem. Solids **26** (1965) 2029
149	As-Fe-In	InAs	FeAs	930	< 0,15	F	ibd.
150	As-Ga-Mo	GaAs	MoAs	–	–	F/L	A.Müller, M.Wilhelm; Z.Naturforschung **21A** (1966) 555 V.B.Reib, T.Renner; Z.Naturforschung **21A** (1966) 546
151	As-Ga-V	GaAs	VAs	–	–	F/L	ibd.
152	C-Co-Hf	Co	HfC	–	0,15	F	F.D.Lemkey; United Aircraft Res.Lab.; East Hartford, Conn./USA, unveröffent.
153	C-Co-Nb	Co	NbC	1365	0,12	F/L	F.D.Lemkey, E.R.Thompson; United Aircraft Res. Lab., East Hartford, Conn./ USA, unveröffent.
154	C-Co-Ta	Co	TaC	1402	0,16	F	H. Bibring, M. Rabinovitch, G. Seibel; C.R.Acad.Sci., Paris, **268C** (1969) 1666

155	C-Co-Ti	Co	TiC	1360	0,16	F	F.D. Lemkey, E.R. Thompson; United Aircraft Res. Lab., East Hartford, Conn./ USA, unveröffent.
156	C-Co-V	Co	VC	–	0,20	F	F.D. Lemkey, E.R. Thompson; Met. Trans. **2** (1971) 1537
157	C-Fe-Ta	Fe	TaC	–	–	F	J.L. Walter, H.E.Cline; Proc. Conf. In-Situ-Composites, NMAB - 308, Washington (1973) Bd. 1, S. 61
158	C-Hf-Ni	Ni	HfC	1260	0,28/0,15	F	F.D.Lemkey, E.R. Thompson; United Aircraft Res. Lab. East Hartford, Conn./ USA, unveröffent.
159	C-Nb-Ni	Ni	NbC	1328	0,11	F	F.D. Lemkey, E.R. Thompson; Met. Trans. **2** (1971) 1537
160	C-Ni-Ta	Ni	TaC	–	0,10	F	H. Bibring, M. Rabinovitch, G. Seibel; C.R.Acad.Sc., Paris, **268C** (1969) 1666
161	C-Ni-Ti	Ni	TiC	1307	0,05	F	F.D. Lemkey, E.R. Thompson; United Aircraft Res. Lab., East Hartford, Conn./ USA, unveröffent.
162	Co-Ga-Sb	$CoGa_{1,3}$	GaSb	697	> 0,92	F (CoGa)	A. Müller, M. Wilhelm; J. Phys. Chem. Solids **26** (1965) 2029
163	Co-In-P	CoP_3	InP	–	> 0,99	F	B. Reiss, T. Renner; Z.Naturforschung **22** (1967) 76
164	Cr-Fe-Nb	(Fe, Cr)	Fe_xNb_y(Cr)	1275	0,22	F	D. Jaffrey, S. Marich; Met. Trans. **3** (1972) 551
165	Cr-Ga-Sb	CrSb	GaSb	690	> 0,85	F (CrSb)	A. Müller, M. Wilhelm; J. Phys. Chem. Solids **26** (1965) 2029
166	Cr-In-P	CrP	InP	–	> 0,98	F	B. Reiss, T.Renner; Z. Naturforschung **22** (1967) 76
167	Cr-In-Sb	CrSb	InSb	516	> 0,99	F (CrSb)	A. Müller, M. Wilhelm; J. Phys. Chem. Solids **26** (1965) 2029

No	System	α	β	T_e	φ_β (20°C)	Gefüge	Literatur
168	Cu-Ge-Zr	Cu	CuGeZr	1055	0,104	F	A.J. Perry, A.R. Nicoll; J. Mat. Sci. 8 (1973) 883
169	Cu-Si-Zr	Cu	CuSiZr	1048	0,085	L	H.Sprenger, J.J.Nickl; Proc. Conf. In-Situ-Composites, NMAB-308, Washington (1973), Bd. 3, S. 111 A.J. Perry; Mat. Sci. Eng. **11**(1973) 203
170	Fe-Ga-Sb	$FeGa_{1,3}$	GaSb	695	> 0,92	F ($FeGa_{1,3}$)	A. Müller, M. Wilhelm; J. Phys. Chem. Solids **26** (1965) 2029
171	Fe-In-Sb	FeSb	InSb	520	> 0,97	F (FeSb)	A. Müller, M. Wilhelm; J. Phys. Chem. Solids **26** (1965) 2021
172a	Ga-Sb-V	GaSb	GaV_3Sb_5	710	< 0,05	F	A. Müller, M. Wilhelm; J. Phys. Chem. Solids **28** (1967) 219
172b		GaSb	V_2Ga_5	707	< 0,05	F	ibd.
173	In-Mg-Sb	InSb	Mg_3Sb_2	519	< 0,03	L	A. Müller, M.Wilhelm; Z.Naturforschung **21** (1966) 555
174	In-Mn-P	InP	MnP	–	< 0,15	F	B. Reiss, T. Renner; Z. Naturforschung **22** (1967) 76
175	In-Mn-Sb	InSb	MnSb	510	< 0,08	F	A. Müller, M. Wilhelm; J. Phys. Chem. Solids **26** (1965) 2021 Y. Umehara, S. Koda, S. Uchida; J.Japan. Inst. Met. **37** (1973) 964
176	In-Ni-Sb	InSb	NiSb	517	< 0,02	F	H. Weiss, M. Wilhelm; Z. für Physik **176** (1963) 399 sowie Z. Naturforschung **19a** (1964) 254; **22a** (1967) 264

Monovariante Eutektika

No	System	α	β	T_e (°C) (Schmelz-bereich)	φ_β (20°C)	Gefüge	Literatur
177	Al-C-Co-Cr	(Co, Cr, Al)	$(Cr, Co)_7C_3$	1295	0,28	F	E.R. Thompson, F.D. Lemkey; in: „Composite Materials" Bd. 4 (Hsgb. K.G. Kreider), Academic Press, New York, 1974
178	Al-C-Co-Cr-Ni	(Co, Cr, Ni, Al)	$(Cr, Co)_{23}C_6$	–	–	F (A)	ibd.
179	Al-C-Co-Cr-Ni-Ta	(Ni, Co, Cr, Al)	TaC	–	0,09	F	ibd.
180	Al-Co-Ni	(Co, Ni)	(Co, Ni)Al	1400	0,26→0,70	F/L	J.C. Hubert, W. Kurz, B. Lux; J. Crystal Growth **18** (1973) 241
181	Al-Co-Sm	(Co, Al)	$Co_{17}Sm_2$	–	–	F	R. Glardon, W. Kurz; Ecole Polytechn. Féd. de Lausanne, 1973, unveröffent.
182	Al-Cr-Mo-Ni	NiAl	Cr(Mo)	–	0,34	F	H.E. Cline, J.L. Walter, E.F. Koch, L.M. Osika; Acta Met. **19** (1971) 405; Met. Trans. **2** (1971) 189
183	Al-Cr-Nb-Ni	(Ni, Cr + Ni_3Al)	Ni_3Nb	–	–	L	E.M.Breinan, E.R.Thompson, F.D.Lemkey, Proc. Conf. In-Situ Composites, NMAB-308, Washington (1973) Bd. 2, S. 201
184	Al-Cu-Mg	Al	Al_2CuMg	508-548	–	L	G. Garmong; Science Centre North Amer. Rockwell Corp., Cal., unveröffent.
185	Al-Mg-Si	Al	Mg_2Si	∿ 595	–	F	J.Kaneko; J. Jap. Inst. Met. **37** (1973) 780
186	Al-Nb-Ni	(Ni, Al)	Ni_3Nb	1270-1285	∿ 0,32	L	E.R.Thompson, F.D.Lemkey; in: „Composite Materials" Bd. 4 (Hsgb. K.G. Kreider), Academic Press, New York, 1974
187	Bi-Mn-Sb	(Bi, Sb)	MnSb	–	–	F	M. Durand-Charre, F. Durand; J. Crystal Growth **13/14** (1972) 747
188a	C-Co-Cr	(Co, Cr)	$(Cr, Co)_7C_3$	1300	0,30	F	E.R. Thompson, F.D. Lemkey; Met. Trans. **1** (1970) 2799

No	System	α	β	T_e (°C) (Schmelz-bereich)	φ_β bei R.T.	Gefüge	Literatur
188b		(Co, Cr)	$(Cr, Co)_{23}C_6$	1340	∿ 0,40	F (A)	E.R.Thompson, F.D.Lemkey; in: „Composite Materials" Bd. 4 (Hsgb. K.G. Kreider), Academic Press, New York, 1974
189	C-Co-Cr-Fe	(Fe, Co, Cr)	$(Cr, Fe, Co)_7C_3$	–	–	F	J.Van Den Boomgard, A.M.J.G.Van Run; Proc. Conf. In-Situ Composites, NMAB-308, Washington (1973) Bd. 2, S. 161
190	C-Co-Cr-Nb	(Co, Cr)	NbC	1340	0,12	F	E.M. Breinan, E.R.Thompson, F.D.Lemkey; Proc. Conf. In-Situ Composites, NMAB-308, Washington (1973) Bd. 2, S. 201
191a	C-Co-Cr-Ni	(Co, Ni, Cr)	$(Cr, Co)_{23}C_6$	–	–	F (A)	E.R.Thompson, F.D.Lemkey; in: „Composite Materials" Bd. 4 (Hsgb. K.G. Kreider), Academic Press, New York, 1974 G. Zambelli, W. Kurz, Ecole Polytechn. Fédérale de Lausanne, 1974, unveröffent.
191b		(Co, Ni, Cr)	$(Cr, Co, Ni)_7C_3$	–	–	F	P.R. Sahm, M. Lorenz; J. Mat. Sci. 7 (1972) 793 A.R. Nicoll, P.R. Sahm; Proc. Int. Conf. Comp. Mater., Genf, 1975
192	C-Co-Cr-Ni-Ta	(Co, Cr, Ni)	TaC	–	–	F	E.M.Breinan, E.R.Thompson, F.D.Lemkey; Proc. Conf. In-Situ-Composites, NMAB-308, Washington (1973) Bd. 2, S. 201 J.P. Trottier, T. Kahn, J.F. Stohr, M. Rabinovitch, H. Bibring; Le Cobalt (1974) No. 3, 54
193	C-Co-Cr-Ta	(Co, Cr)	TaC	1360	∿ 0,09	F	E.R.Thompson, F.D.Lemkey; in: „Composite Materials" Bd 4 (Hsgb. K.G. Kreider), Academic Press, New York, 1974
194	C-Cr-Fe	(Fe, Cr)	$(Cr, Fe)_7C_3$	–	0,33-0,44	F	J. Van Den Boomgard, L.R. Wolff; J. Crystal Growth 15 (1972)11

195	C-Cr-Nb-Ni	(Ni, Cr)	NbC	∿ 1320	0,11	F	E.M. Breinen, E.R.Thompson, F.D.Lemkey Proc. Conf. In-Situ-Composites, NMAB-308, Washington (1973) Bd. 2, S. 201
196	C-Cr-Ni	(Ni, Cr)	$(Cr, Ni)_7C_3$	–	0,30	F	E.R.Thompson, F.D.Lemkey; in: „Composite Materials" Bd. 4 (Hsgb. K.G. Kreider), Academic Press, New York, 1974
197	C-Cr-Ni-Si	(Ni, Cr, Si)	Cr_3C_2	–	0,22	F	H.E. Bates, F. Wald, M. Weinstein; J. Mat. Sci. **4** (1969) 25
198	C-Cr-Ni-Ta	(Ni, Cr)	TaC	–	–	F	M.F.Henry; Proc. Conf. In-Situ-Composites, NMAB-308, Washington (1973) Bd. 2, S. 173
199	Cu-Mg-Ni	Cu	$(Cu, Ni)_2Mg$	725	0,65	L	P.J. Fehrenbach, H.W. Kerr, P. Niessen; J. Crystal Growth **16** (1972) 209; **18** (1973) 151
200	Mn-Sb-Sn	MnSb	(Sb, Sn)	–	–	F	M. Durand-Charre, F. Durand; J. Crystal Growth **13/14** (1972) 747

Ternäre metallische Eutektika

No	System	α	β	γ	T_e	φ_β (20° C)	φ_γ (20° C)	Gefüge	Literatur
201	Ag-Al-Cu	AgAl	Al	Al_2Cu	–	0,30	0,33	F (γ) + F (α)	D.J.S. Cooksey, A. Hellawell; J. Inst. Met. **95** (1967) 183
202	Al-Cu-Fe	Al	Al_2Cu	Al_7Cu_2Fe	–	–	–	A (γ) + L (entartet) α/β	I. Miura, H. Hamanaka; J. Jap. Inst. Met. **36** (1972) 1218/1224
203	Al-Cu-Mg	Al	Al_2Cu	$Al_5Cu_2Mg_2$	–	0,35	0,22	L (α/β) + F (γ)	D.J.S.Cooksey, A. Hellawell; J. Inst. Met. **95** (1967) 183
						G.Garmong, C.G.Rhodes; Met.Trans. 3 (1972) 533			I.G. Davies, A. Hellawell; J. Crystal Growth **15** (1972) 296

No	System	α	β	γ	T_e	φ_β(20°C)	φ_γ(20°C)	Gefüge	Literatur
204	Al-Cu-Ni	Al	Al_2Cu	Al_6Cu_3Ni	–	–	–	L ($\alpha\gamma\beta\gamma\alpha$...)	I. Miura, H. Hammanaka; J. Jap. Inst. Met. **36** (1972) 1218/1224 M.D. Rinaldi, R.M. Sharp, M.C. Flemings; Met. Trans. **3** (1972) 3139
205	Al-Cu-Si	Al	Al_2Cu	Si	–	–	–	primäres Si sternförmig + L (entartet) von α/β	I. Miura, H. Hamanaka; J. Jap. Inst. Met. **36** (1972) 1218/1224
206	Al-Cu-Zn	Al	CuZn	Zn	–	0,12	0,66	L (α/γ) + L (α/β) nicht parallel	D.J.S. Cooksey, A. Hellawell; J. Inst. Met. **95** (1967) 183
207	Al-Fe-Ni	Al	AlFeNi	Al_3Ni	–	0,02	0,10	L (α/β) + F (γ)	F.D. Lemkey; United Aircraft Res. Lab., East Hartford, Conn./USA, unveröffentlicht
208	Al-Fe-Si	Al	(Al, Fe, Si)	Si	–	–	–	A	I. Miura, H. Hamanaka; J. Jap. Inst. Met. **36** (1972) 1232
209	Al-Mg-Zn	Al	Mg	Zn	–	–	–	L	A.S. Yue, J.B. Clark; Trans. AIME **221** (1961) 383
210	Al-Mn-Si	Al	(Al, Mn, Si)	Si	–	–	–	A	I. Miura, H. Hamanaka; J.Jap. Inst. Met. **36** (1972) 1232
211	Al-Nb-Ni	Ni	Ni_3Al	Ni_3Nb	1270	–	–	L	E.H. Kraft, E.R. Thompson; Proc. Conf. In-Situ-Composites, NMAB-308, Washington (1973), Bd. 2, S. 261
212	Al-Ni-Ta	Ni	Ni_3Al	Ni_3Ta	∿ 1360	–	–	L	F. Mollard, B. Lux, J.C. Hubert; Z. Metallkde. **65** (1974) 461
213	Al-Ni-Ti	Ni_3Al	Ni_2TiAl	Ni_3Ti	–	0,32	0,33	L (α/γ) + L (β/γ) nicht parallel	E.R. Thompson, F.D. Lemkey: ASM Trans. Quart. **62** (1969) 140

214	Al-Pd-Si	Al	Al_3Pd	Si	–	–	–	A	I. Miura, H. Hamanaka; J. Jap.Inst. Met. **36** (1972) 1232
215	Bi-Cd-Sn	Bi	Cd	Sn	–	–	–	A	I. Crivelli-Visconti; La Metallurgia Italiana **9** (1968) 822
216	Bi-Pb-Sn	Bi	Pb	Sn	–	–	–	A	ibd.
217	Cd-In-Sn	Cd	InSn	Sn	–	0,70	0,20	L (α/β) + L (γ/β) nicht parallel	D.J.S. Cooksey, A. Hellawell; J.Inst. Met. **95** (1967) 183
218	Cd-Pb-Sn	Cd	Pb	Sn	–	0,12	0,68	L ($\gamma\beta\alpha\beta\gamma\cdots$)	H.W.Kerr, A.Plumtree, W.C.Winegard; J. Inst. Met. **89** (1964/5)63 H.W. Kerr, J.A. Bell, W.C. Winegard; J. Aust. Inst. Metals **10** (1965) 65 I. Crivelli-Visconti; J. Inst. Met. **95** (1967) 256 H.A. Quac Bao, F.C.L. Durand; J. Crystal Growth **15** (1972) 291
219	Cd-Sn-Tl	Cd	Sn	Tl	–	0,42	0,43	L (α/γ) + F (β)	D.J.S. Cooksey, A. Hellawell; J. Inst. Met. **95** (1967) 183
220	Pb-Sn-Zn	Pb	Sn	Zn	–	0,65	0,05	L (α/β) + L (8) nicht parallel	H.W. Kerr, J.A.Bell, W.C.Winegard; J. Aust. Inst. Met. **10** (1965) 64 D.J.S. Cooksey, A. Hellawell; J. Inst. Met. **95** (1967) 183

Quaternäre Eutektika

No	System	α	β	γ	δ	T_e (°C)	$\varphi_{\alpha:\beta:\gamma:\delta}$ (20°C)	Gefüge	Literatur
221	Cd-Pb-Sn-Zn	Cd-reich	Pb-reich	Sn-reich	Zn-reich	138	10: 30: 57: 3	L ($\beta\alpha\beta\gamma\beta\alpha\beta$) + δ senkrecht	D. Fisher, W. Kurz; Met. Trans. 5 (1974) 1508

Binäre, quasibinäre und ternäre Salzeutektika

No	System	α	β	T_e (°C)	β (%)	Gefüge	Literatur
222	Ag-H-N-O	NH_4NO_3	$(NH_4Ag)(NO_3)_2$	–	–	A	J. Van Suchtelen, Philips, Eindhoven, Holland, unveröffent.
223	Br-F-Na	NaBr	NaF	640	17 (Gew. %)	F	J.G. Loxham, A. Hellawell; J. Am. Ceram. Soc. 47 (1964) 184
224	Ca-F-Li-Na	α CaF | β NaF | γ LiF		–	(Gew.%β) 37 | (Gew.%γ) 53	L	M. Nichols, W. Lasko; United Aircraft, East Hartford, Conn./USA, Patent-Antrag 1963
225	Ca-F-Na	NaF	CaF_2	–	–	L	M. Nichols, W. Lasko; United Aircraft, East Hartford, Conn/USA, Patent-Antrag 1963
226	Ca-N-O-Rb	$Ca(NO_3)_2$	$RbNO_3$	–	61,2 Mol %$(RbNO_3)_2$	–	F.M.A. Carpay, W.A. Cense; Nature-Phys. Sci. 241 (1973) No. 105, S. 19
227	Cl-Ag-Cu	AgCl	CuCl	–	–	L	J. Van Suchtelen; Symp. Composites Grown In-Situ, Eindhoven, Holland (1970)
228	Cl-Cu-Na	CuCl	NaCl	–	–	F	J. Van Suchtelen; Philips, Eindhoven, Holland, unveröffent.
229	Cl-Cu-Pb	CuCl	$PbCl_2$	–	–	L	W. Albers, L. Van Hoof; Philips, Eindhoven, Holland, unveröffent.

230	Cl-F-Li-Na	LiF	NaCl	680	–	F	J.G. Loxham, A. Hellawell; J. Am. Ceram. Soc. 47 (1964) 184
231	Cl-F-Na	NaF	NaCl	676	78 (Gew.%)	F	P. Truelove, A. Hellawell; Phil. Mag. 11 (1965) 1309
							D.J.S. Cooksey, D. Munson, M.P. Wilkinson, A. Hellawell; Phil. Mag. **10** (1964) 745
							J.G. Loxham, A. Hellawell; J. Am. Ceram. Soc. 47 (1964) 184
232	Cl-K-Zn	$ZnCl_2$	KCl	–	40 (Mol%)	–	F.M.A. Carpay, W.A. Cense; Nature-Phys. Sci. **241** (1973) No. 105, S. 19
233	Cl-Mn	$MnCl_2$	Mn	652	∼ 1 (Vol.%) Mn	F	D.J. Fisher; Ecole Polytech. Fédérale de Lausanne, 1973, unveröffent.
234	Cl-Na-Pb-S	NaCl	PbS	∼ 800	0,5 (Mol %)	–	J. Van Suchtelen; Philips Res. Rep. **27** (1972) 28
235	F-Li-Na	LiF	NaF	640	52 (Gew.%)	L	P. Penfold, A. Hellawell; J. Am. Ceram. Soc. 48 (1965) 133
							P. Truelove, A. Hellawell; Phil. Mag. 11(1965) 1309
							D.J.S. Cooksey, D. Munson, M.P. Wilkinson, A. Hellawell; Phil. Mag. **10** (1964) 765
							D. Double, P. Truelove, A. Hellawell; J. Crystal Growth **2** (1968) 181
236	F-Mg-Na	NaF	MgF_2	–	80 (Gew. %)	F	M. Nichols, W. Lasko; United Aircraft, East Hartford, Conn./USA, Patent-Antrag 1963
237	F-Na-Pb	NaF	PbF_2	–	80 (Gew. %)	F	ibd.
238	N-Na-O-Rb	$NaNO_3$	$RbNO_3$	–	–	A	J. Van Suchtelen, Philips Einhoven, Holland, unveröffent.

Keramik – Metall – Eutektika

No	System	α	β	T_e (°C)	φ_β (20°C)	Gefüge	Literatur
239	Al-Cr-O	$(Al, Cr)_2O_3$	Cr	–	–	F	N. Claussen; J. Am. Ceram. Soc. **56** (1973) 184
240	Co-O-Zr	ZrO_2	Co	–	–	F	A.T. Chapman, J.F. Benzel, J.K. Cochran, R.K. Feeney, J.W. Hooper, J.D. Norgard; Rep. No. 4, Contr. DAAHOI-71-C-1046, Georgia Inst. Techn., 1972
241	Cr-Mo-O	Cr_2O_3	Mo	–	0,06	F	R.P. Nelson, J.J. Rasmussen; J. Am. Ceram. Soc. **53** (1970) 527 P.E. Hart; Proc. Conf. In-Situ-Composites, NMAB-308, Washington (1973) Bd. 3, S. 119
242	Cr-O-Re	Cr_2O_3	Re	–	0,21	F	ibd.
243	Cr-O-W	Cr_2O_3	W	–	0,13	F	ibd.
244	Fe-O-Zr	ZrO_2	Fe	–	–	F	A.T. Chapman, J.F. Benzel, J.K. Cochran, R.K. Feeney, J.W. Hooper, J.D. Norgard; Rep. No. 4 Contr. DAAHOI-71-C-1046, Georgia Inst. Techn., 1972
245	Gd-Mo-O	Gd_2O_3	Mo	–	–	F	ibd.
246	Gd-O-W	Gd_2O_3	W	–	–	F	ibd.
247	Hf-O-W	HfO_2	W	–	–	F	ibd.
248	La-Mo-O	La_2O_3	Mo	–	–	F	ibd.
249	La-O-W	La_2O_3	W	–	–	F	ibd.
250	Mg-O-W	MgO	W	–	0,05	F	R.P. Nelson, J.J. Rasmussen; J. Am. Ceram. Soc. **53** (1970) 527 P.E. Hart; Proc. Conf. In-Situ-Composites, NMAB-308, Washington (1973) Bd. 3, S. 119

251	Mo-Nd-O	Nd_2O_3	Mo	–	–	F	A.T. Chapman et al.; Rep. No. 4, Contr. DAAHOI-71-C-1046, Georgia Inst. Techn. 1972
252	Nd-O-W	Nd_2O_3	W	–	–	F	ibd.
253	Ni-O-Zr	ZrO_2	Ni	–	–	F	ibd.
254	O-Ta-U	UO_2	Ta	–	–	F	ibd.
255	O-U-W	UO_2	W	–	0,03	F	ibd. R.P. Nelson, J.J. Rasmussen; J. Am. Ceram. Soc. **53** (1970) 527 P.E. Hart; Proc. Conf. In-Situ-Composites, NMAB-308, Washington (1973) Bd. 3, S. 119 A.T. Chapman, R.J. Gerdes, J.C. Wilson. G.W. Clark; J. Cryst. Growth **13/14** (1972) 765
256	O-W-Zr	ZrO_2	W	–	∿ 0,02	F	A.T. Chapman et al.; Rep. No. 4, Contr. DAAHOI-71-C-1046, Georgia Inst. Techn. 1972

Keramik – Keramik – Eutektika

No	System	α	β	T_e (°C)	φ_β (20°C)	Gefüge	Literatur
257	Al-Mg-O	MgO	$MgAl_2O_4$	1995	86 (Vol%)	F	F.L. Kennard, R.C. Brandt, V.S. Stubican; J. Am. Cer. Soc. **56** (1973) 566
258	Al-O-Si	$Al_6Si_2O_{13}$	Al_2O_3	1840	–	F	ibd. F.L. Kennard, R.C. Brandt, V.S. Stubican; in: Reactivity of Solids (Hsgb. J.S. Anderson), Chapman & Hall, London, 1972

No	System	α	β	T_e (°C)	φ_β (20°C)	Gefüge	Literatur
259a	Al-O-Ti	$Al_2(TiO_3)_3$	TiO_2	1705	55 (Vol%)	L	D.J. Rowcliffe, W.J. Warren, A.G. Elliot, W.S. Rothwell; J. Mat.Sci. **4** (1969) 902
259b		$Al_2(TiO_3)_3$	Al_2O_3	1840	13 (Vol%)	F	ibd.
260	Al-O-Y	Al_2O_3	$Al_5Y_3O_{12}$	1800	19,9 (Mol%)	F	D. Viechnicki, F. Schmid; J. Mat. Sci. **4** (1969) 84
261	Al-O-Zr	Al_2O_3	ZrO_2	1890	–	F	C.O. Hulse, J.A. Batt; United Aircraft Rep. K910803-5, 1971 F. Schmid, D. Viechnicki; J. Mater. Sci. **5** (1970) 470
262	B-Bi-O	Bi_2O_3	B_2O_3	–	50(Mol% B_2O_3)	–	F.M.A. Carpay, W.A. Cense; Nature-Phys. Sci. **241** (1973) No. 105, S. 19
263	B-Li-O	B_2O_3	Li_2O	–	72,6→91,2 (Mol% B_2O_3)	L	F.M.A. Carpay, W.A. Cense; J. Cryst. Growth **24/25** (1974) 551
264	B-O-Zn	$Zn_5B_4O_{11}$	ZnB_2O_{11}	–	50(Gew.%)	L	D.E. Harrison; J. Cryst. Growth **3/4** (1968) 67
265	Ba-Co-Fe-O-Ti	$BaTiO_3$	$CoFe_2O_4$	∿1350	38 (Mol%)	L (A)	A.M.J.G. van Run, D.R. Terrell, J.H. Scholing; Philips Forschung, 1974 Bericht No. M.S. 8496
266	Ba-Fe-O	$BaFe_{12}O_{19}$	$BaFe_2O_4$	–	71,4 (Gew. %)	A	F. Galasso, W.L. Darby, F.C. Douglas, J.A. Batt; J. Amer. Ceram. Soc. **50** (1967) 33
267	Ba-O-Ti	$BaTiO_3$	Ba_2TiO_4	1565	–	L	C.O. Hulse, J.A. Batt; United Aircraft Rep. K910803-5, 1971
268	Ba-O-W	$BaWO_4$	WO_3	–	–	F	ibd.
269	Bi-Ge-O	Bi_2O_3	GeO_2	–	90 (Mol%)	–	F.M.A. Carpay, W.A. Cense; J. Cryst. Growth **24/25** (1974) 551

270	C-V	C	$VC_{0,87}$	∿2600	–	F	M.H. Lewis, J.M. O'Sullivan; Proc. Conf. In-Situ-Composites, NMAB-308, Washington (1973) Bd. 1, S. 169
271	Ca-Ni-O	CaO	NiO	1720	58 (Mol%)	L	G. Dhalenne, A. Revcolevschi, R. Collongues; Mat. Res. Bull. 7 (1972) 1385
272	Fe-O-S	FeO	FeS	–	63,9 (Gew. %)	F	J.W. Moore, Ph. D. Thesis; Univ. Michigan, 1965, und Rep.05612, Dep. of Navy, Contr. NONR-1224 (47)
273	Mn-O-S	MnO	MnS	–	56,5 (Gew. %)	L	ibd.
274	Mo-O-Pb	$PbMoO_4$	PbO	–	–	F ($PbMoO_4$)	M. Nichols, W. Lasko; United Aircraft Hartford, Conn./USA, Patent-Antrag, 1963
275	Nb-O-Pb	PbO	$3NbO.Nb_2O_5$	–	–	L	C.O. Hulse, J.A. Batt; United Aircraft Rep. K910803-5, 1971
276	O-Y-Zr	ZrO_2	Y_2O_3	2260	89,8 (Gew. %)	L	C. Hulse, J.A. Batt; Proc. Conf. In-Situ-Composites, NMAB-308, Washington (1973) Bd. 1, S. 129

Organische Eutektika

No	System (α - β)	T_e (°C)	β (Gew.%)	Gefüge	Literatur
277	Acetanilid-Lactophenon	83	53	–	A. Kofler; J. Austral. Inst. Metals **10** (1965) 132
278	Anesthesin-Acetanilid	69	33	–	ibd.
279	Azobenzol-Benzil	–	–	A	J.D. Hunt, K.A. Jackson; Trans. AIME **236** (1966) 843
280	Azobenzol-Piperonal	26	26	L	F.D. Lemkey; United Aircraft, East Hartford, Conn./USA, unveröffent.
281	Azobenzol-Trional	48	52	–	A. Kofler; J. Austral. Inst. Metals **10** (1965) 132
282	Benzil-Lactophenin	86	25,5	–	ibd.
283	Bernsteinsäuredinitril-Borneol	–	–	A	J.D. Hunt, K.A. Jackson; Trans. AIME **236** (1966) 843
284	Bernsteinsäuredinitril-Campher	36	25	F	D.J. Fisher; Ecole Polytechnique Fédérale de Lausanne, 1974, unveröffent.
285	Campher-Anthracen	127	18	A	W.R. Wilcox; Trans. AIME **245** (1969) 1448
286	Campher-Benzoesäure	60	39	A	F.D. Lemkey; United Aircraft, East Hartford, Conn./USA, unveröffent.
287	Campher-Dimethylphthalat	40	27	F	ibd.
288	Campher-Naphthalin	30	41	L	ibd.
289	Cyclohexan-Camphen	–	–	A	J.D. Hunt, K.A. Jackson; Trans. AIME **236** (1966) 843
290	1,3 Dinitrobenzol-Acetanilid	69	40	F	R.P. Rastogi; V.K. Rastogi; J. Cryst. Growth **5** (1969) 345

291	1,3 Dinitrobenzol-Phenanthren	41	50	L	ibd.
292	2,4 Dinitrophenol-Acetanilid	78	55	F	ibd.
293	Hexachloraethan-Bernsteinsäuredinitril	–	–	A	J.D. Hunt, K.A. Jackson; Trans. AIME **236** (1966) 843
294	Naphthalin - m-Nitroanalin	70	25	A	R.P. Rastogi, V.K. Rastogi; J. Cryst. Growth **5** (1969) 345
295	Tetrabrommethan-Azobenzol	–	–	A	J.D. Hunt, K.A. Jackson; Trans. AIME **236** (1966) 843
296a	Tetrabrommethan-Bernsteinsäuredinitril (unstabil)	–	–	L	ibd.
296 b	Tetrabrommethan-Bernsteinsäuredinitril (stabil)	–	–	A	ibd.
297	Tetrabrommethan-Hexachloraethan	–	8,6	L	ibd.

Häufig verwendete Größen

Symbol	Definition	Einheit
A	Schlagzähigkeit	1 MJ/m^2 (=10,20 kpm/cm^2)
A	Amplitude	–
a	Gitterkonstante	1 nm (=10 Å)
a	Wärmediffusionskoeffizient ($a = \kappa/\rho.c$)	1 m^2/s (=10^4 cm^2/s)
B	Induktion	1 T (=10^4 G)
B_r	Remanenz	1 T (=10^4 G)
b	Burgers Vektor	1 nm (=10 Å)
C	Konzentration	At.%, Gew. %
c	Spezifische Wärme	1 J/mol.K (=0,239 cal/mol.K)
D	Diffusionskoeffizient	1 m^2/s (=10^4 cm^2/s)
d	Durchmesser	m
E	Energie	1 J (=0,239 cal)
E*	Aktivierungsenergie	1 J/mol (=0,239 cal/mol)
E	Elastizitätsmodul	1 MN/m^2 (=0,102 kp/mm^2)
F	Fläche	m^2
f	Frequenz	Hz (=s^{-1})
G	Freie Enthalpie (Gibbs)	1 J/mol (=0,239 cal/mol)
G	Schermodul	1 MN/m^2 (=0,102 kp/mm^2)
G	Temperaturgradient	K/cm
g	Erdbeschleunigung	m/s^2
H	Enthalpie	1 J/mol (=0,239 cal/mol)
H	Magnetische Feldstärke	A/m (=1,257.10^{-2} Oe)
H_C	Koerzitivkraft	A/m (=1,257.10^{-2} Oe)
h	Höhe	m
h	Plancksches Wirkungsquantum	6,625 . 10^{-34} J.s
I	Strom	A
J	Fluss (Stofftransport)	$mol/m^2.s$
J_K	Keimbildungshäufigkeit	$m^{-3}.s^{-1}$
K	Konstante	–
k	Boltzmann Konstante (k = R/L)	1,38 . 10^{-23} J/K
k	Verteilungskoeffizient	–
L	Loschmidtsche Zahl	6,02 . 10^{-23} mol^{-1}
l	Länge	m
m	Masse	kg
m	Steigung der Liquiduslinie	K/At %
n	Zahl	–
P	Druck	Pa = N/m^2
Q	Wärmemenge	1 J (=0,239 cal)
q	Wärmefluß	W/m^2

Symbol	Definition	Einheit
R	Allgemeine Gaskonstante (R = k.L)	8,314 J/K.mol (= 1,987 cal/K mol)
r	Radius	m
S	Entropie	1 J/K.mol (= 0,239 cal/K.mol)
T	Temperatur	K
t	Zeit	s
U	Spannung	V
V	Volumen	m^3
v	Geschwindigkeit	m/s
X	Molenbruch	–
x	Ortskoordinate	–
y	Ortskoordinate	–
Z	Koordinationszahl	–
z	Ortskoordinate	–
α	Längenausdehnungskoeffizient	K^{-1}
β	Volumenausdehnungskoeffizient	K^{-1}
γ	Aktivitätskoeffizient	–
δ	Grenzschichtdicke	m
ϵ	Dehnung, relative	%
η	Dynamische Viskosität	1 N.s/m^2 (= 10 P)
θ	Winkel	Grad
λ	Phasenabstand (Fasern, Lamellen)	m
λ	Wellenlänge	m
κ	Wärmeleitfähigkeit	1 J/m.s.K (= 23,9 cal/cm.s.K)
μ	Chemisches Potential	1 J/mol (= 0,239 cal/mol)
μ	Magnetische Permeabilität	H/m
ν	Kinematische Viskosität ($\nu = \eta/\rho$)	1 m^2/s (= 10^4 St)
ν	Poissonsche Zahl	–
σ	Spannung	1 MN/m^2 (= 0,102 kp/mm^2)
σ	Spezifische Grenzflächenenergie	1 J/m^2 (= 10^3 erg/cm^2)
σ	Elektrische Leitfähigkeit	1/Ωm
τ	Scherspannung	1 MN/m^2 (= 0,102 kp/mm^2)
τ	Relaxationszeit	s
φ	Volumenanteil	–
χ	Suszeptibilität	–

Sachverzeichnis